"十四五"时期国家重点出版物出版专项规划·重大出版工程规划项目

变革性光科学与技术丛书

Optical Imaging and Defects Evaluation in Machine Vision

机器视觉中的光学成像及缺陷评价

杨甬英　曹频　江佳斌　著

清华大学出版社
北京

内 容 简 介

本书共6章：基于FDTD方法的表面微观缺陷显微散射暗场成像模型，建立了缺陷散射光近、远场场分布逆向识别数据库，实现微观缺陷的逆向标定和评价。着重讨论了各种复杂属性的光学元件表面的微弱缺陷的机器视觉照明及检测方法。围绕表面疵病的机器视觉中光源、样品及最优成像问题展开，基于双向反射分布函数BRDF，通过相机、被测物及光源场景建模和像函数求解，通过光线追迹建模取代繁琐的实验。针对最复杂的高次曲面、非球面的表面缺陷检测的难题，通过最佳光源照明方式、自动定中建模，基于投影变换的高精度、高效的全口径图像拼接实现三维空间微观缺陷的数字化评价。建立了工业化智能检测目标识别、语义分割网络模型、基于类别不平衡半监督学习的装配体异常分类算法，应用于玻璃面板及复杂装配件智能检测中。聚焦于光学表面缺陷成像的定量评估，讨论了对缺陷的评价的国际标准、美标及国标，并建立了新颖的表面缺陷数字化定量评价体系。

本书可作为科研院所从事与机器视觉相关的光电、自动化等专业科研人员、高等院校相关专业师生的参考书，也可作为企业从事自动化检测研发及质量管控专业技术人员的参考书。

版权所有，侵权必究。举报: 010-62782989, beiqinquan@tup.tsinghua.edu.cn。

图书在版编目（CIP）数据

机器视觉中的光学成像及缺陷评价 / 杨甫英，曹频，江佳斌著. -- 北京：清华大学出版社，2025.2. -- (变革性光科学与技术丛书). -- ISBN 978-7-302-68385-8

I. O435.2

中国国家版本馆 CIP 数据核字第 2025P5E268 号

责任编辑：鲁永芳
封面设计：意匠文化·丁奔亮
责任校对：欧 洋
责任印制：杨 艳

出版发行：	清华大学出版社
网　址：	https://www.tup.com.cn, https://www.wqxuetang.com
地　址：	北京清华大学学研大厦A座　邮　编：100084
社　总　机：	010-83470000　邮　购：010-62786544
投稿与读者服务：	010-62776969, c-service@tup.tsinghua.edu.cn
质量反馈：	010-62772015, zhiliang@tup.tsinghua.edu.cn
印 装 者：	小森印刷（北京）有限公司
经　　销：	全国新华书店
开　　本：	170mm×240mm　印　张：22　字　数：455千字
版　　次：	2025年3月第1版　印　次：2025年3月第1次印刷
定　　价：	129.00元

产品编号：095846-01

丛书编委会

主 编

罗先刚　中国工程院院士，中国科学院光电技术研究所

编 委

周炳琨　中国科学院院士，清华大学

许祖彦　中国工程院院士，中国科学院理化技术研究所

杨国桢　中国科学院院士，中国科学院物理研究所

吕跃广　中国工程院院士，中国北方电子设备研究所

顾　敏　澳大利亚科学院院士、澳大利亚技术科学与工程院院士、中国工程院外籍院士，皇家墨尔本理工大学

洪明辉　新加坡工程院院士，新加坡国立大学

谭小地　教授，北京理工大学、福建师范大学

段宣明　研究员，中国科学院重庆绿色智能技术研究院

蒲明博　研究员，中国科学院光电技术研究所

丛 书 序

光是生命能量的重要来源，也是现代信息社会的基础。早在几千年前人类便已开始了对光的研究，然而，真正的光学技术直到 400 年前才诞生，斯涅耳、牛顿、费马、惠更斯、菲涅耳、麦克斯韦、爱因斯坦等学者相继从不同角度研究了光的本性。从基础理论的角度看，光学经历了几何光学、波动光学、电磁光学、量子光学等阶段，每一阶段的变革都极大地促进了科学和技术的发展。例如，波动光学的出现使得调制光的手段不再限于折射和反射，利用光栅、菲涅耳波带片等简单的衍射型微结构即可实现分光、聚焦等功能；电磁光学的出现，促进了微波和光波技术的融合，催生了微波光子学等新的学科；量子光学则为新型光源和探测器的出现奠定了基础。

伴随着理论突破，20 世纪见证了诸多变革性光学技术的诞生和发展，它们在一定程度上使得过去 100 年成为人类历史长河中发展最为迅速、变革最为剧烈的一个阶段。典型的变革性光学技术包括激光技术、光纤通信技术、CCD 成像技术、LED 照明技术、全息显示技术等。激光作为美国 20 世纪的四大发明之一（另外三项为原子能、计算机和半导体），是光学技术上的重大里程碑。由于其极高的亮度、相干性和单色性，激光在光通信、先进制造、生物医疗、精密测量、激光武器乃至激光核聚变等技术中均发挥了至关重要的作用。

光通信技术是近年来另一项快速发展的光学技术，与微波无线通信一起极大地改变了世界的格局，使"地球村"成为现实。光学通信的变革起源于 20 世纪 60 年代，高琨提出用光代替电流，用玻璃纤维代替金属导线实现信号传输的设想。1970 年，美国康宁公司研制出损耗为 20dB/km 的光纤，使光纤中的远距离光传输成为可能，高琨也因此获得了 2009 年的诺贝尔物理学奖。

除了激光和光纤之外，光学技术还改变了沿用数百年的照明、成像等技术。以最常见的照明技术为例，自 1879 年爱迪生发明白炽灯以来，钨丝的热辐射一直是最常见的照明光源。然而，受制于其极低的能量转化效率，替代性的照明技术一直是人们不断追求的目标。从水银灯的发明到荧光灯的广泛使用，再到获得 2014 年诺贝尔物理学奖的蓝光 LED，新型节能光源已经使得地球上的夜晚不再黑暗。另外，CCD 的出现为便携式相机的推广打通了最后一个障碍，使得信息社会更加丰富多彩。

  20世纪末以来，光学技术虽然仍在快速发展，但其速度已经大幅减慢，以至于很多学者认为光学技术已经发展到瓶颈期。以大口径望远镜为例，虽然早在1993年美国就建造出10m口径的"凯克望远镜"，但迄今为止望远镜的口径仍然没有得到大幅增加。美国的30m望远镜仍在规划之中，而欧洲的OWL百米望远镜则由于经费不足而取消。在光学光刻方面，受到衍射极限的限制，光刻分辨率取决于波长和数值孔径，导致传统i线（波长为365nm）光刻机单次曝光分辨率在200nm以上，而每台高精度的193光刻机成本达到数亿元人民币，且单次曝光分辨率也仅为38nm。

  在上述所有光学技术中，光波调制的物理基础都在于光与物质（包括增益介质、透镜、反射镜、光刻胶等）的相互作用。随着光学技术从宏观走向微观，近年来的研究表明：在小于波长的尺度上（即亚波长尺度），规则排列的微结构可作为人造"原子"和"分子"，分别对入射光波的电场和磁场产生响应。在这些微观结构中，光与物质的相互作用变得比传统理论中预言得更强，从而突破了诸多理论上的瓶颈，包括折反射定律、衍射极限、吸收厚度-带宽极限等，在大口径望远镜、超分辨成像、太阳能、隐身和反隐身等技术中具有重要应用前景。譬如，基于梯度渐变的表面微结构，人们研制了多种平面的光学透镜，能够将几乎全部入射光波聚集到焦点，且焦斑的尺寸可突破经典的瑞利衍射极限，这一技术为新型大口径、多功能成像透镜的研制奠定了基础。

  此外，具有潜在变革性的光学技术还包括量子保密通信、太赫兹技术、涡旋光束、纳米激光器、单光子和单像元成像技术、超快成像、多维度光学存储、柔性光学、三维彩色显示技术等。它们从时间、空间、量子态等不同维度对光波进行操控，形成了覆盖光源、传输模式、探测器的全链条创新技术格局。

  值此技术变革的肇始期，清华大学出版社组织出版"变革性光科学与技术丛书"，是本领域的一大幸事。本丛书的作者均为长期活跃在科研第一线，对相关科学和技术的历史、现状和发展趋势具有深刻理解的国内外知名学者。相信通过本丛书的出版，将会更为系统地梳理本领域的技术发展脉络，促进相关技术的更快速发展，为高校教师、学生以及科学爱好者提供沟通和交流平台。

  是为序。

罗先刚

2018年7月

序

随着科学技术的飞速发展,国民经济、国防及制造业对各类光学系统和光学元件的加工精度及定量的数字化检测均提出了更高的要求。各类精密元件的表面质量评价参数主要有表面面形、粗糙度、表面缺陷等。表面面形、粗糙度等相关关键技术指标可以利用成熟的商用科学仪器,如数字化干涉仪(面形)和轮廓仪(粗糙度)等进行检测并进而加以控制,而表面缺陷的数字化检测至今尚无成熟标准化的商用仪器。多年来光学元件表面疵病均是采用目视法检测,主要采用在强光或一定的光照条件下,利用比较标板人眼目视观察的方法。目视法的主观性强且重复性差,落后的检测方法已经严重制约现代科学研究及工业化在线检测的发展。表面缺陷的影响在很多光学相关的领域都是致命的,任何孤立的微观缺陷都可能对系统带来灾难性的损伤,如惯性约束聚变系统、超大规模集成电路领域、高端制造业的质量管控等,而这些科学领域恰恰是一个国家综合国力的重要体现。

浙江大学杨甬英教授团队的研究工作就是源于惯性约束聚变对大口径超光滑元件表面缺陷的定量评价,可对几百毫米口径的宏观尺度表面检测出亚微米量级的微观缺陷。为此20余年来,团队专注于利用机器视觉的方法实现划痕、麻点类瑕疵的评价。他们的研究从平面缺陷检测拓展到"基于散射光电磁场分布逆向识别数据库的高次曲面表面缺陷定量检测仪"(国家自然科学基金国家重大科研仪器研制项目)高次曲面表面缺陷检测。在理论上,对于微观亚微米量级瑕疵在强光照射下,建立基于有限时域(FDTD)的光学元件的表面微观缺陷显微散射暗场成像模型,通过建立表面微观缺陷散射光近场和远场场分布逆向识别数据库,实现微观缺陷的逆向标定和检测。提出了光学元件表面缺陷检测的显微散射暗场成像的数字化检测原理及方法。建立了基于数学形态学的图像采集、预处理、疵病分类的数字化图像处理流程,又进一步发展了包含卷积神经网络在内的缺陷检测的深度学习模型算法,其具有泛化能力强、自动特征提取等优点,可以实现端到端的缺陷检测,满足复杂背景下的多类型缺陷提取。为了给缺陷定量化检测定标,提出了利用电子束曝光离子蚀刻等工艺制作标准刻线定标板对缺陷标定的定标方法。杨甬英教授在表面缺陷数字化定量检测领域探索多年,一直致力于各种材料及表面缺陷的定量评价研究,历经多年科研,建立了完整的表面缺陷数字化定量评价体系,

2023 年 5 月，团队参加起草的国家标准 GB/T 41805—2022《光学元件表面疵病定量检测方法　显微散射暗场成像法》实施。

  本书从显微散射暗场成像的理论建模、光学追迹仿真、光学照明成像、平面及非球面缺陷的子孔径评价技术、表面缺陷数字化定量评价软件体系、表面疵病定量检测方法的国家标准等多方面展开讨论。本书可作为科研院所从事与机器视觉相关的光电、自动化等专业科研人员、高等院校相关专业师生的参考书，也可作为企业从事自动化检测研发及质量管控专业技术人员的参考书。

中国工程院院士
2024 年 8 月

前言

表面缺陷(划痕、麻点及气泡类瑕疵)的数字化定量检测是先进光学制造和超精密加工技术可持续发展的重要环节,在国民经济领域为了保持产品质量和竞争力,制造业广泛采用机器视觉技术实现机器换人将是必然趋势。各类精密元件的表面质量评价参数主要有表面面形、粗糙度、表面缺陷等。然而表面缺陷的数字化检测至今尚无成熟标准化的商用仪器。虽然先进光学制造超精密加工技术在20世纪得到了飞速发展,但直至21世纪初,才有越来越多的科学工作者发现:在表面面形及粗糙度得到良好控制时,表面缺陷越来越成为制约先进光学制造超精密加工工艺和水平的主要因素。并且表面缺陷的影响在很多光学相关的超高精度领域都是致命的,如惯性约束聚变系统、超大规模集成电路领域、高端制造业的质量管控等,而这些领域恰恰是各个国家综合国力的重要体现。

作者团队的研究工作源于惯性约束聚变对大口径超光滑元件表面缺陷的定量评价,对几百毫米口径的全表面检测出亚微米量级的缺陷,任何孤立的微观缺陷都可能对系统带来灾难性的损伤。为此20余年来,作者团队专注于利用机器视觉的方法实现划痕麻点类瑕疵的评价。与大多数机器视觉多关注于图像处理算法类的书不同,本书的重点在于:在理论上,对于微观亚微米量级瑕疵在强光照射下,建立基于有限时域(FDTD)的高次曲面光学元件的表面微观缺陷显微散射暗场成像模型,通过建立表面微观缺陷散射光近场、远场场分布逆向识别数据库,实现微观缺陷的逆向标定和检测。提出了基于光线追迹的机器视觉成像仿真理论、基于辐度学的散射场表征方法,分析各类缺陷的散射特性;建立了直接光照场景建模,即把实际的表面机器视觉检测系统进行参数化和虚拟化的过程,提倡研究人员使用计算机模拟缺陷成像、计算相机的视场景深限制、调整器件空间位置以完善表面扫描路径等,取代实验上繁琐的调整、测量和验证工作。同时本书的特点更注重于光学方向对微观缺陷深层次的光学照明、光学成像系统布局的理论探讨作为瑕疵的定量评价的依据。作者在表面缺陷数字化定量检测领域探索多年,一直致力于各种材料及表面缺陷的定量评价研究,历经多年科研,建立了完整的表面缺陷数字化定量评价体系。

本书内容基于国家自然科学基金委员会项目"基于散射光电磁场分布逆向识

别数据库的高次曲面表面缺陷定量检测仪"（重大科研仪器研制项目，项目号：61627825），"精密表面缺陷的数字化评价系统研究"（项目号：10476026）。

  感谢庄松林院士一直以来对作者团队光学元件表面疵病数字化检测工作给予的指导、鼓励和大力支持！感谢白剑教授、沈亦兵教授、许乔所长的大力支持！我们一起努力圆满完成了重大科研仪器研制项目。感谢国家标准化管理委员会、全国光学和光子学标准化技术委员会光学材料和元件分技术委员会给予的支持！作者团队因此将科研成果撰写成了新国家标准 GB/T 41805—2022《光学元件表面疵病定量检测方法 显微散射暗场成像法》，并得以在 2023 年 5 月正式实施，为光学元件表面疵病的数字化评价提供了可靠的定量检测方法。感谢中国工程物理研究院激光聚变研究中心领导和专家们一直以来给予的研究项目的支持！使得所有的理论及研究得以实施和论证。

  本书由浙江大学光电学院杨甫英教授著述第 1、2、3、6 章，由曹频博士著述第 4 章，江佳斌博士著述第 5 章。浙江大学光电学院楼伟民、张鹏飞博士参与了大量的资料收集、整理及编撰等工作。感谢团队所有参与了书中研究及项目研发的王世通、张毅辉、柴惠婷、李晨、高鑫、吴凡、王凡祎、陈晓钰等博士及硕士研究生的倾情贡献！感谢同行胡殿浒为本书所做的图文整理工作。由于作者水平有限，本书如有不足之处，敬请指正！

  我们一起努力在机器视觉研究的科研道路上善于创新、勤于钻研，才有了所有的研究成果。在此对所有为本书的撰写和出版做出贡献的人表示最衷心的感谢！

杨甫英 曹 频 江佳斌
2024 年 7 月于 求是园

目 录

第1章 机器视觉光学成像理论基础 ·· 1

    1.1 引言 ··· 1

    1.2 表面缺陷散射电磁理论 ··· 3

        1.2.1 FDTD方法基本原理 ·· 3

        1.2.2 基于FDTD方法的表面缺陷电磁散射仿真模型 ····················· 6

        1.2.3 表面缺陷远场电磁分布求解方法 ································· 9

    1.3 表面缺陷电磁散射数值模拟 ··· 11

        1.3.1 表面缺陷散射仿真建模 ·· 11

        1.3.2 表面缺陷散射仿真结果分析 ···································· 13

        1.3.3 基于散射光强分布特征的缺陷尺寸逆向识别原理 ·················· 19

    1.4 表面缺陷散射辐度学理论 ··· 23

        1.4.1 基于辐度学的散射场表征方法 ·································· 23

        1.4.2 典型缺陷散射模型 ·· 24

        1.4.3 有限孔径内的散射强度 ·· 26

        1.4.4 表面缺陷暗场散射仿真分析 ···································· 27

    1.5 光线追迹成像原理 ··· 36

        1.5.1 光学元件表面面型的数学表征 ·································· 36

        1.5.2 像函数与光线追迹路线 ·· 42

        1.5.3 基于蒙特卡罗数值积分的辐度学参数求解 ························ 43

    1.6 光线追迹成像建模与求解 ··· 44

        1.6.1 小孔相机成像模型 ·· 44

        1.6.2 有限口径相机成像模型 ·· 47

        1.6.3 光线追迹成像模型的求解方法 ·································· 49

        1.6.4 基于光线追迹的机器视觉成像仿真 ······························ 53

    参考文献 ·· 54

第 2 章 不同属性表面的照明及光学成像系统选型 ········· 57

2.1 基于缺陷散射特性的显微散射暗场照明系统研究 ········· 58
2.1.1 光学表面的散射源 ········· 59
2.1.2 划痕的散射特性及信息收集 ········· 62
2.1.3 显微散射暗场成像照明光源相关参数研究 ········· 65
2.1.4 基于柯拉照明的均匀照明光源设计方法 ········· 67

2.2 大口径光滑表面显微散射暗场系统布局 ········· 71
2.2.1 光学显微散射暗场成像检测技术 ········· 71
2.2.2 双倍率检测方案与子孔径扫描拼接技术 ········· 73
2.2.3 标准缺陷数字化标定技术 ········· 75

2.3 复杂属性的光学元件表面的微弱缺陷的照明及检测 ········· 76
2.3.1 单面抛光的光学元件表面属性分析和成像分析 ········· 76
2.3.2 同轴入射远心明场成像系统组成及成像特征分析 ········· 78
2.3.3 基于视觉差励与双次离散傅里叶变换的微弱缺陷提取算法研究 ········· 81
2.3.4 蓝宝石衬底基片微弱划痕的检测技术应用 ········· 88

2.4 复杂纹理的金属圆弧表面的微弱缺陷的照明及检测 ········· 92
2.4.1 复杂纹理的金属圆弧表面属性分析和成像分析 ········· 93
2.4.2 多角度入射远心明场成像系统组成及系统成像特征分析 ········· 94
2.4.3 复杂金属弧面中微弱缺陷的检测技术应用 ········· 98

参考文献 ········· 104

第 3 章 光泽表面、光滑表面的光照场景建模和像函数求解 ········· 107

3.1 光泽表面成像建模 ········· 107
3.1.1 全自动漆面质量检测建模 ········· 107
3.1.2 条纹光扫描疵病检测原理 ········· 108
3.1.3 场景建模和像函数求解 ········· 109
3.1.4 基于图像融合的疵病检测方法 ········· 115
3.1.5 仿真场景示例 ········· 116
3.1.6 光学反射面条纹光融合成像实验 ········· 123

3.2 光滑表面成像建模 ········· 126

3.2.1　自动化曲面表面检测设备 ·· 126
　　3.2.2　暗场检测原理 ·· 128
　　3.2.3　暗场检测布局建模 ·· 130
　　3.2.4　光滑单透镜暗场成像仿真 ··· 132
　　3.2.5　光滑单孔径无盲区融合检测 ·· 135
　　3.2.6　球面透镜单孔径无盲区暗场融合成像实验 ·························· 137
参考文献 ··· 143

第4章　球面光学元件表面缺陷检测方法研究 ································ 145

4.1　球面子孔径规划 ··· 146
　　4.1.1　球面孔径成像过程分析 ·· 146
　　4.1.2　三维子孔径扫描 ··· 147
　　4.1.3　经纬线扫描轨迹 ··· 147
　　4.1.4　球面子孔径规划 ··· 149
4.2　子孔径规划仿真 ··· 155
　　4.2.1　SOM子孔径规划仿真 ·· 155
　　4.2.2　SOP子孔径规划仿真 ··· 157
　　4.2.3　SOM与SOP规划结果评估 ··· 158
4.3　基于投影变换的大口径球面子孔径拼接方法 ·· 161
　　4.3.1　基于小孔成像的子孔径三维矫正 ······································ 162
　　4.3.2　球面子孔径全局坐标变换 ··· 166
　　4.3.3　三维子孔径在投影平面上的全口径拼接 ····························· 168
　　4.3.4　球面表面缺陷全景图像生成 ·· 172
　　4.3.5　球面表面缺陷定量化评价 ··· 172
4.4　球面子孔径拼接误差分析 ·· 177
　　4.4.1　转动机构转角误差的影响 ··· 178
　　4.4.2　平移导轨定位误差的影响 ··· 180
4.5　多轴扫描系统运动及误差的分析与建模 ·· 181
　　4.5.1　多体系统理论概述 ·· 181
　　4.5.2　理想运动的变换矩阵 ··· 183
　　4.5.3　实际运动中的变换矩阵 ·· 185
　　4.5.4　拓扑结构、低序体阵列 ·· 187
　　4.5.5　特征矩阵、理想运动矩阵与实际运动矩阵 ·························· 188

    4.5.6 误差项物理意义辨识及实际运动特征矩阵简化 ⋯⋯⋯⋯⋯ 191
    4.5.7 球面子孔径扫描误差模型 ⋯⋯⋯⋯⋯⋯⋯⋯⋯⋯⋯⋯⋯⋯⋯ 194
    4.5.8 理想扫描轨迹曲线 ⋯⋯⋯⋯⋯⋯⋯⋯⋯⋯⋯⋯⋯⋯⋯⋯⋯⋯ 195
    4.5.9 各误差项对扫描轨迹及拼接影响分析 ⋯⋯⋯⋯⋯⋯⋯⋯⋯⋯ 195
    4.5.10 实际扫描轨迹仿真及误差优化 ⋯⋯⋯⋯⋯⋯⋯⋯⋯⋯⋯⋯ 199
  4.6 高次曲面表面疵病检测仪 ⋯⋯⋯⋯⋯⋯⋯⋯⋯⋯⋯⋯⋯⋯⋯⋯⋯⋯ 202
    4.6.1 高次曲面表面疵病检测仪原理 ⋯⋯⋯⋯⋯⋯⋯⋯⋯⋯⋯⋯⋯ 202
    4.6.2 检测系统机构布局组成 ⋯⋯⋯⋯⋯⋯⋯⋯⋯⋯⋯⋯⋯⋯⋯⋯ 204
    4.6.3 非球面检测示例 ⋯⋯⋯⋯⋯⋯⋯⋯⋯⋯⋯⋯⋯⋯⋯⋯⋯⋯⋯ 205
 参考文献 ⋯⋯⋯⋯⋯⋯⋯⋯⋯⋯⋯⋯⋯⋯⋯⋯⋯⋯⋯⋯⋯⋯⋯⋯⋯⋯⋯⋯⋯ 211

第 5 章 深度学习在工业化智能检测中的应用 ⋯⋯⋯⋯⋯⋯⋯⋯⋯⋯⋯ 213

  5.1 应用于机器视觉中图像识别的深度学习模型 ⋯⋯⋯⋯⋯⋯⋯⋯⋯⋯ 213
    5.1.1 基于机器视觉的光学元件表面缺陷智能检测应用的研究现状 ⋯⋯⋯⋯⋯⋯⋯⋯⋯⋯⋯⋯⋯⋯⋯⋯⋯⋯⋯⋯⋯⋯⋯ 213
    5.1.2 经典深度学习模型：目标识别网络模型及语义分割网络模型 ⋯⋯⋯⋯⋯⋯⋯⋯⋯⋯⋯⋯⋯⋯⋯⋯⋯⋯⋯⋯⋯⋯⋯ 219
  5.2 深度学习在光学玻璃表面缺陷检测中的在线智能检测应用 ⋯⋯⋯⋯ 233
    5.2.1 基于多种成像场的玻璃表面缺陷光学成像 ⋯⋯⋯⋯⋯⋯⋯⋯ 233
    5.2.2 基于并联平衡残差网络结构的光学玻璃面板缺陷识别及分类的应用 ⋯⋯⋯⋯⋯⋯⋯⋯⋯⋯⋯⋯⋯⋯⋯⋯⋯⋯⋯⋯⋯⋯ 239
    5.2.3 基于并联平衡残差网络结构的光学玻璃表面缺陷识别及分类的检测结果 ⋯⋯⋯⋯⋯⋯⋯⋯⋯⋯⋯⋯⋯⋯⋯⋯⋯⋯⋯⋯⋯ 246
    5.2.4 基于轻量级网络的缺陷像素级分割及定量计算方法 ⋯⋯⋯ 250
    5.2.5 基于轻量级网络的缺陷像素级分割及定量计算检测结果 ⋯ 259
  5.3 深度学习在复杂装配件智能检测中的应用 ⋯⋯⋯⋯⋯⋯⋯⋯⋯⋯⋯ 263
    5.3.1 装配体异常检测的前向照明成像 ⋯⋯⋯⋯⋯⋯⋯⋯⋯⋯⋯ 263
    5.3.2 基于类别不平衡半监督学习的装配体异常分类算法 ⋯⋯⋯ 266
    5.3.3 基于类别不平衡半监督学习的装配体异常检测结果 ⋯⋯⋯ 275
 参考文献 ⋯⋯⋯⋯⋯⋯⋯⋯⋯⋯⋯⋯⋯⋯⋯⋯⋯⋯⋯⋯⋯⋯⋯⋯⋯⋯⋯⋯⋯ 284

第 6 章 光学表面缺陷成像的定量评估 ⋯⋯⋯⋯⋯⋯⋯⋯⋯⋯⋯⋯⋯⋯ 291

  6.1 光学表面缺陷的测量和量化 ⋯⋯⋯⋯⋯⋯⋯⋯⋯⋯⋯⋯⋯⋯⋯⋯⋯ 291

6.1.1　光学表面缺陷的可见度测量及量化 ………………………… 291

　　6.1.2　光学表面缺陷的面积测量及量化 ………………………… 294

　　6.1.3　光学表面缺陷标准评价方法 ……………………………… 296

6.2　基于数字化标定技术的缺陷尺寸识别方法 ……………………… 300

　　6.2.1　典型光学畸变 ……………………………………………… 300

　　6.2.2　典型光学畸变的标定方法 ………………………………… 304

　　6.2.3　缺陷尺寸数字化标定与识别 ……………………………… 308

6.3　基于散射光强分布特征的缺陷精密尺寸识别方法 ……………… 312

　　6.3.1　缺陷实际散射光强分布修正方法 ………………………… 313

　　6.3.2　基于LASSO-DRT的缺陷尺寸识别算法 ………………… 315

　　6.3.3　基于极端随机树的缺陷尺寸识别算法 …………………… 321

6.4　表面缺陷密集度数字化计算方法 ………………………………… 325

　　6.4.1　表面缺陷密集度计算原理 ………………………………… 325

　　6.4.2　划痕密集度计算方法 ……………………………………… 328

　　6.4.3　麻点密集度计算方法 ……………………………………… 330

　　6.4.4　表面缺陷检测评估实例 …………………………………… 331

参考文献 ………………………………………………………………… 334

第 1 章

机器视觉光学成像理论基础

1.1 引言

科技创新是提高社会生产力和综合国力的战略支撑,我国经济社会发展比过去任何时候都更加需要科学技术解决方案,更加需要增强创新动力。实体经济是经济增长的核心动力,制造业作为实体经济的重要组成部分,高质量的制造业代表了更高的实体经济发展水平。作为制造业中的核心——产品质量,决定了制造业竞争力的关键,中国制造、智能制造的发展离不开产品的质量保证。

光学领域作为制造业的重要组成部分,从民用的显示、摄像,到工业界的集成电路光刻系统,再到空间光学领域的精密天望远成像系统、军用国防高能激光武器等,涵盖了当今社会生产生活的方方面面。组成这些复杂、精密光学系统的基本单元是一系列光学元件。光学元件的表面质量直接决定着光学系统的使用性能。以高能激光系统中的钕玻璃元件为例,当强光照射到钕玻璃在各个加工环节中引入的形状尺寸各异的划痕、麻点等微观缺陷时,元件内部将形成集中的电磁场分布,引发自聚焦、电子崩离等。接近波长量级的微观疵病将更易导致元件抗损伤能力的下降,甚至直接导致元件的炸裂。因此如何通过有效手段及时对光学元件表面缺陷情况进行检测及评价已成为当下亟需解决的问题。

由于光学元件表面缺陷的分布具有随机性,且形态种类各异,尺寸从亚微米到毫米量级不等,难以按照统一的检测标准进行检测,虽然已有一些原理性检测样机,但离工业化应用还有一定的距离,目前主要还是依靠人眼目视进行检测。人工检测不仅具有极大的主观性,且容易引发误判、漏判。随着现代机器视觉领域的蓬勃发展,以相机代替人眼拍摄图像并结合计算机数字化图像处理的机器视觉缺陷检测方法应运而生。典型的机器视觉检测系统主要由机械自动化运动控制模块、光源照明系统、光学成像系统、图像处理模块等部分组成。检测时被测样品被装夹于机械自动化控制模块的载物台上,通过设计相应的照明成像方式采集待测元件表面图像。采集的图像经由图像处理模块的数字化图像处理算法处理,生成包含缺陷类别、尺寸等信息的检测报表。

在实际检测时,根据检测材料、缺陷类型的不同,需要采取不同的成像方式。常见的机器视觉缺陷检测成像方式主要包括暗场、明场、同轴场等[1-3],不同的成像方式适用于检测不同类型的缺陷,本书将在各章予以详细阐述。在对元件表面进行缺陷检测时,由于成像系统的视场往往小于待测元件的口径,仅通过单次采集无法获得待测元件表面的全口径图像,因此在实际检测时需要采集待测元件表面不同位置的子孔径图像并进行拼接,该扫描过程称为子孔径扫描。对于平面元件,子孔径扫描的方式较为简单,只需控制相机相对于待测元件表面沿 xy 方向运动。但是对于表面存在曲率的球面、非球面元件,在子孔径扫描时还需根据待测元件的面形调整相机相对元件的 z 向位置来保持相机工作距。此外,对于球面、非球面子孔径扫描,除了需要控制上述相机相对元件的三维 xyz 平移运动,一般还需要控制元件的二维旋转运动(元件绕自身光轴自旋、随自身光轴摆动)。不同于平面,球面、非球面采集的子孔径图像实质是元件表面三维空间曲面在二维电荷耦合器件(CCD)像面的投影,因此图像中的像素坐标位置包含了曲面的非线性信息,若是按照平面子孔径拼接方式直接根据导轨运动的线性平移坐标进行拼接,球面、非球面的子孔径拼接图像将发生错位。为此需要将 CCD 像面的图像映射回非球面表面再进行拼接,也称为子孔径重构。对于球面,由于其表面曲率恒定,容易通过解析几何关系实现重构。但是对于非球面,由于其表面距离光轴不同位置处的曲率不同,且面形方程往往还包含了高次项系数,其重构方式相比平面、球面而言更为复杂。此外,元件表面曲率的存在还容易造成子孔径扫描过程中照明光源投射在曲面表面,导致光线进入成像系统成像,使得图像中出现大面积光斑分布遮盖缺陷散射像而破坏缺陷成像效果。球面元件由于表面不同位置曲率恒定,照明光源反射像的成像情况较为单一,容易通过控制照明孔径抑制光源反射像的干扰。然而非球面元件表面距离光轴不同位置的曲率各不相同,照明光源反射像的成像情况更为复杂,难以通过单一的照明孔径调控抑制光源反射像的干扰。因此相比于平面与球面,非球面元件表面缺陷检测的难度更大。在检测前需要通过光线追迹方法进行仿真建模,对球面、非球面的子孔径重构方法及非球面的照明光源干扰像抑制方法展开研究。

在缺陷的定量化评价上,各国标准都有着明确的规定,例如中国国家标准 GB/T 1185—2006、美国军用标准 MIL-PRF-13830B 就以缺陷的宽度、分布密度等参数,作为元件表面质量公差等级划分的定量化评价依据。为了通过数字化图像处理方法计算上述参数,理论上根据CCD像元尺寸大小与成像放大倍数,可以基于图像阈值分割方法提取缺陷的尺寸。但受限于显微镜成像系统像差衍射的影响,通过该方法获得的缺陷尺寸估计结果存在较大的误差,难以满足诸如缺陷检测的最小尺寸为 $0.5\mu m$ 量级的缺陷测量精度要求。此外,当缺陷尺寸接近成像系统衍射极限时,缺陷的灰度分布将发生展宽,导致实际宽度为 $0.5\mu m$ 的缺陷可能与实际宽度为 $3\mu m$ 的缺陷具有相同的阈值分割宽度识别结果而造成误判。因此,在对缺陷尺寸识别上需要解决两方面的问题:对于缺陷尺寸位于系统衍射极限外的情况需要通过有效标定方法来计算缺陷的实际尺寸;对于缺陷尺寸位于系统衍射极限内的情况需要从物理光学电磁理论出发,提出使用基于矢量衍射理论的时域有限差分(finite difference time domain,FDTD)方法,建立表面缺陷散射光的电磁散射场暗场成像模型,创新性地引入表征实际成像系统的像差及衍射受限模型等因素的点扩散函数PSF模型,提取仿真缺陷产生的散射光经过不同光学系统后在远场(即CCD像面上)的光强分布,最终根据缺陷散射光的成像机理计算缺陷的实际尺寸。

1.2 表面缺陷散射电磁理论

对于特定的散射结构,精确的散射电磁场需要应用麦克斯韦方程组进行求解计算,这是一个极其复杂的过程。目前,实现散射场计算的方法主要可以分为数值法和解析法两类。其中数值法包括有限元法(FEM)[4]和时域有限差分方法[5]等,这类方法基于现代计算机强大的计算能力,对麦克斯韦方程组进行数值求解,从而得到高精度的电磁场分布,适用于各种复杂的散射场景。本书以 FDTD 方法为例,进行介绍。

1.2.1 FDTD方法基本原理

FDTD方法由美籍华人叶坤声(Kane S. Yee),于1966年首次提出[6],是一种常规的电磁理论分析方法。它直接求解电磁场的时域问题,方便观察复杂问题下电磁场随时间的演变,也方便获得频域信息,适用于散射、透射、传输等多种问题,计算所需时间与存储空间少,且适合并行计算。在几十年的发展过程中,国际学者[7-13]对其近场远场外推、边界条件设置、计算区域划分等多方面进行了不断地探索和完善,FDTD方法逐渐发展为一种成熟的数值计算方法,在多个领域广泛应用。在公开刊物与网络上也出现多种基于FDTD方法的电磁场解决方案,如 XFDTD、EMPIRE XPU、FDTD Solution 等。该方法与传统的差分方法最大的不同,是计算

时对电场和磁场在时间和空间上交替采样以离散化麦克斯韦方程组。描述电磁场普遍规律的麦克斯韦方程组为

$$\begin{cases} \nabla \cdot \boldsymbol{D} = \rho_e \\ \nabla \cdot \boldsymbol{B} = \mu_0 \rho_m \\ \nabla \times \boldsymbol{H} = \dfrac{\partial \boldsymbol{D}}{\partial t} + \boldsymbol{J} \\ \nabla \times \boldsymbol{E} = -\dfrac{\partial \boldsymbol{B}}{\partial t} + \boldsymbol{J}_m \end{cases} \quad (1.1)$$

式中，$\boldsymbol{B}$ 是磁通量密度，Wb/m^2；$\boldsymbol{D}$ 是电通量密度，C/m^2；$\boldsymbol{E}$ 是电场强度，V/m；$\boldsymbol{H}$ 是磁场强度，A/m；$\boldsymbol{J}$ 是电流密度，A/m^2；$\boldsymbol{J}_m$ 是磁流密度，V/m^2；ρ_e 是电荷密度，C/m^3；ρ_m 是磁荷密度，Wb/m^3。

FDTD 方法是一种巧妙而简洁的时域求解麦克斯韦方程组的方法，使用中心差分来离散电磁场对空间和时间的偏导。如图 1.1 所示的笛卡儿坐标系下的三维网格 $(\Delta x, \Delta y, \Delta z)$ 中，网格节点可以表示为 $(x, y, z)_{i,j,k} = (i\Delta x, j\Delta y, k\Delta z)$（其中 i, j, k 均为整数），时间节点也表示为 $t = n\Delta t$。任意节点时刻、任意节点位置处的某个电磁场分量可以表示为

$$f(x, y, z, t) = f(i\Delta x, j\Delta y, k\Delta z) = f_{i,j,k}^n \quad (1.2)$$

取中心差分近似的一阶偏导数为

$$\begin{cases} \dfrac{\partial f(x,y,z,t)}{\partial x}\bigg|_{x=i\Delta x} \approx \dfrac{f^n\left(i+\frac{1}{2},j,k\right) - f^n\left(i-\frac{1}{2},j,k\right)}{\Delta x} \\ \dfrac{\partial f(x,y,z,t)}{\partial y}\bigg|_{y=j\Delta y} \approx \dfrac{f^n\left(i,j+\frac{1}{2},k\right) - f^n\left(i,j-\frac{1}{2},k\right)}{\Delta y} \\ \dfrac{\partial f(x,y,z,t)}{\partial z}\bigg|_{z=k\Delta z} \approx \dfrac{f^n\left(i,j,k+\frac{1}{2}\right) - f^n\left(i,j,k-\frac{1}{2}\right)}{\Delta z} \\ \dfrac{\partial f(x,y,z,t)}{\partial t}\bigg|_{t=n\Delta t} \approx \dfrac{f^{n+\frac{1}{2}}(i,j,k) - f^{n-\frac{1}{2}}(i,j,k)}{\Delta t} \end{cases} \quad (1.3)$$

在这个网格内，电场分量沿网格边缘采样，磁场分量沿网格表面中心处的法向采样。这样的采样方式使得四个电场分量环绕一个磁场分量，四个磁场分量环绕一个电场分量，符合法拉第感应定律与安培环路定律的自然结构而且方便麦克斯韦方程组中旋度方程的差分计算。同时，电场分量和磁场分量在时间上交替抽样，彼此相差半个时间步长。这种采样方式是 FDTD 方法的基础，因此图 1.1 也被称为 Yee 元胞。

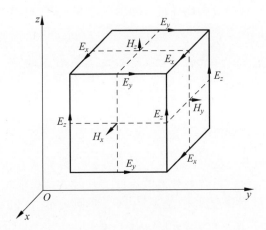

图 1.1 Yee 元胞

将电磁场分量都按照式(1.2)、式(1.3)进行表示和离散,可求解得到 FDTD 方法中电场和磁场共六个分量的时间推进计算公式,如电场 E 的 x 分量为

$$E_x^{n+1}\left(i+\frac{1}{2},j,k\right)=\mathrm{CA}(m)\cdot E_x^n\left(i+\frac{1}{2},j,k\right)+\mathrm{CB}(m)\cdot$$

$$\left[\frac{H_z^{n+1/2}\left(i+\frac{1}{2},j+\frac{1}{2},k\right)-H_z^{n+1/2}\left(i+\frac{1}{2},j-\frac{1}{2},k\right)}{\Delta y}-\right.$$

$$\left.\frac{H_y^{n+1/2}\left(i+\frac{1}{2},j,k+\frac{1}{2}\right)-H_y^{n+1/2}\left(i+\frac{1}{2},j,k-\frac{1}{2}\right)}{\Delta z}\right]$$

(1.4)

式中,

$$\begin{cases}\mathrm{CA}(m)=\dfrac{\dfrac{\varepsilon(m)}{\Delta t}-\dfrac{\sigma(m)}{2}}{\dfrac{\varepsilon(m)}{\Delta t}+\dfrac{\sigma(m)}{2}}=\dfrac{1-\dfrac{\sigma(m)\Delta t}{2\varepsilon(m)}}{1+\dfrac{\sigma(m)\Delta t}{2\varepsilon(m)}}\\ \mathrm{CB}(m)=\dfrac{1}{\dfrac{\varepsilon(m)}{\Delta t}+\dfrac{\sigma(m)}{2}}=\dfrac{\dfrac{\Delta t}{\varepsilon(m)}}{1+\dfrac{\sigma(m)\Delta t}{2\varepsilon(m)}}\end{cases}$$

(1.5)

式(1.4)和式(1.5)中标号 $m=(i+1/2,j,k)$。可知,任一时刻的电场分量可由上一时间节点的电场分量与正交面上前半个时间步长的磁场分量计算得出,其余分量 E_y,E_z,H_x,H_y,H_z 也有类似形式的推进公式,不再列出。综上,若已知某时刻的电磁场分布,则可以在时间域上迭代计算出下一时刻的各个电磁场分量,

最终得到所需时空区域的电磁场分布。如图1.2所示,即根据FDTD差分方程组计算电磁场的时域推进方法。

图1.2 FDTD方法在时域的交叉半步推进计算过程

FDTD方法用差分方程组代替麦克斯韦方程组的旋度方程,用差分方程组的解代替旋度方程组的解。只有差分离散后的解是收敛且稳定的,采用这种近似代替求得的表面缺陷散射情况才有意义。因此,网格大小 Δx,Δy,Δz 与时间步长 Δt 应满足柯朗特-弗雷德里希斯-列维(Courant-Fredrichs-Lewy,CFL)稳定性条件,

$$\Delta t \leqslant \frac{1}{v} \cdot \frac{1}{\sqrt{\frac{1}{(\Delta x)^2}+\frac{1}{(\Delta y)^2}+\frac{1}{(\Delta z)^2}}} \tag{1.6}$$

式中,$v=1/\sqrt{\varepsilon\mu}$ 是介质中的光速。特殊情况下,若是三维立方体元胞,即 $\Delta x=\Delta y=\Delta z=\delta$,则

$$\Delta t \leqslant \frac{\delta}{\sqrt{3}v} \tag{1.7}$$

在二维情况下,式(1.6)变为

$$\Delta t \leqslant \frac{1}{v} \cdot \frac{1}{\sqrt{\frac{1}{(\Delta x)^2}+\frac{1}{(\Delta y)^2}}} \tag{1.8}$$

若 $\Delta x=\Delta y=\delta$,则

$$\Delta t \leqslant \frac{\delta}{\sqrt{2}v} \tag{1.9}$$

式(1.7)和式(1.9)表明时间间隔必须小于或等于波以介质中光速通过Yee元胞对角线长度的1/3(三维情况)或1/2(二维情况)所需的时间。

1.2.2 基于FDTD方法的表面缺陷电磁散射仿真模型

目前,FDTD原理已被集成到许多电磁仿真软件当中,FDTD Solutions便是其中一款常用的电磁仿真分析软件。FDTD Solutions软件可以很方便地实现基于FDTD方法原理的电磁场仿真计算。表1.1给出FDTD Solutions的仿真时间与内存需求,其中 $\lambda/\mathrm{d}x$ 称为网格密度。可以看出,在二维(三维)仿真下,所需时间、内存与仿真区域面积(体积)成正比,与网格密度 $\lambda/\mathrm{d}x$ 的幂成正比。受计算条件限制,FDTD方法只能计算有限区域内的电磁场,获取近场相关参数后,结合成

像模型获得远场电磁场分布。设定仿真区域在每个空间维度取十几个波长的量级。根据显微散射暗场成像的缺陷检测原理,建立如图1.3所示的实际系统布局及电磁场仿真模型。

表1.1 FDTD Solutions给出仿真时间与内存需求估计

	二维	三维
内存需求	$\sim A \cdot (\lambda/\mathrm{d}x)^2$	$\sim V \cdot (\lambda/\mathrm{d}x)^3$
时间需求	$\sim A \cdot (\lambda/\mathrm{d}x)^3$	$\sim V \cdot (\lambda/\mathrm{d}x)^4$

1. 仿真区域设定

为便于研究散射问题,从内到外将仿真区域分为总场区(total field)和散射场区(scattered field)。在总场区内,计算电场包括入射场和散射场。在散射场区内,计算电场只包括散射场。

2. 激励源设定

本节介绍一种基于显微散射暗场成像原理的精密表面缺陷数字化评价系统(surface defects evaluating system,SDES)。SDES系统采用白光LED环形照明,如图1.3(a)所示,其照明光源是一种无偏振的连续宽光谱光源,呈环形排列的多束光源以不同角度斜入射到元件表面。因此,将光源离散为不同波长λ_k、不同偏振角度θ_j、不同入射角度α_0的光线的非相干叠加,即

$$I_{\mathrm{in}} = \sum_{i,j,k} \omega_k \mid \boldsymbol{E}_{\mathrm{in}}^{i,j,k} \mid^2 \tag{1.10}$$

仿真中,将可见光宽光谱(400~750nm)离散成36个波长,将非偏振光离散成0°和90°两个正交偏振光,在二维仿真中近似认为光源对称分布,即$\alpha_i = \pm\alpha_0 (i=1,2)$,$\theta_j = 0°, 90° (j=1,2)$,$\lambda_k = 400\mathrm{nm}, 410\mathrm{nm}, 420\mathrm{nm}, \cdots, 750\mathrm{nm}(k=1,\cdots,36)$。$\omega_k$是LED的光谱响应曲线中对应波长$\lambda_k$的响应值。

3. 边界条件设定

表面缺陷多在微米量级且在元件表面呈孤立分布,精密光学元件的口径往往可以达到毫米甚至米的量级,相对于缺陷来说是无限大平面。为了模拟开放边界的电磁过程,需要在计算区域边界给出吸收边界条件。从最初的插值边界条件[14],到后来的穆尔(Mur)吸收边界,以至近年来发展的完全匹配层(perfectly matched layer,PML),吸收效果越来越好。PML在FDTD方法计算区域边界设置一层特殊的介质层,其介质的波阻抗与相邻介质的波阻抗完全匹配,这样入射到边界上的光波将无反射地进入PML层。同时,PML层为有耗介质层,进入PML层的光波迅速衰减,实现对边界处光波无反射的良好吸收。实际仿真中,PML层距离仿真结构的距离至少要有半个波长。

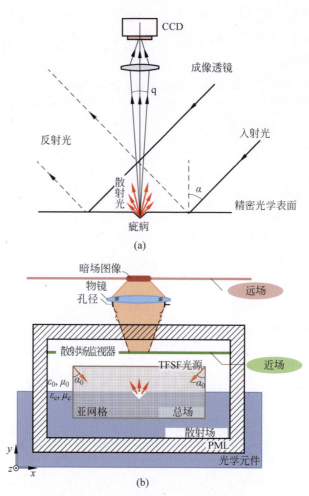

图 1.3 表面缺陷显微散射暗场成像

(a) 系统布局；(b) 电磁场仿真模型

4. 网格剖分

FDTD 方法计算的最小单位是一个网格。若小于一个网格局部区域近似为一个网格，则会带来计算误差。若将网格尺寸减小，则会造成仿真内存与时间成几何增长。因此，需要网格剖分技术解决这一矛盾。通常情况下，FDTD 离散网格的尺寸 δ 的选取应满足介质中波长最小值的 1/10。但缺陷可能出现几百纳米宽度、几十纳米深度，只占几个计算网格尺寸，仍采用这样的网格划分不易得出准确的结果。这时，对精细结构的局部区域采用亚网格（subgrid）[15]，其他区域采用较粗网格。对横跨介质边界的网格采用共形网格技术，利用麦克斯韦方程的积分形式计算边界网格的回路积分，得到等效介电常数、等效电导率、等效磁导系数和等效磁导率,这样等效处理可以提高仿真精度。

1.2.3 表面缺陷远场电磁分布求解方法

通过上述电磁散射仿真模型,可以计算在激励源 $\boldsymbol{E}_{in}^{i,j,k}$ 作用下,有限空间区域内(近场)的电磁场分布。然而,实际中往往关心的是位于远场位置处的缺陷像面电磁场分布情况,此时就需要根据近场的电磁场来推出远场的电磁场分布。

将近场电场记为 $\boldsymbol{E}_0^{i,j,k}$,要得到计算区域外甚至是远区(远场)的电磁场分布记为 $\boldsymbol{E}_{far}^{i,j,k}$,可以从惠更斯原理出发,应用矢量衍射理论[16]进行计算。由格林第二公式,如果已知由表面约束一组辐射源在封闭表面的切向分量,则可以只从表面的切向场唯一地预测表面外部的场。于是,若在近场边界(可以理解为散射体附近)引入虚拟界面A,设界面A以外为真空。如果保持界面A处 $\boldsymbol{E}$ 场、$\boldsymbol{H}$ 场的切向分量不变,而令界面A内的场为零,则图1.4(a)和(b)两种情况下界面A以外有相同的电磁场。界面A称为惠更斯表面。

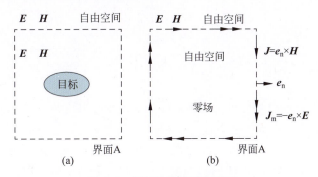

图 1.4 近场外推的等效原理

(a) 原问题;(b) 等效问题

惠更斯表面A处的等效面电流 $\boldsymbol{J}$ 与面磁流 $\boldsymbol{J}_m$ 为

$$\begin{cases} \boldsymbol{J} = \boldsymbol{e}_n \times \boldsymbol{H} \\ \boldsymbol{J}_m = -\boldsymbol{e}_n \times \boldsymbol{E} \end{cases} \quad (1.11)$$

电流与磁流的辐射场为

$$\boldsymbol{E} = -\nabla \times \boldsymbol{F} + \frac{1}{j\omega\varepsilon} \nabla \times \nabla \times \boldsymbol{A} \quad (1.12)$$

$$\boldsymbol{H} = \nabla \times \boldsymbol{A} + \frac{1}{j\omega\mu} \nabla \times \nabla \times \boldsymbol{F} \quad (1.13)$$

$$\begin{cases} \boldsymbol{A}(\boldsymbol{r}) = \int \boldsymbol{J}(\boldsymbol{r}') G(\boldsymbol{r},\boldsymbol{r}') dV' \\ \boldsymbol{F}(\boldsymbol{r}) = \int \boldsymbol{J}_m(\boldsymbol{r}') G(\boldsymbol{r},\boldsymbol{r}') dV' \end{cases} \quad (1.14)$$

式中，$\boldsymbol{A}$ 和 $\boldsymbol{F}$ 为矢量势函数，$G(\boldsymbol{r},\boldsymbol{r}')$ 为自由空间的格林函数。二维与三维情况下的格林函数各有不同形式。二维情况下的格林函数为第二类零阶汉克尔（Hankel）函数形式，

$$G(\boldsymbol{r},\boldsymbol{r}') = \frac{1}{4\mathrm{j}} H_0^{(2)}(k\mid \boldsymbol{r}-\boldsymbol{r}'\mid) \tag{1.15}$$

为了计算 FDTD 仿真区域以外的散射场，在总场边界以外、吸收边界以内设置散射场监视器（SF monitor），存储近场散射数据 $\boldsymbol{E}_0^{i,j,k}$，利用上述等效原理，可计算出远场的散射场分布 $\boldsymbol{E}_{\text{far}}^{i,j,k}$。而由暗场成像原理，只有一定传输方向内的光才是散射光，若收集的散射光的孔径过大则会引入反射光使得背景噪声过大，孔径过小则参与成像的散射光能量小，使得信号能量小。因此，需要对远场散射场分布进行孔径滤波。将 $\boldsymbol{E}_{\text{far}}^{i,j,k}$ 在笛卡儿坐标系下的 x,y 分量分别记为 $E_{\text{far},x}, E_{\text{far},y}$。以 x 分量 $E_{\text{far},x}$ 为例，根据角谱理论，将 $E_{\text{far},x}$ 分解为不同方向 s 传播的平面波分量 $E_{\text{far},x}^s$，如式（1.16）和式（1.17）所示，在 NA 内的分量可以透过，而 NA 以外的分量被去除，

$$E_{\text{sct},x}^s = E_{\text{far},x}^s T \tag{1.16}$$

$$T = \begin{cases} 1, & \sin s \leqslant \text{NA} \\ 0, & \sin s > \text{NA} \end{cases} \tag{1.17}$$

则像面散射光的电场分量为各平面波分量的傅里叶变换，

$$E_{\text{sct},x} = cF(E_{\text{sct},x}^s) \tag{1.18}$$

式中，c 为常数；$F(\cdot)$ 表示傅里叶变换。同理可得 y 分量，则像面散射场电场矢量 $\boldsymbol{E}_{\text{sct}}^{i,j,k} = E_{\text{sct},x}\boldsymbol{i} + E_{\text{sct},y}\boldsymbol{j}$。最终，白光 LED 入射下的缺陷散射光强分布 I_{sct} 为各激励源激发的像面散射场电场矢量的非相干叠加，

$$I_{\text{sct}} = \frac{1}{A}\sum_{i,j,k}\omega_k \mid \boldsymbol{E}_{\text{sct}}^{i,j,k}\mid^2, \quad A = \frac{1}{N_\alpha N_\theta \sum\limits_k \omega_k} \tag{1.19}$$

式中，$\boldsymbol{E}_{\text{sct}}^{i,j,k}$ 是入射角 φ_i、偏振角 θ_j、波长 λ_k 的光源仿真下的像面散射场电场矢量，ω_k 是光谱曲线对应波长 λ_k 的值，A 为归一化系数。光源近似为两个对称入射的光源，偏振角为两个正交的角度，因此 $N_\alpha \equiv 2, N_\theta \equiv 2$。发光体为白光 LED，光谱曲线 $\omega(\lambda)$ 是确定的。参与仿真的波长 λ_k 确定后，归一化系数是常数。

FDTD 方法是一种求解缺陷散射场光强分布数值解的求解方法，该方法直接通过求解电磁场的麦克斯韦方程组数值解，近似获得缺陷散射场空间光强分布。为了避免对麦克斯韦方程组复杂求解的讨论，当缺陷截面形状为规则形貌（如三角形、矩形等）时，可以通过辐度学对缺陷散射场的光强分布进行表征。

1.3 表面缺陷电磁散射数值模拟

1.3.1 表面缺陷散射仿真建模

为了基于 FDTD 方法对表面缺陷散射检测系统的像面光强分布情况进行仿真分析,建立了如图 1.5 所示光学元件表面缺陷散射分析模型[17-21]。其中,入射光波的波长 λ 取 $400\sim750$nm,波长步长 $\Delta\lambda=10$nm,空间步长 δ,时间步长 $\Delta t\left(\Delta t\leqslant\dfrac{\delta}{\sqrt{3}c}\right)$($c$ 为真空光速);取精密元件的材料为 SiO_2。元件表面以上空间的电容率为 ε_0,磁导率为 μ_0,元件内部的电容率为 ε_c,磁导率为 μ_c。散射仿真中,从外到内将计算区域划分为散射场区(scatter-field zone)和总场区(total-field zone)。表 1.2 给出了表面缺陷散射仿真中的具体参数说明,包括了各区域大小的尺寸参数。

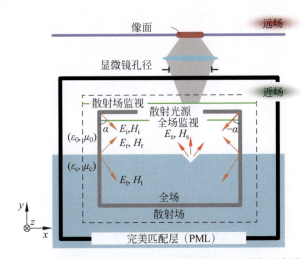

图 1.5 光学元件表面缺陷电磁显微散射暗场成像仿真模型

表 1.2 表面缺陷散射仿真参数

光波长	总场区		散射场区	
	x 方向	y 方向	x 方向	y 方向
$400\sim750$nm	8μm	4μm	12μm	6μm
空间步长 δ	吸收边界		远场位置	
	边界条件	边界厚度		
2.5nm	PML	150nm	1000mm	

完成以上参数设置后,在二氧化硅(SiO_2)基底上构建缺陷。在仿真中对表面缺陷进行设置时,应使缺陷截面形状和尺寸尽量与光学加工和应用时产生的实际表面缺陷参数相符。J.M.Bennett 等使用接触式表面轮廓仪对光学元件表面♯20 和♯60 的两条缺陷的形貌进行测量后发现,光学加工中常见缺陷的截面形状近似为三角形[22-23]。图 1.6(a)给出了 Bennett 的测量结果。因此在仿真中选取了三种典型尺寸 $w=1\mu m, d=100nm$;$w=2\mu m, d=0.20\mu m$;$w=6\mu m, d=0.48\mu m$ 的三角形缺陷进行研究,以模拟♯10、♯20 和♯60 三种等级的缺陷。同时,为了对标准缺陷数字化标定技术进行仿真研究,使用台阶仪对制作的精密表面缺陷散射检测系统中用于标定的缺陷标准板进行了测试,得到的结果如图 1.6(b)所示。从图 1.6(b)中可以看出,使用电子束曝光、反应离子束刻蚀工艺制作的标准板缺陷的截面呈与三角形相似的梯形。

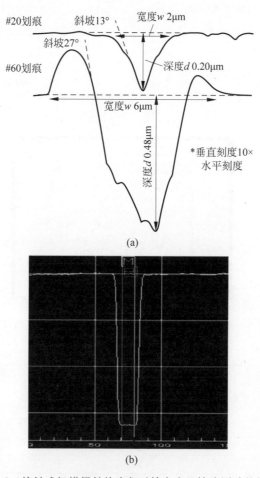

图 1.6 接触式扫描探针轮廓仪对精密表面缺陷测试的结果

基于以上对实际缺陷样本的测试结果，在设置表面缺陷时，主要针对三角形和梯形两种截面形状的缺陷进行研究，其简化模型如图 1.7 所示。缺陷的宽度定义为 w，为缺陷低于光滑表面基准线高度区域的宽度在 x 方向上投影的距离；缺陷的深度定义为 d，为缺陷最低处到光滑表面基准线的垂直距离在 y 方向上投影的距离。对于三角形截面缺陷定义深宽比（depth-to-width ratio，DWR）为缺陷深度 d 和其宽度 w 的比值，$\mathrm{DWR}=d/w$。对于梯形截面缺陷，定义梯形的腰与精密表面法线之间的楔角为 β。

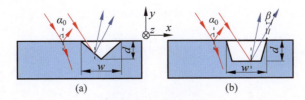

图 1.7　不同截面形状缺陷散射模型示意图
(a) 三角形；(d) 梯形

1.3.2　表面缺陷散射仿真结果分析

仿真研究了光学加工中最典型的三角形截面缺陷。这类缺陷横向尺寸范围从亚微米到数十微米不等；为了分析三角形缺陷的近场电场及远场像面散射光强的分布情况，仿真中三角形缺陷的深度 d 分别取 50nm、100nm、150nm、200nm、250nm、300nm、350nm、400nm、450nm、500nm，并在每个深度下逐渐改变深宽比（从 0.1 到 1 逐渐变化），得到各深度、各种深宽比下三角形缺陷对应的近场电场分布情况，选取 $d=50\mathrm{nm},250\mathrm{nm},500\mathrm{nm}$ 三种深度、$\mathrm{DWR}=0.1,0.5,1$ 三种深宽比的三角形缺陷在 $\lambda=500\mathrm{nm}$ 时对应的近场电场分布如图 1.8 所示。

从图 1.8 可以看出，三角形缺陷会对入射电磁场产生较为强烈的调制。入射波在缺陷三角形截面的两个腰边发生反射和透射，在精密表面上半空间发生干涉，形成较为明显的驻波。缺陷的尺寸越大，上半空间形成的驻波点越多。在元件内的下半空间中，三角形顶点正下方电场强度减弱，出现"盲区"，而在两个斜下方出现电场增强的现象。精密表面缺陷在高功率激光作用下的损伤机制与仿真情形类似，主要是由于局部电场增强（自聚焦）产生的系列效应。缺陷内部是空气，其折射率 n_0 小于元件折射率 n_c，这相当于引入了一个凹透镜，会对入射电磁波产生强烈调制。在电场增强的区域，光学元件会对能量产生强烈的吸收，吸收的能量转化为热能，造成元件局部区域温度显著升高。积聚的能量超过元件可以承受的能量阈值时，元件在电场增强区域会产生损伤，积聚的能量进一步增强就会发生爆炸。

根据 Bennett 等使用接触式表面轮廓仪对三角形截面划痕的形貌的测量结

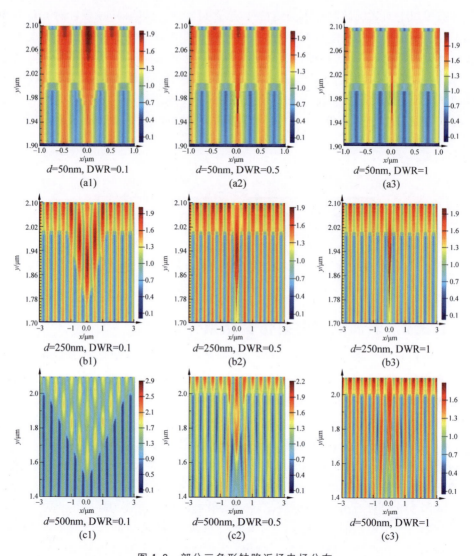

图 1.8 部分三角形缺陷近场电场分布

果,不同宽度三角形缺陷截面的深度与宽度的比值恒定,一般保持在 8%～10%。因此,在对缺陷尺寸进行仿真时,重点对 DWR＝10% 的三角形缺陷进行研究。实验模拟中对多组不同尺寸规格的缺陷进行了研究,其中最小缺陷宽度为 $0.5\mu m$,其余宽度设置为 $1\sim 8\mu m$,间隔 $1\mu m$ 取值。

各缺陷的散射光强分布结果如图 1.9 所示。较窄的三角形截面缺陷($w=0.5\mu m$,$1,2\mu m$,DWR＝0.1)的散射光强度分布为单峰形,衍射效应非常明显。当缺陷宽度增加到 $w=3\mu m$ 时,缺陷的散射光强分布不完全是相对平滑的变化过程,从中心到边缘逐渐下降的过程中出现了一些轻微的起伏。随着缺陷尺寸进一步增加($w=4\mu m, 5\mu m, 6\mu m, 7\mu m, 8\mu m$,DWR=0.1),在光强中心较高主峰的左右分别对称地出现一个一级副峰,两个副峰相对于中心主峰光强较弱,随缺陷尺寸增大而逐渐增强。各分图中竖直线(红色)标出的是每种尺寸缺陷的理论宽度位置。三角形缺陷在像面的光强分布在 x 方向上的投影宽度要略大于理论宽度,这是因为散射会造成缺陷在像面产生边缘弥散和模糊。在对暗场图像进行处理时,直接应用边缘算子计算得出的是像面光强分布的投影宽度,这与缺陷的真实宽度存在一定差异。

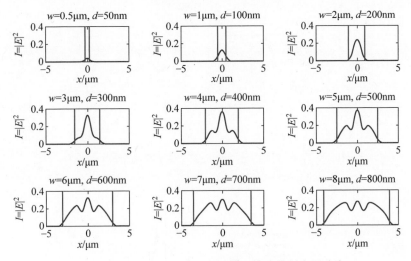

图 1.9 深宽比为 0.1 的三角形截面缺陷散射光强分布

对三角形散射光强分布情况做进一步研究与分析。三角形缺陷的光强分布多为单峰形或山字形,直接通过分布形态得出光强分布与缺陷尺寸的关系较为困难。图 1.10(a)是仿真得到的三角形缺陷散射光强分布示意图,横轴是 CCD 像面尺寸 x,纵轴是像面光强 I。可以看出,x 方向上散射光强超出背景光强的区域宽度 w'(黑色竖直线标出)略大于缺陷的理论宽度 w(红色竖直线标出)。因此考虑从特殊位置处入手进行分析,定义三角形缺陷理论宽度处 $\left(x=\pm\dfrac{w}{2}\right)$ 的光强为全宽光强阈值 I_{FW}。从图 1.10(b)可以看出,$w \geqslant 3\mu m$,DWR=0.1 的三角形缺陷的 I_{FW} 均位于 0.03~0.042,几乎没什么变化。定义去除粗差的 I_{FW} 的平均值为阈值常数 I_t,而将三角形缺陷的光强分布曲线超出 I_t 的部分在 x 方向上的投影宽度作为缺陷宽度。在实际缺陷图像的处理过程中,I_t 的物理意义为对应缺陷边缘提取二值化阈值 g_t,由此可看出合理选择 g_t 是缺陷检测准确性的基础。

为了分析三角形截面缺陷深度、深宽比对散射光强的影响,将以上仿真中各个深度、各个深宽比条件下远场散射成像的光强最大值 I_{max} 提取出来,结果如图 1.11

所示。图中,每一条连续曲线表示一个深度值(如 $d=50\text{nm}$ 或 $d=300\text{nm}$)的像面最大散射光强随深宽比的变化情况,由于每条曲线的深度是固定值,深宽比逐渐增大代表宽度值逐渐减小。

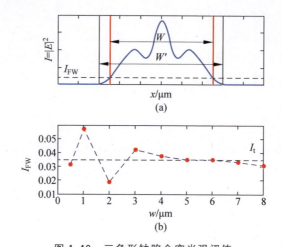

图 1.10 三角形缺陷全宽光强阈值
(a) 缺陷全宽光强阈值示意图;(b) 缺陷全宽光强阈值误差图

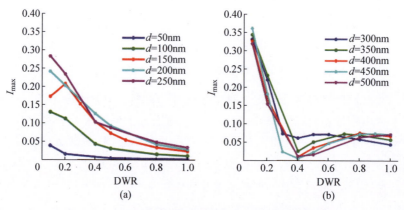

图 1.11 三角形缺陷深度、深宽比与散射光强间的关系

从图 1.11 中可以看出:对于深度确定的缺陷,像面最大散射光强 $I_{\max}$ 随着深宽比的增大大致呈减小的趋势,即缺陷宽度越小,散射光强越弱。对于深宽比相同的缺陷,像面最大散射光强 $I_{\max}$ 随着深度逐渐加深大致呈增加的趋势,即缺陷深度越大,散射光强越大;但当深度增加到一定程度时,最大光强 $I_{\max}$ 变化量逐渐变得不显著。对于深度在 350nm 至 500nm 区间的缺陷,散射光强随着深宽比的增加先变小后变大,当 DWR=0.4 时,散射光强 $I_{\max}$ 达到极小值。缺陷深度越深,散射光强 $I_{\max}$ 随深宽比变化的速率越快。总之,缺陷宽度越宽,深度越深,即缺陷的尺寸越大,

其产生的散射光强越强。但当缺陷尺寸增加到一定程度时,散射光强与深宽比的关系就不再明显。对于较深缺陷,当 DWR=0.4 时,散射光强 I_{max} 出现极小值。

由于标准板上设置的缺陷样本深度相同、宽度按照设计值从窄到宽逐渐变化。为了研究与分析缺陷标准板的散射光强分布情况,同时对截面为梯形的表面缺陷进行了建模。由于梯形缺陷在建模时较为复杂,因此考虑能否用与梯形接近的规则形状进行简化。图 1.6 中的标准缺陷截面为梯形,楔角 β 约为 6°,那么梯形上底(较宽)与下底之间一侧的宽度插值为 $\Delta w = d \tan \beta$;缺陷的典型深度为 200~300nm,因此 Δw 也就在 20~30nm。因而对于宽度在微米量级的表面缺陷而言,可以考虑用矩形代替梯形对仿真研究进行简化。为了验证这种简化的可靠性,比较了宽度相同、深度相同的梯形缺陷和矩形缺陷的散射成像情况。将梯形截面宽度 w 取为 $2.5\mu m$,深度 d 取为 250nm,楔角 β 取为 6°;同时建立与梯形缺陷等宽等深的矩形缺陷,研究两种缺陷在远场像面上散射光强的分布情况,如图 1.12 所示,两种形状缺陷的散射光强分布曲线非常接近,因此在对缺陷标准板的散射进行仿真研究过程中,使用与梯形等宽等深的矩形缺陷对梯形缺陷进行简化。

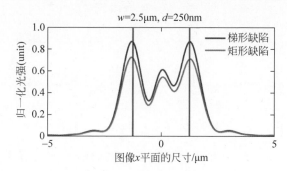

图 1.12 梯形缺陷与三角形缺陷散射光强分布比较

为了分析标准板缺陷深度和宽度对散射成像的影响,共对 9 种深度的缺陷进行了仿真研究,将缺陷深度 d 分别取 25nm、50nm、100nm、150nm、200nm、250nm、300nm、500nm 和 1000nm。仿真中每个深度的缺陷,宽度 w 分别取 $0.5\mu m$、$1\mu m$、$2\mu m$、$3\mu m$、$4\mu m$、$5\mu m$。以上缺陷尺寸的设置与标准板缺陷的尺寸设计加工值一致。选取 $d=300nm$ 和 $d=25nm$ 两种深度的仿真结果进行分析说明,这主要是因为在实际情况中,多数缺陷的深度在 200~400nm;也存在一些深度较浅的线形缺陷,或称为亮路、亮线,其深度在 25nm 上下。

深度 $d=300nm$ 的矩形截面缺陷远场像面散射成像光强分布情况如图 1.13 所示,每幅分图中竖直线(红色)标示出的是每种尺寸缺陷的理论宽度位置。从图 1.13 中可以看出,宽度较窄的矩形截面缺陷($w=0.5\mu m,1\mu m,d=300nm$)的散射光强分布为单峰形,衍射效应非常明显。特别是宽度 $w=0.5\mu m,d=300nm$

的缺陷,其散射光强明显超过了其他尺寸的缺陷,该特性将在惯性约束聚变系统中产生较大的危害。但是,宽度较窄缺陷的散射光强分布形态与其尺寸之间无法得到直接的对应关系。随着缺陷尺寸的增加($w=2\mu m,3\mu m,4\mu m,5\mu m,d=300nm$),其散射光强分布呈双峰形,表示缺陷理想宽度的两条竖直标线位于两个峰形的极大值附近。宽度 $w\geqslant 2\mu m$ 的矩形缺陷在像面的散射光强分布情况与几何光学类似。

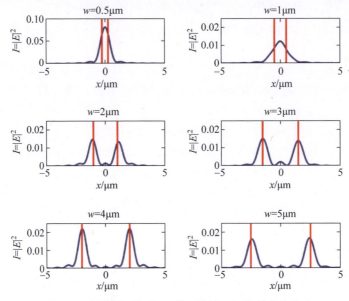

图 1.13 深度 300nm 矩形截面缺陷远场散射光强分布

对深度 $d=25nm$ 的矩形截面缺陷进行类似的研究与分析,其仿真结果如图 1.14 所示。可以看出,深度 $d=25nm$ 的矩形截面缺陷的散射光强分布形态与深度 $d=300nm$ 的矩形截面缺陷相似,同样是 $w\leqslant 1\mu m$ 时为衍射效应的单峰,$w\geqslant 2\mu m$ 时呈双峰分布,缺陷实际宽度位置基本位于双峰极大值位置附近。但是,在散射光强上,深度 $d=25nm$ 缺陷的光强要比深度 $d=300nm$ 的缺陷弱得多,其散射光强大概为同宽度深度为 $d=300nm$ 的缺陷光强的 20%~50%。由于散射光强较弱,这类缺陷非常容易被人眼漏检。

其他深度仿真中散射光强分布在形态上与 $d=300nm$、$d=25nm$ 的结果类似,只是在散射光强大小上有所区别。各深度矩形缺陷远场散射光强最大值与缺陷深度的关系如图 1.15 所示。缺陷深度 d 在 25nm 到 100nm 的区间变化,随着 d 的增加,缺陷在像面的光强越大;宽度为 0.5~5μm 的缺陷分别会在深度 d 为 100~200nm 达到光强的最大值,即 100~200nm 存在一个 d,使得缺陷在像面的光强最强;在 $d=250nm$ 时,像面光强达到极小值;d 在 250~1000nm,散射光强的变化则无明显规律可言,需要进行进一步研究来确定。

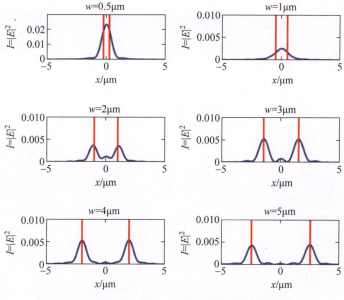

图 1.14 深度 25nm 矩形截面缺陷远场散射光强分布

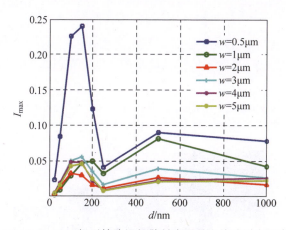

图 1.15 0.5~5μm 矩形缺陷远场散射光强最大值随划痕深度变化

1.3.3 基于散射光强分布特征的缺陷尺寸逆向识别原理

图像阈值分割方法是目前缺陷尺寸识别的主要方法之一,图像阈值分割方法根据图像中感兴趣区域(region of interest,ROI)目标区域与背景区域的灰度差异,通过设置灰度阈值的方式将 ROI 区域从背景中提取出来,广泛应用于图像特征提取、模式识别等领域。由于暗场成像的特点在于缺陷诱发的散射光在像面成像为如图 1.16(a)所示的高亮灰度特征区域,相较于图像中无缺陷的暗背景区域,缺陷区域具有较高的灰度分布水平,因此通过图像阈值分割即可将缺陷从暗背景图像中提取出来。然而,当缺陷尺寸接近成像系统的衍射极限时,缺陷的灰度分布将发生弥散展宽,导致可能出现以灰度 g 进行阈值分割时,暗场系统采集的如图 1.16(a) 所示 $0.5\mu m$ 缺陷与 $3\mu m$ 缺陷暗场图像,具有如图 1.16(b) 所示的相同阈值分割宽度 w_p,从而引发较大的识别误差。因此常规的图像阈值分割方法在对接近成像系统衍射极限的精密缺陷尺寸识别上并不适用。

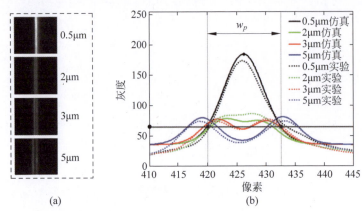

图 1.16 某暗场成像系统采集的(a)不同尺寸缺陷暗场图像,(b)不同尺寸缺陷暗场图像灰度分布曲线

通过提取如图 1.17 所示不同尺寸缺陷的灰度分布曲线可以发现,不同尺寸的缺陷灰度分布具有不同的曲线特征,例如幅值 h、峰值间距 v_0、展宽(v_1, v_2, v_3)等特征,若能筛选出与缺陷尺寸存在关系的特征变量,进而建立这些特征变量与缺陷尺寸的映射关系,即可实现对缺陷尺寸的有效识别。

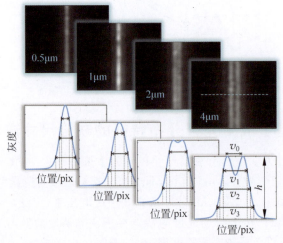

图 1.17 不同尺寸缺陷灰度分布示意图

为了实现这一目标,需要在实际中收集大量已知缺陷尺寸的缺陷灰度图像,建立样本数据集,通过计算机数据处理方法"学习"不同多维特征下缺陷尺寸的变化规律,最终获得多维特征与缺陷尺寸的映射关系,这一由计算机算法完成的过程称为机器学习[24-25],该方法需要人工制作大量已知尺寸的标准缺陷样本。受实际加工工艺与加工精度的限制,在缺陷尺寸接近成像系统衍射极限的范围,只能制作有限数量的标准缺陷样本,因此过少的缺陷样本将限制机器学习算法的学习能力,使得缺陷尺寸逆向识别算法仅停留在理论层面。由于缺陷电磁仿真的远场散射光强分布理论上即缺陷图像的灰度分布,因此本节利用缺陷的仿真远场散射光强分布,作为机器学习算法的学习数据集,建立缺陷远场散射光强分布特征与缺陷尺寸的逆向识别模型。

宽度尺寸为 $w_1, w_2, \cdots, w_n$ 的缺陷在像面分别具有如图 1.18(a) 所示的 w_1', $w_2', \cdots, w_n'$ 成像宽度,对于实际衍射极限为 w_d 的成像系统,处于系统衍射极限外的缺陷其实际尺寸与几何成像宽度呈如图 1.18 所示的线性关系,因此可通过图像阈值分割方法提取缺陷的成像宽度 w_i',并根据该线性关系计算缺陷的实际尺寸大小 w_i。然而处于衍射极限内的缺陷,其成像将发生如图 1.18(a) 所示的衍射增宽,导致缺陷实际宽度与成像宽度呈复杂的非线性关系而难以识别。提取这些缺陷宽度方向的灰度分布如图 1.18(b) 所示,可以发现不同尺寸缺陷具有不同的灰度分布曲线,若能通过缺陷灰度曲线的特征(如幅值、展宽等参数)来逆向求得缺陷尺寸的大小,则可以避开对成像系统复杂衍射增宽效应的讨论而直接获得缺陷实际尺寸。因此本节将根据这一思路建立处于衍射极限范围附近的缺陷尺寸逆向识别模型。由以上分析可知不同尺寸缺陷具有不同的灰度分布曲线(远场散射光强分布曲线)特征,例如图 1.19 中的曲线幅值 h、曲线展宽 v、曲线与坐标轴所围面积 S 等,但并非所有特征都与缺陷尺寸 w 存在关系,若不进行特征筛选而直接根据这些特征建立缺陷尺寸的逆向识别模型,将会限制模型的泛化能力,导致缺陷尺寸的识别精度过低。

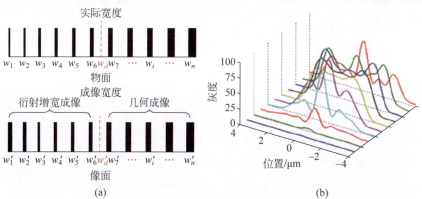

图 1.18 不同尺寸缺陷的(a)实际宽度与成像宽度示意,(b)灰度分布曲线示意

本节首先利用各个特征与缺陷尺寸的相关系数作为评价指标,对缺陷远场散射光强分布曲线特征进行筛选,提取与缺陷尺寸最有关联的特征变量。以典型的如图 1.19 所示的缺陷单峰型光强分布曲线为例,为了便于说明,本节选取了曲线上的 6 处特征点 A、B、C、D、E、F,其中 A 点为曲线幅值位置。B、C、D、E、F 分别对应强度为幅值 80%、70%、60%、50%、40% 的位置。

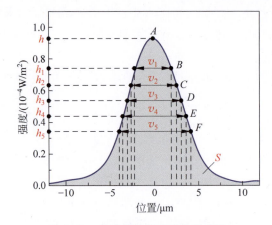

图 1.19　单峰型缺陷光强分布曲线

在上述 6 个特征点提取若干个初始特征变量,其含义见表 1.3,具体包括曲线幅值 h,曲线与坐标轴所围面积 S,特征点 B、C、D、E、F 位置的强度 h_i($i=1,2,\cdots,5$),曲线展宽 v_i($i=1,2,\cdots,5$)及其导数 g_i($i=1,2,\cdots,5$)。

表 1.3　初始特征变量含义

特征	含　义	特征	含　义
S	曲线与位置方向的坐标轴所围面积	v_3	60%曲线幅值位置处的曲线展宽
h	曲线幅值	g_3	60%曲线幅值位置处的一阶导数
h_1	80%的曲线幅值	h_4	50%的曲线幅值
v_1	80%曲线幅值位置处的曲线展宽	v_4	50%曲线幅值位置处的曲线展宽
g_1	80%曲线幅值位置处的一阶导数	g_4	50%曲线幅值位置处的一阶导数
h_2	70%的曲线幅值	h_5	40%的曲线幅值
v_2	70%曲线幅值位置处的曲线展宽	v_5	40%曲线幅值位置处的曲线展宽
g_2	70%曲线幅值位置处的一阶导数	g_5	40%曲线幅值位置处的一阶导数
h_3	60%的曲线幅值		

根据仿真获得的不同尺寸缺陷的仿真光强分布曲线,提取上述特征,以符号 x 表示任意某个特征,根据式(1.20)分别计算曲线特征 x 与缺陷尺寸 w 的相关系数 R,

$$R(x) = \left| \frac{\text{cov}(x,w)}{\sqrt{D(x)D(w)}} \right| \tag{1.20}$$

式中，$\text{cov}(x,w)$为特征x与缺陷尺寸w的协方差，$D(x)$为x的方差，$D(w)$为w的方差。通过相关系数R的大小，判断特征x与缺陷尺寸w的关系。相关系数越接近1，表明该特征与缺陷尺寸的相关性越大，进而可以通过这些特征来反演计算缺陷尺寸的大小。具体的基于光强分布特征的缺陷尺寸识别方法，将在第6章进行介绍。

1.4 表面缺陷散射辐度学理论

1.4.1 基于辐度学的散射场表征方法

辐度学中基本物理量辐出度M与辐照度的定义如式(1.21)所示，辐射通量Φ是单位时间dt发射传输或接收的辐射能，单位瓦(W)。辐出度M和辐照度E是受辐射面单位面积dA发射或接收的辐射通量，表示为

$$\begin{cases} M = d\Phi_{\text{out}}/dA \\ E = d\Phi_{\text{in}}/dA \end{cases} \tag{1.21}$$

式中，$d\Phi_{\text{out}}$表示发射的辐射通量，$d\Phi_{\text{in}}$表示接收的辐射通量，辐出度和辐照度的单位都是瓦每平方米(W/m^2)。辐射强度I是辐射源在某一方向的立体角微元$d\Omega$内发出的辐射通量$d\Phi$，表示为

$$I = \frac{d\Phi}{d\Omega} \tag{1.22}$$

单位为瓦每球面度(W/sr)。最后辐射亮度L是辐射源上面积微元dA在与表面法线成θ角的立体角微元$d\Omega$内发出的辐射通量$d\Phi$，单位是$W/(\text{sr} \cdot m^2)$，表示为

$$L = \frac{d\Phi}{\cos\theta dA d\Omega} \tag{1.23}$$

当物体被光线照射时，在不同的入射角、出射天顶角和出射方位角条件下，会表现出二向性反射特性。这种特性可以用双向反射分布函数(bidirectional reflectance distribution function, BRDF)[26]描述。结合如图1.20所示的散射几何示意图，下面给出BRDF的具体定义。以表面的法线方向为z轴，辐射通量为P_i[W]的光在xOz平面内以天顶角θ_i入射表面物点，照明面积

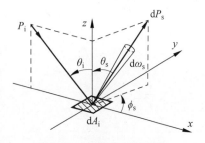

图1.20 散射几何示意图

为 $dA_i [m^2]$，两者之商即辐照度 $\Phi_i [W/m^2]$。在由任意天顶角 θ_s 和方位角 ϕ_s 表征的出射方向上，物点散射或反射的辐亮度 $L_s[W/(m^2 \cdot sr)]$ 由散射面积 dA_s 在立体角 $d\omega_s [sr]$ 内产生的散射辐射通量 dP_s 确定，为 $L_s = dP_s/(dA_s \cdot d\omega_s \cdot \cos\theta_s)$。其中 dA_i、dA_s、$d\omega_s$ 和 dP_s 均为微小量。BRDF 定义为散射辐亮度与入射辐照度之比，一般情况下，令 $dA_i = dA_s$，得到 BRDF 的数学表达式：

$$\mathrm{BRDF} \equiv \frac{L_s(\theta_i, \theta_s, \phi_s)}{\Phi_i(\theta_i)} = \frac{dP_s/(dA_s \cdot d\omega_s \cdot \cos\theta_s)}{P_i/dA_i}$$

$$= \frac{dP_s}{P_i \cdot d\omega_s \cdot \cos\theta_s} \tag{1.24}$$

BRDF 表征了物体在空间各个方向上的散射特性，它不仅与照明光束的波长、入射角、偏振特性有关，还与物体本身的性质有关。因此，针对不同类型的表面缺陷，需要根据其自身的特性构建相应的 BRDF 模型。本节下文将对各类缺陷进行分析，探究适用的散射理论，总结其原理，并建立散射场模型，给出具体的计算方法。

1.4.2 典型缺陷散射模型

划痕与麻点是目前光学元件表面典型的缺陷类型，其中划痕缺陷表现为光学表面上的一道沟槽，麻点缺陷表现为光学表面上的一个凹坑。从表面形貌上讲，它们都破坏了精密表面的光滑性，从而使照明光束偏离反射方向，引发散射。依据划痕和麻点缺陷几何尺寸的不同，散射场需要利用两种不同的理论模型来描述。

1. 瑞利-赖斯（Rayleigh-Rice）模型

微小尺寸的微弱划痕或麻点缺陷的深度往往在几十纳米到几百纳米之间，小于照明光束的波长，而横向尺寸（即划痕的宽度和麻点的直径）往往在几百纳米到几微米之间。这类表面形貌的散射特性可以被瑞利-赖斯理论很好地描述[27-30]。瑞利-赖斯理论是一级矢量扰动理论的推广，属于基于物理光学的散射模型，适用于表面高度轮廓变化幅度小于波长量级的表面散射情形。

瑞利-赖斯理论将表面轮廓的微粗糙形貌结构分解为众多不同幅度、空间周期和方向的正弦光栅，认为表面的散射场是这些正弦光栅衍射作用的叠加。图 1.21 是简单正弦反射光栅的散射原理示意图，依据光栅方程，可以确定各级次衍射光的方向：

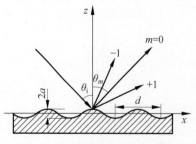

图 1.21 简单正弦反射光栅的散射原理示意图

$$d(\sin\theta_m - \sin\theta_i) = m\lambda \tag{1.25}$$

式中 θ_i 和 θ_m 分别是入射角和衍射角，$m = 0, \pm 1, \pm 2, \cdots$ 是衍射级次，λ 是波长，d 是光栅的空间周期。各级次衍射光的方向与光栅高度 a 无关（图 1.21），但强度与 $(a/\lambda)^{2m}$ 成正比。由于表面高度变化幅度小于波长量级，有 $a < \lambda$，因此随着级次 m 的增大，衍射强度急剧减小。瑞利-赖斯理论在此基础上，认为只有 0 级和 ±1 级衍射光需要考虑，其中 0 级对应镜面反射光，±1 级对应偏离反射方向的各个空间方向散射光。

于是，要想确定散射场的强度，就需要知道表面高度轮廓的各个正弦光栅分量的高度。使用功率谱密度（power spectral density，PSD）$S_{\text{PSD}}(f_x, f_y)$ 表示空间频率为 f_x, f_y 的表面正弦光栅分量的平均高度平方，定义为

$$S_{\text{PSD}}(f_x, f_y) = \frac{1}{A} \left| \iint_A z(x, y) e^{i2\pi(xf_x + yf_y)} dx dy \right|^2 \tag{1.26}$$

式中，A 是散射体的面积，$z(x, y)$ 是散射体的表面高度轮廓函数，表示散射体表面各点的高度相对表面平均高度的偏差。$S_{\text{PSD}}(f_x, f_y)$ 包含了散射场对表面形貌的全部依赖性。最终，结合 BRDF 的定义和光栅衍射强度的计算方法，得出瑞利-赖斯理论模型的 BRDF 计算公式[31]：

$$\text{BRDF}_{rr} = \frac{16\pi^2}{\lambda^4} \cos\theta_i \cos\theta_s S_{\text{PSD}}(f_x, f_y) \times |\boldsymbol{J}_{rr} \cdot \hat{\boldsymbol{e}}|^2 \tag{1.27}$$

式中，$\hat{\boldsymbol{e}}$ 是入射光偏振态的单位琼斯矢量，$\boldsymbol{J}_{rr}$ 是散射的琼斯矩阵，与表面折射率 n_{sur}、入射角和散射方向有关，具体的各分量为

$$\begin{cases} \boldsymbol{J}_{rr} = \begin{bmatrix} j_{ss} & j_{ps} \\ j_{sp} & j_{pp} \end{bmatrix} \\ j_{ss} = \dfrac{(n_{\text{sur}}^2 - 1)\cos\phi_s}{[\cos\theta_i + (n_{\text{sur}}^2 - \sin^2\theta_i)^{1/2}][\cos\theta_s + (n_{\text{sur}}^2 - \sin^2\theta_s)^{1/2}]} \\ j_{ps} = \dfrac{-(n_{\text{sur}}^2 - 1)\sin\phi_s (n_{\text{sur}}^2 - \sin^2\theta_i)^{1/2}}{[n_{\text{sur}}^2\cos\theta_i + (n_{\text{sur}}^2 - \sin^2\theta_i)^{1/2}][\cos\theta_s + (n_{\text{sur}}^2 - \sin^2\theta_s)^{1/2}]} \\ j_{sp} = \dfrac{-(n_{\text{sur}}^2 - 1)\sin\phi_s (n_{\text{sur}}^2 - \sin^2\theta_s)^{1/2}}{[\cos\theta_i + (n_{\text{sur}}^2 - \sin^2\theta_i)^{1/2}][n_{\text{sur}}^2\cos\theta_s + (n_{\text{sur}}^2 - \sin^2\theta_s)^{1/2}]} \\ j_{pp} = \dfrac{(n_{\text{sur}}^2 - 1)[n_{\text{sur}}^2\sin\theta_i\sin\theta_s - (n_{\text{sur}}^2 - \sin^2\theta_i)^{1/2}(n_{\text{sur}}^2 - \sin^2\theta_s)^{1/2}\cos\phi_s]}{[n_{\text{sur}}^2\cos\theta_i + (n_{\text{sur}}^2 - \sin^2\theta_i)^{1/2}][n_{\text{sur}}^2\cos\theta_s + (n_{\text{sur}}^2 - \sin^2\theta_s)^{1/2}]} \end{cases} \tag{1.28}$$

此外，f_x 和 f_y 表示 +1 级或 −1 级衍射光方向与给定散射方向相同时对应的表面空间频率，由二维光栅方程确定：

$$\begin{cases} f_x = (\sin\theta_s\cos\varphi_s - \sin\theta_i)/\lambda \\ f_y = (\sin\theta_s\sin\varphi_s)/\lambda \end{cases} \quad (1.29)$$

基于此模型,对于微弱划痕或麻点缺陷,首先利用它们的形状确定散射体面积 A 内的表面高度轮廓函数 $z(x,y)$,其中 A 在暗场散射检测系统中对应单像素的物方尺寸或者单点探测时的照明光斑大小,一般在几微米量级;然后结合上式,给定入射光的波长、入射角和偏振态,以及表面折射率、散射天顶角和方位角等参数,就可以计算得到 BRDF。

2. Facet 模型

对于深度在波长量级及以上的正常划痕或麻点缺陷,瑞利-赖斯理论不再适用。随着几何尺寸的增大,这类缺陷不仅在宏观上表现为光滑平面上的沟槽和凹坑,在微观上,每一个沟槽或凹坑都相当于一个粗糙曲面,当粗糙度接近或大于波长量级时,它们的散射特性可以用 Facet 模型描述[32]。Facet 模型是一种基于几何光学理论的散射模型,它将粗糙表面根据统计特性抽象为许多微平面组成的拼接体,这些微平面具有不同的法线方向,并依据菲涅耳反射定律反射光线。所以,任意方向的散射场是具有特定法线方向的所有微平面反射作用的非相干叠加,其强度取决于这类微平面的数量或总面积。

给定由 (θ_s, ϕ_s) 表征的散射方向后,能将入射光线反射进立体角 $d\omega_s$ 范围内的微平面法线所在的方向和立体角范围也就确定了,分别用 (θ_0, ϕ_0) 和 $d\omega_0$ 表示。同时将入射光线相对于这些微平面的入射角记为 θ_i',并用斜率分布概率密度函数 (slope distribution function, SDF),即 $S_{SDF}(\theta_0, \phi_0)$ 表示微平面法线位于此方向的概率密度。结合 BRDF 的定义和菲涅耳反射定律,得出 Facet 模型的 BRDF 计算公式:

$$\text{BRDF}_{fac} = \frac{d\omega_0}{d\omega_s} \frac{S_{SDF}(\theta_0, \phi_0) \cdot \cos\theta_i'}{\cos\theta_i \cdot \cos\theta_s} | \boldsymbol{J}_{fac} \cdot \hat{\boldsymbol{e}} |^2 \cdot G(\theta_i, \theta_s, \phi_s) \quad (1.30)$$

式中,$\boldsymbol{J}_{fac}$ 为 Facet 模型的散射琼斯矩阵,由菲涅耳反射因子经过一定的坐标变换得来。$G(\theta_i, \theta_s, \phi_s)$ 是遮挡因子,描述相邻微平面之间的遮挡关系。式中的角度 θ_i'、θ_0、φ_0 以及立体角比例 $d\omega_0/d\omega_s$ 均可以基于球面几何关系从已知量 θ_i、θ_s、ϕ_s 中计算得到。由于本书主要研究深度小于波长量级的微弱划痕和麻点,因此为避免繁琐,Facet 模型中相关参数的具体计算方式不再给出。

1.4.3 有限孔径内的散射强度

BRDF 给出了散射体在空间各方向发出的散射光辐亮度与自身受到的辐照度的比值。在基于暗场散射的表面缺陷检测方案中,使用具有一定孔径的光学系统收集散射光,若要分析其收集的缺陷和背景的散射信号强度,需要对 BRDF 在收集孔径包含的立体角范围内进行积分。依据 BRDF 的定义,在特定散射方向上的立

体角微元 $d\omega_s$ 内,散射辐射通量为

$$dP_s = P_i \cdot \text{BRDF}(\theta_s, \phi_s) \cdot \cos\theta_s \cdot d\omega_s \tag{1.31}$$

对其积分后,就可以得到孔径内的总散射辐射通量,即 $P_s = \int dP_s$。在一般的暗场散射光路结构中,如图 1.22 所示,半孔径角为 α 的圆形收集孔径放置在表面正上方,关于表面法线对称。在这种情况下,只有天顶角满足 $\theta_s < \alpha$ 的散射光能被收集。应用立体角的微分公式,$d\omega = \sin\theta d\theta d\phi$,可以将总散射辐射通量的积分公式改写为

$$P_s = P_i \cdot \int_0^\alpha d\theta_s \int_0^{2\pi} d\phi_s \cdot \text{BRDF}(\theta_s, \phi_s) \cos\theta_s \sin\theta_s \tag{1.32}$$

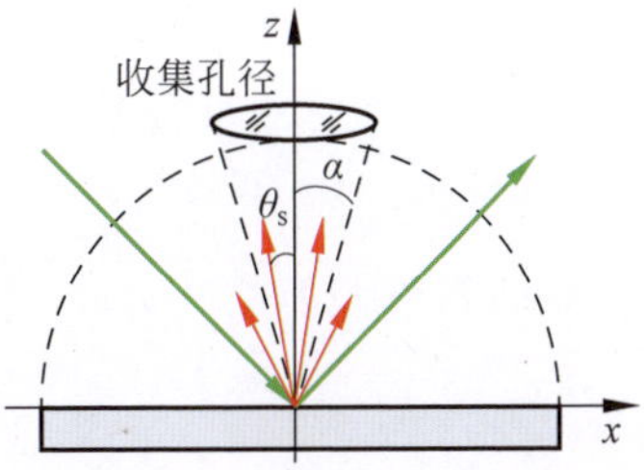

图 1.22 有限孔径的暗场散射光路结构示意图

由于 P_s 与入射辐射通量 P_i 成正比,在计算过程中可以设定 $P_i = 1$,此时得到的 P_s 为散射与入射辐射通量之比,将 P_s 称为散射强度。

1.4.4 表面缺陷暗场散射仿真分析

基于各类缺陷的散射场模型,编写程序实现 BRDF 的计算过程,开展大量仿真实验。本节将给出这些仿真结果,并分析各类缺陷的散射特性,试图探究表面缺陷评价系统性能受限的原因,研究检测能力的提升方法,从而确定系统的改进方向。

选用真实场景中的典型值设定仿真过程中的通用参数,见表 1.4。仿真实验表明,这些参数的改变对表面缺陷散射场整体分布特性研究的影响不大,因此本节将它们设为固定值,不进行关于这些参数对散射场影响的仿真分析。

表 1.4 表面缺陷暗场散射仿真的通用参数设置

参 数 名 称		设 定 值
入射光相关	波长 λ	$0.532\mu m$
	入射角 θ_i	$45°$
	入射光偏振态	s 偏振光
表面相关	表面折射率 n_{sur}	1.5
	表面粗糙度 σ	1nm
	相关长度 l	$100\mu m$
散射体	散射体面积 A	方形 $L\times L$ 区域,$L=5\mu m$
灰尘颗粒	颗粒折射率 n_{part}	1.59

本节主要对微小尺寸(横向尺寸亚微米到微米之间)的精密表面微弱缺陷(深度在几十纳米到几百纳米之间,小于照明光线的波长)开展仿真分析研究。对于微

弱划痕和麻点,在利用式(1.27)给出的瑞利-赖斯理论公式计算 BRDF 之前,需要确定缺陷所在散射体区域的表面高度轮廓函数 $z(x,y)$。值得注意的是,仿真中涉及的缺陷表面轮廓应尽量与实际光学加工与应用时产生的缺陷形状相近,由 1.3.1 节可知光学加工尤其是抛光阶段造成的常见缺陷的截面近似为三角形。因此,本节以三角形截面的划痕和麻点作为研究对象,用宽度 w 和深度 d 表示三角形截面的形状参数,其定义如图 1.23(a)所示。图 1.23(b)为麻点所在的 $L\times L$ 方形散射体区域内的表面高度轮廓示意图,麻点位于散射体中心,于是各点的高度可以由其到中心的距离 $D=\sqrt{x^2+y^2}$ 确定,从而建立如下的表面高度轮廓函数:

$$z(x,y)=\begin{cases}0, & D>w/2\\ d(2D/w-1), & D\leqslant w/2\end{cases}, \quad -L/2\leqslant x,y\leqslant L/2 \quad (1.33)$$

不同于中心对称的麻点,划痕还需要另一个参数,即划痕方位角 θ,来明确其所在散射体的表面高度轮廓函数。如图 1.23(c)所示,θ 定义为划痕方向与 y 轴的逆时针夹角,划痕的中心线通过散射体中心,因此各点的高度可以由其到划痕中心线的距离确定。该距离可以表示为 $D=|x\cos\theta+y\sin\theta|$,代入式(1.33)后,就能得到划痕缺陷的表面高度轮廓函数 $z(x,y)$。在实际仿真计算过程中,会对表面高度轮廓数据添加均值为 0、方差为 σ^2(表面粗糙度)的高斯噪声,来模拟实际存在的微粗糙度。同时,为了避免随机性带来的影响,这个过程会被重复多次并分别计算 BRDF,最终取他们的平均值作为结果。

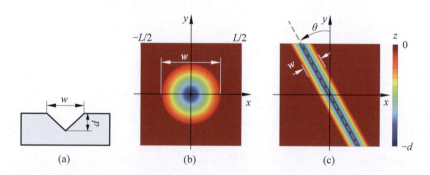

图 1.23 (a)麻点和划痕截面形状示意图,麻点(b)和划痕(c)表面高度轮廓示意图

对于灰尘缺陷,其形状用参数半径 a 即可表征,然后利用双交互模型计算 BRDF。取 $w=0.5\sim5\mu m$,$d=10\sim200 nm$,$\theta=0\sim180°$,$a=0.05\sim5\mu m$ 的形状参数进行大量仿真,下文将展示仿真结果,并试图寻找随着宽度、深度、划痕方向和灰尘半径的变化,精密表面缺陷散射场幅度和分布情况的变化规律。

由于不同散射方向的 BRDF 存在数量级上的差异,为了更清楚地观察散射场的整体分布,对计算得到的 BRDF 取对数,即 lg(BRDF)(以 10 为底数),并以伪彩色图的形式画出。图1.24给出了一幅仿真得到的散射场分布实例图,对应 $w=5\mu m, d=200nm$ 的麻点缺陷。后文均以此图的形式给出仿真散射场,因此有必要对它作一些说明。散射场的强度用颜色表示,颜色越蓝表示越弱,越红表示越强。图上各点对应的散射方向的天顶角 θ_s 和方位角 ϕ_s 以极坐标的形式给出,镜面散射方向用白色圆点标记。此外,在图上着重标注出 $\theta_s=10°$ 对应的圆(系统孔径),这个角度近似等于SDES采用的显微镜的孔径半角。虽然SDES采用环形排布的多束宽带光源进行照明,而本节

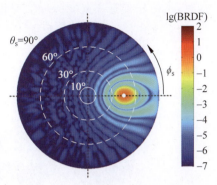

图1.24 仿真的散射场分布图

的仿真只涉及单束单波长照明的简单情况,但由于具有一定的对称性,通过观察圆圈内部的散射场分布,可以直观地判断 SDES 系统孔径所能接收的散射信号强度及其变化情况。

1. 不同宽度和深度的划痕麻点散射场仿真结果

如图1.25所示是不同深度和宽度麻点缺陷的散射场分布,对应的深度和宽度分别为 $d=10nm, 50nm, 100nm, 200nm$;$w=0.5\mu m, 1\mu m, 2\mu m, 3\mu m, 5\mu m$。可以

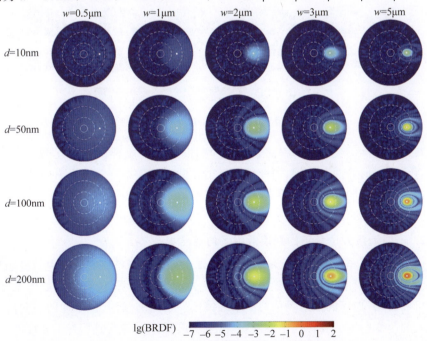

图1.25 不同深度和宽度麻点缺陷的散射场分布

看出，麻点缺陷的散射场主要分布在镜面反射点的周围，呈圆斑状。在深度保持不变时，这种分布随着宽度的增加变得愈加集中，镜面反射点附近的散射场随之增强，而系统孔径内的散射场反而出现减弱的趋势；在保持麻点宽度不变时，随着深度的增加，散射场整体强度上升，但分布特性基本保持一致。如图 1.26 所示是 $\theta=0°$ 时，不同深度和宽度划痕缺陷的散射场分布。不同于麻点，划痕的散射场主要分布在镜面反射点的两侧，并沿着 $\phi_s=0°$ 方向往远处延伸，呈线状。

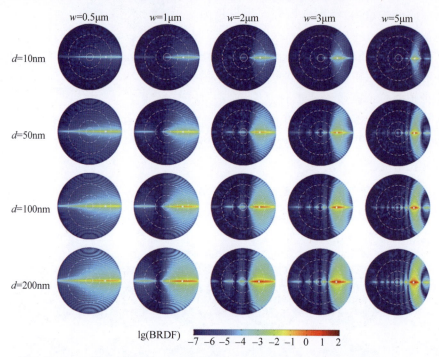

图 1.26 划痕方位角 $\theta=0°$ 时，不同深度和宽度划痕缺陷的散射场分布

在保持深度不变时，随着划痕宽度的增加，散射场延伸的长度逐渐被压缩，并向垂直延伸方向的两侧扩展，因此镜面反射点附近的散射场强度上升，而系统孔径内的散射场强度同样出现减弱的趋势。划痕散射场随深度的变化规律与麻点相似，即整体强度随着深度的增加而提高，但分布情况基本保持不变。

2. 不同划痕方位角下的划痕散射场仿真结果

以 $w=0.5\mu m, d=10nm$ 和 $w=5\mu m, d=200nm$ 两条研究范围内的极端尺寸划痕为例，对划痕散射场分布随方向的变化关系进行说明，仿真结果如图 1.27 所示。可以看出，划痕的散射场依旧集中在镜面反射点的两侧，但延伸的方向随着划痕方向的改变而发生旋转。不难发现，散射场的延伸方向近似垂直于划痕的方向。对于宽度较大的划痕，其在 $\theta=0°$ 时存在的垂直延伸方向上的散射场分量，虽然没有呈现出与划痕方向的连续相关性,但也随着划痕方向的改变而发生变化。这种现象表明,对于尺寸相同但方向不同的划痕,检测系统将探测到不同强度的散射信号,从而产生不均匀的成像效果。尤其当划痕比较微弱时,这将对检测结果的稳定性和可靠性造成不利的影响。

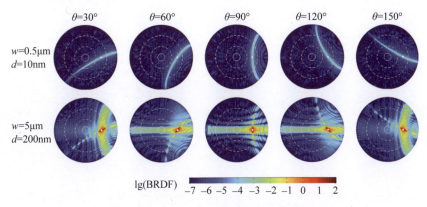

图 1.27 不同方向划痕缺陷的散射场分布

综上所述,麻点的散射场主要分布在镜面反射点的周围,呈圆斑状;划痕的散射场主要分布在镜面反射点的两侧,并沿着一定的方向往外延伸,延伸方向近似垂直于划痕方向。随着宽度的增大,散射场分布逐渐向镜面反射点集中;随着深度的增大,散射场整体强度提高,但分布特性保持基本一致。灰尘的散射场强度随着半径的增加急剧提高,散射场分布比较分散,在空间内更加均匀,与麻点和划痕具有明显的差异。而微粗糙表面的散射场高度集中在镜面反射点上,并向四周急剧衰减。

3. 不同孔径散射强度仿真结果分析

将仿真得到的 BRDF 转换为有限孔径内的散射强度 P_s,模拟真实检测情形下光学系统收集的散射信号。首先,以 SDES 使用的散射光收集系统(显微镜)为研究目标,仿真计算在孔径半角为 $\alpha=10°$ 的系统孔径内各类表面缺陷的散射强度 P_s。图 1.28(a)和(b)分别给出了不同深度的麻点和划痕的散射强度随宽度变化的曲线图(曲线经过样条函数拟合平滑处理),其中横坐标为宽度,纵坐标为对数散射强度,即 $\lg P_s$,不同的线条颜色表示不同的深度,划痕的方向为 0°。整体上看,散射强度都随深度的增加而提高;而随着宽度的增加,散射强度并没有如直观预期的持续上升,反而出现震荡甚至下降的情况。结合上文给出的散射场仿真结果可以发现,出现这一反常现象的原因并非是"大"的缺陷激发了更少的散射光,而是散射场分布情况的变化导致孔径内的散射强度变弱。此外,依据前文提到的 SDES 对相同宽度,不同深度划痕的成像情况,重点比对宽度为 $0.5\mu m$,深度分别为 50nm 和 200nm 的两条划痕，计算得到前者的散射强度仅约为后者的 $10^{-4.2}/10^{-3} \approx 6\%$。微弱的信号使得系统难以对小深度的弱划痕形成高对比度的暗场图像，从而造成检测灵敏度的降低和漏检。此外还可以发现，在相同宽度和深度下，麻点的散射强度比划痕更弱（低 1~2 个数量级），因此系统对划痕的检测灵敏度要优于麻点。

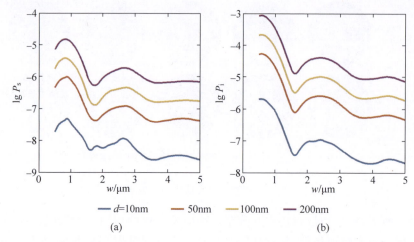

图 1.28　系统孔径内不同深度的麻点(a)和划痕(b)对数散射强度随宽度的变化曲线

图 1.29 给出了系统孔径内不同宽度的划痕对数散射强度随划痕方向的变化曲线，其中图(a)对应划痕深度 $d=10$nm，图(b)对应深度 $d=200$nm。与上文预期的一样，对于同样尺寸的划痕，孔径内的散射强度随着划痕方向的改变，出现较剧烈的波动；而随着深度的增加，散射强度出现整体性的提升。

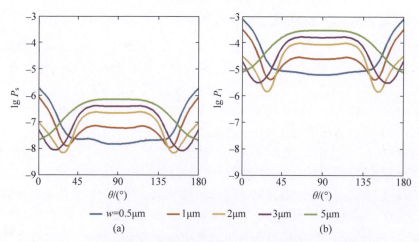

图 1.29　系统孔径内不同宽度的划痕对数散射强度随方向的变化曲线
(a) $d=10$nm；(b) $d=200$nm

改变接收系统的孔径大小,研究表面缺陷散射强度随孔径半角的变化关系。当孔径半角超过入射角,在计算散射强度时忽略镜面反射方向上一定立体角范围内的散射场。这样做的目的是避免镜面反射光被收集,从而保持暗场散射环境。根据微粗糙表面散射场的分布特性,本节将此立体角设定为 0.0086sr,这相当于在实际应用中,在收集孔径上对应镜面反射的位置处加工了一个孔径半角约为 3°的开孔,让镜面反射光束逃离。

图 1.30 给出了不同宽度的麻点和划痕的对数散射强度(上行)随孔径半角的变化曲线,为了更清楚地观察,还给出了散射强度的变化曲线(下行),对应的深度为 10nm(其他深度的情况相似,不再给出)。可以看出,散射强度随着孔径半角的增大逐渐提升,尤其对于较大宽度的划痕和麻点($w \geqslant 2\mu m$),散射强度在 45°(即镜面反射角)附近出现明显的跃升。同时,随着孔径半角的增大,大宽度缺陷的散射

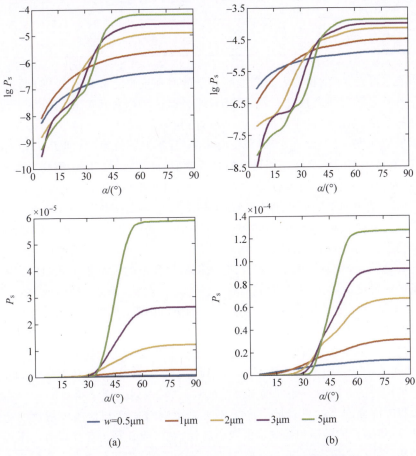

图 1.30 深度 10nm,不同宽度的麻点(a)和划痕(b)的对数散射强度(上行)和散射强度(下行)随孔径半角的变化曲线

强度逐渐超越小宽度缺陷,使得散射强度与缺陷尺寸的关系变得更加规律。以 75°孔径半角作为对比,分别统计了麻点和划痕在该孔径下和 10°孔径半角的系统孔径下的散射强度,结果见表 1.5,可见深度为 10nm 的不同宽度表面缺陷在 10°和 75°半角孔径内的散射强度对比。可以发现,在大孔径下,系统接收的散射强度明显提升,且缺陷的宽度越大,提高的幅度越大。麻点散射强度的提高倍数在 22~23000 倍,划痕的则在 6.2~6200 倍。

表 1.5　深度为 10nm 的不同宽度表面缺陷在 10°和 75°半角孔径内的散射强度对比

缺陷宽度 $w/\mu m$	麻点散射强度 P_s			划痕散射强度 P_s		
	10°	75°	提高倍数	10°	75°	提高倍数
0.5	1.8×10^{-8}	4.1×10^{-7}	2.2×10^1	2.0×10^{-6}	1.2×10^{-5}	6.2
1	3.3×10^{-8}	2.4×10^{-6}	7.1×10^1	9.2×10^{-7}	3.0×10^{-5}	3.2×10^1
2	5.4×10^{-9}	1.2×10^{-5}	2.2×10^3	1.0×10^{-7}	6.6×10^{-5}	6.5×10^2
3	5.4×10^{-9}	2.6×10^{-5}	4.8×10^3	5.6×10^{-8}	9.3×10^{-5}	1.7×10^3
5	2.5×10^{-9}	5.8×10^{-5}	2.3×10^4	2.0×10^{-8}	1.3×10^{-4}	6.2×10^3

需要注意的是,微粗糙表面产生的背景散射强度也会随着孔径半角的增加而提高。若背景散射强度超过了表面缺陷,那么即使采用大角度孔径收集了更多的缺陷散射信号,系统的检测灵敏度也无法得到有效的提升。计算不同孔径半角下的背景散射强度,记为 P_{s_back},仿真表面缺陷/背景散射强度比,即 P_s/P_{s_back}。如图 1.31 所示是不同宽度麻点和划痕的对数缺陷/背景散射强度比随孔径半角的变化曲线,对应的深度为 10nm(其他深度的情况相似,不再给出)。可以看出,对于宽度较大($w\geqslant2\mu m$)的表面缺陷,大孔径的缺陷/背景散射强度比相比小孔径有了明显的提高;而对于宽度较小的表面缺陷,散射强度比则出现了下降的趋势,尤其是在镜面反射角 45°附近。出现这一现象的主要原因是小宽度划痕和麻点的散射场分布比较分散,随着逼近镜面反射方向,缺陷散射强度的增幅小于微粗糙表面引发的背景散射强度的增幅,因此造成两者之比下降。实际上,表面缺陷的散射强度和缺陷/背景散射强度比都是系统检测灵敏度的影响因素,两者需要综合考虑。继续观察图像可以发现,随着孔径半角的进一步增大($\alpha>50°$),缺陷/背景散射强度比呈上升趋势。以孔径半角 75°为例,此时该值最低的是 $d=10nm, w=0.5\mu m$ 的麻点(这也是本书考虑范围内的最小尺寸),约为 $10^{0.6}\approx4$,这个比值对于缺陷检测来说仍是可接受的。而对于相同横向尺寸的划痕,其散射强度比达到 $10^{2.1}\approx126$,意味着微粗糙表面产生的背景散射光已不再是影响对比度和检测灵敏度的主要因素。此外,依据具体的微粗糙表面的散射特性,在接收孔径镜面反射方向上设置合理的开孔尺寸也是提高缺陷/背景散射强度比的关键,若开孔太大则会损失表面缺陷的散射信号,太小则会引入更强的背景散射光。

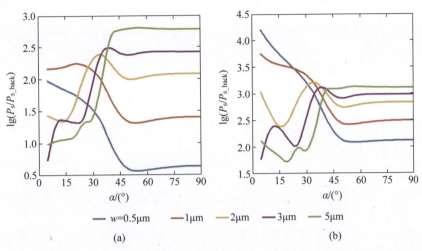

图 1.31 深度 10nm 时,不同宽度的麻点(a)和划痕(b)的对数散射强度比随孔径半角的变化曲线

为了比较大角度孔径与系统孔径下的表面缺陷散射强度特性,图 1.32 给出了半角 75°孔径内不同深度的麻点和划痕的散射强度随宽度变化的曲线。相比半角为 10°的系统孔径,除了表面缺陷的散射强度有明显的提升,更重要的是原本存在的大宽度缺陷产生弱散射强度的反常现象消失了。同时可以看出,随着宽度的增加,麻点散射强度的提升幅度大于划痕。如图 1.33 所示是半角 75°孔径内不同宽度划痕的散射强度随划痕方向的变化曲线,其中图(a)对应划痕深度 $d=10\text{nm}$,图(b)对应深度 $d=200\text{nm}$。对比图 1.31 可以发现,划痕方向带来的散射强度波动明显减弱,说明大孔径的检测系统对相同尺寸但不同方向的划痕能够产生更加一致的响应。

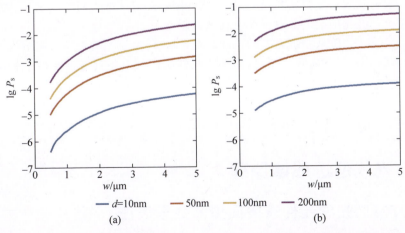

图 1.32 半角 75°孔径内不同深度麻点(a)和划痕(b)的对数散射强度随宽度变化的曲线

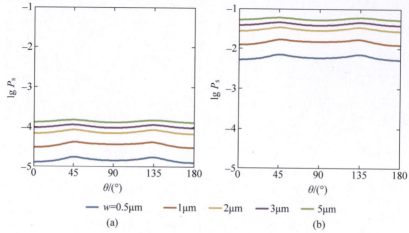

图 1.33　半角 75°孔径内不同宽度的划痕对数散射强度随划痕方向的变化曲线
(a) 深度 10nm；(b) 深度 200nm

综上所述，表面缺陷评价系统采用 $\alpha=10°$ 的收集孔径，仅能收集极少部分的表面缺陷散射光，散射强度处于比较低的量级。尤其对于划痕和麻点缺陷，它们的散射能量主要集中在镜面反射方向附近的区域。当缺陷的深度较小时，系统孔径所能接收的散射强度就变得非常微弱。这样的话，系统探测到的缺陷散射信号的信噪比将会很低，因此制约了检测灵敏度。此外，散射强度与缺陷宽度和方向之间存在不稳定的相关性，给系统检测结果的可靠程度带来了严重的影响。随着孔径半角的增大，尤其是大于镜面反射角时，表面缺陷的散射强度明显提升。采用大角度的收集孔径，能获得更高的表面缺陷散射信号，同时对于宽度较大（$w\geqslant 2\mu m$）的麻点和划痕，还能进一步提高其与微粗糙表面引发的背景散射强度的比值。而对于宽度较小的麻点和划痕，虽然散射强度比相比小孔径有所下降，但仍处于可接受的范围。此外，在大角度收集孔径下，散射强度随缺陷宽度增大而减小的反常现象消失，划痕方向变化引起的散射强度波动被抑制。

1.2 节～1.4 节从物理光学的角度出发，对缺陷散射场的空间光强分布情况进行了详细的分析。在实际检测时，需要根据缺陷的散射特性设计相应的缺陷检测光学成像系统。为了能够设计出诸如像差影响小、杂散光干扰小等特点的光学特性最优化的缺陷检测成像系统，需要通过基于光线追迹的几何光学方法对缺陷检测光学成像系统的几何光学成像特性展开研究。

1.5　光线追迹成像原理

1.5.1　光学元件表面面型的数学表征

光线追迹是光学系统设计和评价中最核心的方法，光线追迹用带箭头的射线模型表示光线,描述光线在光学系统中经过透镜、反射镜、光栅等光学元件时,由于折射、反射、衍射、散射等一系列现象产生的光线传播方向的变化。光线追迹的主要内容之一在于求解光线与光学元件表面的交点,进而获得入射光线在光学元件表面发生反射、折射后光线的传播方向,本节光线以射线形式表示为

$$P_r(t) = O_r + t\hat{d}_r \tag{1.34}$$

式中,$P_r(t)$是光线上一点的三维坐标,O_r是光线的原点的坐标,$\hat{d}_r$是光线方向的单位向量,t是光线上一点到原点的距离,是后文求交点时主要的求解对象。

1. 平面

平面是最简单的面型。在表面机器视觉检测系统中,相机、光源、被测零件都可以用平面表示。如图1.34所示,平面可使用一个点O_{plane}和一条单位法线$\hat{n}_{plane}$表示。平面点满足$\overrightarrow{O_{plane}P_r} \cdot \hat{n}_{plane} = 0$。将式(1.34)代入得到

$$(\overrightarrow{O_{plane}O_r} + t\hat{d}_r) \cdot \hat{n}_{plane} = 0 \tag{1.35}$$

解得

$$t = \frac{\overrightarrow{O_{plane}O_r} \cdot \hat{n}_{plane}}{\hat{d}_r \cdot \hat{n}_{plane}} \tag{1.36}$$

注意$t<0$或$|\hat{d}_r \cdot \hat{n}_{plane}|<\varepsilon$,$\varepsilon$表示一个正的极小值,此时光线与平面不相交。平面常用于表示光源面,要检查交点是否位于光源范围内,矩形面可计算交点在$O_{plane}x_{plane}y_{plane}$坐标系的坐标,圆形面可简单比较$\|\overrightarrow{O_{plane}P_r}\|$与圆形半径的大小。

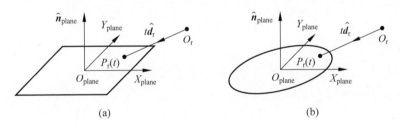

图1.34 光线与平面相交示意图
(a)矩形面;(b)圆形面

2. 球面

球面是玻璃透镜使用最多的面型。球面用一个球心点O_s和半径R_s表示。球面方程为

$$(P - O_s) \cdot (P - O_s) = R_s^2 \tag{1.37}$$

法线为$\overrightarrow{O_sP}$。将式(1.34)代入式(1.37)得到

$$\begin{cases} (\overrightarrow{O_sO_r} + t\hat{\boldsymbol{d}}_r) \cdot (\overrightarrow{O_sO_r} + t\hat{\boldsymbol{d}}_r) = R_s^2 \\ \underbrace{(\|\hat{\boldsymbol{d}}_r\|^2)}_{a}t^2 + \underbrace{2(\hat{\boldsymbol{d}}_r \cdot \overrightarrow{O_sO_r})}_{b}t + \underbrace{\|\overrightarrow{O_sO_r}\|^2 - R_s^2}_{c} = 0 \end{cases} \quad (1.38)$$

解得

$$t_{0,1} = \frac{-b \pm \sqrt{b^2 - 4ac}}{2a} \quad (1.39)$$

计算机计算浮点加减法时,如果两个数相差太大,可能会丢失精度。因此进一步修改 $\Delta = b^2 - 4ac$ 为

$$b^2 - 4ac = 4a\left(\frac{b^2}{4a} - c\right)$$

$$= 4\|\hat{\boldsymbol{d}}_r\|^2 \left(\frac{(\hat{\boldsymbol{d}}_r \cdot \overrightarrow{O_sO_r})^2}{\|\hat{\boldsymbol{d}}_r\|^2} - (\|\overrightarrow{O_sO_r}\|^2 - R_s^2) \right)$$

$$= 4\|\hat{\boldsymbol{d}}_r\|^2 (R_s^2 - (\|\overrightarrow{O_sO_r}\|^2 - (\hat{\boldsymbol{d}}_r \cdot \overrightarrow{O_sO_r})^2)) \quad (1.40)$$

根据 Δ 的计算结果确定直线与球体存在 0 个、1 个或 2 个交点,结合透镜的口径找到所需交点。如果使用网格建模球面,可均匀采样球坐标的 (θ, ϕ),生成采样点 $P_{i,j}(x, y, z)$

$$\begin{cases} x = R_s \sin\theta_i \cos\phi_j \\ y = R_s \sin\theta_i \sin\phi_j \\ z = R_s \cos\theta_i \end{cases} \quad (1.41)$$

如图 1.35(b)所示,用 4 个相邻采样点可生成两个三角形网格,完成整个球面网格建模。

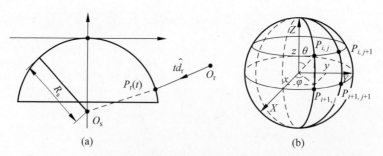

图 1.35 (a)光线与球面相交示意图和(b)球坐标离散采样示意图

3. 旋转抛物面

抛物面镜是非球面镜的一种,相比球面透镜,抛物面透镜通光孔径更大,适合

照明聚光设计。如图 1.36 所示，抛物面顶点 O_p，焦点 F_p，方程为

$$-2pz = (x^2 + y^2), \quad p > 0 \quad (1.42)$$

令 $F(x,y,z) = 2pz + (x^2 + y^2)$，抛物面表面点 (x_0, y_0, z_0) 的法向量为 $\mathbf{n}(F_x(x_0, y_0, z_0), F_y(x_0, y_0, z_0), F_z(x_0, y_0, z_0))$，这里 $\hat{n} = \text{normalize}(x_0, y_0, p)$。根据抛物面性质，表面点到焦点 F 与到定平面 $z = -p/2$ 的距离相等。可推出更通用的向量形式方程

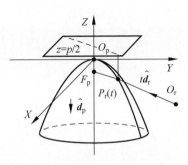

图 1.36 光线与抛物面相交示意图

$$\begin{cases} \|\overrightarrow{F_pP}\|^2 = \left\|\overrightarrow{O_pF_p} + \dfrac{\overrightarrow{O_pP} \cdot \overrightarrow{O_pF_p}}{\|\overrightarrow{O_pF_p}\|^2}\overrightarrow{O_pF_p}\right\|^2 \\ \|\overrightarrow{O_pP}\|^2 - \dfrac{(\overrightarrow{O_pP} \cdot \overrightarrow{O_pF_p})^2}{\|\overrightarrow{O_pF}\|^2} = 4(\overrightarrow{O_pP} \cdot \overrightarrow{O_pF_p}) \end{cases} \quad (1.43)$$

代入式(1.34)，并令 $\overrightarrow{O_pF_p} = \dfrac{p}{2}\hat{d}_p$，化简得到

$$\underbrace{(\|\hat{d}_r\|^2 - (\hat{d}_r \cdot \hat{d}_p)^2)}_{a}t^2 + \underbrace{2(\overrightarrow{O_pO_r} \cdot \hat{d}_r - p(\hat{d}_r \cdot \hat{d}_p) - (\overrightarrow{O_pO_r} \cdot \hat{d}_p)(\hat{d}_r \cdot \hat{d}_p))}_{b}t + \underbrace{\|\overrightarrow{O_pO_r}\|^2 - 2p(\overrightarrow{O_pO_r} \cdot \hat{d}_p) - (\overrightarrow{O_pO_r} \cdot \hat{d}_p)^2}_{c} = 0 \quad (1.44)$$

解一元二次方程的方式与球面相同。

抛物面的网格点采用圆形面网格划分，以抛物面口径作为圆半径，生成采样点 $(x_{i,j}, y_{i,j})$，代入抛物面方程得到采样点 $P_{i,j}(x,y,z)$。还有一种思路是计算抛物线的曲线积分，如积分 $x^2 = -2pz$，沿 x 方向的曲线积分为

$$\begin{aligned}\int_0^{x_0} \sqrt{1 + \left(\frac{dz}{dx}\right)^2} dx &= \frac{1}{p}\int_0^{x_0} \sqrt{p^2 + x^2} dx \\ &= \frac{1}{p}\left[\frac{x}{2}\sqrt{x^2 + p^2} + \frac{p^2}{2}\ln\left(x + \sqrt{x^2 + p^2}\right)\right]\Big|_0^{x_0} \\ &= \frac{1}{p}\left[\frac{x_0}{2}\sqrt{x_0^2 + p^2} + \frac{p^2}{2}\ln\left(x_0 + \sqrt{x_0^2 + p^2}\right) - \frac{p^2}{2}\ln p\right]\end{aligned} \quad (1.45)$$

如果要沿半径方向做 N 个采样，代入元件半径求得曲线总长度，将长度 N 等分，使用二分法求解对应的 x 坐标，产生轴向采样 x_i。旋转生成平面采样点 $(x_{i,j}, y_{i,j})$ 并计算网格建模所需的采样点 $P_{i,j}(x,y,z)$。

4. 旋转椭球面

顶点位于原点，旋转轴 z 轴的圆锥曲面通式写作

$$z = -\frac{r^2}{R\left[1+\sqrt{1-(1+k)r^2/R^2}\right]}, \quad r^2 = x^2 + y^2 \tag{1.46}$$

式中，R 是顶点球曲率半径，k 是圆锥常数。化简得到

$$\frac{r^2}{\underbrace{\left(\dfrac{R}{\sqrt{1+k}}\right)^2}_{b}} + \frac{\left(z+\dfrac{R}{1+k}\right)^2}{\underbrace{\left(\dfrac{R}{1+k}\right)^2}_{a}} = 1 \tag{1.47}$$

当 $-1<k<0, a<b$ 时，表示长轴沿 z 轴的旋转椭球面。令 $m=1/\sqrt{1+k}$，则长半轴尺寸 $a=m^2 R$，短半轴尺寸 $b=mR$，$c=m\sqrt{m^2-1}R$，$m>1$。法线为

$$\hat{n} = \text{normalize}\left(\frac{2x_0}{(mR)^2}, \frac{2y_0}{(mR)^2}, \frac{2(z_0+m^2 R)}{(m^2 R)^2}\right) \tag{1.48}$$

向量形式面型方程依据

$$\|F_1 P\| + \|F_2 P\| = 2a \tag{1.49}$$

设 $\hat{d}_e = \overrightarrow{F_1 F_2}/\|\overrightarrow{F_1 F_2}\|$，将式(1.34)，$\overrightarrow{O_e F_1}=(a-c)\hat{d}_e$，$\overrightarrow{O_e F_2}=(a+c)\hat{d}_e$ 代入式(1-49)，

$$a^2 \|\overrightarrow{O_e P}\| + 2a(c^2-a^2)(\overrightarrow{O_e P}\cdot\hat{d}_e) - c^2(\overrightarrow{O_e P}\cdot\hat{d}_e)^2 = 0 \tag{1.50}$$

进一步化简得到

$$[a^2 - c^2(\hat{d}_r \cdot \hat{d}_e)^2]t^2 +$$
$$[2a^2(\overrightarrow{O_e O_r}\cdot\hat{d}_r) + 2a(c^2-a^2)(\hat{d}_r\cdot\hat{d}_e) - 2c^2(\overrightarrow{O_e O_r}\cdot\hat{d}_e)(\hat{d}_r\cdot\hat{d}_e)]t +$$
$$(a^2 \|\overrightarrow{O_e O_r}\|^2) + 2a(c^2-a^2)(\overrightarrow{O_e O_r}\cdot\hat{d}_e) - c^2(\overrightarrow{O_e O_r}\cdot\hat{d}_e)^2 = 0 \tag{1.51}$$

虽然表达式比球面和抛物面的例子更为复杂，但一元二次方程求解是一致的。椭球面的建模网格点可均匀采样 (θ,ϕ)，生成采样点 $P_{i,j}(x,y,z)$

$$\begin{cases} x = b\sin\theta_i \cos\phi_j \\ y = b\sin\theta_i \sin\phi_j \\ z = a\cos\theta_i \end{cases} \tag{1.52}$$

5. 带有幂次多项式的旋转对称非球面

在式(1.46)基础上增加幂次多项式项，得到非球面通式，A_{2i} 是幂次多项式的高次项系数。将式(1.34)的 t 改为迭代求解的 t_s，采用牛顿-拉普森(Newton-Raphson)迭代求解交点[33]。

$$P_r = O_r + t_s \hat{d}_r \tag{1.53}$$

求解的目标函数为

$$g(t) = O_z + td_z - f(O_x + td_x, O_y + td_y) \tag{1.54}$$

式中,t 是光线上一点到光线原点的距离,$O_r(O_x, O_y, O_z)$ 是光线原点的三维坐标,$\hat{d}_r(d_x, d_y, d_z)$ 是光线的三维方向(图 1.37)。$g(t)$ 函数表示光线上一点 $P(t)$ 与相同 (x, y) 坐标下非球面点 z 坐标的偏移。交点满足 $g(t) = 0$。$g(t)$ 函数的一阶导数表示为

$$g'(t) = d_z - \left(\frac{\partial f}{\partial x}\frac{\partial x}{\partial t} + \frac{\partial f}{\partial y}\frac{\partial y}{\partial t}\right) = d_z - \left(\frac{\partial f}{\partial x}d_x + \frac{\partial f}{\partial y}d_y\right) \tag{1.55}$$

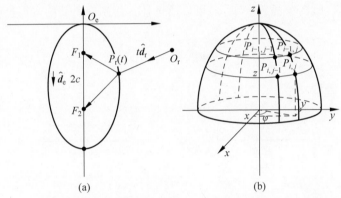

图 1.37 (a)光线与旋转椭球面相交示意图,(b)旋转椭球坐标离散采样示意图

令 $t_0 = 0$,迭代计算 t_s

$$t_{s+1} = t_s - \frac{g(t)}{g'(t)} \tag{1.56}$$

直到

$$|t_s - t_{s-1}| < \varepsilon \tag{1.57}$$

ε 是一个控制计算精度的极小值。考虑到幂次多项式的高次项系数一般比较小,椭球面的建模网格点可参考去掉幂次多项式的圆锥曲面,生成相应的 (x, y) 采样并计算非球面的 z 坐标。将非球面表示为 $h(x, y, z) = z - f_{\text{asp}}(x, y) = 0$,令 $q = \sqrt{1 - (k+1)(x^2 + y^2)/R^2}$,计算法线 $\hat{n} = \text{normalize}\left(\frac{\partial h}{\partial x}, \frac{\partial h}{\partial y}, \frac{\partial h}{\partial z}\right)$,式中,

$$\begin{cases} \dfrac{\partial h}{\partial x} = \dfrac{2x}{R(q+1)} + \dfrac{x(x^2+y^2)(k+1)}{R^3(q+1)^2 q} + \sum_{i=2}^{M} 2iA_{2i}x(x^2+y^2)^{i-1} \\ \dfrac{\partial h}{\partial y} = \dfrac{2y}{R(q+1)} + \dfrac{y(x^2+y^2)(k+1)}{R^3(q+1)^2 q} + \sum_{i=2}^{M} 2iA_{2i}y(x^2+y^2)^{i-1} \\ \dfrac{\partial h}{\partial z} = 1 \end{cases} \tag{1.58}$$

$$z = f_{\text{asp}}(x,y) = -\left\{ \frac{x^2+y^2}{R\left[1+\sqrt{1-(1+k)(x^2+y^2)/R^2}\right]} + \sum_{i=2}^{M} A_{2i}(x^2+y^2)^i \right\} \tag{1.59}$$

1.5.2 像函数与光线追迹路线

从物理的角度,如图 1.38(a)所示,光线应从光源出发,在被测对象表面改变光线传播方向,经过成像镜组到达像面,像素区域的光信号由传感器转为电信号,最终输出为图像每个像素的黑白灰度或彩色相机的 RGB 分量。传感器由光信号到电信号的转换存在波长相关的光谱响应曲线。假设波长一定,光信号到电信号的转换是线性的,那么像函数 $f(u,v)$ 可以通过计算落到像素面的光能量得到。

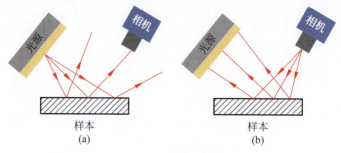

图 1.38 光线追迹路线

(a) 由光源到相机;(b) 由相机到光源

常见的非序列光线追迹软件如 TracePro、ASAP 采用的就是如图 1.38(a)所示的追迹路线。由光源发射数百万条光线,每条光线携带一定的光通量。光线在有一定粗糙度的样本表面发生散射,经过透镜组落到矩形的传感器成像面上,计算每个像素累积的能量大小成像。这种光线追迹路线用于照明仿真是可行的,但是在成像仿真时可以看到,进入相机镜头的光线太少,因此成像噪声较大。对于粗糙面样本还可以通过软件设置重点采样,调整光线方向使其尽可能多地进入相机。而光滑面样本光线的传播路径严格服从反射定律,在光源面生成的大量光线只有很小一部分能进入相机镜头,即便进入镜头,也未必能落在成像面上,因此追迹效率低下且成像质量差。

另一种更推荐的追迹路线是从相机发射光线,在样本表面反射并向光源方向做追迹。此时每一条光线都是能用于像素成像的有效光线。如果最终光线能追迹到光源,则获取能量作为像素值,否则认为该像素不会被点亮。对于小孔相机,常采用 Utah 像函数模型,

$$f(u,v) = \boldsymbol{L}_{\text{out}}(O_c, \boldsymbol{d}_r(u,v)) \tag{1.60}$$

式中，O_c 和 $\boldsymbol{d}_r(u,v)$ 描述像素 (u,v) 发出的唯一的主光线，像函数值是该主光线承载的光线辐亮度。在空间中传播时 L 保持不变，遇到表面后光线方向和亮度值发生改变。此外，针对一些特殊场景，图形学渲染方面的研究还提出了双向光线追迹、Metropolis 光线传输、辐射度缓存、漫反射预计算等算法。

1.5.3 基于蒙特卡罗数值积分的辐度学参数求解

辐度学物理量大量采用微分定义。基于辐亮度求解辐照度，求解辐射通量都需要大量的积分计算。在光线多次折反射的过程中，积分维度会急剧上升，因此很难通过解析方式求解积分。标准的数值积分方法适合求解低维平滑积分，不适合光线追迹这种维度高且不连续的问题求解。蒙特卡罗方法通过采样后取被积函数的平均值计算积分。对应到光线追迹过程，则是采样并跟踪多条光线的亮度变化。下面以一维蒙特卡罗积分为例介绍其原理。假设有一个函数 $f(x), x \in (a,b)$，自变量 x 的概率密度分布函数为 $p(x)$，其期望值 $E(f(x))$ 为

$$E[f(x)] = \int_a^b f(x) p(x) \mathrm{d}x \tag{1.61}$$

另外，期望值可按 $p(x)$ 采样 $x_1, x_2, \cdots, x_n$ 并取平均值计算近似，采样数 N 越大，期望值越准确。

$$E[f(x)] \approx \frac{1}{N} \sum_{i=1}^{N} f(x) \tag{1.62}$$

联立式(1.61)和式(1.62)，假设有一个函数 $g(x) = f(x) p(x)$，那么 $g(x)$ 的积分可以写作

$$\begin{aligned} \int_a^b g(x) \mathrm{d}x &= \int_a^b \frac{g(x)}{p(x)} p(x) \mathrm{d}x \\ &= E\left[\frac{g(x)}{p(x)}\right] \\ &= \frac{1}{N} \sum_{i=1}^{N} f(x) \end{aligned} \tag{1.63}$$

或者说，如下估计函数 F_N 的期望值可以用于计算任意函数积分

$$F_N = \frac{1}{N} \sum_{i=1}^{N} \frac{f(x_i)}{p(x_i)} \tag{1.64}$$

证明如下：

$$\begin{aligned} E[F_N] &= E\left[\frac{1}{N} \sum_{i=1}^{N} \frac{f(x_i)}{p(x_i)}\right] \\ &= \frac{1}{N} \sum_{i=1}^{N} \int_a^b \frac{f(x)}{p(x)} p(x) \mathrm{d}x \end{aligned}$$

$$= \frac{1}{N} \sum_{i=1}^{N} \int_{a}^{b} f(x) \mathrm{d}x$$

$$= \int_{a}^{b} f(x) \mathrm{d}x \tag{1.65}$$

总结蒙特卡罗求解一维积分的过程如下：

(1) 根据被积函数 $f(x)$，对于任意 $|f(x)|>0$ 的 x 取值，选择一个满足 $p(x)>0$ 的概率密度函数；

(2) 按照概率密度函数 $p(x)$ 生成 N 个采样 $x_1,x_2,\cdots,x_n$；

(3) 计算 $f(x_i)/p(x_i)$ 的平均值作为积分近似结果。

$p(x)$ 函数的选择并没有特别严格的要求，理论上采样数 N 越多越接近于真实结果。对于蒙特卡罗近似，其方差

$$V(F_N) = E(F_N^2) - E(F_N)^2$$

$$= \frac{1}{N(N-1)} \sum_{i=1}^{N} \left[\frac{f(x_i^2)}{p(x_i^2)}\right] - \frac{1}{N^2(N-1)} \sum_{i=1}^{N} \left[\frac{f(x_i)}{p(x_i)}\right]^2 \tag{1.66}$$

方差正比于 $1/N$。因此如果不做任何优化，方差降低一半，需要采样数增加一倍。如果是标准差降低一半，则需要采样数增加到 4 倍。为了加快收敛、降低方差，选择一个近似于 $f(x)$ 且便于采样的 $p(x)$ 的优化方法称为重要性采样。另外将积分域分层，尽可能均匀地采样称为分层采样。两种都是蒙特卡罗积分较为常见的方差降低方法。

1.6 光线追迹成像建模与求解

根据相机参数表，使用者了解相机大致的工作距离和相应视场，可以计算单个像素对应的物方分辨率尺寸。对于诸如尺寸测量、视觉定位等应用，需依据相机参数，建立相机单个像素发射或接收的光线三维空间分布模型。根据常见的镜头类型，本节依次介绍小孔相机成像模型、有限口径相机成像模型，同时介绍了光线追迹成像模型的求解方法。

1.6.1 小孔相机成像模型

小孔相机成像模型是现在机器视觉和计算机视觉等领域最常见的相机模型，其光线的分布如图 1.39(a)所示。小孔模型假设相机口径无穷小，仅有主光线参与成像，因此所有从像面出发的光线经过空间中一点 O_c 落到物面上。如图 1.39(b)所示，以 O_c 为原点建立相机坐标系 $O_c u_c v_c w_c$，相机坐标系采用左手系。相机坐标系描述了相机成像的视锥体范围，w_c 也是整个相机的光轴。从小孔 O_c 沿 w_c

方向取点 O_w 作为世界坐标系原点,线段 O_cO_w 的长度为物理相机工作距 l_{WD}(相机物方端面到物面距离),$O_wX_wY_w$ 构成物面。$O_wx_wy_wz_w$ 表示世界坐标系,为右手系,x_w 平行于 u_c,y_w 平行于 v_c,z_w 和 w_c 方向相反。此外,Ouv 表示图像坐标系,原点 O 位于图像左下角,u 平行于 U_c,v 平行于 V_c。图像坐标系描述相机最终获得图片的坐标,像素的坐标 (u,v) 取值非负。

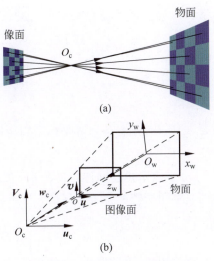

图 1.39 小孔相机成像模型

(a) 光线示意图;(b) 坐标系示意图

相机模型需要计算相机坐标系坐标轴的向量表示。小孔相机成像模型需要的物理相机参数包括像素分辨率 $U\times V$,其中 U 是水平像素分辨率,V 是竖直像素分辨率;物方视场 $l_{水平}\times l_{竖直}$,其中 $l_{水平}$ 是视场水平宽度,$l_{竖直}$ 是竖直高度。给定相机坐标系原点 O_c 和世界坐标系原点 O_w,设一个与 w_c 不平行的指上向量 v_{up} 如 $(0,1,0)$。坐标轴计算如下:

$$w_c = \overrightarrow{O_wO_c} \tag{1.67}$$

$$u_c = \text{normalize}(w_c \times v_{up}) \cdot (l_{水平}/2) \tag{1.68}$$

$$v_c = \text{normalize}(u_c \times w_c) \cdot (l_{竖直}/2) \tag{1.69}$$

式中,normalize() 表示向量归一化,三坐标轴厘米向量包含了物方视场尺寸和工作距。如果已知相机传感器尺寸 $w_{sensor}\times h_{sensor}$ 和相机焦距 f,对于普通焦段的照相相机可估算物方视场

$$\begin{aligned} l_{水平} &= \|\overrightarrow{O_cO_w}\| \cdot w_{sensor}/f \\ l_{竖直} &= \|\overrightarrow{O_cO_w}\| \cdot h_{sensor}/f \end{aligned} \tag{1.70}$$

如果采用张正友标定法,平面上一点在世界坐标系坐标 (x_w,y_w,z_w) 到图像

坐标系(u,v)的映射关系为

$$Z_c \begin{bmatrix} u \\ v \\ 1 \end{bmatrix} = \begin{bmatrix} f_x & 0 & u_0 \\ 0 & f_y & v_0 \\ 0 & 0 & 1 \end{bmatrix} \begin{bmatrix} r_{11} & r_{12} & r_{13} & t_x \\ r_{21} & r_{22} & r_{23} & t_y \\ r_{31} & r_{32} & r_{33} & t_z \end{bmatrix} \begin{bmatrix} x_w \\ y_w \\ z_w \\ 1 \end{bmatrix} \quad (1.71)$$

式中,Z_c等于相机坐标系和世界坐标系原点距离$\|\overrightarrow{O_c O_w}\|$,$(u,v)$是图像坐标,$\boldsymbol{A} = \begin{bmatrix} f_x & 0 & u_0 \\ 0 & f_y & v_0 \\ 0 & 0 & 1 \end{bmatrix}$是内参矩阵,$\boldsymbol{r} = \begin{bmatrix} r_{11} & r_{12} & r_{13} \\ r_{21} & r_{22} & r_{23} \\ r_{31} & r_{32} & r_{33} \end{bmatrix}$表示物体世界坐标系到相机坐标系变换的旋转矩阵,$\boldsymbol{t} = \begin{bmatrix} t_x \\ t_y \\ t_z \end{bmatrix}$表示物体世界坐标系到相机坐标系变换的平移向量。内参矩阵中f_x和f_y分别表示焦距和像素尺寸dx和dy的比值,(u_0, v_0)是将图像坐标系原点平移到左下角所需的像素平移量。标定完成后会得到内参矩阵$\boldsymbol{A}$和Z_c。标定中相机坐标系和世界坐标系轴左右手性应一致,那么图1.39(b)中物面对应的旋转矩阵$\boldsymbol{r}$为单位矩阵,平移向量$\boldsymbol{t}$为$\begin{bmatrix} 0 \\ 0 \\ z_c \end{bmatrix}$。物方视场计算为

$$\begin{cases} l_{水平} = 2(U - u_0) \dfrac{z_c}{f_x} \\ l_{竖直} = 2(V - v_0) \dfrac{z_c}{f_y} \end{cases} \quad (1.72)$$

小孔相机成像模型的所有出射光线有相同的起点O_c,像素(u,v)对应的主光线方向$\boldsymbol{d}(u,v)$为

$$\boldsymbol{d}(u,v) = [2(u + \xi_1)/U - 1]\boldsymbol{U}_c + [2(v + \xi_2)/V - 1]\boldsymbol{V}_c + \boldsymbol{W}_c \quad (1.73)$$

式中,(ξ_1, ξ_2)是一对独立采样的$[0,1)$之间的随机数,用于微调光线方向。$\xi_1 = \xi_2 = 1/2$取样像素中心点。采用随机数有利于用高频噪声掩盖图像中因采样不足可能产生的锯齿状棱边。

$\boldsymbol{d}(u,v)$也是像素(u,v)对应物点在相机坐标系下的坐标,该点在世界坐标系下的坐标P_{obj_w}为

$$P_{obj\_w}(u,v) = O_c + \boldsymbol{d}(u,v) \quad (1.74)$$

小孔相机成像模型一次成像最少需要追迹$U \times V$条光线。本节小孔相机建模针对比较理想的镜头模型。这里不考虑物理相机中图像传感器轴系不垂直、镜头

像差等因素。如果镜头畸变较为严重,可以先用小孔模型得出像素对应的无畸变物面坐标 $P_{\text{undistorted}}$,利用相机标定的畸变系数修正像素对应的实际物面位置为 $P_{\text{distorted}}$,使用 $\overrightarrow{O_c P_{\text{distorted}}}$ 作为光线方向。

1.6.2 有限口径相机成像模型

小孔相机能够以最少的光线采样数产生图像,也是目前图像渲染或者机器视觉分析最常用的相机模型。在图形学的实践中,小孔相机景深无穷大,成像边界锐利,不能模拟软影等光影特效,对于镜面物体成像往往噪声较大。而在机器视觉分析中,小孔模型在立体视觉等应用中取得成功,但模型参数不包括镜头的光圈数,忽略了主光线以外的光线成像。

图 1.40 展示了一个焦距为 50mm 的库克(Cooke)三片式相机镜头,物面对焦于无穷远,成像在焦平面上。实际光学镜头是有一定口径尺寸和长度的空间装置,而非小孔模型中的一个点。其中第二个透镜是光学系统的孔阑,孔阑被前面光学系统成像的入瞳和被后面光学系统成像的出瞳均在图上标出。按照几何光学的理想光学系统理论,物点发出的光只有经过入瞳才参与成像,而像方光线通过出瞳会聚于像面一点成像。不在物平面的点,其从出瞳发出的光线在像平面形成弥散斑,从而产生景深。

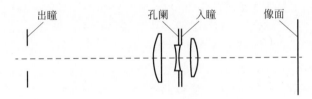

图 1.40 Cooke 相机镜头示例图,焦距 50mm

在表面疵病检测系统中,疵病成像的对比度与镜头光圈数(焦距和孔阑直径之比)关系密切。焦距一定,光圈数越大,孔阑尺寸越小,越适合明场疵病成像。疵病改变了光线的传播方向,降低了光强度,孔阑越小,越有利于减少疵病散射光经过孔阑参与成像,从而形成亮背景下的暗疵病图样。反之,焦距一定,光圈数越大,越有利于暗场疵病成像。假设正常表面的光线不会进入孔阑,孔阑越大,收集疵病散射光的可能性越高,疵病图样在暗背景下显得越亮。对于光滑表面,通过光圈数调整能有效增强疵病成像的对比度。

实际的镜头系统经过一系列像差和分辨率的优化,其结构远比图 1.40 复杂。针对机器视觉系统的仿真,不可能像镜头设计一样,从像面或物面出发,逐个光学表面追迹光线。计算像差只需要计算有限数目的代表性光线,而成像需要的光线数量要多得多,成像计算的时间久、成本高。此外,搭建机器视觉系统时,使用的工业相机镜头结构也很难获取。因此有必要提出一种适用于有限口径相机的简化模型,以求解一定焦距和光圈数下的光线采样情况。

无论光线在镜头内部怎么传播,在不考虑大视场的图像边角渐晕时,从物点出发的光线必然充满入瞳,而像点接收的光线来自出瞳。因此忽略相机经过入瞳后的传播过程,像素(u,v)的成像光线方向由入瞳面和共轭物点决定。此时入瞳中心相当于小孔模型的小孔,入瞳面位于平面$U_c O_c V_c$,入瞳半径为R_A。对于不同的光学系统,讨论如下几种入瞳中心和入瞳尺寸的情形:

(1) 如果孔阑位于距离物面最近的表面,孔阑和入瞳重合,以该表面中心作为相机小孔,该表面的口径作为入瞳尺寸。

(2) 如果是已知光圈和焦距数的照相镜头,类似图1.40,孔阑位于中间,镜头尺寸相比工作距小得多。仍旧可以使用镜头物方端面作为相机小孔,并通过张正友标定法确定小孔相机坐标系原点。使用计算的孔阑尺寸近似入瞳尺寸。

(3) 如果是已知数值孔径NA的显微镜,且工作距较长。假设入瞳中心位于物方端面或由标定得到,入瞳尺寸仍然用孔阑尺寸近似为

$$R_A = \|\overrightarrow{O_c O_w}\| \tan(\arcsin(\mathrm{NA})) \tag{1.75}$$

(4) 如高倍率光学显微镜等其他光学系统,如果采用近似方法计算明显误差较大,建议参考其具体结构做系统参数计算。

机器视觉光学自动化检测(automatic optical inspection,AOI)系统一般工作距较长,入瞳位置和尺寸近似的误差较小。在小孔模型的基础上,物点$P_{\mathrm{obj\_w}}$仍旧按式(1.74)计算。此时光线起点不再是相机坐标系原点O_c,而是圆形入瞳面上的任意一点。为了采样尽可能均匀,考虑用极坐标(r_A, θ_A)表示圆的面积微元$\mathrm{d}S_A = r_A \mathrm{d}r_A \mathrm{d}\theta_A$,圆形面按照正比于面积的概率密度分布函数(probability density function, PDF)采样

$$p(r_A, \theta_A) = \frac{r_A}{\pi R_A^2} \tag{1.76}$$

式中,R_A是入瞳面半径,世界坐标系下的入瞳光线起点坐标$P_{\mathrm{enp\_w}}$为

$$\begin{aligned}P_{\mathrm{enp\_w}}(u',v') = O_c &+ R_A \sqrt{(u'+\xi_1)/U'} \cdot \cos[2\pi(v'+\xi_2)/V'] X_w \\ &+ R_A \sqrt{(u'+\xi_1)/U'} \cdot \sin[2\pi(v'+\xi_2)/V'] Y_w \end{aligned} \tag{1.77}$$

式中,X_w和Y_w表示世界坐标系坐标轴的单位向量。如图1.41(a)所示,在半径和角度方向划分网格,每个网格内随机生成一个采样点作为光线起点。沿半径方向划分U'个网格,网格坐标u'。沿角度方向划分V'个网格,网格坐标v'。随机数(ξ_1,ξ_2)定义与式(1.73)相同。最后有限相机模型方向$d(u,v)$为

$$d(u,v,u',v') = P_{\mathrm{obj\_w}}(u,v) - P_{\mathrm{enp\_w}}(u,v,u',v') \tag{1.78}$$

图1.41(c)展示了有限口径相机的光线发射模型。其中入瞳按照图1.41(a)

的模式做圆形采样,物面按照图 1.41(b)的模式做矩形采样。此时像素(u,v)需要采样$U'\times V'$条光线,一次图像渲染需要追迹$UVU'V'$条光线。

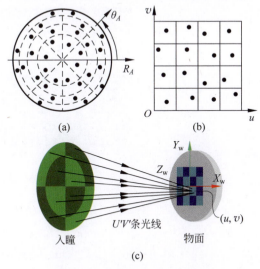

图 1.41 有限口径相机示意图
(a) 圆形面采样;(b) 矩形面采样;(c) 光线发射模型

1.6.3 光线追迹成像模型的求解方法

光源的选型和布局与检测样本的形状、表面特性密切相关。对于机器视觉系统来说,样本本身也是照明成像场景的关键一份子。脱离具体检测样本去选型和布置相机光源毫无意义。实验上可使用机器视觉装置对人工目视观察时的标样成像。从仿真研究的角度,可以建模检测样本以进行虚拟的光线仿真。光线在空间中首先与待测光学元件样本相交,随后可能发生散射、反射、折射、吸收等行为。本节介绍光线与光学元件样本模型交点求解和表面法线计算,两者是光线追迹中的主要计算操作。设存在一条光线,其方程为

$$\frac{x-x_0}{m}=\frac{y-y_0}{n}=\frac{z-z_0}{p}=t \tag{1.79}$$

式中,(x_0,y_0,z_0)为光线必将经过的某一点三维坐标,(m,n,p)是光线的方向向量,t是光线方程参数。求光线与样本交点就是求解t。对于有明确解析方程的检测对象,可计算解析解。如光学零件严格按照矢高方程制造。图 1.42(a)展示了 ZEMAX 光学设计软件中基于解析方程球面建模的 Cooke 三片式镜头结构。以更为通用的偶次非球面为例,其面形方程为

$$z=f(x,y)=\frac{(x^2+y^2)/r}{1+\sqrt{1-(1+k)(x^2+y^2)/r^2}}+\sum_{i=2}^{M}A_{2i}(x^2+y^2)^i \tag{1.80}$$

式中,第一项是圆锥曲面的基底,r 是圆锥曲面的顶点球半径,k 是圆锥常数。A_{2i} 是幂次多项式的高次项系数。

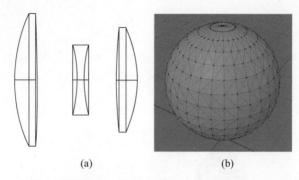

图 1.42 (a)ZEMAX 基于方程建模的 Cooke 镜头结构,(b)Blender 使用三角形网格建模的经纬球

根据求解方式的不同一般可将光线追迹求解方法分为解析法与数值法,本节将介绍三种常用的光线追迹求解方法:基于解析法的光线追迹求解方法、基于数值迭代的光线追迹求解方法、基于数值网格法的光线追迹求解方法。

1. 基于解析法的光线追迹求解方法

为了便于讨论,以小孔成像模型为例介绍光线追迹的解析法建模求解,具体如图 1.43(a)所示,非球面表面的物方子孔径经过理想小孔 H 后,成像于 CCD 像面,物点 P 与像点 P' 满足物像共轭关系。图 1.43(b)为(a)对应的解析几何模型,物方 MN 经过理想小孔 H 后,成像于像面 $M'N'$,光线 PP' 与非球面表面相交于点 P,为了求解点 P 的坐标,需要联立式(1.79)所示的直线 PP' 方程与式(1.80)所示的非球面表面面形方程,如式(1.81)所示,

$$\begin{cases} z_s = \dfrac{(x_s^2 + y_s^2)/r}{1+[1-(1+k)(x_s^2+y_s^2)/r^2]^{0.5}} + \varepsilon \\ x_s = mt + x_0, (m = x_c - x_0) \\ y_s = nt + y_0, (n = y_c - y_0) \\ z_s = pt + z_0, (p = z_c - z_0) \end{cases} \quad (1.81)$$

式中,r 为非球面的顶点球曲率半径,k 为非球面的圆锥系数,ε 为非球面的高次项。当 $\varepsilon=0$ 时,式(1.81)的结果将得到关于 t 的一元二次方程,可以解得 t 如式(1.82)所示,

$$t = \begin{cases} (x_0^2 + y_0^2 - 2rz_0)/[2r(z_c - z_0)], & a=0 \\ (-b \pm \sqrt{b^2 - 4ac})/(2a), & a \neq 0 \end{cases} \quad (1.82)$$

式中的各项系数 a、b、c 如式(1.83)所示,

$$\begin{cases} a = (1+k)(z_c - z_0)^2 + (x_c - x_0)^2 + (y_c - y_0)^2 \\ b = 2z_0(1+k)(z_c - z_0) + 2(x_c - x_0)x_0 + 2(y_c - y_0)y_0 - 2r(z_c - z_0) \\ c = x_0^2 + y_0^2 + (1+k)z_0^2 - 2rz_0 \end{cases}$$

(1.83)

因此可以获得当 $\varepsilon=0$ 时,点 P 的坐标为 $((x_c - x_0)t + x_0, (y_c - y_0)t + y_0, (z_c - z_0)t + z_0)$。由于目前一元高次方程的解析解求根公式至多只能求解 4 次方程,因此当 $\varepsilon \neq 0$ 且 ε 包含超过 2 阶高次项时,点 P 的坐标将无法由解析解求出,此时需要通过数值求解方法,获得待求参数 t 的近似估计。

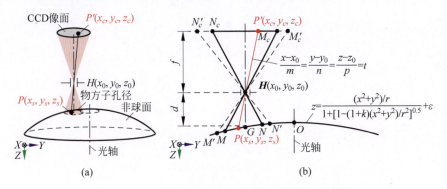

图 1.43 (a)光线追迹和(b)光线追迹解析几何模型

2. 基于数值迭代的光线追迹求解方法

数值迭代求解方法是目前常用的数值解求解方法之一,采取迭代逼近的策略求解图 1.44 交点 P 的坐标。具体如图 1.44 所示,直线 P_0P_1 分别与待测非球面和参考球面相交于点 P、点 P_0。

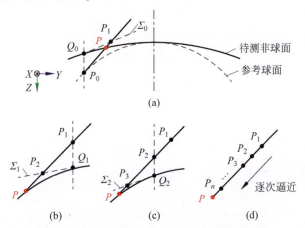

图 1.44 基于 IRSI 的非球面子孔径重构示意
(a) 生成初始参考球面; (b)、(c)、(d) 数值迭代求解过程

步骤1：过点 P_0 作平行于 Z 轴的直线 P_0Q_0，如图 1.44(a) 所示，P_0Q_0 与待测非球面相交于点 Q_0，过点 Q_0 作非球面表面的切平面 Σ_0，切平面 Σ_0 与直线 P_0P_1 相交于点 P_1；

步骤2：过点 P_1 作平行于 Z 轴的直线 P_1Q_1，如图 1.44(b) 所示，P_1Q_1 与待测非球面相交于点 Q_1，过点 Q_1 作非球面表面的切平面 Σ_1，切平面 Σ_1 与直线 P_1P_2 相交于点 P_2；

步骤3：重复以上步骤，如图 1.44(c) 和 (d) 所示，直至获得点 P_n，使得 $|P_{n-1}P_n|<\eta$（η 为固定阈值），则以点 P_n 近似表征点 P 位置。

为了计算交点 P 处的元件表面法线方程，将非球面方程表示为

$$h(x,y,z)=z-f(x,y)=0 \tag{1.84}$$

令 $q=\sqrt{1-(1+k)(x^2+y^2)/r^2}$，计算表面法线向量 $\hat{\boldsymbol{n}}=\left(\dfrac{\partial h}{\partial x},\dfrac{\partial h}{\partial y},\dfrac{\partial h}{\partial z}\right)$，得到

$$\begin{cases}\dfrac{\partial h}{\partial x}=\dfrac{2x}{(1+q)r}+\dfrac{x(x^2+y^2)(1+k)}{r^3(1+q)^2 q}+\sum_{i=2}^{M}2iA_{2i}x(x^2+y^2)^{i-1}\\[2mm]\dfrac{\partial h}{\partial y}=\dfrac{2y}{(1+q)r}+\dfrac{y(x^2+y^2)(1+k)}{r^3(1+q)^2 q}+\sum_{i=2}^{M}2iA_{2i}y(x^2+y^2)^{i-1}\\[2mm]\dfrac{\partial h}{\partial z}=1\end{cases} \tag{1.85}$$

3. 基于数值网格法的光线追迹求解方法

解析法求解表面与光线交点最为准确，可用于像差分析优化等高精度场合。不过解析方程能表示的工业检测对象极为有限。因此有必要引入三角形网格建模方法，在一定程度上牺牲计算精度以换取建模的灵活性。三角形网格可以以离散的方式近似表示任意面型。采用 Möller 和 Trumbore 的算法能快速进行三角形交点计算。三角形 $V_0V_1V_2$ 上一点使用质心坐标 (b_1,b_2) 表示为

$$P(b_1,b_2)=(1-b_1-b_2)V_0+b_1V_1+b_2V_2 \tag{1.86}$$

式中 $b_1\geqslant 0, b_2\geqslant 0, b_1+b_2\leqslant 1$。利用式(1.34)和式(1.86)建立求交点方程，重组得到

$$[-\hat{d}_r, V_1-V_0, V_2-V_0]\begin{bmatrix}t\\b_1\\b_2\end{bmatrix}=O_r-V_0 \tag{1.87}$$

设 $E_1=V_1-V_0, E_2=V_2-V_0, T=O_r-V_0$，使用 Cramer 法则求解该线性方程得到

$$\begin{bmatrix}t\\b_1\\b_2\end{bmatrix}=\dfrac{1}{(\hat{d}_r\times E_2)\cdot E_1}\begin{bmatrix}(T\times E_1)\cdot E_2\\(\hat{d}_r\times E_2)\cdot T\\(T\times E_1)\cdot \hat{d}_r\end{bmatrix} \tag{1.88}$$

交点的法向量 $\hat{\boldsymbol{n}}$ 使用三角形顶点的法向量 $\hat{\boldsymbol{n}}_0,\hat{\boldsymbol{n}}_1,\hat{\boldsymbol{n}}_2$ 计算得到

$$\hat{\boldsymbol{n}} = (1-b_1-b_2)\hat{\boldsymbol{n}}_0 + b_1\hat{\boldsymbol{n}}_1 + b_2\hat{\boldsymbol{n}}_2 \tag{1.89}$$

1.6.4 基于光线追迹的机器视觉成像仿真

相机、光学表面和光源每个都是空间中六自由度的几何体。它们之间通过光线的传播路径紧密联系在一起，形成了表面检测的直接光照场景。直接光照指成像的光线最后都可以追迹到场景中设置的点或面光源。一般不考虑环境光照明，或者场景中粗糙面的散射间接照明。机器视觉表面检测系统中，金属件往往需要发黑处理或者哑光黑色材料遮挡，避免机构装置参与成像。对于粗糙面检测，机器视觉系统使用的光源比环境光要强得多，环境光影响不大也无需特殊处理。而光滑面检测系统需要放在暗室或做外壳以隔绝外界光源干扰，如房间顶灯、流水线台灯等。机器视觉系统建模不渲染直接光照场景中相机、被测零件和光源的布局，而是研究场景中相机、被测零件、光源几何和物理特性的调整最终如何体现在相机成像上。基于光线追迹的机器视觉检测系统建模和仿真流程如图 1.45 所示，包括直

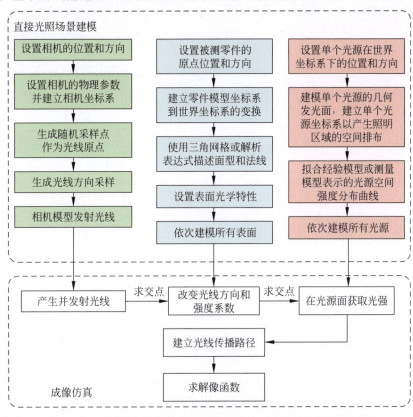

图 1.45　基于光线追迹的表面机器视觉检测系统建模和仿真流程

接光照场景建模和成像仿真两大部分。直接光照场景建模的开支是一次性的,更注重建模的准确性。直接光照场景建模,就是把实际的表面机器视觉检测系统进行参数化和虚拟化的过程。参数化有利于原型装置的复制生产,得到稳定的性能,避免好的实验结果昙花一现的窘境。虚拟化则允许研究人员使用计算机模拟缺陷成像、计算相机的视场景深限制、调整器件空间位置以完善表面扫描路径等,取代实验上繁琐的调整、测量和验证工作。

参考文献

[1] YANG Y, LOU W, ZHANG P, et al. Optical element surface defects detection and quantitative evaluation standard based on dark-field imaging[C]. Xi'an: Twelfth International Conference on Information Optics and Photonics, 2021.

[2] 李璐, 杨甬英, 曹频, 等. 大口径光学元件表面灰尘与麻点自动判别[J]. 强激光与粒子束, 2014, 26(1): 109-114.

[3] 肖冰, 杨甬英, 高鑫, 等. 适于大口径精密光学表面疵病图像的拼接算法[J]. 浙江大学学报(工学版), 2011, 45(2): 375-381.

[4] BABUSKA I, ZLAMAL M. Nonconforming elements in finite-element method with penalty[J]. SIAM J. Numer. Anal., 1973, 10(5): 863-875.

[5] KIM I S, HOEFER W J R. A local mesh refinement algorithm for the time domain finite-difference method using maxwell curl equations[J]. IEEE Trans. Microw Theory Tech., 1990, 38(6): 812-815.

[6] YEE K S. Numerical solution of initial boundary value problems involving Maxwell's equations in isotropic media[J]. IEEE Transactions on Antennas & Propagation, 1966, 14(5): 302-307.

[7] BERENGER J P. A perfectly matched layer for the absorption of electromagnetic waves[J]. Journal of Computational Physics, 1994, 114(2): 185-200.

[8] GEDNEY S D, ZHAO B. An auxiliary differential equation formulation for the complex-frequency shifted PML[J]. Antennas and Propagation, IEEE Transactions on, 2010, 58(3): 838-847.

[9] MOURA A S, SALDANHA R R, SILVA E J, et al. Discretization of the CFS-PML for computational electromagnetics using discrete differential forms[J]. Microwave & Optical Technology Letters, 2013, 55(2): 351-357.

[10] WANG W, ZHOU H, MA L, et al. Stability analysis and improvement of conformal leapfrog alternating direction implicit finite-difference time-domain method[J]. High Power Laser and Particle Beams, 2018, 30(7): 073205.

[11] MUR G. Absorbing boundary conditions for finite-difference approximation of the time-domain electromag-netic-field equations[J]. IEEE Trans Electromagn Compat, 1981, 23(4): 377-382.

[12] TAFLOVE A, BRODWIN M E. Numerical solution of steady-state electromagnetic scattering problems using the time-dependent Maxwell's equations[J]. IEEE Trans Microwave Theory & Tech. ,1975,23(8): 623-630.

[13] WANG P, DONG S, ZHOU L, et al. Using multilevel fast multipole algorithm to analyze electromagnetic scattering in resonance region of 3-D complex objects[J]. Acta Scientiarum Naturalium Universitatis Pekinensis, 2006, 42(3): 395-400.

[14] TAYLOR C D, LAM D H, SHUMPERT T H. Electromagnetic pulse scattering in time-varying inhomogeneous media[J]. IEEE Trans Antennas Propag, 1969, 17(5): 585-589.

[15] 葛德彪,闫玉波. 电磁波时域有限差分方法[M]. 西安:西安电子科技大学出版社,2002.

[16] YANG Y, CHAI H, LI C, et al. Surface defects evaluation system based on electromagnetic model simulation and inverse-recognition calibration method[J]. Optics Communications, 2017, 390: 88-98.

[17] 王世通. 精密表面缺陷检测散射成像理论建模及系统分析研究[D]. 杭州:浙江大学,2015.

[18] 王世通,杨甬英,赵丽敏,等. 光学元件表面缺陷散射光成像数值模拟研究[J]. 中国激光, 2015,42(7):227-236.

[19] 柴惠婷. 基于电磁场仿真数据库的缺陷逆向识别技术研究[D]. 杭州:浙江大学,2019.

[20] 张鹏飞. 基于光线追迹的光学表面疵病机器视觉检测系统研究[D]. 杭州:浙江大学,2021.

[21] 楼伟民. 大口径非球面光学元件表面缺陷暗场检测高精度子孔径扫描拼接重构技术研究[D]. 杭州:浙江大学,2022.

[22] BENNETT J M, BURGE D K, RAHN J P, et al. Standards for optical surface quality using total integrated scattering[J]. Proc. Spie. ,1979,181: 124-132.

[23] 王毅,许乔,柴立群,等. 熔石英表面划痕附近电磁场分布模拟分析[J]. 强激光与粒子束, 2005,17(1):4.

[24] DEMSAR J. Statistical comparisons of classifiers over multiple data sets[J]. Journal of Machine Learning Research, 2006, 7: 1-30.

[25] RANFTL R, LASINGER K, HAFNER D, et al. Towards robust monocular depth estimation: mixing datasets for zero-shot cross-dataset transfer[J]. Ieee Transactions on Pattern Analysis and Machine Intelligence, 2022, 44(3): 1623-1637.

[26] MIN SU KIM H-S C, SEUNG HEE LEE, CHANJOONG KIM. A high-speed particle-detection in a large area using line-laser light scattering[J]. Current Applied Physics, 2015, 15(8): 930-937.

[27] RICE S O. Reflection of electromagnetic waves from slightly rough surfaces[J]. Communications on Pure and Applied Mathematics, 1951, 4(2/3): 1-9.

[28] CHURCH E L, ZAVADA J M. Residual surface roughness of diamond-turned optics[J]. Applied Optics, 1975, 14(8): 1788-1795.

[29] CHURCH E L, JENKINSON H A, ZAVADA J M. Measurement of the finish of diamond-turned metal surfaces by differential light scattering[J]. Optical Engineering, 1977, 16(4): 164360.

[30] CHURCH E L. Relationship between surface scattering and microtopographic features [J]. Optical Engineering,1979,18(2):182125.
[31] GERMER T A. Angular dependence and polarization of out-of-plane optical scattering from particulate contamination, subsurface defects, and surface microroughness [J]. Applied Optics,1997,36(33):8798-8805.
[32] TORRANCE K E, SPARROW E M. Theory for off-specular reflection from roughened surfaces[J]. Journal of the Optical Society of America (1917-1983),1967,65(9):1105-1114.
[33] SPENCER G H, MURTY M V R K. General Ray-Tracing Procedure[J]. Joptsocam, 1962,52(6):672-678.

第 2 章

不同属性表面的照明及光学成像系统选型

随着现代光学测量技术的发展,对光学及各种精密元件的结构形式、加工有了更为广泛的需求。大批量光学元件表面疵病检验的自动化将是迫切需要的。目前,光学元件等精密元件表面疵病的检测大都根据疵病对光的散射性质进行[1],并且以散射光成像法为基本原理的居多。

光学零件表面疵病的传统检验方法是目视法。该方法也是基于散射成像,即在暗背景和亮照明条件下,由检验人员用裸眼或依靠一定倍率的放大镜对零件进行目视检查,利用一些已知线宽的标准划痕比对线,用人眼刚能够分辨样品上疵病的光强来划分疵病的等级。目视法是最原始的表面疵病检测方法,检测方法简单,甚至在无仪器的辅助情况下亦可以进行。但是这种人工目视检验方法带有明显的主观性,检验质量不稳定,而且人眼的劳动强度大,工作效率低,对检测人员的技术要求也很高。一般都是由经验丰富的检验人员来操作。目视法的主观性强且重复性差、落后的检测方法已经严重制约现代科学研究及工业化在线检测的发展,该方法已跟不上时代发展的需求,迫切需要实现表面缺陷的数字化定量检测,其是先进光学制造及超精密加工技术可持续发展的重要环节。在表面面形及粗糙度得到良好控制的时候,表面缺陷越来越成为制约先进光学制造超精密加工工艺和水平的主要因素。同时,考虑到要在 CCD 相机上形成最适合于计算机数字图像二值化处理的暗背景上的亮疵病图像,则对疵病图像的散射光收集的光学照明系统是非常重要的,只有能获取到有信息的疵病图像,才能有助于计算机的数字图像处理。光学照明系统能采集到完善的缺陷图像,与被检的样品表面属性是密切相关的,如双面抛光还是单面抛光等诸多因素相关,本章就诸如此类的关键问题展开缺陷检测的光学照明系统的研究。

2.1 基于缺陷散射特性的显微散射暗场照明系统研究

基于全积分散射(total integral scatter,TIS)技术[2]来检验精密表面疵病的方法是一种较为普遍的方法。并且该方法与表面疵病检验的国际标准制定方法一致,美国军方采用的疵病检验评价标准也是基于 TIS 技术得到的,具体方法是利用 TIS 技术的各种扫描散射显微镜利用小口径激光束及半球收集散射光检测表面,并且数字化。我国的国家标准 GB/T 1185—2006 是光学元件表面疵病目视法检测标准,主要采用在强光或一定的光照条件下,利用比较标板人眼目视观察确定疵病尺度。提出显微散射暗场光学成像系统及数字化处理的定量评价方法。该标准的建立将为我国对各类精密光学元件在加工工艺、光学镀膜、工业化在线检测等各个环节提供有效的数字化定量检测方法。

除了上述方法,还可利用表面疵病对激光衍射频谱的分析[3]判别表面疵病的一些特性,如激光衍射识别、激光干涉成像轮廓仪等。在实际生产加工中也摸索出一些实际有用的检测方法,如利用点线标准板来检测。另外还可以用测量光学元件表面轮廓的仪器(如触针式表面轮廓仪、光学轮廓仪、隧道扫描显微镜、原子力显微镜等)来测量元件表面的疵病,用热成像法测量元件内部的疵病,但是这些仪器测量范围小、速度慢、代价高,在具体小范围面积的疵病进行检测时不失其高精度测量的优势,但是难以满足工业化在线或实时检测的需求。

当光经过光学元件时,元件上的疵病会引起光的散射。对于精密表面疵病,其产生的散射光正是表面疵病特性的一种表示方式。在疵病检测中,光散射这一特性被广泛应用。光学显微散射成像中,也主要利用了疵病对光的散射特性。因此研究疵病特性,也可以从其产生的散射光特性上来分析。

光散射问题一直是光学研究领域的一个重要的基本问题。从一般意义上来讲,在任何一个光学系统中,偏离主光线方向的几乎所有的其他方向上,均存在散射光。通常可以把主光线以外的其他方向上的光的传播统称为光散射。大多数情况下,这种散射的存在对于光学系统而言,其影响是负面的;而从另一方面来讲,光散射的分布与反射光、透射光等主光线分布一同构成了光波与各种光学元件相互作用后的所有宏观信息分布,从而为人们研究光学系统的性质提供了客观的途径。

表面光散射根据散射源的不同有着不同的表现方式。精密表面缺陷大小、形状的不同决定着其引发的散射光的不同特性,同时散射光的不同特性亦是精密表面缺陷特性的表现,从散射的角度来解释疵病散射光成像检测,首先必须了解表面散射理论及其对应的散射源特性。

2.1.1 光学表面的散射源

在光学系统中,光散射对系统性能存在较多负面影响,而且散射光对光学系统的设计和性能上是一个持续的问题。绝大多数散射光来自于光学元件本身,如果系统设计得好,通过适当调节,在敏感区域可以减少几个数量级的散射杂光。但是从根本上讲,需要提高光学元件本身的质量来抑制散射光问题。绝大多数散射光是由光学元件表面粗糙度或缺陷散射造成的。当然,在窗口或镜头内部,也可能发生大规模的散射。但是一般来讲,这种散射比元件表面散射小1到2个数量级[4]。也正基于此,光学元件表面质量是元件质量的重要保证,对光学元件表面散射形成是光学系统光散射研究的主要部分。

引起光散射现象的原因有多种,如光学表面疵病、表面微结构、光学元件材料本身缺陷及光学元件(表面、薄膜或其内部)的各光学参数的分布不均匀,典型的如表面介电常数的不均匀性[5]和薄膜中的材料的折射率不均匀[6-7]等。但在绝大多数光学系统中,光学表面疵病、表面微结构等产生的表面散射是主要原因。作者团队历经二十余年对缺陷产生的散射源进行了细致的分析,并为微观缺陷的显微散射暗场成像方法奠定了基础[8-10]。

表面引起的散射一般可源于以下三大类:

(1) 尺寸大小比入射光波长大的宏观不规则,如划痕、小孔、麻点;

(2) 大小与入射光波长相近或略小于入射光波长的离散孤立的不规则,称为离散微粒;

(3) 另一类不规则,它至少有一维方向上的尺寸要远小于入射光波长,但是由于他们相互之间的空间分布非常接近,精密排列,以至于它们不能被看成独立的散射源处理。任何一个散射中心的散射效果与其相邻的中心是有关联的,它们在光场中的表现取决于它们在空间上相互作用的综合统计效应。由这样一个集合体引起的散射通常称为"微量不规则散射",通常所说的表面粗糙度就是其中一例。

从散射光研究发展上看,第一类散射源,即表面散射疵病尺度大于入射波长的宏观不规则所造成的散射是最先发现且被处理的[2],而且这种疵病也是上述三类中最容易被发现且利用几何光学就能够处理的。当这种疵病的不规则尺寸小到与入射光波长相当甚至更小时,散射问题就演变为衍射问题,此时几何光学理论就不再适用。如果散射中心能够独立且互不干扰地发生作用,此时表面散射源也为第二类散射源。对于此,典型的理论处理方法就是Mie散射理论[2],瑞利散射是其中的一种特殊情况。第三类散射源也即呈随机统计分布的表面微量不规则,它们的平均高度只有纳米量级,其表面粗糙度均方根 δ 远小于入射光波长 $\lambda(\delta/\lambda\ll1)$,因此这类散射问题也被称为微粗糙度散射。在可见光和紫外波段时,对于大多数抛光良好的精密表面来说,其表面很少存在像第一类、第二类那样较为"严重"或宏观的疵病,此时第三类表面粗糙度是大多数光学精密抛光面主要的散射源。标量散射理论较早地应用于该类粗糙度散射计算,而后又有矢量散射理论提出并应用于此,弥补了许多标量散射理论的不足。

对于精密光学表面来讲,以惯性约束聚变(inertial confinement fusion,ICF)大口径光学元件为例,它的表面粗糙度一般低于 2nm。对于完善加工的合格的 ICF 元件,其上可能产生散射的因素只有表面微粗糙度。由于 ICF 元件表面的粗糙度很小,又是覆盖整个表面的,其引起的散射对系统而言不足考虑,并且在系统中可用一些方法来减弱它的影响。

当 ICF 元件加工抛光不当或是工作使用受损时,在其工作表面上形成划痕、麻点等宏观疵病,该类疵病的大小一般在几微米甚至更大,远大于入射光波长,在工作时当光经过元件表面,会在其上产生严重的散射;此外若疵病偏小,与波长相当或更小,又或者表面存在尘粒等微粒时,该类微粒也会对光进行较强的散射。这两种散射在 ICF 系统中是必须除去的。

常用光学显微散射成像的方法来检测 ICF 元件表面疵病的情况。当光入射到被检表面,其上的各种散射源均会对入射光进行散射。整个表面的散射类似于全积分散射,所能观察到的散射图像亦是各种散射综合的效果。在分析疵病散射时,可根据不同的散射源一一进行分析,然后进行必要的综合,以达到整体效果。在表面散射中,不同散射源产生的散射之间在形态上有很大不同,散射的强弱和分布各有不同,它们对整个表面散射成像的贡献也有很大区分,相应地对整个 ICF 系统工作的影响也各有轻重。因此在 ICF 元件表面缺陷的检测中,对具体检测的缺陷类型是有选择的。此方法检测的主要对象是那些对 ICF 元件和整个系统工作影响最大的表面宏观不规则疵病。但在整个表面,每种散射对整个散射成像或多或少有影响,其他类型的散射疵病也需进行一定的分析和了解。

利用光学显微散射成像来检测的表面疵病,主要是利用各类疵病的散射光,收集散射光并利用光学成像系统使之成像,根据所成图像的情况对疵病的性质进行分析。

光学显微散射成像法检测的疵病对象,主要是那些尺度大于波长的表面宏观不规则疵病,如划痕、麻点、气泡等。对于这类疵病的散射,如前面所讨论的,需用几何光学理论来解释、分析,且它的散射与入射光波长无关。在具体计算光散射时,需知道疵病表面各分平面的分布情况和各自法线方向,在各分平面中光都遵循几何光学定律,发生镜面反射。而疵病的散射即这一系列分平面反射光的总和。以某一划痕疵病为例,其散射特性如图 2.1 所示。

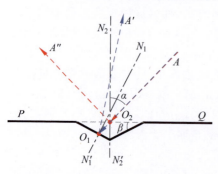

图 2.1 疵病散射几何光学模式

图中 PQ 为入射表面,即被检表面,其上存在一个疵病,其横截面近似于"V"形凹坑。α 为入射光与无疵病时理想表面法线 N_2N_2' 之间的夹角。疵病尺寸大于入射光波波长,在其上入射光波会产生镜面反射。法线 N_2N_2' 为正常无疵病表面的法线,N_1N_1' 为疵病中某一分平面的法线。当光沿着 AO_2 入射时,在正常表面的反射光沿 O_2A'' 出射,而在疵病表面,分别按分平面的法线做镜面反射,O_1A' 即其中某一出射光线。此时疵病表面的几何光学散射由一系列类似于 O_1A' 的光线组成,其方向偏离于主光线 O_2A''。将该光路放入显微成像系统中,使散射光线 O_1A' 系列进入成像系统,而主光线 O_2A'' 不进入成像系统,则可在显微成像系统中观察到暗背景上亮疵病像。

在该类散射中若用数值计算的方法——计算每一条散射光线来得到整个疵病散射强度是难以实现的,而且不能用统计的方法来确定疵病分平面分布情况。划痕、麻点疵病的散射强度与其尺度大小有关,不同散射强度、宽度的疵病所成的像也不同,因此在疵病检测中采用散射显微成像,如目视方法时往往利用比较法来确定疵病的大小。

在被检表面有时还存在大小与波长相当的或略小的离散的微粒。对于这类散射疵病,由于大小接近波长,其光学性质并不遵守几何光学定律。对于此一般用米氏理论对其散射现象进行解释。

将表面离散微粒近似看成球体对入射光进行散射,此时难以获取散射的具体数值,但对于那些不规则形状的微粒,则很难得到具体的散射数据结果。因此对该类散射的处理也是通过散射光成像的方法,利用各自的散射图像比较分析。微粒散射的散射光强与光波长和微粒直径有关,当入射光波长与微粒直径接近时,微粒散射产生共振,此时该散射强度急剧增大,此时微粒散射所成的像会特别明亮。根据其散射光的强弱,在成像系统中所成的疵病像也会有所区别,像明暗大小都与散射微粒性质和波长有关。

在疵病图像中,该类散射图像有时会与划痕等宏观疵病图像相混淆。当微粒散射发生在散射共振区域附近时,此时微粒散射会很强,在图像中呈亮像,并且此时所成的像并不是简单的成像系统对微粒的成像,而是经过散射放大的。此时像的大小会远大于系统放大的像,甚至与宏观疵病像相当。

当微粒大小继续增大,其表现的散射与几何光学散射接近;反之,当微粒大小减小时,散射与波长的四次方成反比,散射强度下降迅速,直至与表面微粗糙度接近,此时在检测中将其视为表面的一部分,而非疵病。

表面粗糙度散射的检测不是本书检测的主要对象,一般只考虑该类散射对疵病散射成像背景的影响。表面粗糙度引起的散射在整个面上均匀分布,在可见光波段,当粗糙度均方根 δ 为 20~50Å 时,其散射量级为 10^{-2};当 δ 为 10~20Å 时,

其散射量级为 10^{-3}；当 $\delta<10\text{Å}$ 时，散射量级只有 10^{-4}。ICF 的光学元件表面的表面粗糙度均方根 δ 一般控制在 2nm 以下，当光斜入射照明时，粗糙度散射形成的散射光强只有 10^{-3} 量级甚至更小，远小于划痕等疵病散射光的强度，且在整个成像面上均匀分布，因此在成像系统所成的疵病像中，划痕等疵病会突显出来，而粗糙度散射只是图像背景。

利用改变入射光照射技术减小表面粗糙度散射对背景的影响，提高整个成像面的对比度，凸显其他疵病所成的散射明亮图像，对整个系统的疵病检测和疵病的数字化处理有着重要意义。虽然散射成像的像面中各种散射光都有，但是我们感兴趣的只是划痕等宏观疵病散射对应的图像。尽管在这些图像的成像光束中也存在其他散射光，但是在具体疵病图像分析时一般不作考虑。因为相比较而言，其他的散射光对疵病成像的影响远远小于划痕等疵病散射本身对疵病图像光束的影响。但这不是说不管其他的散射，整个检测成像系统中，其他散射对成像质量的好坏(如对比度、图像背景、像弥散等)有着密切的关系。需对各种散射有正确理解，从而找出合适的方法来提高整个系统的成像质量，提高疵病检测的能力。

2.1.2 划痕的散射特性及信息收集

建立计算机对疵病图像处理的数字化模型，非常关键的一点就是必须获得可以适合于计算机模式识别的疵病图像，因此必须了解光学元件表面疵病的特性，从而构建一个完善的光学检测系统。对一些精密样品检测得到，其主要的疵病是划痕、麻点等，特别是划痕长度可以是几十毫米，宽度可从亚微米到几十微米。相对而言，检测的长度跨度较大，有时检测的口径达到几百毫米，对划痕的分辨率却要求达到亚微米量级，这是一对矛盾。国际标准疵病一般采用散射光检测。根据光散射理论来分析疵病，基本上可以用光的几何光学成像解释。特别是长划痕的形状、宽度、边缘及"V"形沟槽的角度是无规则、无统计规律的，研究光学元件表面缺陷的上述性质，有助于深入分析其在像面上的散射成像，特别是从实验及理论上分析缺陷的不同性质时其散射率的变化将是后续定标的一个重要基础。为了深入了解缺陷的上述性质，对大量的样品利用干涉方法与扫描电镜对其宽度与深度作了详细的数据采集与分析。

图 2.2 是对 ICF 元件表面疵病特性获取的具有普遍性的实验图片。图(a)是利用干涉显微镜得到的表征划痕深度的干涉条纹，分析条纹可以得出经抛光后划痕深度为 200~300nm；图(b)是对图(a)中的划痕用扫描电镜对其宽度测得的单条划痕宽度为 200~300nm。所以如果利用一些特殊的研究装置能够获得该划痕的图像，则意味着对疵病可以达到微米量级的分辨率。图(c)是显微散射成像系统 CCD 采集得到的划痕图像。

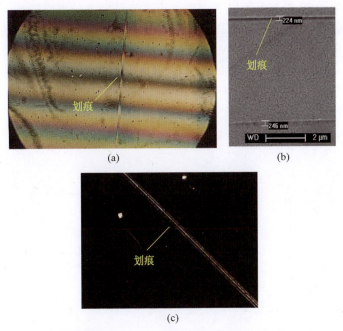

图 2.2 (a)干涉显微镜得到的表征划痕深度的干涉条纹；(b)对图(a)中的划痕用扫描电镜测得的宽度；(c)显微散射成像系统得到的划痕图像

了解划痕的反射和散射特性也是建立一个完善检测系统的关键。光散射问题一直是光学研究领域的一个重要的基本问题[11-12]。如上所述,在任何一个光学系统中,偏离主光线方向的几乎所有的其他方向上,均存在散射光。通常可以把主光线以外的其他方向上的光的传播均称为光散射。表面划痕、麻点的散射一般可比入射波长大且宏观不规则,一般需要几何光学的方法来解决散射场的分布。因此,粗糙表面的几何光学散射可以用一系列分平面光散射叠加而成。如图 2.1 所示：图中 PQ 为入射表面即被检表面,其上存在一个疵病,其横截面近似于"V"形凹坑。疵病尺寸大于入射光波波长,在其上入射光波会产生镜面反射。完全理想的表面无散射背景为暗,有疵病则可在显微成像系统中观察到暗背景上亮疵病像,并且此类亮暗构成的图像将非常有利于数字化的处理。

此外如图 2.3 所示,设划痕为 Y 方向,图 2.3(a)是光垂直于刻痕沿 X 方向入射,图 2.3(b)是光沿刻痕方向沿 Y 方向入射时的光路图。表面疵病如刻痕的方向与光照方向(入射光线在样品平面上的投影方向)所成的角度 γ 和疵病所成像的质量有很大关系。如图所示,当入射光垂直于划痕入射时,散射光满足图 2.3 的疵病散射几何光学模型最充分地进入接收系统,则成像效果最好；反之,当光沿刻痕方向即 Y 方向入射时,入出射光基本满足光的几何反射定律,散射被减弱,反射光大部分从另一端逸出,很少有散射光产生并进入样品上方的成像系统。因此随着 γ 角变小,疵病散射光所成亮像变得越来越暗,实验证明当 γ 约为 75°时,疵病亮像基本消失。对于被检表面,其上面的刻痕疵病方向都是不规则、无序的。要实现快速数字化检测,必须采用环形分布的光源,使被检表面得到四周环绕照射,无论疵病方向如何,经检测系统的光照系统照射后,均能观察到疵病图像。图 2.4 是角度参数 γ 逐渐减小时的一系列疵病图像,γ＝π/2,划痕疵病成像质量最好;γ 逐渐减小,划痕像的亮度也随之逐渐降低。

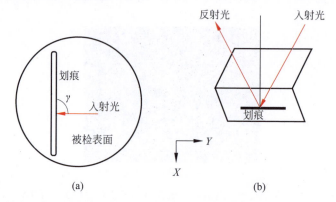

图 2.3　(a)光垂直于刻痕沿 X 方向入射,(b)光沿刻痕方向沿 Y 方向入射时的光路图

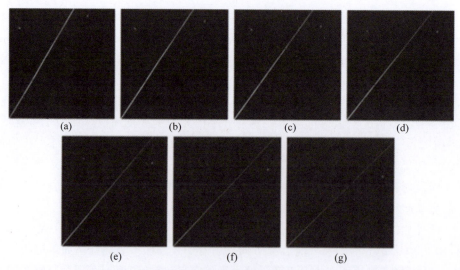

图 2.4　角度参数 γ 逐渐减小时的一系列疵病图像,图(a)～(g)中,γ 分别为 π/2,1.52rad,1.48rad,1.44rad,1.40rad,1.36rad,1.31rad

2.1.3 显微散射暗场成像照明光源相关参数研究

通过对照明光源的个数分析可见,为适应不同方向的划痕,照明源个数越多越好,但是由于偶数个($2N$)光束光源光照效果相当于 N 束照明,光源光束的数量应以奇数为好,此时每一个光束在整个疵病成像中都有自己单独的作用。同理,对三光束光源应用进行分析,当光束增加到 5 束时,划痕方向与入射光方向之间夹角 γ 最小为 72°;7 束光时,γ 最小为 77°。当光源光束数量按奇数增加时,对应的 γ 最小角度也会增大。但是随着光束增加,γ 最小角度的增大幅度迅速变小。由于 γ 在 80°~90°时疵病散射成像可得到较好的结果,因此光束数量只要使 γ 角度达到这一要求即可,既满足各方向的疵病成像要求,并且不使光束数量过多而造成整个光源系统设计上的困难。

对光源的照明方式分析,从划痕疵病与光照方向之间夹角 γ 和疵病成像质量之间关系的分析中可看出,照射在被检表面上的光源应是全方位的,各个方向均衡的,这也是采用环形分布光照系统的主要原因。原本直接的环形灯照射可满足 360°全方位的、各个方向均匀的照明条件,但是环形灯的出射光线的方向性不好,光束发散角太大,准直性差,光束出射后能量不集中,光照不均匀。而这些都是对疵病散射成像质量影响最大的因素,因此采用现有环形光直接照射在这一检测系统中不可取。

由图 2.1 可见,光源入射角 α 影响着表面疵病散射光进入显微成像系统中的多少,从而影响疵病成像质量。对于某一具体的表面疵病,总存在着一个合适的入射角 α,能在成像系统中得到良好的疵病图像。若光照入射角度过小,会使成像背景光过强,正常反射光线会进入成像系统,所得图像背景偏白,图像对比度下降,不适合观察与处理。反之若该角度过大,疵病图像成像的散射光不足,疵病像不够明亮,严重时可能观察不到疵病亮像。同一表面划痕疵病在不同 α 角时成像得到的疵病图像如图 2.5 所示。针对某一特定的样品,在开始观察时,可通过调整光纤角度调整架来调整角 α,使所得到的像的质量最佳。

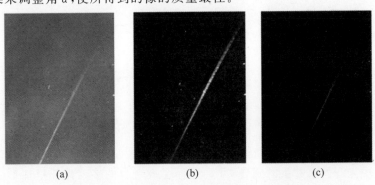

图 2.5 光源入射角 α 不同时对应的成像比较
(a) α 较小时所成的像;(b) α 适中时所成的像;(c) α 较大时所成的像

如图 2.1 所示,对于无疵病表面,当入射光束 AO_2 以合适的入射角 α 斜入射到被检表面时,根据反射定理光会在另一边沿 O_2A'' 出射,而不进入显微成像系统。若表面存在疵病,其截面近似为"V"形槽,槽的深度和角度与疵病的深度和宽度有关,且大小大于波长。此时当入射光 AO_1 落到该疵病处,根据散射的几何光学理论,它以"V"形沟槽内侧为界面发生镜面反射;出射光线 O_1A' 不与原出射光线 O_2A'' 平行,反而更趋向于向上方向而进入成像系统。若"V"形斜面与水平成 β 角,则散射光 O_1A' 与原平面反射光 O_2A'' 成 2β 角,方向更趋向于中心。

角 β 的大小与疵病的深度、宽度有关。一般疵病深度越深,角 β 越大。而当角 β 改变时,角 α 也需随之改变以得到高质量的疵病图像。对于某一刻疵病的角 β,有其对应的角 α 使得进入疵病槽内侧参与散射的光线和参与成像的疵病散射光最多,相对的此时疵病成像质量最好。

光源入射角 α 不管在哪个区域,要完全将正常表面的反射光与疵病散射光分离开是很难做到的,两者之间或多或少总是有掺杂的。重要的是,要使进入成像系统的疵病散射光与正常表面的反射光之间有一个较大的比例,使所成的图像中疵病亮像和暗背景之间有良好的对比度。

在测量了大量疵病样品和标准比对板的刻痕疵病后,对入射角 α 与疵病图像质量之间的关系做出了曲线,如图 2.6 所示[13-14]。图中横坐标为入射角 α,纵坐标为像面上的亮度,疵病图像曲线表示在成像面疵病图像的亮度随入射角 α 的变化;虚线表示成像面背景的亮度随入射角 α 的变化。在两者亮度相差大、对比度高的地方,即入射角 α 合适的区域。一般来讲,光源入射角 α 在 30°左右或在 65°左右为宜,此时显微散射所成的图像中疵病的目标亮像与暗背景之间对比明显。这一范围是根据实际实验统计所得到的。

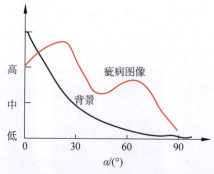

图 2.6 显微成像中背景与疵病图像亮度对比曲线

在实际应用检测时,一般选取入射角 α 在 30°左右的区域。前面已讨论了有关光源系统中光纤光束数量的问题,并且选择了成奇数的多束光纤呈环形照明。对于实际的疵病,从其横截面上来看,可模拟成近似于如图 2.7 所示的情况,将光源对疵病表面光照的情况用单支光束——分解开来观察光照,此时在疵病内部有一侧未能受到光照,在这些区域也就没有散射光产生。对于这一情况,采用两束光对称照射会有所改善(图 2.7)。但若减小光源的入射角度 α,疵病内表面光照区域将会增加。因此在入射角 α 相对较小的情况下,一般疵病像会亮一些。

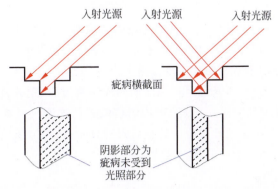

图 2.7　光源入射角方向与疵病凹槽倾斜之间的光照关系图

从整体光源设计上来看,由于光源成环形照射,单边照射疵病内部受光照不足的缺陷可以用环形光束中的其他光束来满足。并且将入射角 α 减小,增大疵病表面的光照面积。结合整个光纤光束支架上分布的情况和光束数量与整体布局空间受限的影响,仍采用奇数的多光束环形照明,并且将入射角调整在较小的角度。在疵病成像检测中,入射角 α 在 30°区域相对的要比在 65°区域成像质量好。

在实际的表面疵病检测中,疵病的深度和宽度都是不统一、未知的,疵病截面中对应的 β 角不定,具体疵病表面上的每一个分平面分布情况也不清楚。在这种情况下,入射角 α 的确定需在检测前调试决定,不能固定使用某一定值,应由实际情况而定。

2.1.4　基于柯拉照明的均匀照明光源设计方法

照明光源的设计是决定检测系统性能的关键环节。照明光源的作用是收集一定类型发光源发出的光,通过一定的光学系统后,在照明面上形成光斑,使疵病产生散射光。对于疵病检测的光源,重要的是具有较高的均匀性与亮度。疵病检测,为了在元件表面每个子孔径位置获得良好的疵病图像,需要在视场范围内形成均匀而高亮度的照明光斑。

对于一般的成像系统,通常使用的简单的照明方法为临界照明,其原理如图 2.8 所示。通过使用聚光镜将光源成像于标

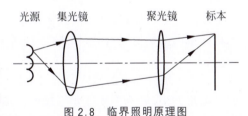

图 2.8　临界照明原理图

本上,从而使标本获得充足的照明。临界照明结构简单,易于实现,且光源经聚光镜后成像在被检物体上,光束狭而强,光能利用率高,通常应用于需要较高亮度的场合,如荧光显微镜及高倍率投影显微镜中。其主要缺陷在于照明的均匀性较差。系统中,光源的灯丝像与被检物体的平面重合,照明光斑受光源自身均匀度的影响较大,不易获得均匀光斑。在有灯丝的部分则明亮;无灯丝的部分则暗淡,不仅影响成像的质量,更不适合显微照相。其补救的方法是在光源的前方放置毛玻璃等匀光片,使照明变得较为均匀,但这样会成倍数减弱光的强度。由于这种缺陷,临界照明系统只适合用于对照明均匀度要求不高的场合。

对于疵病检测的照明,光源经过临界照明光学系统后,光源自身的不均匀性被原封不动地呈现在照明面上,导致照明均匀度较差。这不仅影响到图像拼接的准确度,而且影响后期图像处理过程中的疵病尺寸评价,所以需要使用更好的照明光学系统结构来改善系统的照明均匀度[15]。

1. 柯拉照明原理

柯拉(Kohler,柯拉、科勒)照明[16]可实现较为均匀的照明。柯拉照明原理如图2.9所示。发出的光先经过一个前置透镜成像于聚光镜前的孔径光阑上。在前置透镜后设置视场光阑,使用聚光镜将视场光阑成像于照明面上。由于视场光阑面上的光照度或者光出射度较原始的扩展光源相比要均匀很多,所以较临界照明而言,柯拉照明方式可以使物体平面界限清晰,具有更高的照明均匀性。调节孔径光阑,可以使照明系统与不同数值孔径的物镜相匹配;调节视场光阑,可以改变物面上的照明范围[17]。与临界照明相比,柯拉照明由于成像视场与孔径的限制,相对损失了一定光能,但在多数场合仍可满足系统对能量利用率与照度的要求。

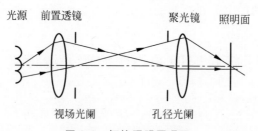

图2.9 柯拉照明原理图

由光度学可知,轴外像点的照度值与该物点所在视场的视场角以及轴外点的成像光束的渐晕情况有关,如式(2.1)所示[16]:

$$E_i = K \cdot E_o \cos^4 W' \tag{2.1}$$

式中,E_i为轴外像点的照度值,E_o为轴上像点的照度值,W'为轴外物点所在视场的视场角大小,K为照明光学系统的面渐晕系数。从式(2.1)中可以看出,轴外像点的照度与该像点所在视场的视场角的余弦的四次方成正比,故即使在轴外点无渐晕的情况下(即 $K=1$ 的情况),轴外像点的照度也会随着视场角的扩大迅速下降。因此,若想通过柯拉照明得到较为均匀的照明光斑,在照明距离一定的情况下,照明光学系统的像面(即照明光斑大小)不能过大。

柯拉照明中,视场光阑面上光照度的均匀性是有一个假设前提的,即在光源照明孔径较小的情况下才适用。为了在较高程度上保持照明的均匀性,设计时需要对柯拉照明光学系统的孔径和视场进行一定的限制。但在照明视场相对较小的情况下,柯拉照明可以取得均匀程度良好的光源。同时,系统相对简单,易于实现,较适合用作疵病检测中环形照明方式的多束照明光源设计。

2. 柯拉照明的基本设计过程

本节所描述的用于大口径精密光学元件表面疵病检测的数字化系统使用的成像方法是散射光的暗场成像。在图 2.1 中,为了能使成像系统的物镜避开被测表面反射光,照明光学系统的出射光束的孔径角和视场角都不宜过大,而且照明孔径角相对固定,不需要进行照明孔径的调节。所以可以将孔径光阑的大小根据具体照明需要设为固定值。为了尽量简化系统结构,可以将前置透镜本身作为视场光阑,而将聚光镜本身作为孔径光阑。这样,光源像就被呈现在聚光镜上,而聚光镜将第一个透镜所在的平面成像在照明面上。

对于图 2.9 柯拉照明原理可简化为图 2.10 形式。如图所示,发光面 S 与聚光镜 L_2 为一对共轭面,发光面口径大小为 D_0,前置透镜 L_1 通光口径(即视场光阑)为 D_1,聚光镜 L_2 通光口径(即孔径光阑)为 D_2,此时共轭面物距(发光面与前置透镜距离)为 l_1,像距(前置透镜与聚光镜距离)为 l_2。而前置透镜 L_1 与照明面 P 是另一对共轭面,照明面物距(即前置透镜与聚光镜距离)为 l_2,像距(即聚光镜与照明面距离)为 l。而前置透镜与聚光镜的焦距分别为 f_1 与 f_2。柯拉照明的结构设计及参数确定就是围绕着这两对共轭面进行。

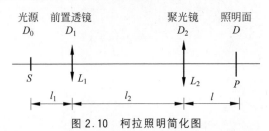

图 2.10 柯拉照明简化图

基本设计过程如下:
初步确定二组共轭系统的放大倍率为

$$\begin{cases} \beta_1 = l_2/l_1 = D_2/D_0 \\ \beta_2 = l/l_2 = D/D_1 \end{cases} \quad (2.2)$$

由于对于片数和材料固定的透镜组而言（尤其是对单片平凸透镜而言），放大倍率越大，得到的像的成像质量越难把握，且需要更复杂的镜片组参与成像。一般将聚光镜的放大倍率 β_2 设置在一个适当的范围内，一般在 $2\times$ 左右，而前置透镜放大倍率 β_1 可以稍大。

根据需要的照明光斑大小 D 和照明工作距离 l，以及预先给聚光镜设定的一个放大率初值 β_2，即可得到聚光镜和前置透镜之间的距离 l_2 及前置透镜通光口径大小 D_1。

根据物距 l_2 和像距大小 l，可以得到聚光镜的焦距初始值 f_2，根据此对共轭面的物大小对聚光镜进行优化。

根据系统机械结构限制和照明孔径的限制，得到聚光镜的通光孔径 D_2。再根据两透镜之间的距离和预先为前置透镜设定的一个放大率初值 β_1，就可以得到光源出射端面到前置透镜之间的距离 l_1。用同样的方法对前置透镜进行优化，系统设计随即完成。

根据本文所描述疵病检测系统的显微散射暗场成像系统布局，通过 ZEMAX Sequential 模式，以 LED 为光源，可以设计基本的柯拉照明光学系统。将聚光镜与前置透镜设计好后，将两个成像系统组合在一起，形成最终的柯拉照明设计。在此设计图下，使用 Osram 公司提供的光源几何数据及光线数据，通过 ZEMAX Non-Sequential 模式对设计出来的柯拉照明系统进行了非成像光学追迹仿真。光源经柯拉照明系统后形成的光斑照度分布如图 2.11 所示。由图可见，得到的照明光斑在较大的范围内较为均匀。在直径为 22.5mm 的中心圆形区域内，光斑的照明均匀度可以达到 75%。LED 照明系统具有结构相对简单、加工制造较方便、成本较低的特点，适于据此制作系统所需环形照明光源，是一个既可行又高效的技术途

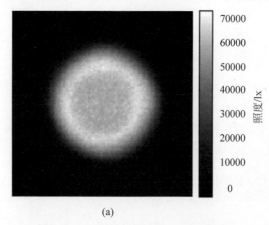

(a)

图 2.11 柯拉照明形成的光斑照度分布
(a) 照明光斑，单位为勒克斯(lx)；(b) 光斑横截面照度分布

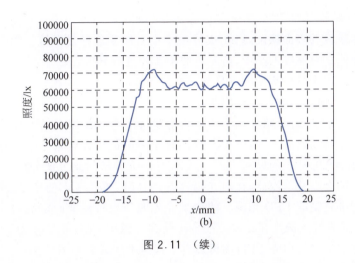

图 2.11 （续）

径。因此，柯拉照明更适合设计照明口径较小的光源，在检测元件口径相对不大，同时元件扫描时间要求不高的情况下，可以达到系统检测要求。若想设计在更大的照明面积上获得更高的照明均匀度，需要研究更为先进的照明方法。

2.2 大口径光滑表面显微散射暗场系统布局

精密表面缺陷的自动光学定量检测成为国内外高精度加工及检测领域的研究热点。其主要难点在于如何解决高分辨率和大检测视场之间的矛盾。例如，神光Ⅲ原型系统中大量使用的钕玻璃放大片的尺寸为 810mm×460mm，要求检测出钕玻璃全孔径上无规则分布的宽度大于 $0.5\mu m$ 的全部表面缺陷。为了解决这一难题，提出了一套基于显微散射暗场成像原理的精密表面缺陷数字化评价系统（surface defects evaluating system，SDES）[14,18-19]，能够实现对宏观精密表面上微观缺陷的检测。系统依赖于光学显微散射暗场成像[13]、双倍率检测方案与子孔径图像拼接[20-21]及标准缺陷数字化标定技术三大关键技术[22-23]。显微散射暗场成像技术能够保证系统采集到高质量、高分辨率的精密表面缺陷图像；双倍率检测方案与子孔径图像拼接技术解决了系统检测精度和检测效率之间的矛盾，并给出待检表面的缺陷分布全景图像；标准缺陷数字化标定技术则是系统对缺陷进行定量检测和客观评价的基础。下面分别对这三大关键技术进行简要介绍。

2.2.1 光学显微散射暗场成像检测技术

实现精密表面缺陷自动光学检测的第一个关键问题是如何利用表面缺陷的特性构建一个完整的机器视觉模块，以获得适于计算机进行后续图像处理和特征识别的高分辨率、高质量图像,需要从成像部分和照明部分两个方面进行讨论。为了分辨亚微米量级的表面缺陷,系统成像模块中自然要选择显微镜。而要使显微镜能够获得缺陷高对比度的图像,需要对照明布局进行分析。

几乎所有的光学检测系统都是基于来自物体的散射光实现检测的。在明场光学系统中,物体通过物方孔径被照明,然后通过一个孔径收集散射光和反射光进行成像。与明场系统不同,暗场系统在接收角度内只接收散射光,而反射光并不会进入接收角度。暗场条件下,能够检测出的最小缺陷的尺寸要远小于同一系统在明场条件下可分辨的缺陷的尺寸[24]。为了使反射光与散射光方便分离,应保证入射光具有较高的准直性。因此,在对光源进行选择时,可以考虑使用激光光源、光纤光源或配有准直镜的 LED 光源。使用激光光源与现行标准确定的白光光源不统一;使用白光光纤光源则存在需要配备额外的光源箱、光纤布局较为繁冗等缺点;而使用配有准直镜的白光 LED 则可以有效规避上述缺点和不足。

在上述分析的基础上,提出了显微散射暗场成像原理(microscopic scattering dark-field imaging, MS-DFI)。该原理利用暗场系统和光滑表面缺陷对入射光调制产生的散射效应[20]。表面缺陷显微散射暗场成像模型由高亮度 LED 光源、高变倍显微镜、科学级 CCD 相机、精密表面及缺陷组成,如图 2.12 所示。LED 照明光源都配有准直镜以保证发出的平行光形成照度均匀的照明区域;为实现对任意方向的缺陷无盲点照明,光源采用环形布局设计。环形分布的光源分别以入射角 α 和 $-\alpha$ 入射到光学元件表面,α 的取值范围为 0°到 90°。入射光在表面缺陷处发生散射,而在无缺陷的光滑表面则发生反射。传感器光轴与光学元件表面法线的夹角为 θ,当传感器位于光学元件表面垂直方向时,$\theta=0°$;当传感器位于中心轴线左边时,θ 为负值;当传感器位于中心轴线右边时,θ 为正值。θ 的取值范围为 $-90°$ 到 90°。

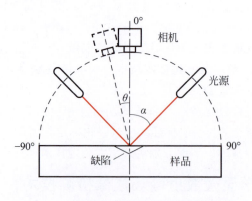

图 2.12 精密表面缺陷显微散射暗场模型

照明光源与成像系统形成的入射角度 α ($0°\leqslant\alpha<90°$) 和传感器的接收角度 θ 是保证显微散射暗场成像技术实现的两个关键参数。光源最佳入射角度设为 α_0,图 2.13(a)当 $\alpha<\alpha_0$ 时,反射光会进入系统参与成像,无法与缺陷产生的散射光分离,不能构成暗场成像条件。此外,入射角过小也会为光源与显微镜的布局设计增加难度。而当 $\alpha>\alpha_0$ 时,显微镜收集的散射光减少,散射光强随着入射角度增大而逐渐减弱,造成成像质量下降。不同空间角度散射光强的强度大小也不一样。放置传感器既要保证入射光与反射光分离,又要保证接收到的散射光强尽可能强。通过对光源入射角度和传感器接收角度进行精确控制,显微散射暗场成像光学系统能够实现超光滑表面缺陷的超分辨检测,通过这种方式在 CCD 传感器上获得的图像是由暗背景和亮特征构成的暗场图像,对比度较高,非常适合后续图像处理与缺陷特征分析。由以上讨论可以得出,α 和 θ 的优选范围或优选值需要通过对表面缺陷散射理论模型进行仿真和分析而确定,为基于 MS-DFI 的精密表面缺陷检测系统的设计和成像过程分析提供理论参考。

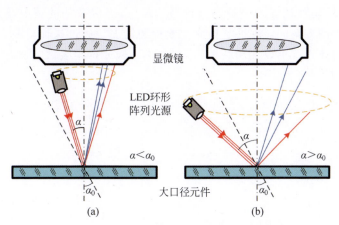

图 2.13 MS-DFI 系统光源入射角度 α 优选示意图
(a) $\alpha<\alpha_0$; (b) $\alpha>\alpha_0$

虽然 MS-DFI 精密表面缺陷检测系统利用缺陷诱发的散射光进行暗场成像实现精密表面质量的控制,但该系统实质上仍然是基于机器视觉的自动光学检测系统。为保证系统亚微米量级的检测精度,必须对系统视觉光学模块进行系统标定,对系统光学模块中存在的像差(主要是畸变)进行补偿,为建立物理世界中实际尺寸和图像空间中像素数之间正确的对应关系提供重要的前提条件。

2.2.2 双倍率检测方案与子孔径扫描拼接技术

精密表面的尺寸大小不一,大多数元件尺寸为十毫米到几十毫米,而用于惯性约束核聚变、空间光学等尖端领域的元件尺寸为几百毫米,甚至达到一米以上[25]。

受显微镜视场大小的限制,通过一次成像的方式实现对百毫米见方的大尺寸精密表面上所有缺陷的检测是不现实的。最直接的解决方式就是引入子孔径扫描拼接技术。

为了能够精确检测出 $0.5\mu m$ 的缺陷,要求显微镜工作在高倍情况下,如放大倍数为 16× 的情况下;然而,即使配接 1.2 英寸 CCD 相机,显微镜 16× 下的视场也只有 $0.9mm \times 0.9mm$,在检测时间和图像数据量方面都是无法接受的。例如,检测一个 $100mm \times 100mm$ 的精密表面,需要超过 10^4 幅子孔径,图像大小高达 40GB。为了在不损失精度的情况下提高检测效率,精密表面缺陷散射检测系统采用双倍率检测方案——"低倍扫描定位,高倍标定测量"。首先显微镜切换到低放大倍率(1×~4×),XY 两轴位移平台带动元件执行"S"形扫描,以完成元件全表面的子孔径扫描[26-27],如图 2.14 所示。1× 倍率下,显微镜的视场可以达到 $15mm \times 15mm$,这大大减少了子孔径数目同时显著提高了检测效率。在低倍模式下,提取缺陷的位置和长度信息,生成缺陷的高倍扫描优化路径。然后显微镜切换到高放大倍率,按照优化路径逐一对缺陷进行高倍观察,提取缺陷的宽度及其他特征信息。双倍率检测方案同时保证了检测的效率和精度。通过这种检测方式,精密表面缺陷散射检测系统可以实现对 $850mm \times 550mm$ 元件全表面上所有亚微米及以上缺陷的检测。

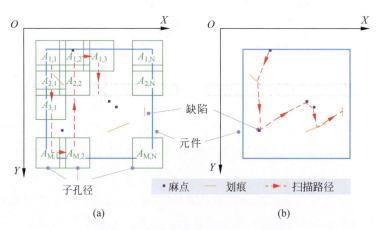

图 2.14 双倍率检测扫描路径示意图

在系统对精密表面的低倍扫描检测执行结束后,对扫描得到的全部子孔径图像按照其各自的相对位置进行拼接,以获得待检精密表面的全景预览图像。全景预览图像标记了所有缺陷的位置信息,并显示了缺陷分布密集的表面区域。在进行子孔径图像拼接时,为了消除移导系统的定位误差和由于在子图像重叠区域内无特征及仅含有贯穿重叠区域的线型缺陷特征时引入的图像拼接误差,提出了基于特征分类的分层次图像拼接算法[20-21]。该算法首先将重叠区域按照其包含的特征类型进行分类,之后针对不同类型的重叠区域使用不同方法进行拼接,图像拼接的路径由特征决定。整个拼接算法与区域生长过程类似,子孔径图像阵列在每轮拼接后逐渐变大,最终得到整个精密表面的全景预览图像。该图像算法甚至能够消除由于系统光学畸变造成的拼接误差,但并不能消除畸变造成的缺陷变形。而当系统选用的移导装置定位精度较高(优于 $2\mu m$),并且对系统进行标定而校正畸变误差后,使用基于特征分类的分层次拼接算法反而会增加数据处理的时间开销,此时使用按照子孔径相对位置直接进行图像拼接的边缘拓展拼接算法[14]就可以实现相同的拼接结果,并大大提高图像处理效率。

2.2.3 标准缺陷数字化标定技术

在对疵病图像的划痕和麻点等特征提取中,数字化得到的疵病信息是以 CCD 像素为单位的,要确定疵病的真实尺度,必须采用标准比对的方法。利用二元光学制作了用于线宽定标的标准板。标准板以融石英材料为基底,上表面镀铬膜,掩膜标准线为不同宽度的刻线。利用电子束曝光将图形转移到铬膜上,再采用反应离子束刻蚀(reactive ion beam etching,RIBE)工艺将铬膜上的标准图样转移至石英基底上,得到具有标准刻痕、麻点等的定标板。同时对超光滑表面的缺陷(如划痕)进行大量的白光轮廓仪的干涉检测统计得出,控制该标准板的深度为 $250\sim300\text{nm}$ 较为适宜。

定标传递函数(calibration transfer function,CTF)的概念及流程是:将一系列特定长度、宽度、深度的刻线作为标准并模拟疵病与被检疵病置于同一成像环境中,即同样的放大倍率、光照、同一成像检测系统对其进行成像并且数据处理。对每条标准刻线经扫描电子显微镜(scanning electron microscope,SEM)测量实际宽度,再利用标准线宽度图像计算出对应的图像像素数与物面尺度之间的CTF,通过换算即可得到对应的被检疵病的大小。将标准比对板放置在显微散射成像系统中,对其上面的每一个标准疵病宽进行图像采集及处理,得到如图 2.15(a)所示的定标曲线。横坐标对应的是显微镜为 $1\times$ 和 $16\times$ 的实际标准刻线的宽度 w,纵坐标对应的是像素宽度 p,实线是对离散数据点得到的拟合曲线。图 2.15(b)是两个放大倍数下对应的宽度拟合误差,在图中可以看到在 $1\times$ 情况下,拟合误差较大,有几微米,而在 $16\times$ 情况下其可以控制在微米量级。由此可以采用的检测扫描模式是低倍视场较大情况下快速完成扫描,并且确定每个疵病的方位坐标,然后显微镜变倍至高倍,根据低倍确定的疵病方位坐标实现高倍疵病尺度检测,获得精确的如划痕宽度或麻点直径。该工作方式可以总结为低倍扫描、高倍定标,解决了检测速度和精度的矛盾。

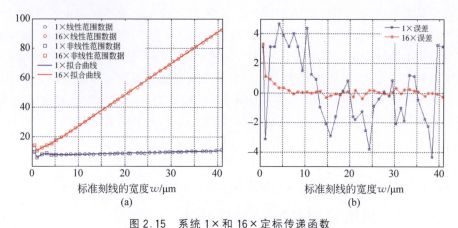

图 2.15 系统 1× 和 16× 定标传递函数
(a) 系统缺陷宽度定标数据及拟合曲线；(b) 系统缺陷宽度定标误差

从图 2.15 中 1× 和 16× 的 CTF 曲线上可以看出，对于宽度在 5μm 以上的缺陷，像素宽度和实际尺寸基本满足线性关系；而对于 5μm 以下的缺陷，曲线则出现了明显的非线性现象。对于这一非线性区域，实际上是受到衍射极限影响，已不适宜使用简单的几何光学进行解释，而要使用光的电磁波理论进行分析。本节在对精密表面缺陷电磁理论模型进行研究的基础上，在第 1 章建立了准确的 FDTD 的散射成像电磁理论模型，研究了缺陷宽度与散射成像之间的关系；对定标传递函数中 5μm 以下宽度段的非线性变化进行研究和分析，并提出了一种适用于 5μm 以下缺陷准确、快速处于衍射极限状态下的划痕宽度识别方法。

2.3　复杂属性的光学元件表面的微弱缺陷的照明及检测

2.3.1　单面抛光的光学元件表面属性分析和成像分析

2.2 节研究的均为透明材料的双抛面的表面疵病检测，其用暗场成像方法可以获得比较理想的疵病图像。本节主要分析单面抛光的光学元件表面上下表面对不同类型入射光线作用的差异性，即上表面为抛光面，下表面为磨砂面之类的元件，简称单抛面，研究其在不同的成像系统中的成像特征。

其中单抛面的划伤缺陷检测，为超光滑上表面存在的划伤缺陷检测。针对超光滑表面的检测较为常用的方法是暗场检测和明场检测。但是这些检测方法要求待检测光学元件两个表面都为光滑表面，即双抛面，否则将无法形成暗场效果或者破坏缺陷的明暗场成像，从而容易造成缺陷的漏检。接下来利用暗场检测和明场检测分别讨论双抛面和单抛面的检测效果并进行对比,如图 2.16 所示。

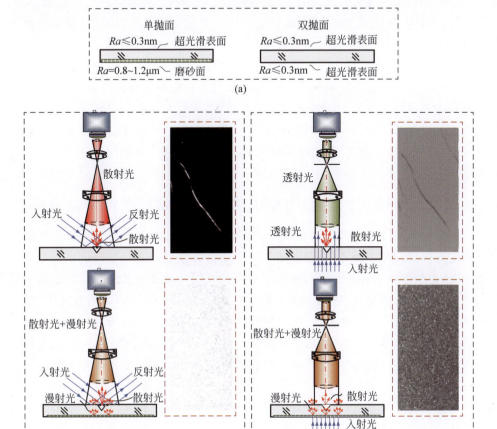

图 2.16　双抛面与单抛面使用不同检测方法的对比
(a) 单抛面和双抛面上下表面属性的区别;(b) 利用暗场检测方法对两个待检测样品进行检测分析;
(c) 利用透射式明场检测方法对两个待检测样品进行检测分析

如图 2.16(b) 所示,利用暗场检测方法对双抛面缺陷进行检测,低角度的入射光线使成像系统接收到缺陷产生的散射光,并且不会接收到光滑元件表面的反射光,从而在缺陷位置处形成了对比度较强的灰度图像。但是对于单抛面,入射光线透过超光滑表面后,在磨砂的下表面会产生不同方向的反射光。与上表面形成特定方向的镜面反射光相比,下表面由于是磨砂面,会产生方向各异的漫反射光,然后该漫反射光透过上表面,并与缺陷的散射光一同进入成像系统,破坏了缺陷的暗场成像的条件,从而使得缺陷和背景图像混合在一起,难以识别出缺陷。

如图 2.16(c) 所示,利用透射式检测的方法对双抛面中缺陷进行检测时,垂直待检测表面的入射光线通过缺陷位置后会产生散射光。采用远心成像系统,其主要接收与光轴有很小夹角的细光束,因此与光轴方向平行的透射光进入成像系统,形成明亮的背景;而与光轴有较大夹角的散射光将无法进入成像系统,从而缺陷位置处形成了灰度较低的图像,因此缺陷与周围背景具有较高的对比度。但是对于单抛面,垂直于待检测面的入射光线,通过磨砂的下表面后,光线传播方向改变并形成漫反射光。并且在缺陷位置与上表面光滑位置处都会有漫反射光线透过,进而在图像的缺陷位置处无法形成一定的对比度,从而无法从周围背景中区分出缺陷信息。综上所述,利用超光滑表面的机器视觉检测系统来检测单面抛光的光学元件时,缺陷图像总会受到下表面漫反射光的影响,并无法在缺陷位置处形成一定的灰度对比度。

2.3.2 同轴入射远心明场成像系统组成及成像特征分析

根据单抛面上下表面对入射光线的不同作用,并从入射光角度与成像系统接收光线的角度等两个方面考虑,设计出一种能够区分出上下表面不同信息的检测系统,即通过缺陷位置处的光线与通过下表面的光线经过成像系统后应当尽可能地分开。基于上文的分析,单抛面的下表面会破坏暗场检测的方式,因此接下来,主要基于明场检测方法设计出一种应用于单抛面中的缺陷检测系统。

首先从入射光角度分析,采用正入射角度照明,即平行的入射光从样品上表面垂直射入,则在上表面的缺陷位置处产生散射光,在上表面光滑位置处发生镜面反射形成垂直的反射光,在下表面产生漫反射光。接下来应当选用合适的成像系统,"选择性"接收这三种光线,即尽可能少地接收下表面的漫反射光。整个分析过程如图 2.17 所示。

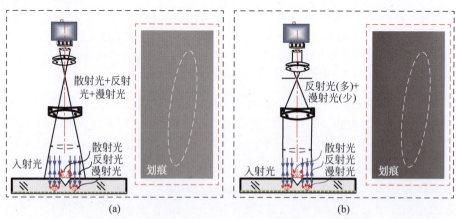

图 2.17 同轴入射光线在待检测样品中的光线变化及不同成像系统接受不同光线的分析
(a) 普通成像镜头接收光线分析;(b) 远心镜头接收光线分析

图 2.17(a)中,如果选用普通成像镜头,成像镜头具有较大的数值孔径角,对于垂直于检测表面的反射光会全部被镜头接收;对于缺陷位置处的散射光,依然会有一部分光线被镜头接收,并且对于下表面的漫反射光同样会有一大部分进入成像镜头中,从而在采集得到的图像中缺陷位置的对比度较差,并且被下表面形成的明亮背景掩盖。如果采用远心镜头对待检测样品表面产生的光线进行接收,如图 2.17(b)所示,则只有与光轴有一定夹角的细光束被系统接收。即光滑表面的大量反射光被系统接收,而缺陷位置处只有小部分的散射光被成像系统接收,从而在采集得到的图像中,光滑表面的信息为明亮的背景,而缺陷信息的灰度级较暗。但是由于下表面的漫反射光方向具有任意性,因此会有少许的光线透过缺陷后被成像系统接收,从而将缺陷与周围背景的对比度降低。但是此时缺陷的边界信息已经在图像中显现出来,即缺陷信息与周围背景的图像存在一定的灰度跳变。

基于上述分析,采用平行入射光线垂直照射待检测表面并且通过远心镜头接收表面不同的光线,能够将缺陷的边界信息保留在图像中。但是从采集得到的图像整体来看,划伤缺陷图像与背景图像的对比度较低。接下来将从包含缺陷的灰度图像中分析缺陷位置的灰度变化特征和非缺陷位置的灰度变化特征,以及从灰度图像三维分布中分析出该类型图像所具有的特点,如图 2.18 所示。

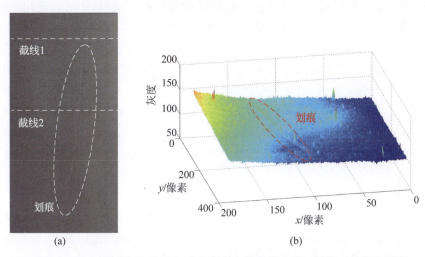

图 2.18 同轴入射远心明场成像中单面抛光的光学元件表面的缺陷图像
(a) 包含缺陷的局部灰度图像;(b) 缺陷区域内灰度三维图像;(c) 不包含缺陷区域截线 1 的灰度变化;(d) 包含缺陷区域截线 2 的灰度变化

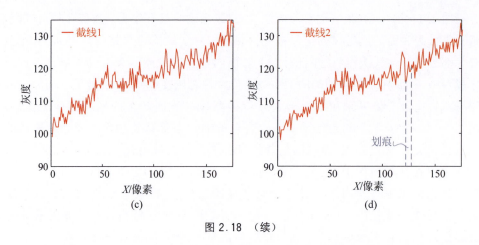

图 2.18 （续）

从系统采集的图 2.18(a)可以看出，整个系统是一种明场检测系统，上表面超光滑位置处的反射光进入检测系统中，形成明亮的背景，在缺陷位置处的大部分散射光不能进入系统，从而在数字图像中形成暗特征。但是由于入射光通过下表面后会形成漫反射光，并且会有一部分漫反射光通过缺陷以及上表面后形成与光轴有很小夹角的细光束，从而能够进入远心成像系统，使得缺陷位置处图像的灰度提升，并降低缺陷与背景的对比度。选取两行灰度直线分别观察其灰度变化，如截线1和截线2所示。其中截线1为不包含缺陷的像素灰度直线，从中可以看出，当前背景中存在一定程度的灰度跳变，即下表面细节的灰度跳变，并且背景的整体灰度呈现一定的起伏，即背景具有不均匀性。截线2为包含缺陷的像素灰度直线，从中可以看出，在缺陷像素点中同样存在灰度跳变，但是与周围背景的灰度跳变相比，并没有明显的区分。总之，对于当前图像来说，缺陷位置处的灰度跳变虽然能够被保留在图像中，但是下表面的一些颗粒状信息同样会在图像中产生灰度跳变，并且不均匀的光照使得图像背景具有灰度波动性，从而相比于非缺陷的灰度变化，缺陷位置处的灰度跳变比较微弱，但是人眼视觉系统仍能从中比较容易地发现缺陷信息。

综上所述，利用本章建立的同轴入射远心明场成像方式（coaxial-incident and telecentric bright field imaging，CITBFI）能够对单面抛光的光学元件表面的缺陷有效成像，虽然磨砂的下表面产生的漫反射光会对上表面划伤缺陷的成像形成一定程度的影响，但是图像中划痕位置处依然会保留较微弱的灰度跳变。另外，图像中会存在光照不均匀的背景图像、噪声图像以及下表面的颗粒状的细节，这些信息都会产生不同程度的灰度变化，并且与缺陷的灰度跳变的等级相似，从而干扰缺陷的微弱灰度跳变的分割，但是人眼的视觉系统能够从上述复杂的图像中比较容易地发现缺陷的信息。因此接下来将根据人眼的视觉特性，并从缺陷的纹理及变换域等方面,将复杂图像中的不同信息进行分开处理,剔除干扰信息,保留并增强有效的缺陷图像,从而提出一种能够有效分割出单抛面中微弱划伤缺陷图像的算法。

2.3.3 基于视觉差励与双次离散傅里叶变换的微弱缺陷提取算法研究

利用上述蓝宝石衬底基片检测系统能够采集到完整的蓝宝石衬底基片的灰度图像。但是通过上述分析可知,由于单抛面下表面杂散光的影响,使上表面成像过程中划痕缺陷与其背景的对比度较弱。于是作者课题组通过基于人眼的视觉特性,设计了基于视觉差励与双次离散傅里叶变换(visual difference excitation and double discrete Fourier transform,VDE&DDFT)的表面缺陷提取算法。

通过以上分析,在单抛面的灰度图像中,划伤缺陷与背景的对比度较弱,并且包含了大量下表面细节颗粒信息、噪声信息以及不均匀的背景信息等。在传统的超光滑光学元件图像分割中,常使用灰度阈值分割的方式对图像中包含的缺陷进行提取。但是灰度阈值分割的方式仅仅从单个像素的灰度出发,往往会忽略该像素的灰度与周围像素灰度的关系,当周围背景的灰度发生波动时,灰度分割会产生干扰信息的过分割现象。因此对于光源不均匀并且背景较为复杂的单抛面灰度图像,仅仅通过灰度阈值分割的方式很难将有用的缺陷信息有效提取出来。但是人眼的视觉系统却能够从上述复杂的图像中比较容易地识别出当前划伤缺陷的信息,并且不会过多地受到上述信息的干扰。从人眼的视觉特性分析,人眼的分辨率并没有相机的高,因此对于人眼不会从单个像素的灰度去分析图像,而是通过局部的"感受视野"来对图像中的缺陷进行提取以及识别,即人眼的视觉能够从图像的局部对比度以及不同信息的频率特性找到缺陷与干扰信息的差异,从而识别出不同信息的特征。因此本节根据人眼的视觉特性,利用缺陷信息的"局部特征"来增强缺陷纹理与干扰信息纹理的差异性,并进一步在特定变换域中分割出缺陷信息所在的范围,即可从复杂的图像中直接分割出缺陷信息,并不需要对图像中的噪声以及不均匀背景做特殊的运算。

1. 缺陷位置局部显著性的计算研究

根据上文分析可得,划伤缺陷与背景的对比同样受到部分下表面漫反射光的影响,使整幅图像的对比度较差,并且整幅图像的灰度并不均匀,但是人眼视觉系统在识别缺陷信息时,并不会受到不均匀图像背景的影响。因此本节主要基于人眼的视觉特性,一方面剔除不均匀的背景干扰,另一方面增强缺陷信息的对比度。研究表明,图像的差励算子能模拟人眼观察事物的发散性及显著性特点的纹理结构算子,从而能够计算出图像的显著变化量。并且相对于图像不均匀背景的波动,缺陷位置的灰度跳变较为明显。因此,接下来计算差励图像,提取出图像的局部显著特征,并排除图像中显著性较弱的背景波动,进而能够增强图像中划痕缺陷微弱的特性。

上述图像的差励算子来源于韦伯定律(Weber's Law)。韦伯是19世纪的一名实验心理学家,他观察到,如果引起差异性的感觉必须是事物刺激性的差值和其本身的比值达到一个阈值。这个比值是一个常量[28-30],即

$$\frac{\Delta I}{I} = k \tag{2.3}$$

式中,ΔI 表示图像变化的增量阈值(可引起注意的差值),I 表示初始的图像刺激的强度,k 表示即使是 I 变化了,等式左侧的比率也将保持恒定。此时 $\Delta I/I$ 的比值被称为韦伯分数。

实际上,韦伯定律表明刚好可被注意到的差异值(ΔI)的大小在原始刺激强度值中占有一个恒定的比例。比如,在光照不均匀的条件下,采集得到的图像背景发生明暗的变化,一些微弱的信息淹没在背景信息中,但是人眼能够较为容易地发现这类信号,这是由于该信息的像素点的灰度变化与周围信息的像素点比值高于 k,因此即使整幅图像的背景不均匀,人眼也能够发现其中局部变化显著的像素点。因此通过计算韦伯分数,可以计算出图像的局部显著性。

本节提到的差励算子最初应用于 WLD 算法[31]中,其中 WLD 主要包含两部分:差励与方向。WLD 算法分别计算出两部分的特征值,但是并不直接处理两部分的特征图像,而是将两部分特征值统计出一个用于描述输入图像的特征直方图,从而能够应用于直方图分类中,如人脸识别[30]等。然而本节直接通过计算差励图像,将图像中的显著特征提取出来,并且减少图像背景的亮度变化对缺陷提取的影响。然后在差励图像的基础上再进行后续的图像特征提取。

上文的差励表述的是图像的局部显著特性,局部显著特性可以通过中心像素和邻域像素的灰度的变化来表征。首先计算得到当前像素点与周围邻域像素点的灰度差的总和:

$$v_s^{00} = \sum_{i=0}^{p-1}(\Delta x_i) = \sum_{i=0}^{p-1}(x_i - x_c) \tag{2.4}$$

式中,$x_i(i=0,1,\cdots,p-1)$ 表示当前像素 x_c 的第 i 个邻域像素。p 表示邻域像素点的数目。

接下来,根据韦伯定律,计算上述灰度差的总和与当前像素点灰度的比值(差异比率):

$$d_{\text{ratio}}(x_c) = \frac{v_s^{00}}{x_c} \tag{2.5}$$

考虑到反正切函数能够限制输出值随着输入值变大或变小而急速地增大或减

小,将式(2.5)取反正切函数作为当前像素的差励,如下所示:

$$\xi(x_c) = \arctan\left[\frac{v_s^{00}}{x_c}\right] = \arctan\left[\sum_{i=0}^{p-1}\left(\frac{x_i - x_c}{x_c}\right)\right] \quad (2.6)$$

此时需要注意的是,式(2.6)所示差励的取值并非绝对值,能够保持更高的差别信息。

(1) 如果 $\xi(x_c)$ 为负值,表明周围像素点比中心像素点的亮度低;
(2) 如果 $\xi(x_c)$ 为正值,表明周围像素点比中心像素点的亮度高。

通过计算图像的差励,能够在一定程度上减少图像背景亮度变化对缺陷信息的干扰,如式(2.7)所示:

$$\xi'(x_c) = \arctan\left[\sum_{i=0}^{p-1}\left(\frac{A \cdot (x_i + a) - A \cdot (x_c + a)}{A \cdot (x_c + a)}\right)\right] \quad (2.7)$$

式中,A 和 a 表示像素点受到背景亮度的干扰常量,简称为乘性背景变化和加性背景变化。

一方面,由于图像差励值计算的是当前像素点和周围像素点的差异值,因此在像素点上收到加性背景变化时,差异值将不会变化。另一方面,它计算了图像的差异比率,即表现出的是当前像素与周围像素的对比度的情况,整体图像的亮度发生变化,但是比率变化较少。除此之外,如果每个像素值受到乘性背景亮度变化的影响,那么该影响将会在比率计算的过程中被消除。

通过上述计算过程能够得到当前图像每个像素对应的差励值,进一步通过以下过程可以得到相应的差励图像:

$$I_2 = \frac{\xi - \xi_{\min}}{\xi_{\max} - \xi_{\min}} * 255 \quad (2.8)$$

利用式(2.8)可以将原始图像中的差励值归一化为[0,255]的灰度图像,并且能够将像素差励值的区间进行拉伸,进而有助于观察差励图像中像素之间灰度的变化。

综上所述,基于人眼视觉感知到的亮度差异特性,通过计算差励图像,一方面能够得到原始图像中具有灰度跳变的局部显著特征,另一方面能够减少背景中亮度波动的影响,从而能够增强原始图像中具有灰度跳变的缺陷信息。但是对于上述复杂的图像,具有灰度跳变的信息不仅仅只有缺陷,单抛面中下表面的颗粒细节,以及图像噪声也会被增强。但是考虑到微弱的划痕缺陷纹理具有一定的方向性,因此接下来从不同信息的纹理特征分析,将微弱缺陷的纹理从周围复杂的纹理背景中分割出来。

2. 缺陷图像的傅里叶变换的特征研究

通过计算差励图像,虽然能够将缺陷的纹理增强,但是周围复杂图像的纹理也会被增强。除此之外,经过上文分析,图像中一些细节图像产生的灰度跳变和微弱缺陷的灰度跳变相似,因此相应差励值的计算结果也相似,从而通过差励值的大小并不能将微弱缺陷的信息分割出来。考虑到划痕具有直线性特征,相应的差励图像的纹理表现出直线性,周围无规则的细节纹理,差励图像的纹理表现出不规则、随机的方向。因此在差励图像中,可以通过不同的纹理特征识别出具有直线性的缺陷纹理信息。

较为常用的检测直线特征的方法为霍夫变换(Hough transform)[32]。霍夫变换利用直线的极坐标以及累加器等方式,提取出当前图像中在同一条直线上的像素点。假设直线的方程为式(2.9),并且在笛卡儿坐标系中,直线方程的参数为(ρ,θ):

$$x\cos\theta + y\sin\theta = \rho \tag{2.9}$$

从直线上任取两个点 $A(x_1,y_1)$ 和 $B(x_2,y_2)$,两个点都满足直线的参数方程为式(2.10)

$$\begin{cases} x_1\cos\theta + y_1\sin\theta = \rho \\ x_2\cos\theta + y_2\sin\theta = \rho \end{cases} \tag{2.10}$$

将其坐标系转化为(ρ,θ)时,即两个坐标点转化为相应的曲线如图 2.19 所示,通过求解曲线交点即可确定对应直线方程的参数。

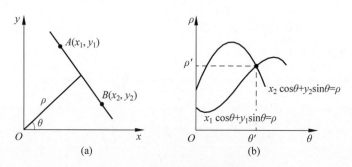

图 2.19 霍夫变换原理示意图
(a) 笛卡儿坐标系中直线的(ρ,θ)参数化;(b) 极坐标系中(ρ,θ)空间上的正弦曲线,交点(ρ',θ')对应通过 A、B 的直线的参数

基于上述原理将(ρ,θ)空间细分为若干累加单元。一般地,取$-90°\leqslant\theta\leqslant90°$,$-D\leqslant\rho\leqslant D$,其中 D 为图像对角线的距离。然后对于图像空间的每一个非背景点(x,y),令 θ 等于累加器空间中允许的细分值,通过以上公式计算出相应的 ρ。由于累加器单元中的值依次递增,因此将 ρ 四舍五入为累加器空间相应的、最接近 ρ 允许的细分值的数。最后,每个累加器单元中的数值,都代表 xy 空间中有多少点在累加器单元对应的参数所确定的直线上,求解累加器中的极值点即可确定图像

中直线的方程。

但是在利用霍夫变换对图像进行检测之前,需要通过二值化以及边缘检测等方法对图像进行分割,从而得到一些具有明显灰度变化的像素点,再从中检测出在同一条直线上的像素点。然而对于上述差励图像来说,缺陷图像和周围背景中的细节图像的差励值相似,因此在差励图像中,不能使用图像灰度阈值(即差励值阈值)分割出具有灰度差异的纹理,从而霍夫方法无法从中检测出处在同一条直线上的划伤缺陷像素点。

基于上述分析,在差励图像中,虽然缺陷纹理与周围杂乱的背景纹理具有差异性,但是从纹理表现出的灰度信息(即差励值大小)中,依然无法实现直线性缺陷纹理的分割。下面将从纹理表现出的方向性进行分析,并且从频域内,分析不同纹理在频率大小以及频率方向性的差异。

对于差励图像,其大小为 $M\times N$,假设纹理图像为 $f(x,y)$,其傅里叶变换为 $F(u,v)$。为了简化分析过程,假设图像的纹理方向平行于 y 轴,即图像 $f(x,y)$ 的灰度不随 y 位置变化而变化,即

$$f(x,y)=f(x) \tag{2.11}$$

可将 $f(x,y)$ 分解为 $f(x)\times f(y)$ 的形式,其中 $f(y)=1$。

另外 $f(x)$ 和 $f(y)$ 的一维傅里叶变换对应为 $F(u)$ 和 $F(v)$,从而傅里叶变换为

$$\begin{aligned}F(u,v)&=\frac{1}{MN}\sum_{x=0}^{M-1}\sum_{y=0}^{N-1}f(x,y)\exp\left[-\mathrm{j}2\pi\left(\frac{xu}{M}+\frac{yv}{N}\right)\right]\\&=\frac{1}{MN}\sum_{x=0}^{M-1}\sum_{y=0}^{N-1}[f(x)f(y)]\exp\left[-\mathrm{j}2\pi\left(\frac{xu}{M}+\frac{yv}{N}\right)\right]\\&=\frac{1}{M}\sum_{x=0}^{M-1}f(x)\exp\left[-\mathrm{j}2\pi\left(\frac{xu}{M}\right)\right]\times\frac{1}{N}\sum_{y=0}^{N-1}f(y)\exp\left[-\mathrm{j}2\pi\left(\frac{yv}{N}\right)\right]\\&=F(u)\times F(v)\end{aligned} \tag{2.12}$$

式中,令 $W=\exp[(-\mathrm{j}2\pi)/N]$,则 $F(v)$ 的计算过程如下:

$$\begin{bmatrix}F(0)\\F(1)\\\vdots\\F(N-1)\end{bmatrix}=\frac{1}{N}\begin{bmatrix}W^0 & W^0 & \cdots & W^0\\W^0 & W^{1\times 1} & \cdots & W^{(N-1)\times 1}\\\vdots & \vdots & & \vdots\\W^0 & W^{1\times(N-1)} & \cdots & W^{(N-1)\times(N-1)}\end{bmatrix}\begin{bmatrix}1\\1\\\vdots\\1\end{bmatrix}=\frac{1}{N}\begin{bmatrix}N\\\dfrac{1-W^N}{1-W}\\\vdots\\\dfrac{1-W^{(N-1)N}}{1-W^{(N-1)}}\end{bmatrix} \tag{2.13}$$

根据欧拉公式将上式中的参数化简:

$$W^N=\{\exp[(-\mathrm{j}2\pi)/N]\}^N=\exp(-\mathrm{j}2\pi)$$

$$= \cos(-2\pi) + j \cdot \sin(-2\pi) = 1 \qquad (2.14)$$

$$W^{(N-1)N} = \{\exp[-j2\pi(N-1)/N]\}^N = \exp[-j2\pi(N-1)]$$
$$= \cos[-2\pi(N-1)] + j \cdot \sin[-2\pi(N-1)] = 1 \qquad (2.15)$$

因此式(2.13)可以变换为

$$\begin{Bmatrix} F(0) \\ F(1) \\ \vdots \\ F(N-1) \end{Bmatrix} = \frac{1}{N} \begin{Bmatrix} N \\ 0 \\ \vdots \\ 0 \end{Bmatrix} \qquad (2.16)$$

即

$$F(v) = \begin{cases} 1, & v = 0 \\ 0, & \text{其他} \end{cases} \qquad (2.17)$$

进而能够得到划痕图像的傅里叶变换结果为

$$F(u,v) = \begin{cases} F(u), & v = 0 \\ 0, & \text{其他} \end{cases} \qquad (2.18)$$

从而能够分析得到，对于平行于 y 方向的纹理图像，其傅里叶频谱的能量全部集中在 $v=0$ 的垂直方向。当图像的纹理方向与竖直方向存在一定夹角时，即相当于竖直方向的纹理图像旋转一定的角度得到的新纹理。根据傅里叶变换的性质，其频谱图像也等于对应的竖直方向纹理的频谱图像旋转一定角度。即划痕的纹理经过傅里叶变换得到的频谱图像的能量集中在划痕垂直的方向上。因此，在频谱图像中，可以根据此类特性，将划痕对应的频谱图像提取出来，然后通过傅里叶逆变换可以从原始图像中分离出划痕缺陷图像。

3. 单面抛光的光学元件表面微弱划痕的检测算法

基于上述分析，在待检测的灰度图像中，通过模拟人眼的视觉特性，计算出相应的视觉差励图像，从而剔除背景的波动并将微弱的缺陷图像的灰度跳变增强，但是图像噪声以及下表面颗粒状信息所产生的灰度跳变同样会被增强。根据信息在差励图像中具有纹理方向的特征，可以通过傅里叶变换将信息在频域内进行区分，提取出方向性纹理所对应的频率范围，最后通过傅里叶逆变换重构出缺陷信息。基于上述原理，针对单抛面，本节设计出了基于视觉差励与双次离散傅里叶变换的表面微弱缺陷提取算法，如图 2.20 所示。

利用本章提到的同轴入射远心成像系统能够对蓝宝石衬底基片缺陷位置进行有效成像，其中采集得到的图像信息主要包括三部分：超光滑上表面的反射光形成的明亮背景图像 $I_{\text{reflect\_1}}$，部分粗糙的下表面的漫反射光形成的明亮图像 $I_{\text{reflect\_2}}$，以及上表面的划伤缺陷的散射光不能进入成像系统，从而形成黑色的图像

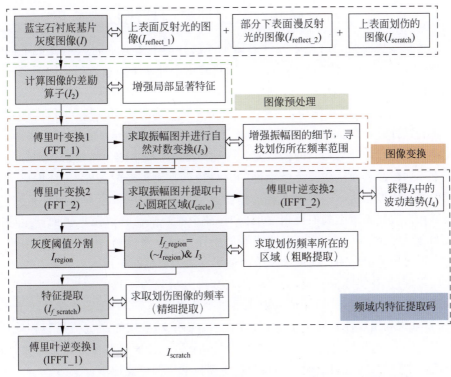

图2.20 基于视觉差励与双次离散傅里叶变换的表面微弱缺陷提取算法

I_{scratch}。其中前两者在图像中构成了明亮的背景信息。对于上述灰度图像,背景往往不均匀,并且划伤与背景的对比度较低,因此本节首先计算差励图像,使原始图像中的纹理特征得到增强,从而增强缺陷与背景的对比度。随着原始图像纹理的增强,背景中的各种噪声也随之增强,本节利用双次傅里叶变换以及相应的傅里叶逆变换将其中具有较低的以及方向性的划伤缺陷图像提取出来。利用第一次傅里叶变换(FFT_1)将纹理增强后的图像中划伤的频域与频率较高的噪声信息进行分离,并进一步计算其振幅谱(I_3),从而能够发现划伤缺陷所在频谱范围,其中划痕的频谱范围与其纹理的方向垂直。由于纹理增强后的噪声以及细节纹理较多,在振幅谱中划伤缺陷对应的振幅谱与高频噪声对应的振幅谱之间的对比度依然较低。本节针对上述振幅谱(I_3)利用第二次傅里叶变换(FFT_2)和傅里叶逆变换(IFFT_2)提取出振幅谱的低频图像(I_4)(即I_3背景的波动趋势),并利用灰度分割求取划痕缺陷对应的振幅谱的波动范围(I_{region})。进一步利用上述I_{region}粗略分割出划痕缺陷对应的振幅谱范围(I_{f_region})。针对图像I_{f_region},利用一些特征提取方法,精细提取出划痕图像对应的振幅I_{f_scratch}。然后再次使用傅里叶逆变换(IFFT_1),计算出划痕缺陷的图像I_{scratch}。

2.3.4 蓝宝石衬底基片微弱划痕的检测技术应用

本节根据单面抛光的光学元件表面不同属性的上下表面对入射光的不同作用,以及成像镜头对光线的不同接收效果,搭建出一种基于同轴入射远心明场成像的机器视觉检测系统,如图 2.21 所示。

如图 2.21 所示的系统中,主要由三部分构成:远心照明系统、线扫描远心成像系统和线性移导系统等。其中 LED 光源搭配远心镜头构成了远心照明系统,从而能够形成平行的并且均匀的入射光。进一步通过半反半透分光镜将一部分入射光垂直入射样品表面。检测系统上部的大口径远心镜头搭配线阵 CCD 构成了大视场的远心成像系统。一方面能够选择性地接收与光轴成很小夹角的细光束,从而能够在接收超光滑上表面反射光的同时,减少对缺陷位置以及下表面产生的散射光和漫反射光的接收;另一方面能够形成较大的检测视场,从而能够提高检测效率。虽然理论中利用上述两个系统能够形成较为理想的平行入射光路与细光束接收光路,但是在实际应用中,为了得到与理论分析较为一致的效果,应当使两个系统的光轴尽量垂直,从而保证入射光经过半反半透镜后,平行于成像系统光轴。另外,本系统利用线性移导系统进行传动,一方面能够搭载样品进行平稳移动,防止采集过程中的抖动现象造成图像边界的抖动;另一方面能够保证图像采集过程中速度的平稳性,防止由于速度不均匀产生图像的压缩以及拖影。

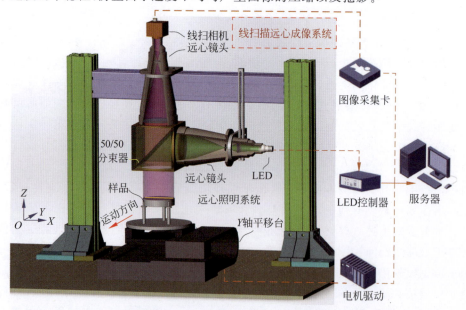

图 2.21 基于同轴入射远心明场成像系统的蓝宝石衬底基片缺陷检测系统示意图

第 2 章　不同属性表面的照明及光学成像系统选型

将该系统应用于单面抛光的蓝宝石衬底基片的微弱划伤缺陷检测,并根据实际生产中常使用蓝宝石衬底基片的尺寸主要为 2 英寸和 4 英寸,即待检测样品的最大直径约为 102mm,从而设计系统的检测视场约为 130mm,即远心成像镜头的视场约为 130mm。另外,线阵相机每条线的像素尺寸为 8192 像素,图像的分辨率约为 16μm。

除此之外,为了提升样品图像的采集效率,往往需要提升系统的直线导轨速度。但是需要注意的是,扫描速度并不能一直增大,因为随着运动速度的提升,为了使线扫描的扫描频率与运动速度相匹配,扫描频率也需要随之提升。因此相机扫描的最小间隔时间会随之减少,即最大的曝光时间随之减少,当曝光时间过小时会影响系统的成像质量。另外由于使用的远心成像镜头的视场比较大,工作距离与镜头长度比小口径的镜头要大(本系统的物像之间距离约为 900mm),因此进入相机感光芯片的光线会较弱,从而影响图像的亮度。因此在调整扫描机构的运动速度时需要结合成像质量选择当前系统最大的采集速度。经过实验,本系统能够达到的最适合的扫描速度为 100mm/s,对于 4 英寸的蓝宝石衬底基片采集的总像素数为 8192×8192,扫描时间约为 1.5s。除此之外,实验建立在 MATLAB R2011b 软件平台上,以及运行环境为 Windows 7 64bit(Intel Xeon 2.13Ghz X2 处理器,32Gbytes DDR3 1333MHz 内存)。

通过上文可知,系统采集到的 4 英寸的灰度图像的尺寸为 8192pixel×8192pixel,即视场约为 130mm×130mm,显然图像中会有一部分冗余信息。本节采用简单的二值化以及连通区域判定方式,首先求解包围圆形样品图像的外接矩形,从而分割出待检测样品的区域。进一步,将分割出的图像分为许多个子块,大小为 250pixel×250pixel,分割结果如图 2.22(a)所示。然后针对每个子块图像使用本节提到的缺陷检测算法。

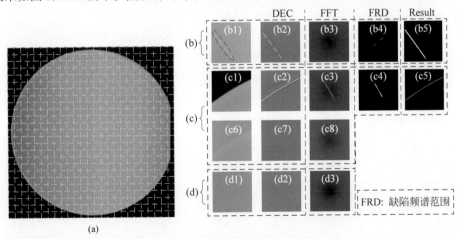

图 2.22　4 英寸蓝宝石衬底基片处理过程

(a) 大幅面灰度图像分块过程;(b) 含有划痕缺陷的子块区域的处理过程(为了方便观察微弱的划痕图像,图中划痕的位置用虚线标示);(c) 含有边界的子块区域的处理过程;(d) 背景的处理过程

含有划痕的子块图像处理过程如图 2.22(b)所示。图(b1)中的划痕图像由于受到底面散射光的影响,使得划痕位置处也会存在一些平行于镜头光轴的光线进入相机,从而提升划痕位置处的亮度,并且降低了划痕图像与周围背景图像的对比度。利用本节提到的 VDE&DDFT 算法,首先模拟人眼的视觉特性,计算出当前图像的差励值,排除整幅图像光照不均匀的变化,并从中提取出图像的局部显著特征,从而增强原始图像的纹理信息以及微弱的划痕缺陷特征,计算结果如图(b2)所示。由于图(b2)中划痕的纹理增强的同时,复杂的背景图像的纹理也得到了增强,因此,划痕缺陷依然受到了背景纹理的干扰。接着,利用不同的纹理特性将两者进行区分。在差励图像中,划痕的纹理具有直线性,而背景纹理主要表现为随机性。本节利用傅里叶变换可以将不同的纹理进行区分,如图(b3)所示。其中,在傅里叶图像中划痕对应的频谱方向垂直于划痕的纹理方向。但是,由于差励图像中复杂的背景信息较多且属于高频信息,因此频谱图中高频信息对应的幅值较大,并且高于划痕纹理的频率幅值。并且,划痕纹理对应的频率幅值很难与背景纹理对应的幅值区分开来。在此基础上,本节利用频谱图中灰度背景变化趋势,粗略求出划痕纹理对应的幅值所在的低灰度区域,然后在该区域内进一步精确分割出划痕纹理对应的幅值范围,如图(b4)所示。最后通过傅里叶逆变换以及形态学操作和直线的特征增强算法求出划痕的二值图像(图(b5)),从而能够方便后续划痕的定量评价。

利用本算法对背景子块图(d1)进行处理,计算得到其对应的差励算子图(d2)及其频谱图(d3)。其中图(d2)和图(d3)不存在具有直线特征的特征信息,因此不会被检测出划痕缺陷。

但是在实际的分块中往往出现样品边界图像,如图(c1)所示。利用上述方法计算差励算子图像后,会出现明显的边界图像(图(c2)),经过傅里叶变换后,图像存在明显的边界幅值分布,然后利用后续运算可提取出相应的边界信息,被误判为划痕。在计算差励图像后会出现明亮的边界,主要是因为边界两边灰度变化剧烈,局部对比度较高,从而得到较高的差励值。为了避免此类情况的出现,本节将消除灰度剧烈变化的边界外部信息(即图像中黑色的区域)。通过观察非边界图像的子块,发现其灰度变化区间为[120,190],因此本节将该区间以外的任意像素灰度随机替换为区间内的灰度,从而减小边界灰度的突变,如图(c6)所示。重新计算差励图像(图(c7))后,明显的边界亮线被消除。进一步重新计算频谱图(图(c8)),图中也没有与纹理垂直的频率幅值分布,从而避免了样品边界被错误分割为划伤缺陷的问题。

通过上述过程可以看出,在蓝宝石衬底基片的灰度图像中,本节设计的 VDE&DDFT 算法能够有效将微弱的划痕缺陷纹理与背景纹理进行增强,并且利

第 2 章 不同属性表面的照明及光学成像系统选型

用两者的频谱特性,将划痕对应的频谱范围从复杂的频谱背景中提取出来,并进一步计算得到划痕缺陷的信息。除此之外,该算法通过减弱样品边界外的灰度跳变,能够消除边界信息对缺陷检测过程造成的误判现象。

利用上述方法将缺陷从原始灰度图像中分割出来后,接下来将对缺陷的长度以及宽度进行定量计算。通过上述分析,划痕的实际尺寸与划痕图像的像素数有一定的比例关系,因此需要首先计算出定标系数。在求解定标系数的过程中,常用的方法是寻找一个标称值,然后在成像系统中计算出该标称值对应的像素数,进而求解出两者的比例系数作为定标系数。

本节利用数显卡尺测得多组 4 英寸蓝宝石衬底基片的外径尺寸,并求取尺寸的平均数作为标称值。进一步利用本节提到的检测系统,在待检测图像中利用圆拟合的方法,计算出直径的像素尺寸,并求取平均值作为待检测样品的平均像素直径。然后求解当前系统划痕长度的定标系数。需要注意的是,数显卡尺的分辨率能够精确到 $1\mu m$,本系统的检测分辨率约为 $16\mu m$,因此可以通过数显卡尺进行标称值的测量。该过程的测量与计算结果见表 2.1。

表 2.1 蓝宝石衬底基片中划痕缺陷的定量计算过程

样品平均直径/pixel	样品直径平均标称值/mm	定标系数
6109.5	101.600	0.01663
划痕像素长度/pixel	划痕计算长度/mm	
184	3.060	
划痕像素宽度/pixel	划痕计算宽度/mm	
7.23	0.1202	

利用待检测样品尺寸的标称值与图像的像素值可以计算出当前成像系统的定标系数,从计算结果可以看出,当前系统的分辨率约为 $16.63\mu m$。进一步利用上文提到的方法计算出样品中划痕(图 2.22(b))的像素长度约为 184pixel,利用该定标系数进一步计算出当前划痕的长度为 3.060mm。在计算出划痕长度像素以后,进一步根据划痕的面积(即像素总和),计算出相应的划痕平均宽度像素 7.23pixel。然后利用上述定标系数计算出划痕的宽度为 0.1202mm。

综上所述,本节搭建了单面抛光的光学元件表面(单抛面)中微弱缺陷的机器视觉检测系统,并将其应用于单面抛光的蓝宝石衬底基片中。利用远心平行光入射以及远心成像组成了同轴入射远心成像系统(CITBFI),从而能够在一定程度上在缺陷位置处形成一定灰度跳变的信息。除此之外,采用大视场的线阵成像与扫描模式,能够大大提升蓝宝石衬底基片的检测效率。为了从采集得到的数字图像中增强划痕与背景的对比度,并且有效分割出划痕缺陷,本节利用上文设计的基于视觉差励与双次离散傅里叶变换算法,从而将微弱的划伤缺陷从复杂的图像中分割出来。除此之外,对于待检测样品边界处的纹理,本算法同样具有一定的鲁棒性,能够避免样品的边界被误判为缺陷。最后,计算出图像像素尺寸与实际几何尺寸之间的定标系数,进而能够利用该系统定量计算划痕缺陷的实际几何尺寸。利用本节提出的单面抛光的光学元件表面的微弱缺陷检测技术,能够实现蓝宝石衬底基片的无损自动化定量检测,从而能够为蓝宝石衬底基片的精密加工提供有效的检测方法。

2.4 复杂纹理的金属圆弧表面的微弱缺陷的照明及检测

上文分别介绍了两种属性的光学元件表面,即超光滑光学元件表面(双抛面)以及单面抛光的光学元件表面(单抛面)。本节将研究对象进一步复杂化,以复杂纹理的金属圆弧面为研究对象,即待检测表面纹理更加复杂,并且待检测表面为非平面。本文提到的复杂金属面指一种圆弧状磨砂金属面,另外金属面附着一层橡胶膜层,如图 2.23 所示。根据样品质量要求,主要检测表面存在的划伤缺陷。该待检测样品与光学元件不同的是,其表面不具有光滑性,而是磨砂的、起伏不平,因此在检测系统中光强的分布与波动较为复杂,从而光照不均匀较为严重。并且磨砂颗粒具有随机性,

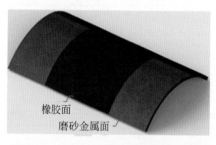

图 2.23 复杂纹理的圆弧状磨砂金属面

使得表面一致性较差,容易受到各种随机因素的影响。除此之外,磨砂属性容易在检测系统中产生较多的杂散光,更容易掩盖一些微弱的缺陷。

基于上述问题,本节根据待检测表面的复杂纹理以及面型的特点,设计了多角度入射远心明场成像方法(multiple angle incident and telecentric bright field imaging method,MAITBFI),使检测光线通过待检测表面进入成像系统后,分布较为均匀,并且能够在缺陷位置与周围复杂纹理之间形成一定的灰度跳变。但是待检测图像中,缺陷的灰度跳变与背景灰度变化以及纹理的灰度跳变相比依然属于一种微弱的特征。因此进一步,根据采集图像中不同纹理图像的特征,设计了基于小波相关性与梯度相似增长算法的微弱划伤缺陷检测算法(wavelet correlation and gradient similarity growth,WC&GSG)。其中利用图像中不同信息在小波变换域中不同尺度之间的不同属性,将不均匀的背景和噪声信息最大限度削弱,同时增强缺陷和表

面细节纹理的特征。利用表面细节纹理和缺陷在灰度梯度方向以及局部梯度统计量等方面的差异,将微弱的划伤缺陷信息从复杂的表面纹理中分割出来。

2.4.1 复杂纹理的金属圆弧表面属性分析和成像分析

在复杂纹理的金属圆弧面的划伤缺陷检测中,由于其表面附着一些颗粒状的磨砂物质,很容易产生干扰的杂散光,并且圆弧状的表面更容易造成光照不均匀,以及小尺寸的微弱缺陷很容易被这些杂散光及不均匀的光照掩盖,因此无法实现快速高准确度缺陷检测。本节从复杂金属圆弧面的表面形貌分析,根据其表面物质属性以及形貌特征搭建了一套高质量的机器视觉检测系统,从而能够实现对复杂金属曲面较为理想的检测成像。该系统能够使照明光线通过待检测曲面后,较为均匀地进入成像系统,即在数字图像中,采集图像背景亮度较为均匀,并且能够使缺陷信息和背景的对比度增强。其中对于复杂的金属圆弧面,本节研究的待检测样品的表面为黑色磨砂表面,并且待检测区域中附着一层橡胶面(非光滑表面),其表面结构如图2.24(a)所示。待检测的金属弧面为一个非光滑表面,其表面对入射光线的反射效果图2.24(b)所示。

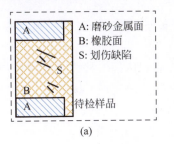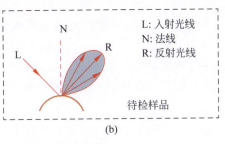

图 2.24 待检测样品表面属性

(a) 表面包含的不同区域;(b) 表面对入射光线的调制作用

从图2.24(b)可以看出,与光滑表面的反射不同的是,磨砂的金属表面实际上是由许多朝向不同的微小平面组成,其反射光分布于表面镜面反射方向的周围,如图中的R区域。常常采用余弦函数的幂次来模拟该类型反射光的空间分布,与入射光方向对称的反射光强度最强。

用于不平整表面缺陷检测的机器视觉系统主要由球积分光源及普通镜头组成,其中球积分光源能够在待检测表面产生均匀的入射光。但是,对于粗糙表面以及微弱缺陷的检测,普通光学镜头由于较大的发散角往往会在很大范围接收待检测表面中颗粒物质产生的反射光,并且同样会接收到较多的缺陷位置处产生的光线。具体分析的示意图如图2.25所示。其中假设缺陷位置处和其周边的小范围内为近似平面,并且假设样品表面的反射光最强的方向垂直于样品表面。

如图2.25所示的局部小区域内存在划伤的点S,$A1$、$A2$为其附近非划痕区

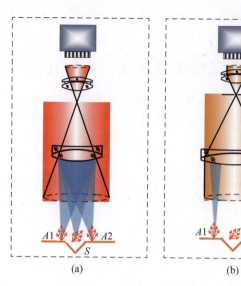

图 2.25　不同成像镜头对不同表面光的接收示意图
(a) 普通光学镜头对缺陷位置的成像示意图；(b) 远心镜头对缺陷位置的成像示意图

域的点。其中，$A1$ 和 $A2$ 所产生的反射光线分布相似，如图 2.25(b) 所示的光线分布。对于缺陷点的光线分布，由于该点的微观形貌发生变化，其光线分布的主要方向与原来的分布方向会产生偏差。如果通过普通成像镜头接收待检测面的光线，则镜头能够接收到 $A1$ 和 $A2$ 点发出的较大角度内的光线。同样地，虽然缺陷 S 位置处光线分布的主要方向发生偏差，但是其光线依然能够被很大程度接收，因此图像中缺陷点和非缺陷点的亮度差异比较小。

如果需要在成像中将 S 和周边的 $A1$、$A2$ 处产生的光线区分开来，则在选择镜头时需要从收集光线角度的方面考虑。本节选用远心系统对物体表面进行成像。从图 2.25(b) 可以看出，对于远心系统来说，主光线平行于系统的光轴。因此对于 $A1$ 和 $A2$ 的反射光线，其反射最强的光线方向平行于主光线，并且只有一定范围内的细光束才能被远心系统接收，因此在图像中对应点的灰度较高。对于缺陷点的光线分布来说，由于其反射光线最强的方向与成像系统的主光线有一定的夹角，只有较少的光线进入成像系统中，因此在图像中对应点的灰度较低。从而使得在图像中 S 与 $A1$ 和 $A2$ 点产生灰度的差，进而能够产生一定的对比度。

2.4.2　多角度入射远心明场成像系统组成及系统成像特征分析

基于上述复杂纹理的金属弧面的特性以及表面光线分布角度的变化，本节采用远心成像镜头进行成像。其中远心成像镜头可以近似认为只接收与主光轴成很小夹角范围内的光线,从而能够对入射光经过表面纹理反射后的方向较为敏感,并能够较少地接收由划痕缺陷产生的偏离光轴较大角度的光线。因此通过远心系统能够增强划痕点与周边非划痕点的对比度。根据上述所述情况,系统针对于平面的缺陷点具有更好的效果,即产生反射光线的主方向平行于远心镜头的光轴。对于待检测圆弧状表面,采用远心镜头,使只有垂直于远心系统的微小平面才具有上述属性。因此需要采用不同方向的光源将圆弧照亮,从而使表面大部分区域产生的反射主光线平行于光轴,其中常用的光源是球积分光源。在使用球积分光源的同时,由于球积分光源为中间开口的光源,利用远心镜头成像时,会使图像在光源中心开口区域的亮度较低。为了避免远心镜头造成的光照缺陷,本节采用均匀同轴光源照明(图2.26)对复杂金属曲面进行成像。

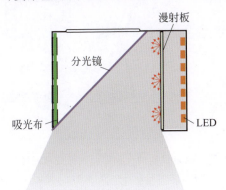

图2.26 均匀同轴光源示意图

其中LED板发射出的光线通过漫射板后,在漫射板表面产生均匀分布的光线,通过分光镜后旋转90°,从而能够照射到待检测表面。此时与成像光轴成很小夹角的光线再次通过半反半透镜进入远心成像系统,如图2.27(a)所示。由于待检测样品颜色为黑色,产生的反射光较少,并且在待检测表面产生的反射光线方向具有多个角度,而远心系统只接收特定方向的光线,因此相机采集到的图像亮度要比普通镜头采集的图像暗很多。因此,为了提升图像的亮度本节采用高功率LED,光源体积较大,进而整个机械空间的布局也较大。

从图2.27(a)中可以看出,虽然利用远心系统以及同轴光源能够选择性地接收一定角度范围内的光线。但是,由于图中所示的同轴光源位置单一,发射出的光线角度也有限,因此对于圆弧形的待检测表面,只有部分区域的反射光能够被远心成像系统接收,而S1和S2区域的反射光线很难进入成像系统,使得相应区域的图像亮度低,如图Img1所示。从Img1中可以看出,在圆弧两端的区域,几乎无法看出当前区域的信息特征,相应区域内的缺陷很容易被漏检。因此为了提升圆弧两

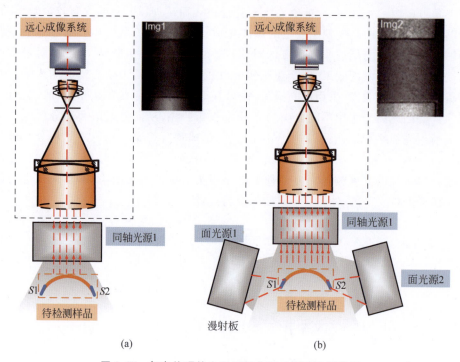

图 2.27 复杂纹理的金属圆弧曲面成像系统原理图
(a) 垂直角度入射远心成像系统；(b) 多角度入射远心明场成像系统

端图像的对比度,本节进一步增加光源数量,并将光源倾斜放置,如图 2.27(b)所示。增加两个区域内沿着光轴方向的反射光数量,并将两个区域的特征信息增强,如 Img2 所示。由于实际空间的限制只能增加两组光源,并且根据不同的待检测样品,通过调整两侧补光光源的角度能够保证待检测区域最大限度地均匀照亮。

通过对比 Img1 和 Img2 发现,后者图像的整体亮度要高于前者,并且图像背景的均匀度也优于前者。由于增加光源数量的限制,该光源并不能完全将圆弧表面均匀照亮。但是在上述机器视觉的硬件系统的基础上,已经能够将待检测表面存在的缺陷信息保存在图像中,如图 2.28(a)所示。从图像中人眼能够较为容易地发现缺陷位置,但是如果用简单的阈值分割操作很难将划伤缺陷与周围的背景缺陷进行分割。

从图像的灰度三维图分析(图 2.28(b),(c)),两幅图像分别从待检测圆弧面的两侧观察,从图(c)可以看出,划伤缺陷与周围背景的灰度变化并不是很明显,甚至掩盖在具有颗粒状物质的背景中。造成这种情况的原因主要是光源具有不同角度的出射光线。虽然整个表面都能够产生被成像系统接收的特定方向的光线,但是对于固定位置的划痕缺陷,不同方向的入射光线产生不同角度的反射光线,会有一部分的光被成像系统接收,进而造成对比度降低。

第 2 章 不同属性表面的照明及光学成像系统选型

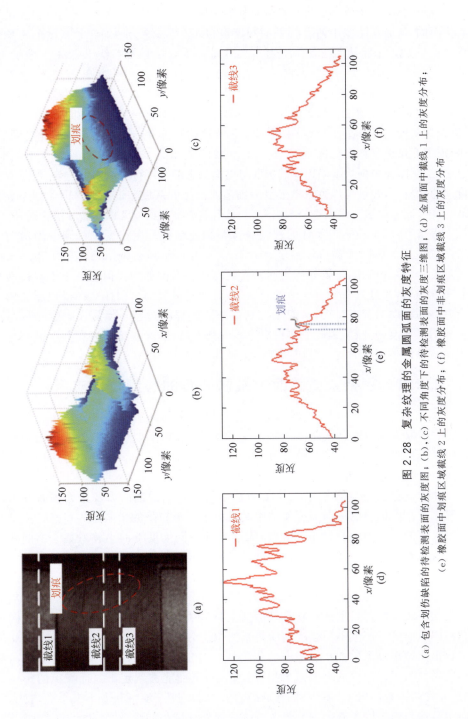

图 2.28 复杂纹理的金属圆弧面的灰度特征

(a) 包含划伤缺陷的待检测表面的灰度图; (b)、(c) 不同角度下的待检测表面的灰度三维图; (d) 金属面中截线 1 上的灰度分布;
(e) 橡胶面中划痕区域截线 2 上的灰度分布; (f) 橡胶面中非划痕区域截线 3 上的灰度分布

97

除此之外,待检测表面既存在颗粒状的金属面也存在橡胶面,两者对入射光的反射率不同,从而在图像中两者背景的灰度级也不相同,这会增加背景灰度的不均匀性。进一步,本节将从图 2.28(a)选择三条不同区域的直线(如截线 1、截线 2、截线 3),分别观察其灰度的变化。三条直线分别表示金属面中一行像素的灰度变化,橡胶面中一行含有缺陷像素的灰度变化,以及橡胶面中一行不含缺陷像素的灰度变化。从三幅图的对比可以看出,金属面与橡胶面图像的灰度变化趋势基本一致,即中间灰度高,两边灰度稍低。图 2.28(e)中的划痕区域缺陷灰度存在跳变,但是,同样是图(e)中,周围背景也存在类似的跳变,并且与非缺陷的图 2.28(f)的灰度变化基本相似。总之,虽然图像中划痕缺陷边缘的灰度与周围信息的灰度存在一定的差异,但是该灰度差值比较小,并且与周边的不平滑的细节所产生的灰度差值相似。因此如果仅仅从灰度方面考虑很难将划痕分割出来,并且会造成金属面或者橡胶面的信息误判。

综上所述,通过本节设计的视觉成像系统能够在一定程度上得到较为均匀的复杂纹理的金属圆弧面(metal arc surface with complex texture,CTMAS)图像,并且能够将划痕缺陷位置处产生的灰度跳变保存在图像中。但是由于该圆弧面并非光滑表面,并且具有多个属性的表面(金属面和橡胶面),同样会在待检测图像中产生不同程度的灰度跳变,从而干扰划痕缺陷的提取过程。但是人眼能够从图像中分割出划痕的位置,因此下文根据人眼的视觉特性,并基于划痕在灰度跳变处的连通性设计了相应的复杂金属圆弧面中微弱划痕缺陷的提取算法。

2.4.3 复杂金属弧面中微弱缺陷的检测技术应用

基于上文的理论分析,复杂纹理的金属弧面中弱缺陷的提取算法主要分为三部分:图像去噪与信息增强,图像的纹理分割与纹理相似区域增长,真伪增长区域判定。这些算法详细的理论推导可以参见相关文献[33],本节对各部分应用的算法结果进行分析。

对于图像去噪与信息增强,主要包括不均匀背景的消除以及图像固有噪声的消除。在剔除信息的同时需要保护原始图像中划痕缺陷的微弱边界信息。本节采用多尺度的二维离散平稳小波分解,能够得到不同尺度下的小波系数。不同的小波系数能够表征原始图像中不同的信息,进而能够通过处理不同的小波系数,实现原图像中不同信息的剔除和保留。

小波系数中的近似系数,表征了图像中变化缓慢的背景信息。将其置零,从而消除变化缓慢的背景信息。其背景信息主要包括由圆弧状表面产生的反射光图像和不同表面区域产生不同强度的反射光图像。另外,利用多尺度的小波分解,能够求解出高频小波系数在相邻层中的相关性。对于图像中的噪声信息,对应的高频小波系数与相邻层中的小波系数相关性较小,从而能够判定出表征噪声的小波系数,并将其系数削弱,进而达到消除噪声的目的。进一步将其余小波系数增强,从而增强缺陷信息以及其余细节图像。该过程处理结果如图 2.29 所示。

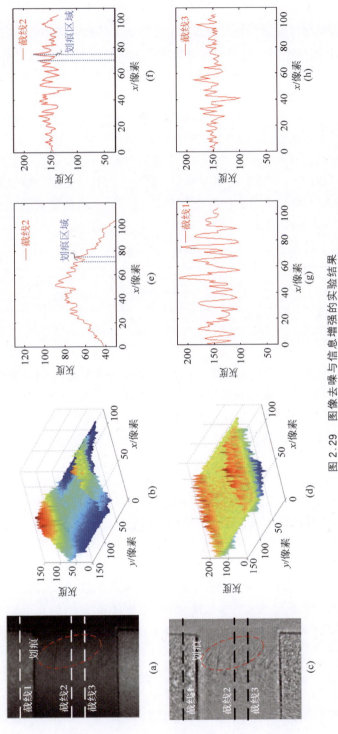

图 2.29 图像去噪与信息增强的实验结果

(a) 系统采集的包含缺陷信息的待检测灰度图像;(b) 待检测图像对应的灰度三维图像;(c) 采用本节提出的去噪与信息增强方法的实验结果图像;(d) 图像去噪与增强后的灰度三维图;(e) 原始灰度图像中包含缺陷区域的截线 2 的灰度变化,金属区域、橡胶区域中包含缺陷区域 2 的灰度变化;(f)~(h) 经过去噪增强后的图像中包含缺陷区域的截线 1 的灰度变化、橡胶面区域的截线 3 的灰度变化

从图 2.29(a)和(b)可以看出,原始图像中存在起伏不均匀的背景,并且不同表面区域对应的灰度等级差异较大。通过上述算法运算以后,能够消除图像灰度起伏的现象,并且图像不同区域中灰度等级近似,如图(c)和(d)所示。从图像(d)可以看出,当前图像中金属面和橡胶面由于材料属性的不同,表面颗粒状的细节具有不同的灰度等级。进一步地,对比原始图像和运算以后的图像中的直线截线 2 上的灰度变化,如图(e)和(f)所示。前者灰度分布呈现中间区域高、两边较暗的情况,对于后者,经过图像去噪与增强后,整体灰度都处于较高的灰度等级,并且背景较为均匀。另外对比两个图像中灰度的跳变情况和划痕区域发现,后者的图像灰度跳变被增大,划痕的灰度跳变同样被增大。进一步将截线 2 中划痕位置处灰度跳变除以当前灰度均值表征划痕区域的对比度,可以看出当前划痕区域的对比度被增强。其中的相关参数见表 2.2。

表 2.2　待检测图像去噪与信息增强前后截线 2 上的参数计算

类　　型	原始图像截线 2	去噪增强以后的图像截线 2
灰度均值	61	151
划痕区域的灰度跳变	10	40
划痕灰度跳变/灰度均值	0.164	0.265

进一步将图像去噪和增强以后的截线 1、截线 3 的灰度分布表示出来,如图 2.29(g)和(h)所示,两者都不含有缺陷区域。从图中对比可以看出,两者灰度的均值近似相等,但是前者处于金属区域,后者处于橡胶面区域。两者由于材料的不同,表面的灰度跳变差异较大。在后续的算法可以对这些灰度跳变产生的灰度梯度的模值和方向进行运算。

经过上文分析,划痕区域会产生一定的灰度跳变,但是其灰度跳变和周围细节颗粒图像的灰度跳变相差不大。如果后续仅仅通过设定灰度跳变阈值,很难将只包含划痕缺陷的区域提取出来。因此本节根据划痕缺陷特有的直线性特征,分析得到划痕像素点组成的集合中,每个像素点的灰度变化方向都与当前划痕所在的直线垂直,而由周边颗粒图像的像素点所构成集合并不具有统一的方向性。

基于上述特性,本节求取当前图像中每个点的灰度梯度的模值和方向。在梯度模值中,将具有较强模值的金属面与橡胶面的过渡区域剔除,防止干扰后期对直线性划痕的像素点判断;在梯度方向中,根据上述缺陷像素点集合具有方向性的特征,判断当前像素点与周围像素点的梯度方向是否相似,从而将具有梯度方向相似的像素点组合在一起,实现像素点区域的增长,进而构成纹理相似的增长区域,如图 2.30 所示。

按照前文所述的像素点的生长规则,得到梯度方向相似的像素点集合(图 2.30(a))。

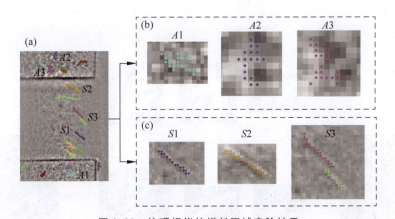

图 2.30 纹理相似的增长区域实验结果
(a) 纹理梯度相似增长的结果；(b) 纹理增长错误的区域；(c) 划痕纹理的增长区域

其中,包含划痕缺陷的像素集合如图 2.30(c)的 $S1$、$S2$、$S3$ 所示。集合内部像素点排列方式较为一致,并形成了具有方向性的纹理。相似生长区域内也存在错误生长的纹理,如图 2.30(b) $A1$、$A2$、$A3$ 所示。它们虽然与相邻的像素之间具有相似的梯度方向,但是整体呈现出的纹理并不具有一致性。因此根据上文理论分析,将增长区域等效为一个具有长和宽的几何矩形,利用最小外接矩形的像素长度和像素宽度来判断出具有一定长宽比增长区域。

通过计算增长区域中包围所有像素点的凸包,并且根据凸包上的各个边对图像进行旋转操作以及求取增长区域旋转后的外接矩形,能够从中选取最小面积的外接矩形,并将其作为当前增长区域的最小外接矩形。然后得到等效矩形的像素长度和宽度的比值,运算结果如图 2.31 所示。

为了方便计算增长区域几何特征中的像素长度和像素宽度,本节将纹理相似增长区域内的像素点在黑色背景中显示出来。进一步在当前黑白图像中计算出包围每个区域内所有像素点的凸包,并以最小面积的矩形表征当前增长区域,如图 2.31(a)所示。其中对于划痕对应的增长区域(如 $S1$、$S2$、$S3$),其等效外接矩形的长度和宽度的比值较大。对于上述错误增长的区域(如 $A1$、$A2$、$A3$),其长度和宽度的比值较小。从而通过简单的数值判断即可分割出具有一定长宽比的增长区域,如图 2.31(e)的红色矩形区域。

但是需要注意的是,如 $B1$、$B2$、$B3$ 所示的区域,从当前区域内的像素组成的几何图形上看,与一些长度较短的细小划伤相似。但是在原始灰度图像中并不属于划伤缺陷,而是由一些颗粒细节的边缘通过后期的图像增强以及区域增长形成的近似直线的增长区域组成,从而通过长宽比被误判为缺陷区域。因此本节将具有直线性的增长区域放入原始图像中,并从原始图像中获得包围当前增长区域内所有像素点的图像矩阵，如图 2.32 所示的红色矩形框对应的图像区域。

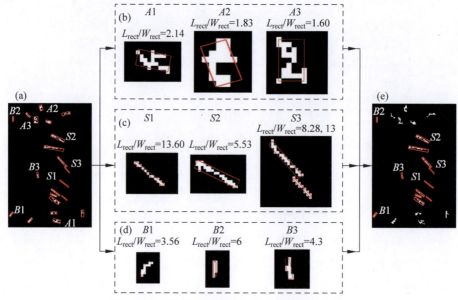

图 2.31 相似增长区域的等效外接矩形计算结果

(a) 纹理相似增长区域的最小外接矩形计算结果；(b) 错误的纹理增长区域对应的最小外接矩形的像素长宽比；(c) 划痕纹理增长区域对应的最小外接性的像素长宽比；(d) 与划痕增长区域具有相同的像素长宽比的错误纹理增长区域；(e) 利用最小外接矩形像素长宽比判定真伪增长区域的结果

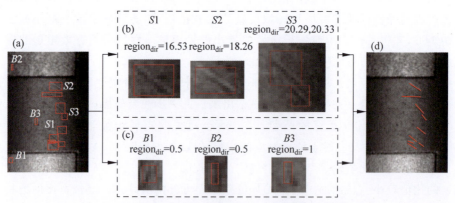

图 2.32 原始图像中相应增长区域的方向度计算结果

(a) 原始图像中经过最小外接矩形长宽比判定的划痕缺陷检测结果；(b) 划痕纹理增长区域在原始图像中相应区域的方向度计算结果；(c) 与划痕增长区域具有相同像素长宽比的错误纹理增长区域，在原始图像中相应区域的方向度计算结果；(d) 利用方向度判定划痕纹理缺陷的结果

针对上述增长区域在原始图像中相应的区域，本节计算出区域内整体纹理图像的方向度（$region_{dir}$）。其中，在图 2.32(b) 中，$S1$、$S2$、$S3$ 为包围划痕区域的图像

矩阵,可从灰度图像中直观地看出,当前图像中具有一定方向的直线纹理,并且该区域中计算出的方向度较大。然而,对于一些错误增长区域的图像矩阵(如 $B1$、$B2$、$B3$),从图像中并不能观察出具有明显方向性的纹理,从而该区域中计算出的方向度较小。因此利用方向度能够区分出真正包含划痕缺陷的图像区域。并且将相应增长区域内距离最远的两个像素点作为当前区域内划痕缺陷的起点和终点,进而能够在原始图像中表征划痕的缺陷信息,如图 2.32(d)所示。

目前工业界对一些金属纹理表面划伤检测较为普遍的算法为伽柏(Gabor)算法以及计算机视觉软件库 Halcon 中的算法。其中,前者主要利用二维伽柏滤波器具有尺度选择特性和方向选择特性,从而将微弱划痕的方向性增强,便于后续一些二值化等的处理。虽然在一定程度上划痕的灰度级被增强,但是由于本节涉及的表面纹理较为复杂,表面一些干扰信息同样会被增强,从而导致后期缺陷信息无法分离。Halcon 是目前缺陷检测中使用较为频繁的软件,其中的划痕检测算法被广泛应用于金属制品、塑料制品等。该算法主要使用两个高斯低通滤波器,进行相减后构造一个带阻滤波器,将划痕所处的频率区域提取出来,并通过傅里叶逆变换将相应的划痕提取出来。这种方式需要待检测面中划伤缺陷所处的频率区域和周围的背景、噪声以及细节纹理具有明显的频率区分。

进一步,将复杂金属弧面缺陷提取算法与上述两种成熟应用的算法进行对比,如图 2.33 所示。

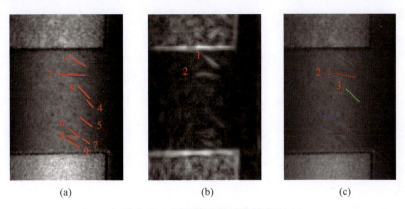

图 2.33 不同算法的对比结果图

(a) 利用本节提出的基于小波相关性与梯度相似增长的微弱缺陷提取算法的实验结果;(b) 利用伽柏滤波对图像进行处理的结果;(c) 利用 Halcon 中高低通滤波器检测划伤缺陷算法的实验结果

通过本节提出的算法,当前图像中检测出的划痕缺陷如图 2.33(a)所示,总共检测出 9 条缺陷。利用伽柏滤波的结果如图 2.33(b)所示,从图像中可以看出,1 号和 2 号划痕位置处的灰度被增强。但是由于该方法对整幅图像处理,对每个像素都进行不同方向的滤波器处理,从而使得一些方向不规则的纹理也被增强。

其中一些划痕由于其边缘较弱,经过滤波器处理后与周围纹理的强度相似,并且混合在一起,导致后期无法区分出来。利用 Halcon 处理当前待检测图像的结果如图 2.33(c)所示,从图中看出,只检测出 2 号和 3 号划痕缺陷。该算法主要从频率域的大小范围考虑,将一定范围内的频率提取出来进行傅里叶逆变换,能够将相应的信息提取出来。但是该算法仅仅考虑了划痕图像频率的大小,对于一些频率与细节图像差别不大的划痕,往往会被漏检。并且图像中会有一些不规则的纹理处于上述频率范围内,在逆变换后的图像中,会被保留在原始图像中,如图中蓝色线表征的划痕。因此相比于两种算法,本节提出的 WC&GSG 算法分别考虑了每个像素点特有的梯度模值和方向特征,能够将具有相似方向的像素点组合成相似增长区域,并根据增长区域的特征判断其中包含的划痕纹理。

综上所述,对于复杂纹理的金属圆弧表面的微弱缺陷检测,本节搭建了多角度入射远心明场成像系统(MAITBFI),使得光线通过待检测表面并且进入成像系统后,分布较为均匀,并在缺陷位置处产生灰度跳变。但是由于该金属表面有较强的磨砂颗粒,从而产生的较多杂散光在一定程度上弱化划伤缺陷的边界特性。进一步利用 WC&GSG 算法验证图像中包含微弱划痕缺陷的提取效果。利用小波域中相邻小波层中不同信息具有的不同特性,剔除大量背景的不均匀属性以及噪声信息,并且增强了待检测表面固有颗粒细节纹理以及缺陷的纹理。然后按照像素的梯度方向进行区域生长,记录具有相似梯度方向的像素点,从而将图像分割为若干个不同的增长区域,其中包含了具有一定方向性的纹理。为了从中区分出划伤缺陷的纹理,利用增长区域的最小外接矩形的形态特性,区分出具有一定长度和宽度参数的直线性区域。进一步,将上述直线性的区域在原始图像中对应的图像矩阵提取出来,并在图像矩阵中计算方向度,然后通过阈值判断准确地将划痕区域分割出来。最后,将划痕增长区域内部距离最远的两个点作为划痕的起点和终点,从而完整地表征划痕的图像。

参考文献

[1] 戴名奎,徐德衍.光学元件的疵病检验与研究现状[J].光学仪器,1996,18(3):33-39.
[2] ELSON J M, BENNETT H E, BENNETT J M. Scattering from optical surfaces[M]// Applied Optics and Optical Engineering. New York: Academic Press, 1979: 191-220.
[3] 张晓,杨国光.光学表面疵病的激光频谱分析法及其自动检测仪[J].仪器仪表学报,1994,15(4):396-399.
[4] KOZAWA S. Proceedings of the conference on optical instruments and techniques[M]. London: Chapman and Hall, Ltd., 1964: 410-428.
[5] ELSON J M. Theory of light scattering from a rough surface with an inhomogenous

dielectric permittivity[J]. Phys. Rev. B. 1984,30: 5460-5480.
[6] AMRA C. First-order vector theory of bulk scattering in optical multilayers[J]. J. Opt. Soc. Am. A,1993,10: 365-374.
[7] AMRA C. From light scattering to the microstructure of thin-film multilayers[J]. Appl. Opt. 1993,32: 5481-5491.
[8] 孙丹丹.精密表面缺陷特性及光学显微散射成像系统的研究[D].杭州:浙江大学,2006.
[9] 汪凤全.可用于大口径精密表面缺陷检测的数字化评价系统研究[D].杭州:浙江大学,2006.
[10] 陆春华.基于机器视觉的大口径精密表面疵病检测系统研究[D].杭州:浙江大学,2008.
[11] BORN M,WOLF E. Principles of optics [M]. Beijing: Science Press,2005,695-734.
[12] 曲兴华,何滢,韩峰,等.强反射复杂表面随机缺陷检测照明系统分析[J].光学学报,2003,23(5):547-551.
[13] SUN D,YANG Y Y,WANG F,et al. Microscopic scattering imaging system of defects on ultra-smooth surface suitable for digital image processing[C]. Proc. SPIE,2005,6150: 6150012-1~6150012-6.
[14] 杨甬英,陆春华,梁蛟,等.光学元件表面缺陷的显微散射暗场成像及数字化评价系统[J].光学学报,2007,6:1031-1038.
[15] 肖冰.大口径光学元件表面疵病自动化检测系统关键问题讨论与研究[D].杭州:浙江大学,2010.
[16] 郁道银,谈恒英.工程光学[M].北京:机械工业出版社,1999:70-71.
[17] 李晓彤,岑兆丰.几何光学·像差·光学设计[M].杭州:浙江大学出版社,2003:179.
[18] 杨甬英,高鑫,肖冰,等.超光滑表面瑕疵的光学显微成像和数字化评价系统[J].红外与激光工程,2010,39(2):325-329.
[19] YANG Y,WANG S,CHEN X,et al. Sparse microdefect evaluation system for large fine optical surfaces based on dark-field microscopic scattering imaging[J]. Optical Manufacturing & Testing X,2013,8838.
[20] 肖冰,杨甬英,高鑫,等.适于大口径精密光学表面疵病图像的拼接算法[J].浙江大学学报(工学版),2011,45(2):375-380.
[21] LIU D,WANG S,CAO P,et al. Dark-field microscopic image stitching method for surface defects evaluation of large fine optics[J]. Optics Express,2013,21(5):5974.
[22] CHEN X,LIU D,WANG S,et al. Research on digital calibration method for optical surface defect dimension[J]. International Symposium on Advanced Optical Manufacturing & Testing Technologies Optical Test & Measurement Technology & Equipment,2012,8417.
[23] CHEN X,LIU D,YANG Y,et al. Digital calibration method for defects evaluation of large fine optical surfaces[J]. International Symposium on Advanced Optical Manufacturing & Testing Technologies Advanced Optical Manufacturing Technologies,2014,9281.
[24] STOKOWSKI S,VAEZ-IRAVANI M. Wafer inspection technology challenges for ULSI manufacturing[C]. International Conference on Characteri,1998:405-415.
[25] ZHANG X,XUE D,LI M,et al. Designing,fabricating and testing freeform surfaces for space optics[J]. Optical Manufacturing & Testing X,2013,8838.

[26] WANG F,YANG Y,SUN D,et al. Digital realization of precision surface defect evaluation system[J]. International Symposium on Advanced Optical Manufacturing & Testing Technologies Optical Test & Measurement Technology & Equipment,2006,6150.

[27] 刘旭. 光学元件表面疵病检测扫描拼接的误差分析[J]. 光电子：激光,2008(8)：1088-1093.

[28] LACROIX A. Fundamentals of digital signal processing[M]. New York：Harper & Row,Pub,2003：8-37.

[29] SHEN J. Weber's law and Weberized TV restoration[J]. Physica,2011,39(3)：241-251.

[30] 张志会. 基于局部二元模式和韦伯局部描述符的人脸识别[D]. 南京：南京理工大学,2012.

[31] CHEN J,SHAN S,HE C,et al. WLD：A robust local image descriptor[J]. IEEE Transactions on Pattern Analysis & Machine Intelligence,2010,32(9)：1705-1720.

[32] LI C,YANG Y,CAO P,et al. Precisely connected and calculated algorithm of punctate scratches in the super-smooth surfaces defects evaluation system[C]. International Symposium on Precision Engineering Measurement and Instrumentation,2015：94462S-94462S-7.

[33] 李晨. 基于机器视觉的不同属性表面中微弱缺陷的检测技术研究[D]. 杭州：浙江大学,2018.

第 3 章

光泽表面、光滑表面的光照场景建模和像函数求解

3.1 光泽表面成像建模

3.1.1 全自动漆面质量检测建模

光泽表面包括常见的金属表面、喷漆表面、较为光滑的塑料表面等。工业品大量使用光泽质地的表面,相较于普通的磨砂表面,光泽表面给人一种流畅丝滑的视觉感观,由此光泽表面的瑕疵也变得更为难以容忍。Y.Caulier 提出将表面疵病分为二维纹理疵病和三维结构疵病。二维纹理疵病包括未清洁干净的灰尘、油污,加工环节出现的色差等[1]。表面未经破坏的三维结构疵病也就是上文提到的第三类表面疵病。相机成像并不能拍摄出三维形貌信息,而采用条纹结构光的相位偏折测量术(phase measuring deflectometry,PMD)是能可靠测量三维形貌的方法之一[2]。不过其中的相位解包裹步骤过于耗费时间,并不适合工业在线检测。此外,质量控制需要检出有形貌变化的疵病,而非找到并测量疵病的形貌。因此 Y.Caulier 首先提出了用单张图像的条纹变形提取和分类表面疵病。随后研究者根据车间检测员的工作环境布置,使用一组可移动的条纹光照明被测物,测量时光源移动,相机和物体固定,采集一系列图像并通过计算均值融合图像、光流图像来提取表面疵病[3]。该装置既可以检测一般的光泽反射面[4],也可以检测透明玻璃或塑料面[5-6]。

基于上述研究,伊斯拉(ISRA)研发了用于喷漆或电著涂装表面缺陷检测和分类的 PaintScan 装置。如图 3.1 所示,该装置包含一个便于安装到机械臂末端的检测探头,以及相关的图像处理和分析运算单元。使用高亮 LED 作为光源,生成可

变的条纹状照明图案,相机在不同的照明图案下多次拍摄同一区域以融合检测表面疵病。检测速度可适配流水线生产速度,并根据流水线的工作方式,采用静止或随动检测方式。疵病检测后,可依据生产需求分类,生成报表,在疵病位置标记以用于下游机器人自动抛光修复。

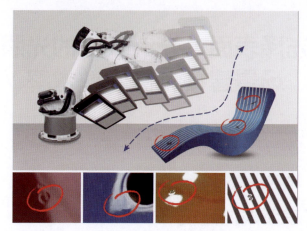

图 3.1 伊斯拉(ISRA)视象公司研发的喷漆部件缺陷检测装置

依据相关的实验报道,一些关键参数的设置,如融合图像数量、黑白条纹宽度比,主要来自实验经验和尝试。相关的成像仿真工作还很少,仿真中采用的相机模型和光源模型也往往过于简化,不符合物理实际。本节后续内容会做完整的装置建模和成像仿真,并通过成像仿真优化条纹光源设计和图像采集控制,减少实验工作量。

3.1.2 条纹光扫描疵病检测原理

假设光线倾斜照射光学表面,由被测物反射到远处的水平成像面上。图 3.2 给出了两种可能的三维结构疵病。其中无损参考区域的反射以黑色实线表示,疵病区域的反射以红色虚线表示。在图 3.2(a)中,假设疵病平面相对于参考平面沿负 y 轴平移距离 d_1,那么疵病反射光线和参考反射光线在平面的落点间隔 Δx_1 可以表示为

$$\Delta x_1 = 2d_1 \tan\theta_1 \tag{3.1}$$

式中,θ_1 是入射极角。如果疵病平面相对于标准面旋转 α_2 角,疵病反射光线和参考反射光线在平面的落点间隔 Δx_2 计算为

$$\Delta x_2 = L_2 [\tan(\theta_2 + 2\alpha_2) - \tan\theta_2] \tag{3.2}$$

式中,θ_2 是入射极角,L_2 是参考面到成像面的距离。如果以距离 Δx 量化疵病,可以看到当 $L_2 > d_1$ 时,$\Delta x_2 < \Delta x_1$。表面疵病引起的 y 方向偏移 d_1 是很小的值,而

距离 L_2 根据相机或光源的工作距可以取得很大,从而放大角度 α_2 引起的光线变化,这也是常见的长焦自准直仪测微小角度的原理。光学表面的微小疵病形貌,不会凭空产生一段 d_1 的平移。无论是深划痕、凸点、麻点,都存在法线方向偏移参考面法线的区域。将测量角度偏转 α 的工作转为测量平面间隔 Δx,不仅简化了操作,还提高了灵敏度。

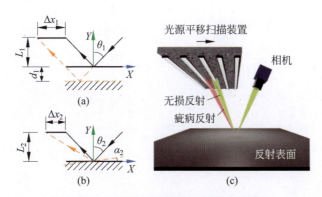

图 3.2　反射表面的疵病光线偏转示意图
(a) 表面高度变化引起的反射光线变化;(b) 表面小角度偏转引起的反射光线变化;(c) 条纹光扫描检测原理示意图

基于上述讨论,图 3.2(c)展示了条纹光扫描检测原理。系统的光源由配有平移台的周期排布的灯带组成。所形成的条纹光在平移的过程中被光学表面反射到相机成像。结构疵病造成光线偏转,而纹理疵病直接改变光线反射率。如果从相机逆向追迹到光源,结构疵病在反射光线落点跨越灯带边界时能高对比地显现出来。图 3.2(c)中疵病反射光落到灯带之间,而无损区域反射光落到灯带上,可在亮背景下形成暗的结构疵病。反之则可能形成暗背景下亮的结构疵病。Seulin 指出这种结构疵病的尺寸与拍摄图像中疵病位置到最近的灯带边界的距离相关[7]。静态的布局无法精确测量疵病尺寸。因此在检测时,灯带必须做平移,结构疵病在靠近灯带反射像时出现;而在远离灯带时,疵病尺寸减小直到消失。相对结构疵病来说,纹理疵病在明场观察下反射率不足的特点非常明显,在被测表面的灯带像区域可以看到纹理疵病。

3.1.3　场景建模和像函数求解

(1) 场景建模

图 3.2 仅仅是一个原理性示意图,一个完整的检测装置包括全部的器件物理参数和三维空间布局。本节将建立完整的包含上述要素的光照场景,其流程如图 3.3 所示。尽管疵病成像的物理过程是光线从光源出发,与被测物求交并反射,最后承载着疵病信息被相机捕获成像。由于疵病成像依赖于比例较少的散射光或

偏转的反射光,更为高效的选择是从相机发射光线,逆向追迹到光源。

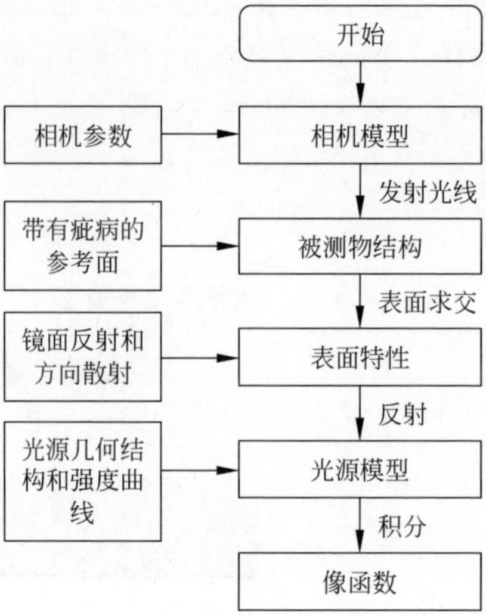

图 3.3 条纹反射光照场景的建模流程

常见的相机模型根据口径尺寸和标定过的相机视场角,为每个像素指定一条或多条发射光线。自然景物拍摄由于工作距远、焦距小、视场角大,小孔模型就足够了。而光学表面检测一般需要比较高的分辨率,在满足空间布局要求的前提下,需尽可能靠近被测物。工作距太长不利于镜头成像倍率的提高,也不利于光源能量的充分利用。此时镜头口径往往是不可忽略的,应采用有限口径相机模型。如果使用的是远心镜头,也可以按照远心相机模型处理。

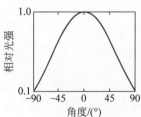

图 3.4 一款 LED 灯带的归一化强度分布图

图 3.2 的光源由周期排布的宽度为 T_w 的灯带组成,在虚拟模型中调整灯带的宽度和间隔要比实验简单得多。选取一款 LED 灯带的坎德拉图,归一化后的强度分布如图 3.4 所示。图中曲线可用余弦函数拟合为 $I(\theta_l)=0.8873\cos(\theta_l)^{1.276}+0.112$。

被测物设为 1000mm×1000mm 的光泽平面,检测范围较大。被测基准平面位于 $z=0$ 处,在平面上做一系列沿 z 方向的凸起或者凹陷作为待检疵病。图 3.5(a) 展示了疵病样板的俯视图。左上角的环状图案用于模拟各方向的表面划痕,右上角是一组平行划痕,两组划痕高度均为 0.1mm。整个样板的下半部分是逐行排列的凸起或凹陷点。每行 20 个点状疵病,凹陷和凸起各 5 排。沿 y 轴正方向,疵病点的横向尺寸逐渐增大。而沿 x 轴正方向,疵病点的高度/深度增大,疵病纵向变得越来越尖锐。疵病点的最大深度和最大高度都是 0.1mm。图 3.5(b) 是样板的斜观察视角，z 轴与 xy 轴绘制的比例不同，以凸显疵病的轮廓。实际疵病的尺度是非常小的。图 3.5(c) 中取第 3 列和第 18 列凹凸点绘制截面轮廓。第 3 列以红色实线表示，第 18 列以蓝色点划线表示。沿 y 轴正方向，同列疵病的横向尺寸不断增大。同行疵病的横向尺寸接近而高度/深度不同。第 3 列疵病最小的高度/深度不足 0.01mm，而第 18 列疵病则更为尖锐，最小的疵病高度/深度也超过了 0.05mm。

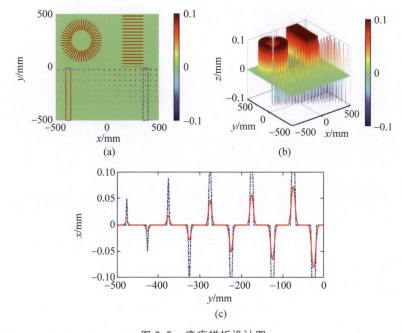

图 3.5　疵病样板设计图

(a) 样板俯视图；(b) 样板斜视图；(c) 点状疵病轮廓

按照多种方向设计划痕图案，多种三维尺寸设计凹凸点疵病能在仿真中检验光学检测装置对于各向异性的划痕、各种尺寸凹凸点的检测能力。在国家和国际表面疵病标准中，判定疵病规格并不需要疵病深度，使用光学显微镜或者目测估计深度的可行性也不高。但在实践中，检测人员已经认识到了深度对疵病可见度的影响。其中英标的检测标板采用刻制不同深度划痕作为 ABC 等级标样。为此图 3.5 的样板专门设计了相同横向尺寸但不同深度的疵病，在仿真中研究深度对疵病可见度的影响。

为了描述光线在空间的传播，特别是表面的反射动作，绘制计算直接光照的半球积分示意图 3.6。符号的说明见表 3.1。光线

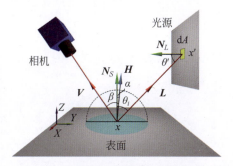

图 3.6　计算直接光照的积分示意图

从光源上的 x' 点沿 ω_i 方向入射,经过表面 x 点后反射光线沿 ω_o 方向出射并被相机积分收集。下面讨论光线在 x 点发生的反射行为,确定反射方向和强度。

表 3.1 直接光照积分示意图符号说明

符号	物理定义	符号	物理定义
L	光源照明表面的光线方向单位向量	β	H 和 V 夹角,表示入射角
V	相机拍摄表面的光线方向单位向量	θ_i	L 和 N_s 的夹角
H	L 和 V 的单位角平分线向量,代表微平面法线	θ'	L 和 N_L 的夹角(锐角)
N_s	被测面法线平均法线方向单位向量	ω_o	相机拍摄方向光线空间角
N_L	光源照明面法线方向单位向量	ω_i	光源照明方向光线空间角
α	H 和 N_s 的夹角	θ_o	V 和 N_s 的夹角

本节的被测物是光泽反射面,如金属面、油漆面等,工艺上不如 Harvey-Shack 测量用的抛光镜面光滑。这里被测面的表面特性采用 Gunther 基于 Cook-Torrance 微镜面物理模型提出的光泽反射面 BRDF[8]

$$\rho(\omega_o,\omega_i) = \frac{k_d}{\pi} + \sum_{i=1}^{N_{\text{lobe}}} \frac{k_{s_i} F(R_{0_i},\beta) D(m_i,H) G(N_s,L,V)}{\pi(N_s \cdot L)(N_s \cdot V)} \quad (3.3)$$

式中,第一项是熟悉的朗伯体 BRDF,使用 k_d 表示漫反射的颜色。第二项相对复杂,用多个反射瓣之和表示介于朗伯体和理想镜面之间的方向反射。N_{lobe} 是反射瓣的数量,k_s 是镜面反射的颜色。$F(R_0,\beta)$ 是菲涅耳反射率,反射率在垂直于表面时为最小值 R_0,当接近掠射角时取最大值。电介质如光学玻璃、光学塑料的反射率随角度变化很大。金属面的垂直反射率 R_0 较高,可用线性插值简化为

$$F(R_0,\beta) = R_0 + \frac{1-R_0}{\pi/2}\beta \quad (3.4)$$

G 表示的是微镜面模型中,因为几何结构的遮挡和阴影,阻碍光线传播造成的损耗系数。采用 Kelemen 对 Cook-Torrance 原始表达式简化过的结果[9]

$$\frac{G(N_s,L,V)}{2(N_s \cdot L)(N_s \cdot V)} \approx \frac{1}{1+(L \cdot V)} = \frac{1}{2\cos^2\beta} \quad (3.5)$$

$D(m,H)$ 是微镜面表面法线 H 分布的概率分布函数,m 表示粗糙度。对于粗糙度越大的表面,尽管 N_s 保持一致,$D(m,H)$ 函数曲线越宽。这里采用 Ward 提出的 $D(m,H)$[10]

$$D(m,H) = \frac{1}{m^2\cos^4\alpha} e^{-\frac{\tan^2\alpha}{m^2}} \approx \frac{1}{m^2\pi\cos^3\alpha} e^{-\frac{\tan^2\alpha}{m^2}} \quad (3.6)$$

通过逆变换 $D(m,H)$ 的累计概率密度函数,可以生成按照概率密度函数分布的 $H(\alpha,\phi_H)$ 采样

$$\begin{cases} \alpha = \arctan(m\sqrt{-\log(1-\xi_1)}) \\ \phi_H = 2\pi\xi_2 \end{cases} \quad (3.7)$$

式中,ϕ_H 是方位角,(ξ_1,ξ_2) 是一对独立采样的$[0,1)$之间的随机数。

方向反射的采样先根据相机模型生成 V,然后按照式(3.7)采样 H,最后光源方向为

$$L = 2\cos\beta \cdot H - V \quad (3.8)$$

已知

$$D(m,L) = D(m,H)\frac{d\omega_H}{d\omega_L} = \frac{D(m,H)}{4\cos\beta} \quad (3.9)$$

而朗伯体部分的概率密度函数取余弦分布

$$p(\theta_i,\phi_L) = \cos\theta/\pi \quad (3.10)$$

朗伯体的散射方向与入射方向无关,直接采样 $L(\theta,\phi_L)$,

$$\begin{cases} \theta_i = \arccos(\sqrt{1-\xi_1}) \\ \phi_L = 2\pi\xi_2 \end{cases} \quad (3.11)$$

本节描述了条纹光照明场景的完整建模过程,创建了不同几何结构的表面疵病。光泽反射面的反射行为分为朗伯散射和方向反射两种,描述了由相机方向 L 采样生成光源方向 V 的过程,建立了完整的光线传播路径。反射面的反射性质由反射颜色 k_s、k_d、垂直反射率 R_0 和粗糙度 m 描述。

(2)像函数求解

BRDF 包括两部分,渲染方程可以改写为方向反射 ρ_s 和漫反射 ρ_d 的积分之和

$$\begin{aligned} L(\omega_o) &= \int_{\omega_i} \rho(\omega_o,\omega_i) L_i(\omega_i) \cos\theta_i d\omega_i \\ &= L_s(\omega_o) + L_d(\omega_o) \\ &= \int_{\omega_i} \rho_s(\omega_o,\omega_i) L_i(\omega_i) \cos\theta_i d\omega_i + \\ &\quad \int_{\omega_i} \rho_d(\omega_o,\omega_i) L_i(\omega_i) \cos\theta_i d\omega_i \end{aligned} \quad (3.12)$$

出射光线的辐亮度依赖于入射光线的辐亮度。而整个照明场景提供亮度的只有光源,相机出发的光线如果要从光源获取亮度,未必只经过一次反射。随着光线在系统中反射次数增加,式(3.12)的维度无法预测地攀升,因此常规的数值积分方法不再适用。这里采用重要性采样的蒙特卡罗积分方法。假设按照概率密度函数 $p(x)$ 取 N_{mc} 个独立样本 $X_1,\cdots,X_{N_{mc}}$,可以得到如下的积分估计:

$$\int_\omega f(x)\mathrm{d}\mu(x) \approx \frac{1}{N_{mc}}\sum_{i=1}^{N_{mc}}\frac{f(X_i)}{p(X_i)} \qquad (3.13)$$

先计算方向反射的部分,取一个方向反射瓣

$$L_s(\omega_o) \approx \frac{1}{N_{\text{rays}}}\sum_{j=1}^{N_{\text{rays}}}\frac{k_s F(R_0,\beta_j)D(m,\bm{H}_j)}{\pi\cos^2(\beta_j)D(m,\bm{L}_j)}L_i(\omega_{i,j})\cos\theta_j \qquad (3.14)$$

使用概率密度函数 $D(m,\bm{L})$ 做蒙特卡罗重要性采样积分,式(3.14)写作

$$L_s(\omega_o) \approx \frac{1}{N_{\text{rays}}}\sum_{j=1}^{N_{\text{rays}}}\frac{k_s F(R_0,\beta_j)D(m,\bm{H}_j)}{\pi\cos^2(\beta_j)D(m,\bm{L}_j)}L_i(\omega_{i,j})\cos\theta_j \qquad (3.15)$$

式中,N_{rays} 是采样的光线数目,代入式(3.12)得

$$L_s(\omega_o) \approx \sum_{j=1}^{N_{\text{rays}}}\frac{4k_s F(R_0,\beta_j)\cos\theta_i}{\pi\cos(\beta_j)}L_i(\omega_{i,j}) \qquad (3.16)$$

如果 $L_i(\omega_i)$ 来自其他表面反光,需要向光源继续追迹。然后计算漫反射的部分,使用式(3-17)的概率密度函数做蒙特卡罗重要性采样积分

$$L_d(\omega_o) = \int_{\omega_i}\frac{k_d}{\pi}L_i(\omega_i)\cos\theta_i\mathrm{d}\omega_i = \sum_{j=1}^{N_{\text{rays}}}k_d L_i(\omega_i) \qquad (3.17)$$

像函数 $f(u,v)$ 表示为 (u,v) 像素所收集光线的入瞳面光通量 $\phi(u,v)$,进一步用辐照度写作

$$f(u,v) = \phi(u,v) = \int_S E_{\text{apert}}\mathrm{d}S = \iint E_{\text{apert}}r_{\text{apert}}\mathrm{d}r_{\text{apert}}\mathrm{d}\theta_{\text{apert}} \qquad (3.18)$$

入瞳面面积微元 $\mathrm{d}S$ 使用极坐标系表示。对于式(3-18)同样采用蒙特卡罗技术,由于入瞳面采样时按照概率密度函数 $p(r_{\text{apert}},\theta_{\text{apert}})=r_{\text{apert}}/(\pi R_{\text{apert}}^2)$,那么像函数写作

$$f(u,v) = \frac{1}{N_{\text{rays}}}\sum_{j=1}^{N_{\text{rays}}}\frac{E_{\text{apert},j}r_{\text{apert},j}}{p(r_{\text{apert},j},\theta_{\text{apert},j})} = \frac{\pi R_{\text{apert}}^2}{N_{\text{rays}}}\sum_{j=1}^{N_{\text{rays}}}E_{\text{apert},j} \qquad (3.19)$$

不考虑光源直接照明入瞳面,入瞳面照度由被测面反射贡献,入瞳面照度用 $\bm{V}$ 方向的辐亮度写作

$$E_{\text{apert}} = \frac{\mathrm{d}\phi}{\mathrm{d}A_{\text{apert}}} = \frac{L(\omega_o)\cos\theta_o\mathrm{d}A_{\text{surface}}\mathrm{d}\omega_o}{\mathrm{d}A_{\text{apert}}} \qquad (3.20)$$

$\mathrm{d}\omega_o = \cos\theta_{\text{apert}}\mathrm{d}A_{\text{apert}}/(l^2)$,$\theta_{\text{apert}}$ 是入瞳面法线与 $\bm{V}$ 的夹角,那么

$$E_{\text{apert}} = \frac{1}{l^2}L(\omega_o)\cos\theta_o\cos\theta_{\text{apert}}\mathrm{d}A_{\text{surface}} \qquad (3.21)$$

对于光源和表面之间,设 $\cos\theta_i\mathrm{d}A_{\text{surface}} = \mathrm{d}A_{\text{light}}\cos\theta'$

$$E_{\text{apert}} = \frac{\cos\theta_{\text{apert}}\cos\theta_o}{l^2\cos\theta_i}L(\omega_o)\cos\theta'\mathrm{d}A_{\text{light}}$$

$$= \eta_p L(\omega_i)\cos\theta' dA_{\text{light}}$$
$$= \eta_p I_{\text{light}}(\theta') \quad (3.22)$$

为了简化表示,这里用 η_p 表示式(3.21)系数和式(3.16)、式(3.17)中系数的乘积。每个像素从相机模型开始,向光源方向发射大量光线,这些光线在被测物表面进一步按照 BRDF 产生新的反射方向和强度,如果反射光线与光源相交则获得光强度能量,否则光线路径不承载任何能量。联立式(3.19)到式(3.22),根据光线追迹形成的采样路径,使用光源的光强角度分布计算最终的像函数。仿真图像与实验中采集的零件表面图像一样,受到相机、被测物、光源参数和场景布局的影响,真实性高。

3.1.4 基于图像融合的疵病检测方法

3.1.2 节指出,疵病尺寸随着到条带光边界的距离变化。在采集到的单帧图像中,只有条带光边界附近的疵病检测结果是可靠的。明暗条纹内部的区域是否存在疵病不得而知。因此为了检测整个表面的疵病,要使光源平移至少一个条纹周期的长度,同时相机实时采集图像序列,确保每个位置的疵病在至少一帧图像上可见。

由于每帧图像都存在光源的条纹分布,极大地增加了疵病提取的难度。这一类图像常用的策略是忽略单帧图像的空间邻域分布信息,转而在相邻帧图像上逐像素处理,把所有的图像序列用公式融合成单张图像。融合图像剔除了条纹背景,仅保留疵病信息。文献已经报道过的几种融合公式如下。

(1) Seulin 方法[11]
$$f_{\text{fused}}(u,v) = \frac{1}{N}\sum_{n=1}^{N} I_n(u,v) \quad (3.23)$$

(2) Forte 方法[12]
$$f_{\text{fused}}(u,v) = \sum_{n=1}^{N} \left| I_n(u,v) - \frac{1}{N}\sum_{m=1}^{N} I_m(u,v) \right| \quad (3.24)$$

(3) Molina 方法[13]
$$f_{\text{fused}}(u,v) = \sum_{n=2}^{N} (I_n(u,v) - I_{n-1}(u,v))^2 \quad (3.25)$$

$f_{\text{fused}}(u,v)$ 表示融合图像,$I_n(u,v)$ 表示图像序列中的第 n 帧图像。我们提出了一种基于差分求绝对值的融合方法(以下称 DiffAbs 方法)
$$f_{\text{fused}}(u,v) = \max_{n=0}^{N-k-1} (|I_{n+k}(u,v) - I_n(u,v)|) \quad (3.26)$$

式中,k 是可调的差分间隔。为了评价融合图像的背景质量,计算图像标准差和平均值。图像标准差越小,说明背景越平滑,对原图条纹的抑制效果越好,能极大降低后处理难度。使用对比度评价疵病的成像效果,对比度越高越有利于疵病提取。以如图3.7所示的亮背景下暗疵病为例,相对对比度C_r定义为绝对对比度C_a与图像背景灰度之比

$$C_r = C_a/I_0 = (I_0 - I_B)/I_0 \tag{3.27}$$

式中,I_0是融合图像的背景灰度,I_B是疵病的最低灰度。

条纹光平移检测流程如图3.8所示。

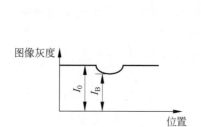

图 3.7 疵病对比度定义示意

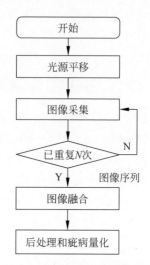

图 3.8 条纹光平移检测流程

在图像序列采集的过程中,行程Δ、导轨速度和相机帧率共同决定需要拍摄的图像总数N。图像总数过多,检测效率低下,图像总数过少则融合效果不佳。一般行程Δ至少要大于一个条纹周期T,也就是黑白条纹宽度T_w与T_b之和。虽然周期长度不同,Satorres和Forte都按照$T_w:T_b=1:3$的比例设计光源。在周期确定的前提下,白条纹的宽度尽量短以节省照明光源。

3.1.3节阐述了从参数场景建模到像函数求解的全部过程,通过仿真能生成单帧图像。因此只需要在建模场景中令光线虚拟平移N次,就能完成如图3.8所示的图像序列采集过程。仿真时调整布局和采集过程的参数,尝试用不同方法融合图像比较效果。相比实验上不断地尝试,仿真能更快地优化参数作为实验的参考依据。

3.1.5 仿真场景示例

图3.9描述了仿真中的光学场景结构。被测物平面尺寸为1000mm×1000mm,光源高度$W_l=1350$mm,相机工作距$W_d=1500$mm。镜头焦距12mm,F数2.8,

因此口径 $D=8.571\text{mm}$，相机视场角为 $11.04°$。相机方向与表面法线倾角 $\theta_o=25.2°$，仿真图像分辨率为 1024×1024，每个像素用 4×4 条光线采样计算。Gunther 测量的一款光泽反射面的初始 BRDF 参数列于表 3.2，其中包括一个散射瓣和三个方向反射瓣。

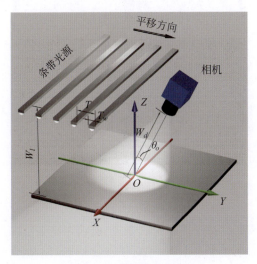

图 3.9　仿真场景结构示意

表 3.2　Gunther 初始 BRDF 参数表

i	k_d	k_s	m	R_0
1	0.055,0.063,0.071	0.065,0.082,0.088	0.38	1
2		0.11,0.13,0.13	0.17	0.92
3		0.008,0.013,0.015	0.013	0.9

在表面添加疵病结构，改变被测物表面属性、场景布局、图像融合等参数，分别仿真成像并讨论疵病成像效果。对于不同粗糙度的反射表面样本，图 3.10 从图像序列中选取同一帧做比较。按照 Gunther 的初始数值 $m_0=(0.38,0.17,0.013)$。图 3.10(a)展示了粗糙度较大的情形，条纹光的反射像勉强可分辨，而疵病几乎看不到。图 3.10(b)~(d)，仿真表面的粗糙度不断降低，灯带光源的反射像越发清晰，表面疵病也在单帧图像上越发明显。因此仿真的光学场景适合检测光滑的光学表面或者有一定粗糙度的光泽反射面。该场景不能用于磨砂面等粗糙度较大的被测物。

表面疵病主要在灯带的边缘浮现，特别是样本左下角尺寸小、深度/高度低的疵病，几乎只有疵病贴着灯带边界时才能看到。由于灯带像干扰，从单帧图像中提取疵病并不容易。单帧图像中疵病尺寸随着到灯带边界的距离变化，大部分疵病

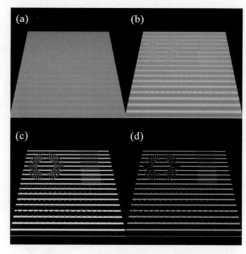

图 3.10 不同粗糙度表面的仿真结果

(a) $m=m_0$; (b) $m=0.1m_0$; (c) $m=0.01m_0$; (d) $m=0.001m_0$

都只揭示了一部分区域。对于点状疵病来说,疵病在亮条纹区域变暗,在黑色背景上发亮。凹凸疵病的法线分布不同,相对于条纹位于同一位置时,凹凸疵病成像也存在区别。平行于光源边界的划痕要比垂直于光源边界的划痕更明显。这样的结果也是 3.1.2 节讨论中预期的,因为后者反射光线的方向尽管发生了偏转,但和无损区域一样,都没有跨越灯带边界。沿正交的两个方向平移光源有望改善不同方向的划痕成像。

设 $T_w=25mm$,$T=120mm$,$\Delta=160mm$,$N=80$,$m=0.001m_0$。采用小孔相机和有限口径(FA)相机模型渲染的结果如图 3.11 所示。由于场景中相机焦距较小而工作距较长,导致景深较大,因此在图 3.11(a)和(c)中很难看出两种相机模型的区别。缩小视角后,小孔相机渲染的光源像边界保持锐利,而 FA 相机渲染的光源像被模糊。

图 3.11(a)和(c)的区别在图像序列融合后变得更加明显。如图 3.12 所示,融合方法使用 DiffAbs 法,$k=1$,融合图像经过畸变校正和灰度归一化。图 3.12(a)相比于图 3.12(b),在视角近端出现了明显的条纹状噪声。真实物理相机总有一定的口径,因此实验图像融合结果一般更类似于图 3.12(b)。比较两张图还可以发现,景深的存在模糊了光源边界锐利的高频信号,但一定程度上也降低了疵病的对比度,理想小孔相机渲染的疵病要更为清楚。对于本节讨论的条纹光成像场景,实验中相机的口径不宜设得过高(光圈数不能太低)。

从图 3.12 的融合图像来看,大部分疵病在当前场景设置下是清晰可见的。保持大部分参数不变,下面单独调整一些参数以优化疵病成像效果。基于仿真图像

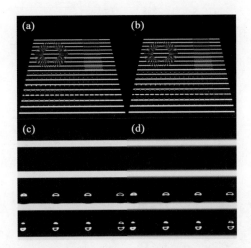

图 3.11 (a)小孔相机模型和(c)FA 相机模型渲染的单帧图像;缩小视角后的(b)小孔相机和(d)FA 相机渲染结果

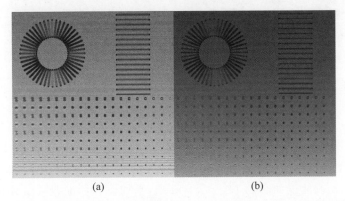

图 3.12 差分绝对值法($k=1$)得到的(a)小孔相机和(b)FA 相机融合图像

序列用四种图像融合公式计算的结果如图 3.13 所示。图 3.13(a)展示的 Seulin 方法,大部分点状疵病丢失。Seulin 提出如果饱和相机,那么疵病仅在暗背景下发亮,不会在亮背景下发暗。然而对于较为光滑的光学反射面疵病,单帧图像仿真表明两种情况下疵病都表现出很高的对比度。Forte 方法能检出更多点状疵病,但效果仍旧不是很令人满意。图 3.13(c)和(d)分别展示了 Molina 方法和本章提出的 DiffAbs 方法($k=1$),基本揭露了绝大部分疵病,不过图像背景的噪声相对要高一些。

需要指出,只要满足 $\Delta > T$ DiffAbs 方法就可应用。而其他方法必须满足 $\Delta = T$,否则融合图像会出现条纹状噪声。DiffAbs 方法在采集控制上要易于其他融合方法。

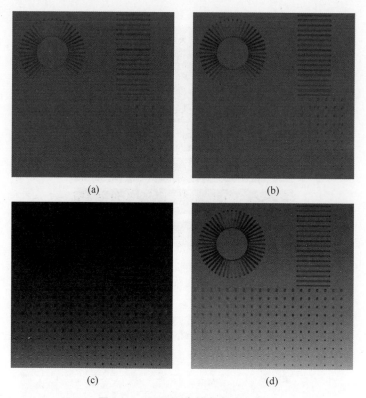

图 3.13 不同图像融合方法比较
(a) Seulin 方法;(b) Forte 方法;(c) Molina 方法;(d) DiffAbs 方法

图像序列总帧数 N 是图像采集的关键参数。N 取值从 8 帧到 120 帧,使用 4 种方法融合图像,使用平均值、标准差、疵病绝对对比度、疵病相对对比度评价融合图像质量,绘制曲线如图 3.14 所示。其中,平均值和标准差用于评价无损区域图像背景的质量。Seulin 方法和 Forte 方法融合图像平均值高,能更充分地利用灰度级次;标准差偏低,背景更加均匀便于图像处理。Molina 方法和 DiffAbs 方法 ($k=1$) 的平均值接近,随帧数增加先下降后平稳的趋势也一致。Molina 方法的标准差最高,意味着融合图像背景噪声较大。而 DiffAbs 方法的标准差曲线随着帧数 N 增加,先快速上升,随后缓缓下降。

疵病相对对比度 C_r 和疵病绝对对比度 C_a 是取 200 个不同尺寸点状缺陷的结果求平均得到的。$N \geqslant 48$ 之后,4 种方法融合图像的对比度值均稳定下来。Molina 方法和 DiffAbs 方法的疵病对比度更高,说明这两种方法相较于 Seulin 方法和 Molina 方法,对于疵病检测更加敏感。Molina 方法几乎在整个帧数取样范围内具有最高的 C_r 和 C_a。DiffAbs 方法的相对对比度 C_r 和 Molina 方法的趋势相同,随帧数增加对比度先快速提高,随后基本保持不变,不过值要比 Molina 方法的低一些,远高于 Seulin 方法和 Forte 方法。DiffAbs 方法的 C_a 在 $N=24$ 时取最大值,随后缓慢下降。说明采用 DiffAbs 方法时,不要一味地增加采样数量。过多的帧数反而会削弱疵病显示的对比度。总的来说,DiffAbs 方法对于疵病检测灵敏度高,成像噪声相对于最敏感的 Molina 方法也有一定抑制。为了平衡检测速度和检测精度,根据仿真结果可在实验中设 $N=48$。

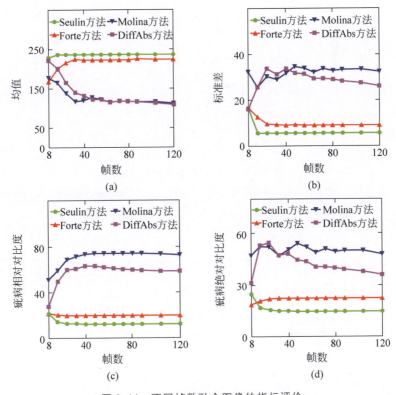

图 3.14 不同帧数融合图像的指标评价
(a) 均值;(b) 标准差;(c) 疵病相对对比度;(b) 疵病绝对对比度

相较于 Molina 方法,DiffAbs 方法保留了一个可调的参数 k。考虑到一定行程 Δ 时,N 取值越高,相邻帧的差别越小,因此差分融合的对比度开始下降。图 3.15 展示了不同帧数下,绝对对比度 C_a 随 k 值的变化曲线,并给出不同帧数下的最优 k 值。其中当 $N=48,80,120$ 时,最大 C_a 值达到接近 60,优于 Molina 方法在同等帧数时的表现。在检测过程中,融合的图像越多,最优 k 值越大。

正如一部分工作指出,融合图像的质量受到黑白条纹宽度比例的影响。这里固定条纹周期 T,修改白条纹宽度 T_w 进行仿真,指标结果如图 3.16 所示,指标与白条纹宽度 T_w 关系密切的只有 Seulin 方法。其中随着 T_w 增大,Seulin 方法的平均值基本不变,标准差快速下降后平稳,疵病的绝对对比度和相对对比度均不断减少。T_w 增大相当于 $T_w:T_b$ 减少,Seulin 方法有必要选取合适的 T_w 以平衡背景噪声和疵病对比度。其他方法的指标几乎不随 T_w 改变。当条纹周期 T 一定时,灯带宽度可适当减少,没有必要严格按照 1:1 或者 1:3 的比例产生黑白条纹。这也从侧面验证了该方法利用的是光源边界检测,而非光源像。

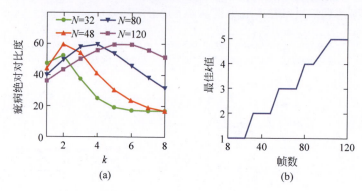

图 3.15 融合参数 k 的取值比较
(a) 不同帧数下绝对对比度随 k 的变化曲线;(b) 最佳 k 值随帧数的变化

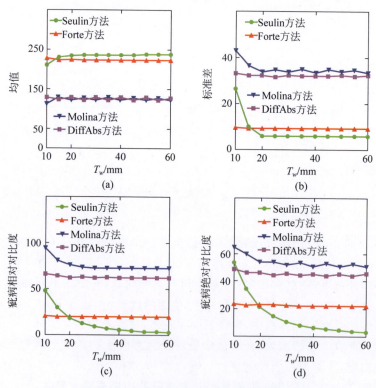

图 3.16 条纹宽度对融合图像质量的影响
(a) 均值;(b) 标准差;(c) 疵病相对对比度;(d) 疵病绝对对比度

3.1.6 光学反射面条纹光融合成像实验

图 3.17 展示的条纹光融合成像装置参照图 3.9 布置,其中照明条纹周期 $T=120\text{mm}$,白条纹宽度 $T_w=25\text{mm}$。条纹移动的行程 $\Delta=160\text{mm}$ 略超过一个周期,在条纹沿 Y 方向移动的过程中采集 $N=48$ 张图像。相机传感器使用分辨率为 $5496(\text{H})\times 3672(\text{V})$ 像素的 1 英寸幅面 CMOS 传感器,相机镜头使用焦距为 12mm,最大光圈数为 2.8 的有限口径镜头。场景布置的参数与 3.1.5 节基本一致,相机工作距 $W_d=1500\text{mm}$,倾斜角 $\theta_o=25.2°$,在被测物平面实现的视场大小约为 $1500\text{mm}(\text{H})\times 1100\text{mm}(\text{V})$,物空间的分辨率约为 0.3mm 每像素。整个采集和图像融合的过程可以在 15s 左右完成。

图 3.17 条纹光融合成像实验装置

实验拍摄的对象为汽车烤漆反射面。由于整个图像较大,截取疵病感兴趣区域如图 3.18 所示。(region of interest,ROI)做讨论分析。图 3.19 展示了条纹光

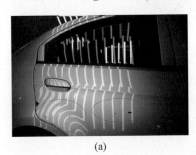
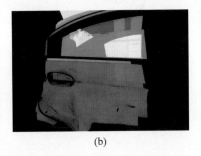

(a) (b)

图 3.18 汽车漆面疵病示例

(a) 条纹光照明烤漆反射面;(b) 图像融合后疵病图像

照明下的漆点疵病及其 DiffAbs 方法融合图像。漆点疵病主要指透明漆膜表面的点状凸起,膜的粗糙度和反射率均不受影响。可以看到随着条纹移动,疵病在条纹边界附近呈现较好的对比度,在靠近边界的白条纹里显示为暗点,在靠近边界的暗区显示为亮点。通过多帧图像采集融合,图 3.19(c)去除了背景条纹光的干扰,而疵病保留下来且对比度清晰,可以使用简单的阈值化方法做阈值分割。

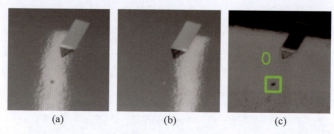

图 3.19 (a)条纹明场和(b)条纹暗场下的表面漆点疵病,以及(c)DiffAbs 方法融合图像

采集条纹图像序列后,图 3.20 展示了不同方法生成的融合图像。漆点疵病的直径约 1.8mm,Seulin 方法和 Forte 方法融合图像的背景较为均匀,但是疵病对比度比较低。基于图像差分的 DiffAbs 方法和 Molina 方法疵病对比度提升明显。DiffAbs 融合图像的疵病对比度要略低于 Molina 方法,不过其背景噪声与 Seulin 方法和 Forte 方法程度接近,便于疵病后续的提取和处理。

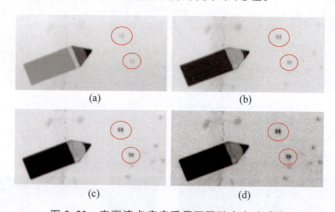

图 3.20 表面漆点疵病采用不同融合方法成像
(a) Seulin 方法;(b) Forte 方法;(c) DiffAbs 方法;(d) Molina 方法

图 3.15 仿真了疵病对比度随差分间隔 k 的变化。改变差分间隔 k 的实验融合图像如图 3.21 所示。$k=1$ 时背景噪声严重干扰疵病提取。随着 k 值增大,图像噪声有所改善,$k=3$ 时图像背景均匀,疵病对比度好。如果进一步增大 k 值,疵病的对比度开始下降,$k=6$ 时图 3.21(f)已经很难区分疵病和背景噪声。

尽管在仿真中以三维点状疵病为主建模,实验表明二维纹理疵病同样可以用

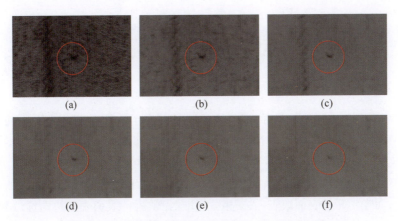

图 3.21 改变差分间隔 k 的 DiffAbs 方法融合图像

(a) $k=1$; (b) $k=2$; (c) $k=3$; (d) $k=4$; (e) $k=5$; (f) $k=6$

条纹融合方法清晰成像。图 3.22(a) 和 (d) 分别展示了短划痕的条纹图和融合图像。图 3.22(b) 和 (e) 成像的是指纹等二维脏污斑点。图 3.22(c) 和 (f) 展示了宽度最小约 0.5mm 的细长划痕。经过 DiffAbs 方法融合图像处理后,不仅光源条纹消失,疵病的对比度也显著提升。

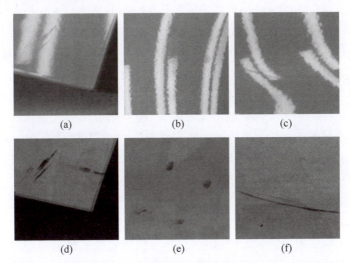

图 3.22 短划痕的(a)条纹图和(d)融合图,指纹的(b)条纹图和
(e)融合图,长划痕的(c)条纹图和(f)融合图

本节实验结果验证了 3.1.5 节利用仿真图像得出的一系列结论。基于光线追迹的系统建模和成像仿真,能生成媲美物理实验的仿真图像,并通过模拟成像优化实验上的布局和参数设置,节省大量的硬件实验开销。

3.2 光滑表面成像建模

3.2.1 自动化曲面表面检测设备

光滑表面相较于光泽表面,其成像难度又上升了一个台阶。光滑表面常见于光学元件的加工制造,如手机拍摄模组的透镜组,照明灯具使用的聚光镜和反光镜。精密光学元件的表面质量评价参数包括面型、粗糙度和表面疵病等。其中面型和粗糙度已经建立比较明确的检测指标和测试手段,并开发了标准化的商用检测设备。而光学元件表面缺陷,依据相关标准《光学零件表面疵病》(国标编号 GB/T 1185—2006)[14]和《光学和光子学 光学元件和系统的图形制备 第 7 部分:表面疵病》(国际标准编号 ISO 10110-7:2017)[15],主要依靠人工目视比较标样图案和实际疵病的尺寸或可见度来评价。

光学表面检测的难点主要包括两个部分,一个是疵病检测精度要求高,一般需要检测几十微米量级尺寸的表面疵病,而一般工业品的表面检测精度在毫米量级。如果是用于高能激光领域的光学元件,检测精度提高到微米乃至亚微米量级也很常见。光学表面检测的分辨率要求高,意味着相机单个孔径能拍摄的面积非常有限。光学元件口径一般在几十毫米,最大接近米量级,需要拍摄大量孔径图像才能覆盖整个光学元件表面。另一个难点是成像干扰因素多。粗糙表面成像时,几乎看不到光源成像,仅需要考虑相机和物体的拍摄角度。光泽表面被光源照明时容易出现局部高亮区域,3.1 节利用条纹光源照明的高亮区域改善了疵病成像对比度。而光学元件通常至少包括两个光滑表面,能对周围环境光源或次级散射光源成多个反射像。由于光学表面优越的通光性能,这些反射像一般会直接饱和相机。饱和区域的有效疵病信息均被掩盖。对于这两个难点,前者需要设计子孔径扫描路线,用一个个分辨率高、视场小的子孔径拼接形成整个元件口径,后者需要仿真光线经过透镜的传播路线,预测光线反射像分布的位置和尺寸,调整光源做多次照明成像。

作者团队承担的国家重大仪器专项《基于散射光电磁场分布逆向识别数据库的高次曲面表面缺陷定量检测仪》提出了如图 3.23 所示的轴对称高次曲面表面疵病自动化检测装置。为了实现姿态定位和全口径扫描,图中一共有 10 个运动轴。采样前,首先利用四轴定中机构、大行程 Z 向平移导轨及光学自准直定中系统实现被测高次曲面元件光轴与二维转动机构中自旋转动机构转轴的自动化重合调整以及高次曲面顶点曲率中心坐标的精确计算,从而保证后续高精度的高次曲面子孔径扫描采样。其中采用的大行程 Z 向平移导轨可保证元件在大曲率半径尺寸时的有效定中,通过四轴定中机构实现的二维平移 x_r、y_r 及二维转动 φ_{xr} 及 φ_{yr} 的运动,可高精度确定高次曲面对称光轴的空间位置及顶点曲率中心坐标,并通过该四维定中调控机构进行调整。定中后,利用 X 向导轨,将被测元件运动至检测位置,进行元件表面的子孔径采样过程。二维转动机构带动安装在其上的四维定中调控机构及自定心夹持架,实现被测元件以 α 角自旋转动、以 β 角摆动;Y 向导轨带动二维转动机构及球面元件自定心夹持系统实现旋转偏心时 Y 方向的补偿量平移,Z 向导轨带动照明显微系统实现摆动偏心时 Z 方向的补偿量平移。为保证高精度的定位精度以便于后续子孔径采集图像的拼接与特征识别,此处 X 向、Y 向导轨与 Z 向导轨均采用精密直线电机驱动高精度平移导轨。导轨采用闭环控制系统,可达到 X 方向、Y 方向 1μm、Z 方向 2μm 的绝对定位精度,保证了高精度的子孔径采样过程。

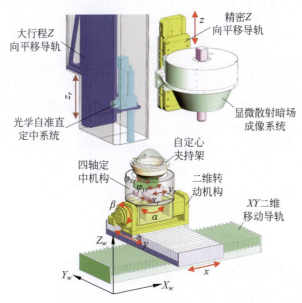

图 3.23　高次曲面 10 轴运动子孔径扫描、定中机构设计图

图 3.24 是适用于宏观球面微观缺陷暗场成像的可变照明孔径及数值孔径的新颖环形无盲点照明光源系统结构设计图。显微散射暗场成像系统由 CCD、CCD 旋转电动转台、环形无盲点照明光源及高变倍显微镜组成。环形无盲点照明光源由多束倾斜的可变照明口径及 NA 照明光源以环形方式排布而成。

接下来讨论光滑表面疵病的暗场检测原理,并通过暗场布局成像仿真分析光源的多重反射像干扰,从而提出单个子孔径的无盲区检测方法,扩展单个视场的检测范围,提高检测效率。

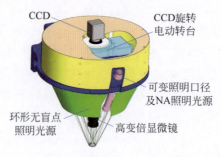

图 3.24 显微散射暗场成像系统结构布局设计图

3.2.2 暗场检测原理

在超光滑光学元件表面的检测中,往往采用暗场成像方法,因为其对比度较高,在衍射增宽的作用下,可检测的划痕尺度达亚微米级。图 3.25 展示了典型的暗场检测布局。检测平面时,如图 3.25(a)所示,使用准直过的平行光束作为光源,光源照明方向相对于显微镜光轴倾斜 α 度,直接反射光和疵病散射光能较好地分隔开,前者在空间中丢失,后者被显微镜捕获,从而得到一张理想的暗背景亮疵病图像。而检测球面时,适当会聚入射光线使直接反射光不进入显微镜,才能得到跟平面样本类似的理想暗场图像。实际上会聚光线的技巧并没有图 3.25(b)中预期的那么灵活。为了满足暗场条件,光束的会聚角必须根据球面的曲率半径做精妙的调整,照明光路需要额外的变焦设计调整光束会聚角。此外,会聚光束存在单个视场内照明面积减少的副作用。当球面曲率半径和照明面积都很小时,会聚光束带来的改善非常有限。

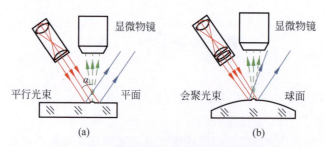

图 3.25 光学元件表面暗场照明成像布局
(a)平面和(b)球面的暗场散射成像示意图

上述讨论仅考虑了元件的上表面反射。但透射元件至少包含两个表面,光线在表面同时发生折射和反射。来自后续表面的反射光不容忽视。

图 3.26 中样本是一块焦距为 50.8mm 的球面单透镜 A,材料是 BK7 玻璃。单透镜的几何结构参数包括两个曲率半径,一个是顶点厚度 d,一个是直径 D。第

一个表面的曲率半径 R_1 为 51.467mm,第二个表面的曲率半径 R_2 是 -51.467mm。曲率半径的符号规则是按照光轴方向,曲率中心在顶点右侧为正,反之为负。设 $d=6$mm,$D=25.4$mm,做正向光线追迹检查光源光线是否会被直接反射进显微镜。如果入射光线是平行光,如图 3.26(a)所示,进入显微物镜的光线有两个来源。一部分来自第一面的直接反射,另一部分则是经第一面折射后由第二面反射回来。图 3.26(b)采用了会聚光束的技巧,第一面的直接反射光线在空间中消失,但是来自第二面的反射光线仍然能进入物镜,暗场条件遭到破坏。随着透镜面数增多,即便会聚照明光束,光源反射光进入显微镜仍然不可避免。

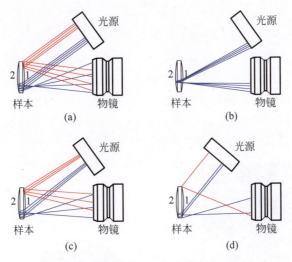

图 3.26 调整光源后正向光线追迹示意图
(a) 平行光束照明;(b) 会聚光束照明;(c) 发散光束照明;(d) 增大光源倾斜角的平行光束照明

采用发散光束照明透镜 A 的效果更差。图 3.26(d)相比图(a)增大了 15°的照明倾角,一定程度上减少了进入物镜的直接反射光线。不过,针对平面元件的疵病检测研究表明,大倾斜角照明,散射光进入显微镜的概率会有所降低。按照 BRDF 理论解释,随着照明倾角增大,相机的观察方向与镜面反射方向夹角变大,BRDF 值降低。增大照明倾角会带来疵病检测灵敏度的损失。

以薄透镜 A 为例的正向光线追迹结果表明,调整光束仍然无法得到理想的暗场图像。从成像的角度来看,获取的图像存在光源的反射光饱和传感器像素造成的亮点盲区,盲区内的疵病被覆盖。盲区的分布应符合几何光学的传播规律,并且仅仅破坏视场中的一部分区域,剩余区域的疵病信息仍然保留。因此使用高帧率的相机和灵活可控的 LED 光源,可以在 1s 内采集一组盲区互相补偿的图像序列,把单帧图像里的盲区去掉,融合成无盲区图像,并做疵病提取和量化。

3.2.3 暗场检测布局建模

球面元件暗场检测布局的建模流程与图 3.3 基本一致。相机采用视角更小的显微镜。球面的表面疵病表示为 z 方向的深度凹陷 Δz。首先在直角坐标系建立射线状划痕、麻点、水平和数值划痕图案,如图 3.27(a)所示。用像素灰度表示疵病深度,像素越亮代表 Δz 越大。随后用横坐标表示球坐标系的方位角 ϕ_s,纵坐标表示极角 θ_s。极角 θ_s 由曲率半径 R_s 和透镜直径约束。模型的 xyz 坐标表示为

$$\begin{cases} x = R_s \sin\theta_s \cos\phi_s \\ y = R_s \sin\theta_s \sin\phi_s \\ z = R_s \cos\theta_s - \Delta z(\theta_s, \phi_s) \end{cases} \quad (3.28)$$

带有表面疵病的透镜 A 的第一面建模俯视图和斜视图分别如图 3.27(b)和(c)所示。小的深度偏移仍旧以明亮的灰度表示。元件内圈疵病中麻点的面积从 $8.4 \times 10^{-4} \text{mm}^2$ 到 0.021mm^2,水平和竖直划痕宽度从 0.031mm 到 0.22mm。外圈疵病中麻点面积从 $2.4 \times 10^{-3} \text{mm}^2$ 到 0.043mm^2,水平和竖直划痕宽度从 0.031mm 到 0.48mm。透镜后续的表面也按照同样的方式建模。

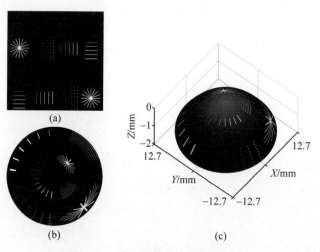

图 3.27 球面透镜的表面疵病设计
(a)直角坐标的疵病深度图;(b)球坐标系下的疵病俯视图;(c)疵病映射到透镜表面后的斜视图

使用透镜作为暗场检测的被测物,光线从有限口径相机入瞳面出发,在元件表面分裂为反射光线和折射光线,方向由斯涅尔(Snell)定律决定,相对强度由菲涅耳(Fresnel)定律决定,自然光的反射率 R_eff 表示为

$$R_\text{eff} = \frac{1}{2}\left(\left| \frac{n_1\cos\theta_i - n_2\cos\theta_t}{n_1\cos\theta_i + n_2\cos\theta_t} \right|^2 + \left| \frac{n_1\cos\theta_t - n_2\cos\theta_i}{n_1\cos\theta_t + n_2\cos\theta_i} \right|^2 \right) \quad (3.29)$$

式中，n_1 和 θ_i 分别是入射介质折射率和入射角，n_2 和 θ_t 分别是折射介质折射率和折射角。不考虑表面吸收时，透过率 $T_{\text{eff}}=1-R_{\text{eff}}$。理想光滑表面的双向散射分布函数（bidirectional scattering distribution, BSDF）由反射和折射方向的冲激函数构成，反射和折射亮度为

$$\begin{cases} L_{\text{reflect}} = R_{\text{eff}} L_i \\ L_{\text{refract}} = T_{\text{eff}} L_i n_2^2 / n_1^2 \end{cases} \quad (3.30)$$

像函数的计算过程与式(3.19)和式(3.22)一致，用入瞳面照度积分表示

$$f(u,v) = \frac{\pi R_A^2}{M} \sum_{j=1}^{M} E_{\text{apert},j} \quad (3.31)$$

对于理想光滑表面，认为相机的照度直接来自于表面光源。

$$E_{\text{apert}} = \frac{\mathrm{d}\Phi}{\mathrm{d}A_{\text{apert}}} = \frac{L_V \cos\theta_{\text{light}} \mathrm{d}A_{\text{light}} \mathrm{d}\omega_V}{\mathrm{d}A_{\text{apert}}}$$

$$= \frac{L_V \cos\theta_{\text{apert}} \cos\theta_{\text{light}} \mathrm{d}A_{\text{light}}}{l_{\text{path}}^2} = \frac{\eta_p I_i(\theta_{\text{light}}) \cos\theta_{\text{apert}}}{l_{\text{path}}^2} \quad (3.32)$$

式中，传播系数 η_p 是折反射亮度传播系数的乘积。

考虑到光源和相机距离薄透镜样本较远，光线的传播路径长度接近。像函数的值首先取决于像素发射光线能否追迹到光源面上。其次是路径在透镜面内部的反射次数，反射次数越多能量丢失越多。图 3.28 中，光线从光源出发，由上表面直接反射到光源形成路径 L_1。沿 L_1 传播的光线称为一级光线。光线在元件内部发生一次弹射形成二级光线路径 L_2。一、二级光线路径在反射成像中占主导地位。

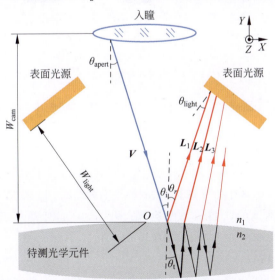

图 3.28 光线逆向传播路径示意图

常见 BK7 或 K9 玻璃的垂直透射率在 96% 左右,因此一、二级光线的传播系数都约为 4%。L_3 及更多次内部反射光线的传播系数较低,在像函数仿真时首要考虑 L_1 和 L_2 路径的贡献。

图 3.28 以球面单透镜为例,说明更复杂的光学元件(如非球面镜、双胶合镜)都可以按照类似的方式分析。暗场成像的布局固定下来后,光线的传播路径和强度严重依赖于被测物结构参数和光学特性,造成了复杂多样的元件表面成像。

3.2.4　光滑单透镜暗场成像仿真

球面单透镜 A 的表面仿真图像如图 3.29 所示。暗场布局参考图 3.28,入瞳距 W_{cam} 设为 89mm,入瞳半径 $R_A=1.6$mm。显微镜视场角设为 17.04°,以覆盖透镜 A 的全口径。物面位于 $Z=0$,透镜上表面顶点放在世界坐标原点。使用四束倾斜角 $\alpha=37°$ 的光束围绕显微镜对称放置,光源的口径为 30mm,工作距 W_{light} 为 80mm。光源强度分布采用余弦分布,反光度系数 $n_l=32$。一、二级光线成像形成的斑点强度接近,尺寸和位置都不相同。因此两种光线都对最终成像有贡献。暗场实验场景使用的光源亮度很高,斑点区域会因相机饱和形成盲区。透镜 A 的边缘区域被盲区占据,而透镜中央仍然符合暗场条件,可以提取疵病。

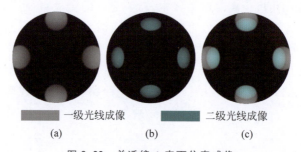

图 3.29　单透镜 A 表面仿真成像
(a) 一级光线成像;(b) 二级光线成像;(c) 一、二级光线共同成像

为了展示透镜表面成像的复杂性,计算了一组不同曲率半径的透镜表面成像,如图 3.30 所示。透镜的基本结构参数包括口径 $D=12.7$mm,顶点厚度 $d=6$mm,材料为 K9。镜头视场角根据口径降至 11.04°。修改上下表面的曲率半径生成各种类型的透镜。图 3.30(a) 列样本 $R_1<0,R_2>0$,属于双凹透镜;图 3.30(b) 列样本 $R_1>0,R_2>0$,属于弯月透镜,检测的表面为凸面;图 3.30(c) 列样本 $R_1<0,R_2<0$,是在弯月透镜的凹面朝上做检测;图 3.30(d) 列样本 $R_1>0,R_2<0$,属于双凸透镜。每种镜子曲率半径取 20mm、35mm、50mm 做一、二级光线成像仿真。图 3.30(a) 与 (c) R_1 相同,图 3.30(b) 与 (d) R_1 也相同。例如图 3.30(a1) 和 (c1),两者的一级光线成像分布在透镜边缘,以灰色表示,是完全相同的。但是两

个镜子的第二面半径不同,青色的二级光线成像结果完全不一样。图 3.30(a1)双凹镜的二级光线成像位于透镜中央且较小,而图 3.30(c1)弯月镜的二级光线成像位于透镜边缘且较大。尽管显微镜只对焦于 $Z=0$ 的物面上,但透镜第二面的影响是不容忽略的。仿真图像也验证了 3.2.2 节基于正向追迹的讨论,球面透镜暗场成像不能只考虑 R_1,必须在仿真时包含完整的透镜结构参数。

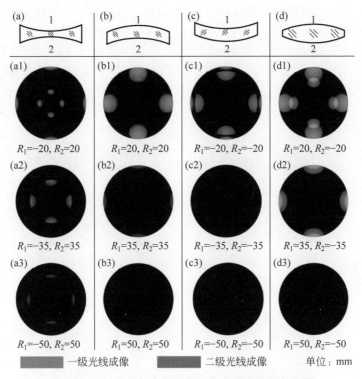

图 3.30 不同曲率半径的薄透镜表面暗场仿真成像
(a) 列是双凹透镜;(b) 列是弯月透镜的凸面;(c) 列是弯月透镜的凹面;(d) 列是双凸透镜

随着透镜曲率半径增大,亮斑成像逐渐向透镜的边缘移动,直到从视场中消失。例如图 3.30(d1)小曲率半径的双凸镜,一、二级反射亮斑大范围占据视场,但曲率半径增大为 50mm 的图 3.30(d3)双凸镜视场中就不存在亮斑。曲率半径为 50mm 的图 3.30(b3)和(c3)弯月镜正反面、图 3.30(d3)双凸镜成像均能满足暗场条件。只有图 3.30(a3)双凹镜,其二级反射亮斑始终位于视场内,干扰表面疵病提取检测。

为了评估使用不同结构参数透镜做样本时,暗场成像背景被破坏的程度,定义亮斑系数 η 为亮斑面积 S_{spot} 与透镜面积 S_{lens} 和视场面积 S_{FOV} 最小值之比

$$\eta = \frac{S_{\text{spot}}}{\min(S_{\text{lens}}, S_{FOV})} \qquad (3.33)$$

理想的暗场成像应满足 $\eta=0$。η 越大说明图像受光源反射光线干扰越严重，检测盲区面积越大。球面曲率半径从 20mm 到 80mm 范围间隔 5mm 取样，其他参数与前文一致，仿真 676 个单透镜的第一面成像。其 η 值计算结果如图 3.31 所示，每个小图表示一种透镜，类型和图 3.30 对应。图 3.31(a)中双凹镜的 η 较低，但大部分区域值始终不为零。因此双凹镜检测时盲区面积不大，但总是存在。相反的是双凸透镜，如图 3.31(d)所示，小曲率时盲区占比非常高，但是随着曲率半径增大，η 快速下降至满足暗场条件。弯月透镜的正反面都相对容易形成暗场。值得一提的是，检测弯月镜凸面时，η 主要与 R_1 有关，而翻转检测弯月镜凹面时，η 主要与 R_2 有关。

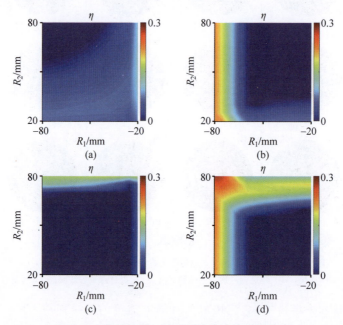

图 3.31　薄透镜第一面暗场成像亮斑系数仿真
(a) 双凹透镜；(b) 弯月透镜的凸面；(c) 弯月透镜的凹面；(d) 双凸透镜

透镜的中心厚度 d 通过改变二级及以上光线的路径影响亮斑系数。以平凸/平凹镜为例，同时仿真亮斑系数 η 关于球面曲率半径 R_1 和中心厚度 d 的变化，d 取值为 6mm 到 20mm，如图 3.32 所示。图 3.32(a)和(b)中 η 几乎不随 d 变化，亮斑主要是由一级反射光线产生。平凸/平凹镜球面成像受透镜内部多次反射影响小一些。增大透镜直径到 25.4mm，同步增大视场角。图 3.32(c)中平凹镜 η 随厚度增加缓慢降低。对于平凸镜图 3.32(d)仅在 $R_1 <$ 25mm 时观察到类似的趋势。

曲率半径对 η 的影响远大于透镜中心厚度 d。

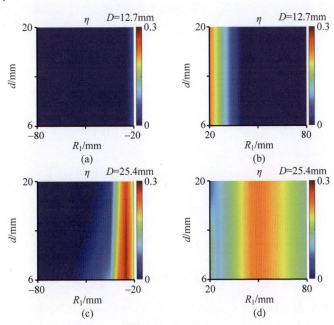

图 3.32 平凸/平凹透镜的球面暗场成像亮斑系数仿真
(a) 直径为 12.7mm 的平凹透镜；(b) 直径为 12.7mm 的平凸透镜；
(c) 直径为 25.4mm 的平凹透镜；(d) 直径为 25.4mm 的平凸透镜

综上所述，所有的透镜几何参数都或多或少会影响到最终成像，尤其是表面曲率半径。薄透镜检测盲区不仅由上表面的直接反射产生，还源于经过多次内反射后，从后续表面返回的光线。由于不同类型透镜盲区的尺寸和分布差别很大，很难调整光源并通过单帧拍摄的方式获取理想的暗场背景图像。

3.2.5 光滑单孔径无盲区融合检测

检测最小微米级光学表面疵病所需的光学放大率很高，视场限制下难以对整个元件口径一次成像。通常的策略是从多个视点采集一系列子孔径图像，分别提取评估疵病并汇总。3.2.4 节的仿真结果表明，小曲率半径的薄透镜不可避免地存在光源直接反射造成的亮斑盲区。对于任意已知结构参数的透镜的单孔径成像，可以基于逆向追迹仿真预测盲区分布，从而生成对应的模板图像去掉盲区。为了从盲区中提取疵病信息，提出如图 3.33 所示的检测流程。

以透镜 A 的中央子孔径检测为例说明流程。场景布局参照图 3.30，显微镜视场小于透镜口径。照明光源增加到最多 9 束以提供环形照明。使用无疵病的透镜 A 作为样本，逐一打开光源并做仿真。每束光的盲区分布标记在图 3.34(a) 中。

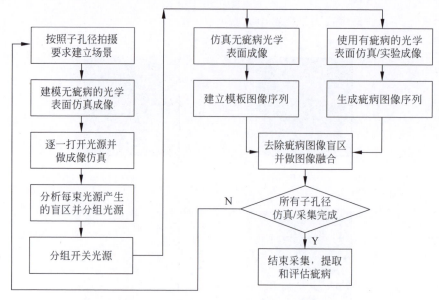

图 3.33 球面透镜子孔径无盲区融合检测流程

其中"1"表示编号为 1 的光束的一级反射成像,盲区以灰色绘制;"1'"表示编号为 1 的光束的二级反射成像,盲区以青色绘制。无论是一级还是二级光束成像,实验中都会过曝形成盲区,因此中央子孔径外围的一圈是无法直接提取疵病信息的。观察盲区的分布后,可以将光源分为 3 组,依次打开光源并仿真表面成像,结果如图 3.34(b)~(d)所示。每张图的检测盲区不同,可通过盲区互补实现子孔径的无盲区检测。

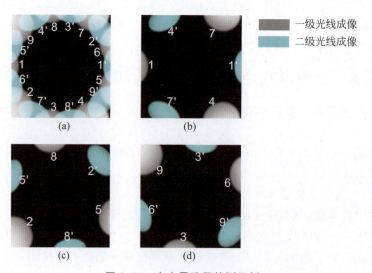

图 3.34 中央子孔径检测示例

(a) 打开 9 束光源;(b) 打开 1、4、7 号光源;(c) 打开 2、5、8 号光源;(d) 打开 3、6、9 号光源

使用图 3.34(b)～(d)建立模板图像序列 Mask(u,v)。按照同样的光源分组，仿真有疵病光学表面的成像，得到图 3.35(a)～(c)的疵病图像序列 $I(u,v)$。融合结果图像计算为

$$f_{\text{fused}}(u,v) = \max_{i=1}^{N_c}(I_i(u,v) \& \text{Mask}_i(u,v)) \tag{3.34}$$

图 3.35(a)～(c)融合结果如图 3.35(d)所示，融合子孔径图像不再存在周围一圈的检测盲区。按照 ISO10110-7 和 3.2.3 节中数据，图 3.35 中麻点级数从 0.04 到 0.16，划痕级数从 0.04 到 0.25。

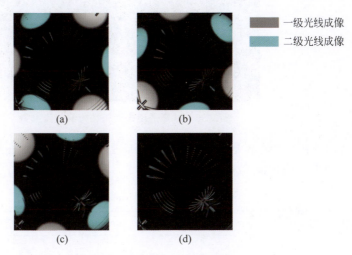

图 3.35 带有表面疵病的透镜 A 成像仿真
(a) 打开 1、4、7 号光源；(b) 打开 2、5、8 号光源；(c) 打开 3、6、9 号光源；(d) 融合图像

尽管融合图像剔除了薄透镜内部多次反射的光源亮斑，应注意到仿真中疵病因多次反射同样可能成多个像并干扰疵病计数。

3.2.6 球面透镜单孔径无盲区暗场融合成像实验

球面透镜表面暗场检测布局参照图 3.28，小口径透镜检测的实验装置原型图展示于图 3.36。

成像系统使用工作距 89mm 的显微镜作为镜头，NA=0.018。因此设图 3.28 中 W_{cam}=89mm，入瞳面直径取 3.2mm。相机分辨率为 2456(H)×2058(V)，使用 0.78× 显微镜成像视场尺寸为 23.4mm×19.6mm，依据该尺寸在仿真中设视场角 15.04°。显微镜对焦于透镜元件第一面顶点所在的 $Z=0$ 平面，光轴平行于 Z 轴。环形照明光源一共有 9 束，光源倾斜角 $\alpha=35°$，工作距 $W_{\text{light}}=155$mm，光束直径 30mm。9 束光源按照 3.2.5 节规划地分为 3 组，依次开启照明并采集图像。

实验拍摄了四个透镜的中央子孔径成像，结构参数列于表 3.3。其中透镜 A

图 3.36 球面透镜表面暗场检测装置原型

是双凸透镜;透镜 B 是双凹透镜;透镜 C 是弯月透镜,检测曲率半径较小的一面;透镜 D 是平凸透镜。

表 3.3 球面透镜样本的结构参数

编　　号	曲率半径 R_1/mm	曲率半径 R_2/mm	中心厚度 d/mm	玻璃类型	直径/mm
A	51.467	−51.467	6.0	BK7	25.4
B	−53.022	53.022	3.0	BK7	25.4
C	−16.2	−47.9	5.0	BK7	25.4
D	19.69	Infinity	7.0	BK7	17.0

图 3.37 展示了透镜 A~D 的仿真和实验图像,光源打开第一组的 3 束灯。仿真图像在第一行,实验图像在第二行。对于第一行的仿真图像,如果形成亮斑的光线在传播过程中经过第二面,会染以青色作区分。由于实际使用的 LED 光源亮度较高,除了常见的一级和二级反射光线成像,传播系数 η_p 较低的三级反射光线也能观察到光斑成像。如双凸透镜 A 的图 3.37(a1)和(a2),仿真和实验都表明一级到三级反射光线的成像,从边缘逐渐向透镜中心延伸。由三级反射光线成像的光斑亮度明显低于一、二级反射光线。弯月透镜 C 和平凸 D 也拍摄到了相对明显的三级反射光线成像,如图 3.37(c2)和(d2)所示,位置与仿真图像上相比基本一致。

样本透镜的边都是磨毛的,因此在仿真中可当作自发光的低亮度光源处理。磨毛的边引入了新的光源,透镜的暗场图像可能进一步受到干扰。比较典型的是双凹透镜 B,结果参见图 3.37(b1)和(b2)。透镜 B 的图像由边缘向中间有两个环。

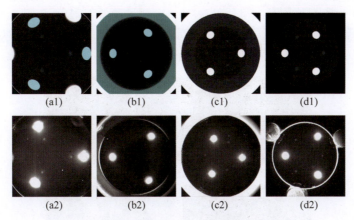

图 3.37 样本透镜打开一组 3 束光源时的暗场图像
(a1)～(d1) 透镜 A～D 的仿真图像；(a2)～(d2) 相应的实验图像

相机光线经过上表面直接打到磨砂面上形成如图 3.37(b1) 和 (b2) 所示的比较亮的白色环。相机光线经过上表面，然后被第二个球面反射到磨砂面上形成仿真图 3.37(b1) 的青色环、实验图 3.37(b2) 的灰色环。这两个环要么过曝，要么成磨砂面的像，因此该区域内的表面疵病无法检测。类似的还有弯月透镜 C 的凹球面，同样有一圈相机光线直接打到磨砂面的亮环。对于透镜的中央子孔径来说，磨砂面干扰主要存在于凹球面，凸球面几乎不受磨砂面干扰。图 3.37(a2) 和 (d2) 的外圈亮环来自于透镜倒角，很小。

比较实验图像和仿真图像，多级反射光线所成光斑的位置和尺寸基本吻合，验证了仿真的可靠性。一些图像的偏差主要来自样本透镜摆放的 6 自由度姿态误差。该装置没有疵病扫描装置复杂的调整轴系，因此元件的实际姿态相较仿真建模时存在误差。考虑到仿真光斑主要用于反色后阈值化生成 ROI 掩模图像，可适当增大仿真时的光源尺寸，或者通过形态学增大光斑面积以确保将实际光斑干扰排除。

每个样本透镜按照 3.2.5 节的无盲区融合检测流程，分组开关光源，采集 3 张图像并做融合，结果如图 3.38 所示。融合图像以红色实线表示子孔径内的透镜区域，以蓝色虚线表示图像的有效检测区域。有效检测区域缩小的原因有凹面检测时的磨砂面成像，以及三抓卡盘成像。融合图做了形态学顶帽操作以滤去平滑的背景光，得到理想的暗场背景。透镜 A 和 B 的实验图 3.38(a) 和 (b) 仅能看到一些亮点，大概率是灰尘。图 3.38(c) 展示了弯月透镜口径外围因打磨抛光或者清洁产生的流痕。以平凸透镜 D 为例，比较融合生成的图 3.38(d) 和常规拍摄获取的图 3.38(e)。图 3.38(e) 中存在高亮的一级反射亮斑盲区，以及可能干扰麻点识别的三级反射暗点。而融合生成的图 3.38(d) 去掉了上述亮斑和暗点的干扰，元件右下的短划痕成像清晰,对比度高。图 3.38(e)还有一圈更暗淡的圆斑,在图 3.37(d2)中也能看到,来源可能是显微镜的眩光,或者光源的内部反射光线干扰。通过形态学顶帽操作已经将这种暗淡模糊的圆斑同背景光一起去除。

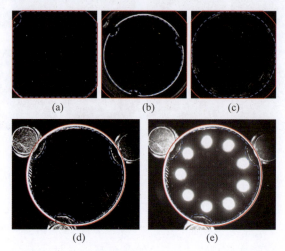

图 3.38　(a)~(d)透镜 A~D 的暗场实验融合图像及(e)打开所有光源时透镜 D 的暗场实验图像。元件区域以红色实线标记,有效的检测区域以蓝色虚线标记

使用 4 种不同类型的透镜作为样本,进行中央子孔径的暗场融合成像。根据使用光源亮度不同,最高可能观察到三级光线反射形成的亮斑,实验中各级光线亮斑位置尺寸与仿真基本吻合。对于小口径的凹球面,磨毛的透镜边缘可能成像在透镜口径外围并形成无法剔除的盲区。凸球面透镜从仿真和实验看一般不存在这个问题。按照仿真规划的光源分组进行照明,采用仿真的 ROI 掩模图像剔除实验采集图像的亮斑盲区,并将总的图像序列融合成单张无盲区图像。融合图像在有效排除光源亮斑、暗点干扰的同时,保留了高对比度的表面疵病暗场图案。实验结果表明,该融合成像方法扩展了常规暗场检测装置的检测范围,可应用于多种多样的球面透镜检测。

如果仿真中发现光源光斑直接覆盖了整个待测元件口径,特别是元件口径或者球面曲率半径较小时,该光源就无法在暗场成像中使用。根据元件结构参数,可更换相机和光源,适当调整参数重新做仿真。

按照图 3.23 的结构设计,更大口径的旋转对称曲面元件的检测系统如图 3.39 所示。检测对象 GCL-010146 是焦距为 150mm 的平凸透镜。其结构参数和路径规划数据列于表 3.4。按照 40mm 直径做路径规划,一共需要 2 层 13 个子孔径,如图 3.40(a)所示。dY,dZ 和 β 都是运动轴坐标。

第3章 光泽表面、光滑表面的光照场景建模和像函数求解

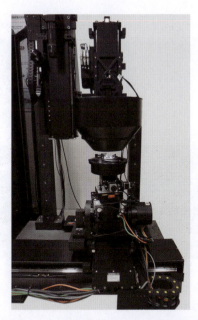

图 3.39 大口径旋转对称曲面元件检测系统

表 3.4 GCL-010146 结构参数和规划路径数据

型号	GCL-010146			检测面型		球面	
表面编号	曲率半径/mm	中心厚度/mm	材料	直径/mm		圆锥系数	高次项系数
S1	77.52	6.1	BK7	40		0	无
S2	INF						
纬线层编号	轴上视点半径 r/mm	纬线层子孔径数 n	dY/mm	dZ/mm		$\beta/(°)$	
1	6.72	3	26.618	1.156		-4.972	
2	15.93	10	63.125	6.557		-11.860	

照明方面,当打开所有的 7 束照明光源时,第 1 纬线层的图 3.40(b)观察到两个三级光线反射光斑,当光源亮度较大时可能干扰疵病检测。关闭第 6、7 号光源后,图 3.40(c)去除了反射光斑。因此第 1 纬线层可分两组拍摄,一组关闭 6、7 号光源,一组只保留 6、7 号光源,拍摄后进行融合。

实验子孔径图像如图 3.41 所示。其中第 1 纬线层由于存在如图 3.41(b)所示的亮斑,需要分两组光源照明。第 2 纬线层与仿真预期的一致,不存在明显的反射光斑。GCL-010146 拼接如图 3.42 所示,其中三抓卡盘遮挡了一部分检测口径。选取了部分刮伤区域以彩色图表示,长划痕的拼接基本准确。图 3.43 展示了图 3.42(a)两条细划痕的放大成像。在低倍拍摄时,这两条划痕看起来宽度不同,且宽度达到近 $20\mu m$,而在高倍显微镜下宽度仅有 $5\mu m$ 左右。

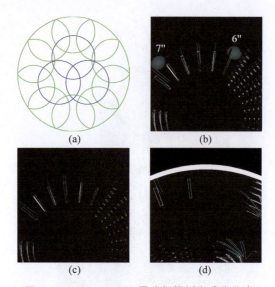

图 3.40 GCL-010146 子孔径规划和成像仿真

(a) 子孔径排布示意图；(b) 第 1 纬线层打开所有光源成像；(c) 第 1 纬线层关闭 6、7 号光源；(d) 第 2 纬线层打开所有光源

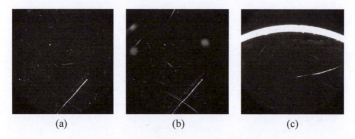

图 3.41 GCL-010146 实验子孔径示例

(a) 第 1 纬线层打开 1～5 号光源成像；(b) 第 1 纬线层打开 6～7 号光源成像；(c) 第 2 纬线层打开全部光源成像

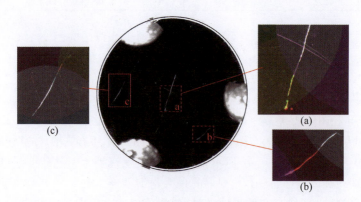

图 3.42 GCL-010146 拼接图像

(a)～(c) 局部疵病彩色拼接示意图

图 3.43 GCL-010146 细划痕 7.4× 显微镜拍摄图

参考文献

[1] CAULIER Y, SPINNLER K, BOURENNANE S, et al. New structured illumination technique for the inspection of high-reflective surfaces: Application for the detection of structural defects without any calibration procedures[J]. EURASIP Journal on Image and Video Processing, 2008, 2008: 1-14.

[2] ZHANG H, JI L, LIU S, et al. Three-dimensional shape measurement of a highly reflected, specular surface with structured light method[J]. Applied Optics, 2012, 51(31): 7724.

[3] ALUZE D, MERIENNE F, DUMONT C, et al. Vision system for defect imaging, detection, and characterization on a specular surface of a 3D object[J]. Image and Vision Computing, 2002, 20(8): 569-580.

[4] SATORRES M S, ORTEGA V C, GÁMEZ G J, et al. Quality inspection of machined metal parts using an image fusion technique[J]. Measurement: Journal of the International Measurement Confederation, Elsevier, 2017, 111: 374-383.

[5] SATORRES M S, GÓMEZ O J, GÁMEZ G J, et al. A machine vision system for defect characterization on transparent parts with non-plane surfaces[J]. Machine Vision and Applications, 2012, 23(1): 1-13.

[6] MARTÍNEZ S S, ORTEGA J G, GARCÍA J G, et al. An industrial vision system for surface quality inspection of transparent parts[J]. International Journal of Advanced Manufacturing Technology, 2013, 68(5/6/7/8): 1123-1136.

[7] SEULIN R, BONNOT N, MERIENNE F, et al. Simulation process for the design and optimization of a machine vision system for specular surface inspection[C]//HARDING K G, MILLER J W V. Machine Vision and Three-Dimensional Imaging Systems for Inspection and Metrology II, 2002, 4567: 129-140.

[8] GUNTHER J, CHEN T, GOESELE M, et al. Efficient acquisition and realistic rendering of car paint[J]. Surface Scattering and Diffraction for Advanced Metrology, 2005, 4447: 77-86.

[9] KELEMEN C, SZIRMAY-KALOS L. A microfacet based coupled specular-matte BRDF model with importance sampling[J]. Proceedings of the Eurographics Conference (Eurographics,

2001),2001: 25-34.
[10] WARD G J. Measuring and modeling anisotropic reflection[C]//Proceedings of the 19th annual conference on Computer graphics and interactive techniques,1992,26(2): 265-272.
[11] SEULIN R,MERIENNE F,GORRIA P. Simulation of specular surface imaging based on computer graphics: Application on a vision inspection system[J]. EURASIP Journal on Advances in Signal Processing,2002,2002(7): 801489.
[12] FORTE P M F,FELGUEIRAS P E R,FERREIRA F P,et al. Exploring combined dark and bright field illumination to improve the detection of defects on specular surfaces[J]. Optics and Lasers in Engineering,2017,88: 120-128.
[13] MOLINA J,SOLANES J E,ARNAL L,et al. On the detection of defects on specular car body surfaces[J]. Robotics and Computer-Integrated Manufacturing,2017,48: 263-278.
[14] GB/T 1185-2006,光学零件表面疵病[S].[2006 年 12 月 13 日].
[15] ISO 10110-7:2017,Optics and photonics—Preparation of drawings for optical elements and systems—Part 7: Surface imperfections[S].[2017 年 8 月 16 日].

第 4 章

球面光学元件表面缺陷检测方法研究

光学元件作为实现各种光学功能的必然载体和必要工具,在光学仪器的开发中必不可少。光学元件按外形特点,分为平面、球面、非球面和自由曲面等。球面元件作为其中的一大分支,其应用极其广泛,几乎涉及国防、国民经济各领域。如高品质的照相机、变焦镜头、摄像机取景器、投影仪镜头、红外广角地平仪[1]、高功率激光装置[2-5]、空间望远镜[6-9]、武器系统的瞄准镜[10]、夜视镜[11]、潜望镜[12]等都离不开高质量的球面元件作为光束传输的载体。尤其随着科技的进步,为满足深空探测、能源获取、遥感测控等需求,球面光学元件朝大型化、高精度方向发展。如我国神光装置[13-14]系列等惯性约束核聚变(inertial confinement fusion,ICF)工程中使用的光学元件数以万计,米级的大面积高品质光学元件达 7000 多件,其中空间滤波器与终端光学组件中使用的球面透镜尺寸达 400mm。大口径、高精度、大批量元件的使用需求,对制造和检测均提出了巨大的挑战。为保证加工表面精度,先进的光学元件制造、加工方法被大量采用,而检测技术是进行精密加工的前提和依据,因此建立基于机器视觉的球面元件表面疵病自动检测系统是球面元件在各领域中高性能使用的前提和保障。

平面子孔径的扫描和表面缺陷的评价过程是:平面检测时物体是二维平面,成像相机也是二维平面,所以扫描、拼接及缺陷评价均是在一个 XY 的二维坐标上完成的。而对于球面而言,由于它是一个 XYZ 的三维空间物体,成像在一个二维的 XY 相机坐标上,后续要完成子孔径扫描、子孔径拼接、球面图像上的缺陷评价,均是在二维图像坐标与三维图像坐标之间转换,因此处理流程的数学模型非常复杂。所以本章着重对这些子孔径的扫描规划、拼接流程及各多轴机构的误差分析进行详细的叙述及分析。

4.1 球面子孔径规划

子孔径拼接检测技术是一种能兼顾大视场与高分辨率的检测方法,也是实现大口径光学元件高精度检测的最有效手段[15-16]。但球面子孔径拼接检测付诸实施,还需要解决一些关键难题[17-19],如子孔径扫描轨迹的设计、子孔径规划、扫描机构运动模型建立、子孔径的三维重构、子孔径扫描误差分析与优化等。子孔径轨迹设计与子孔径规划的建立是用于确定扫描机构运动方式、确定子孔径在球面上的分布状况,再通过建立扫描机构运动模型,达到全口径无漏覆盖采样目标。而子孔径的三维重构是保证子孔径高精度拼接的必要前提。

4.1.1 球面孔径成像过程分析

为实现世界坐标系 $X_w Y_w Z_w$ 下球面上任一点 p_w 的检测,球面元件表面疵病子孔径成像过程如图 4.1 所示。首先在运动变换矩阵 $\{S\}$ 的指导下,球面扫描机构驱动元件实现绕以球心为坐标原点的 $X_s Y_s Z_s$ 中 O_s 点的转动,将 p_w 点运动至 p_s 点。再利用成像系统对 p_s 点成像,在 CCD 成像面 $X_c O_c Y_c$ 上得到像点 p_c 点。p_s 点至 p_c 点的成像过程是三维球面空间点至二维平面像点的映射过程,可用映射矩阵 $\{P\}$ 表示,该映射过程造成了数据维度的降低,因此矩阵 $\{P\}$ 非方阵。得到的 p_c 点再通过坐标变换矩阵 $\{C\}$ 将以 O_c 为坐标原点的像面坐标系 $X_c Y_c$ 转换为以左上角 O_I 点为坐标原点的数字图像坐标 $X_I Y_I$,从而得到一幅数字图像。图中 $X_m Y_m Z_m$ 为检测显微镜坐标系,其中 Z_m 轴为显微镜光轴,检测时,始终保证 Z_m、O_s 与 O_c 点相重合,保证了子孔径的成像精度。

由上述过程可知,球面子孔径成像过程包含三个步骤,其过程如下式表示:

$$P_w \xrightarrow{\{S\}} P_s \xrightarrow{\{P\}} P_c \xrightarrow{\{C\}} P_i \quad (4.1)$$

式中,p_i 为数字图像上的点。

步骤 1:利用球面扫描机构在球面扫描矩阵 $\{S\}$ 的指导下,将球面上被测点 p_w 移动至检

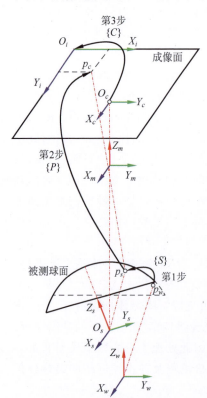

图 4.1 子孔径成像模型

测位置 p_s 点；

步骤 2：利用成像系统对 p_s 点成像，通过映射矩阵 $\{P\}$，在 CCD 平面上得到映射像点 p_c；

步骤 3：将以 O_c 为原点的像，通过坐标变换矩阵 $\{C\}$，转换为以 O_m 为坐标原点的数字图像。

在上述步骤中，存在两个难点与关键点：扫描矩阵 $\{S\}$ 的获取和映射矩阵 $\{P\}$ 的建立。球面扫描矩阵 $\{S\}$ 决定了球面扫描时的运动模型，决定了球面扫描机构的动作方式。成像映射矩阵 $\{P\}$ 表征了物点与 CCD 上像点间的映射关系，为获得三维球面子孔径图像，还需要建立与映射矩阵 $\{P\}$ 相对应的逆变换矩阵 $\{P'\}$，完成重构过程。

4.1.2 三维子孔径扫描

为获得覆盖全口径的子孔径图像，需要确定球面扫描矩阵 $\{S\}$。$\{S\}$ 可分解为球面子孔径规划矩阵 $\{S_a\}$ 和偏心运动矩阵 $\{S_w\}$，并可用下式表示：

$$\{S\} = \{S_w\}\{S_a\} \tag{4.2}$$

式中，$\{S_a\}$ 表征了各子孔径在球面表面的分布情况。确定子孔径分布的目的是在保证全口径覆盖的前提下，最大限度地减少子孔径数目，进而减少扫描机构的运动次数，缩减采样时间、减少机构误差的累积等。

$\{S_w\}$ 表征了球面元件夹持后被测球面元件球心的偏心情况，偏心的存在会在元件摆动时造成运动位置的偏差，在子孔径采样前需要建立偏心模型，分别对由于偏心所产生的位置偏差进行补偿，保证扫描过程的顺利进行。

确定三维球面子孔径扫描过程，首先需要对球面子孔径进行规划，再建立子孔径扫描偏心模型，对偏心造成的位置偏差进行补偿，从而驱动扫描执行机构完成覆盖球面全口径的子孔径扫描与采样。

4.1.3 经纬线扫描轨迹

为获得覆盖球面全口径的子孔径采样，存在两种扫描轨迹方式，经线轨迹与纬线轨迹，如图 4.2 所示。

经线轨迹将球面进行了等角度的经线划分，采集时首先采集球面顶点处子孔径 $\{S^0\}$，后通过机构摆动采集子孔径 S^1、S^2、S^3、S^4；单条经线上子孔径采集完成后，回返至球面顶点子孔径 S^0 处，元件自旋一定角度后，继续下一条经线的子孔径采集，从而达到覆盖全口径的子孔径采样。纬线轨迹将球面进行多条纬线划分，并通过元件的自旋转动沿各纬线方向分别采集子孔径，如第 i 纬线层上子孔径采样为 $C_1^i, C_2^i, \cdots, C_{j_i}^i, \cdots, C_{M_i}^i$。单条纬线采集完成后，元件摆动一定角度后继续沿下

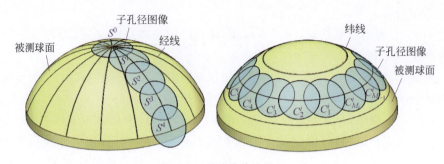

图 4.2 经纬线轨迹图示

条纬线进行采样,完成覆盖全口径的采样。

经线轨迹以中心子孔径 S^0 为基准,分别进行各条经线子孔径采样,单条经线上子孔径采样完成后,会返回球面顶点位置,可有效避免摆动维机构误差的累积,但存在采样子孔径数量较多、子孔径间重叠区域变化较大等缺点。较多的子孔径数量与变化较大的子孔径重叠区域均会加大后续全口径的拼接难度。纬线轨迹采用了纬线上子孔径均布的方式,虽能最大限度地减少全口径覆盖的子孔径总数,但在全口径覆盖条件下确定相邻纬线的分布,以及确定单根纬线上子孔径的分布等难度较大。为此将经线轨迹与纬线轨迹相结合,得到经纬线扫描轨迹,如图 4.3 所示。

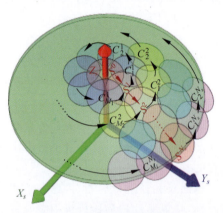

图 4.3 球面经纬线扫描轨迹

于元件顶点位置采集子孔径 S^0,后元件绕球面坐标 X_s 轴摆动一定角度,沿经线方向采集子孔径 S^1,此时通过元件绕 Z_s 轴的自旋,沿纬线方向等间隔角度采集子孔径 $C_1^1, C_2^1, \cdots, C_{j_1}^1, \cdots, C_{M_1}^1$,并称该纬线层为第 1 纬线层,其中 M_1 为在该纬线层上通过自旋采集到的子孔径数目;再次绕球面坐标 X_s 轴摆动一定角度,沿经线方向采集子孔径 S^2,再次使元件绕 Z_s 轴自旋,可采集到沿纬线层方向上的子孔径 $C_1^2, C_2^2, \cdots, C_{j_2}^2, \cdots, C_{M_2}^2$,并称该纬线层为第 2 纬线层,其中 M_2 为在该纬线层上通过自旋采集到的子孔径数目;重复上述经线、纬线采样过程,直至元件摆动至 S^{N_s} 位置,其中 N_s 为在经线方向上通过摆动维运动采集到的子孔径数目,在第 N_s 层纬线上等间隔角度采集到子孔径 $C_1^{N_s}$, $C_2^{N_s}, \cdots, C_{j_{N_s}}^{N_s}, \cdots, C_{M_{N_s}}^{N_s}$,完成覆盖全球面的子孔径采样过程。

在上述轨迹中,为方便表达各子孔径在球面上的位置坐标,各子孔径中心点位置坐标可用球面坐标 (R,α,β) 表示,其中 R 为元件的曲率半径,α 为元件沿纬线层采样时的自旋角,β 为沿经线层采样时的摆动角。当针对同一球面扫描时,其 R 相同,对同一元件规划时 R 可不在坐标值中体现。则上述采样过程又可描述为:

(1) 采集球面顶点处子孔径 S^0,记录中心点位置坐标 $O_{00}(0,0)$。

(2) 元件绕 X_s 轴摆动 β_1 角度,沿经线方向采集子孔径 S^1,记录 $O_{11}(0,\beta_1)$。

元件绕 Z 轴(沿纬线方向)自旋,每自旋 α_1 角度,分别采集子孔径 $C_1^1, C_2^1, \cdots, C_{j_1}^1, \cdots, C_{M_1}^1$;记录 $O_{12}(\alpha_1,\beta_1), O_{13}(2\alpha_1,\beta_1), \cdots, O_{1(M_1+1)}(M_1\alpha_1,\beta_1)$,其中,$\alpha_1 = 2\pi/(M_1+1)$。

(3) 元件再次绕 X_s 轴摆动 β_2 角度,采集子孔径 S^2,记录 $O_{21}(0,\beta_1+\beta_2)$。

元件绕 Z_s 轴(沿纬线方向)自旋,每自旋 α_2 角度,采集子孔径 $C_1^2, C_2^2, \cdots, C_{j_2}^2, \cdots, C_{M_2}^2$,记录 $O_{22}(\alpha_2,\beta_1+\beta_2), O_{23}(2\alpha_2,\beta_1+\beta_2), \cdots, O_{2j_2}((j_2-1)\alpha_2,\beta_1+\beta_2), \cdots, O_{2(M_2+1)}(M_2\alpha_2,\beta_1+\beta_2)$。

重复上述过程,直至完成覆盖全球面的子孔径采样 $C_{M_{N_s}}^{N_s}$,其子孔径中心点坐标为 $O_{N_s(M_{N_s}+1)}(M_{N_s}\alpha_{N_s},\sum\beta_{N_s})$,其中 $\sum\beta_{N_s} = \sum_{m=1}^{N_s}\beta_m$。以下以球面为例详述子孔径规划过程。

4.1.4 球面子孔径规划

球面子孔径规划的目的是确定摆动角 β 与自旋角 α 的大小,并在以实现全口径覆盖的前提下,最大限度地减少所需子孔径数目,达到减少扫描机构的动作次数、缩减采样时间、减少机构误差传递与累积的目的。建立子孔径规划模型,如图 4.4 所示。

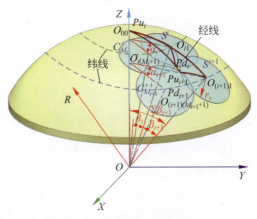

图 4.4 球面子孔径规划模型

图 4.4 中按经纬线轨迹分别在第 i 纬线层和第 $i+1$ 纬线层上采集到子孔径 S^i、S^{i+1}、$C_{M_i}^i$、$C_{M_{i+1}}^{i+1}$,其中心点分别为 O_{i1}、$O_{(i+1)1}$、$O_{i(M_i+1)}$、$O_{(i+1)(M_{i+1}+1)}$,其中 $i=1,2,\cdots,N_s-1$。S^i、S^{i+1} 位于同一经线上,且在经线方向上的夹角为 β_{i+1}。$C_{M_i}^i$ 与 S^i 位于同一纬线上,两者在纬线方向上的夹角为 α_i,相应的 $C_{M_{i+1}}^{i+1}$ 与 S^{i+1} 位于同一纬线上,且在纬线方向上的夹角为 α_{i+1}。图中 P_{d_i}、P_{u_i} 点为同一纬线层上子孔径 S^i 与 $C_{M_i}^i$ 在球面上的相交点,并称靠近元件顶点 O_{00} 的点 P_{u_i} 为上交点,相应的 P_{d_i} 为下交点;同理可知同一纬线层上子孔径 S^{i+1} 与 $C_{M_{i+1}}^{i+1}$ 在球面上亦存在上交点 $P_{u_{i+1}}$ 与下交点 $P_{d_{i+1}}$。从图中可以看出,子口径的无漏全口径覆盖的充分条件为第 $i+1$ 纬线层的上交点在第 i 纬线层的下交点之上,即 $\overset{\frown}{O_{00}Pd_i} \geqslant \overset{\frown}{O_{00}Pu_{i+1}}$。在此约束条件下分别求解 α_i、α_{i+1} 与 $\sum \beta_{i+1}$ 的值,即可完成球面无漏全口径子孔径规划。

此处令被测球面为单位球。同时为便于记忆,在球面三角形 $O_{i1}O_{00}Pd_i$ 中,分别令

$$\begin{cases} \overset{\frown}{O_{i1}Pd_i}=a \\ \overset{\frown}{O_{00}O_{i1}}=b \\ \overset{\frown}{O_{00}Pd_i}=c \end{cases} \tag{4.3}$$

$$\begin{cases} \angle O_{i1}O_{00}Pd_i=\angle A \\ \angle O_{00}Pd_iO_{i1}=\angle B \\ \angle O_{00}O_{i1}Pd_i=\angle C \end{cases} \tag{4.4}$$

从图 4.4 中可知,$\overset{\frown}{O_{i1}Pd_i}$ 为显微镜物方视场的一半所对应的圆弧角,则 $a=\arcsin(r_{ov}/R)$;其中 $r_{ov}=D_{ov}/2$,D_{ov} 为显微镜物方视场直径;同时可得到 $b=\overset{\frown}{O_{00}O_{i1}}=\sum\limits_{m=1}^{i}\beta_m$,$\angle A=\alpha_i/2$。

为比较 $\overset{\frown}{O_{00}Pd_i}$ 与 $\overset{\frown}{O_{00}Pu_{i+1}}$ 的大小,则需要求 $\overset{\frown}{O_{00}Pd_i}$ 的长度,即 c 的值。由球面正弦三角公式及余弦公式可知:

$$\sin B = \sin b \sin A / \sin a \tag{4.5}$$

$$\sin C = \sin c \sin A / \sin a \tag{4.6}$$

$$\sin C \cos a = \sin B \cos A + \cos B \sin A \cos c \tag{4.7}$$

利用式(4.5)~式(4.7)可得到

$$\sin c = \sin b \cos A / \cos a + \cos c \sqrt{\sin^2 a - \sin^2 b \sin^2 A} / \cos a \tag{4.8}$$

令 $\sin b \cos A / \cos a = e$,$\sqrt{\sin^2 a - \sin^2 b \sin^2 A}/\cos a = k$,则式(4.8)可简化为

$$\sin c = k\cos c + e \tag{4.9}$$

对上述方程进行求解,可得到

$$c = \arccos\left(\frac{\sqrt{k^2+1-e^2}-ke}{k^2+1}\right) \tag{4.10}$$

在式(4.10)中,由于 k 与 e 为以 α_i 和 $\sum\beta_i$ 为变量的函数,因此 c 可表示为

$$c = f\left(\alpha_i, \sum\beta_i\right) \tag{4.11}$$

同理在球面三角形 $O_{(i+1)1}O_{00}Pu_{i+1}$ 中,若令

$$\begin{cases} \widehat{O_{(i+1)1}Pu_{i+1}} = a' \\ \widehat{O_{00}O_{(i+1)1}} = b' \\ \widehat{O_{00}Pu_{i+1}} = c' \end{cases} \tag{4.12}$$

$$\begin{cases} \angle O_{(i+1)1}O_{00}Pu_{i+1} = \angle A' \\ \angle O_{00}Pu_{i+1}O_{(i+1)1} = \angle B' \\ \angle O_{00}O_{(i+1)1}Pu_{i+1} = \angle C' \end{cases} \tag{4.13}$$

其中 $a' = \arcsin(r_{ov}/R)$,$b' = \sum\beta_{i+1}$,$\angle A' = \alpha_{i+1}/2$。

利用式(4.11)的求解过程,同理可得到

$$c' = f'\left(\alpha_{i+1}, \sum\beta_{i+1}\right) \tag{4.14}$$

由于存在约束条件 $\widehat{O_{00}Pd_i} \geqslant \widehat{O_{00}Pu_{i+1}}$,若令 $c' = c$,则可得到

$$g\left(\alpha_i, \alpha_{i+1}, \sum\beta_{i+1}\right) = 0 \tag{4.15}$$

方程(4.15)为一迭代方程,为求得该方程的解,分别令经线方向上各子孔径间的重叠区域一致,得到沿经线不变子孔径规划模型(same overlapped-area on meridian,SOM);令各纬线层上各子孔径间的重叠区域一致,则得到沿纬线不变子孔径规划模型(same overlapped-area on parallel,SOP)。

1. SOM 规划模型

SOM 规划模型是在经线方向上相邻子孔径间的重叠区域一致的前提下,计算各纬线层上的自旋角。由于经线方向上相邻子孔径间具有相同的重叠区域,则 $\beta_i = \beta_{i+1}$,而摆动角 β_i 可由显微镜物方视场半径 r_{ov} 与子孔径间的重叠区域 c_{ov} 计算得到:

$$\beta_i = \beta_{i+1} = 2\arcsin[r_s(1-c_{ov})/R] \tag{4.16}$$

将式(4.16)代入方程(4.15)后,可得到

$$g_M(\alpha_i, \alpha_{i+1}) = 0 \tag{4.17}$$

在上述方程的求解中，还需要给定初始 α_1 的值，而 $\alpha_1 = 2\pi/(M_1+1)$，且无论 α_1 取何值时，均需保证该层上子孔径数目为整数，即 M_1 为整数。同时由于第一纬线层所在小圆周长较小，且当元件曲率半径变化时，该圆周长变化不大，因此 M_1 的取值范围较小，可通过给 M_1 赋不同值，分别计算完成规划后的子孔径总数目，从中筛选出最少的子孔径总数目的方法来获得最优的规划结果。SOM 子孔径规划流程如图 4.5 所示。

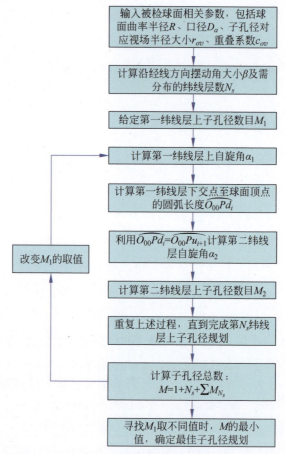

图 4.5　SOM 子孔径规划流程

2. SOP 规划模型

SOP 规划模型是在各纬线层上保持相邻子孔径间的重叠区大小一致的前提下计算经线层上各摆动角度。利用图 4.4 模型，可计算得到第 i 与 $i+1$ 纬线层上的自旋角分别为

$$\alpha_i = \frac{2\pi\sin(\sum\beta_i)}{2\arcsin[r_{ov}(1-c_{ov})/R]} \tag{4.18}$$

$$\alpha_{i+1} = \frac{2\pi\sin(\sum\beta_{i+1})}{2\arcsin[r_{ov}(1-c_{ov})/R]} \tag{4.19}$$

将上述两式代入式(4.15),可得

$$g_p\left(\sin(\sum\beta_i),\sin(\sum\beta_{i+1}),\sum\beta_{i+1}\right)=0 \tag{4.20}$$

上式为一迭代方程,为推导 β_i 与 β_{i+1} 间的关系,可令 $i=1$,在给定 β_1 的值的情况下推导 β_2 的取值。当 $i=1$ 时,式(4.20)变为

$$g_p(\sin\beta_1,\sin(\beta_1+\beta_2),\beta_1+\beta_2)=0 \tag{4.21}$$

展开后得到

$$\sin(\beta_1+\beta_2)+C_1(\beta_1+\beta_2)+C_2\sin\beta_1=0 \tag{4.22}$$

其中 C_1、C_2 为常数项。进一步简化可得到

$$\sin(\beta_1+\beta_2)+C_1\beta_2+C=0 \tag{4.23}$$

其中 $C=C_1\beta_1+C_2\sin\beta_1$,由于 β_1 为给定常数,则 C 为常数项。在求解方程(4.23)时,无法获得解析解,主要由于方程(4.23)中同时含有未知变量的一次函数和三角函数,为超越方程,不存在解析解。为求得该超越方程的近似解,采用牛顿迭代法,利用多次迭代优化解集精度,实现全口径覆盖约束条件 $\overset{\frown}{O_{00}Cdw_1} \geqslant \overset{\frown}{O_{00}Cup_2}$。

牛顿迭代公式可描述为

$$x_{i+1}=x_i-\frac{F(x_i)}{F'(x_{i+1})} \tag{4.24}$$

结合式(4.23)可得 β_2 的初选值

$$\beta_2=\beta_1-\frac{\sin(2\beta_1)+C_1\beta_1+C}{\cos(2\beta_1)+C_1} \tag{4.25}$$

将式(4.25)代入式(4.20),可求得

$$\alpha_2=\frac{2\pi\sin(\beta_1+\beta_2)}{2\arcsin[r_{ov}(1-c_{ov})/R]} \tag{4.26}$$

再将式(4.26)代入式(4.14),可求得

$$\overset{\frown}{O_{00}Pu_2}=f'(\alpha_2,\beta_1+\beta_2) \tag{4.27}$$

利用式(4.11)可知

$$\overset{\frown}{O_{00}Pd_1}=f(\alpha_1,\beta_1) \tag{4.28}$$

实现球面无漏覆盖的充分条件为 $\overset{\frown}{O_{00}Pd_1} \geqslant \overset{\frown}{O_{00}Pu_2}$,若 $\overset{\frown}{O_{00}Pd_1} < \overset{\frown}{O_{00}Pu_2}$,则表明 β_2 的初选值计算精度不够,再次利用牛顿迭代公式计算

$$\beta'_2=\beta_2-\frac{\sin(2\beta_2)+C_1\beta_2+C}{\cos(2\beta_2)+C_1} \tag{4.29}$$

重复上述计算过程,直至满足 $\overparen{O_{00}Pd_1} \geqslant \overparen{O_{00}Pu_2}$,即可得到 β_2 的近似解。将 β_2 代入式(4.21),依次求得 $\beta_3, \beta_4, \cdots, \beta_{N_s}$,完成子孔径规划过程。SOP 子孔径规划计算流程如图 4.6 所示。

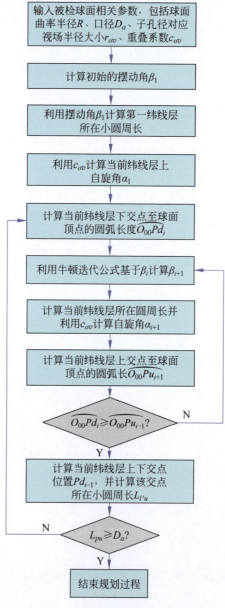

图 4.6　SOP 子孔径规划计算流程

4.2 子孔径规划仿真

为验证与比较 SOM、SOP 规划方法的优劣,对两种方法分别进行了仿真,以确定不同口径、不同曲率半径、不同重叠因子下的子孔径的分布情况。

4.2.1 SOM 子孔径规划仿真

当元件口径较小时,由于分布的子孔径数目较少,难以分辨出两种规划方法的优劣,因此此处以大口径球面元件为例进行仿真分析,仿真的相关初始参数为:被测球面元件曲率半径 $R=200\text{mm}$,元件口径 $D_a=\phi250\text{mm}$,物方视场直径 $D_{ov}=\phi20\text{mm}$。

由于 SOM 规划结果中子孔径数目受子孔径间重叠因子影响。首先分别针对重叠因子 $c_{ov}=1/3,1/4,1/5,1/6$ 进行仿真。重叠因子是指两幅相邻子孔径间的重叠部分圆弧长度与过子孔径中心点的大圆弧的长度之比。

当 $c_{ov}=1/3$ 时,M_1 分别取 5,6,7,8 时的规划结果如图 4.7 所示,从图中可以看出,当 $M_1=6$ 时规划所需子孔径数目最少为 305 幅,当 $M_1=8$ 时,规划出的子孔径数目最多为 647 幅,且分布最不均匀,在不同的纬线层上存在明显的疏密之分。

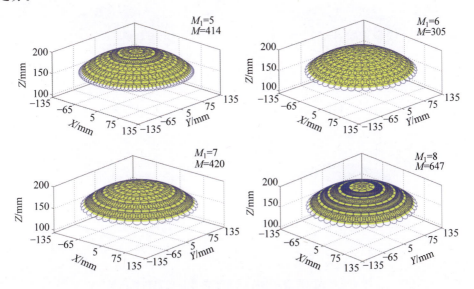

图 4.7 $c_{ov}=1/3$ 时,SOM 规划结果

重复上述过程分别对 $c_{ov}=1/4,1/5,1/6$ 的情况进行仿真,分别计算 M_1 取 5,6,7,8 的子孔径的总数目并列在表 4.1 中。

表 4.1 不同重叠因子下 SOM 规划子孔径总数目

M_1	c_{ov}		
	1/4	1/5	1/6
5	394	364	672
6	576	324	513
7	464	665	347
8	318	574	497

从表 4.1 中可以看出,当 $c_{ov}=1/4$ 时,子孔径总数目最少的情况出现在 $M_1=8$ 处;相应地当 $c_{ov}=1/5$ 时,出现在 $M_1=6$ 处;当 $c_{ov}=1/6$ 时,出现在 $M_1=7$ 处。可以看出,当 c_{ov} 变化时,M_1 的取值与子孔径总数目间无必然联系。另外,通常情况下,当重叠区域越小时,规划所需的子孔径总数目越少,但从上述结果中看则相反。为具体分析其原因,分别给出上述 $c_{ov}=1/4,1/5,1/6$ 时,子孔径总数目规划仿真图,如图 4.8 所示。从图中可以看出,虽然经线层上子孔径间的重叠范围变小,但纬线层上子孔径间的重叠范围将增大。而且当 c_{ov} 越小时,子孔径分布越不均匀,纬线层上子孔径间的重叠范围将越大。当 $c_{ov}=1/5$ 和 1/6 时,甚至在第二层纬线层上造成了子孔径的严重堆积,这就造成了子孔径总数目的不降反增。

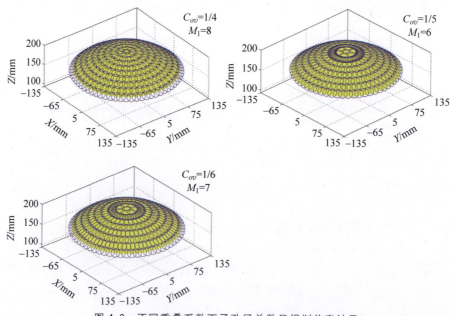

图 4.8 不同重叠系数下子孔径总数目规划仿真结果

在 SOM 的规划中取 $c_{ov}=1/3,M_1=6$ 与 $c_{ov}=1/4,M_1=8$ 的规划方式将相对比较合理,子孔径总数目也相差不大,子孔径分布的均匀性也相对较好。为了详细分析上述两种规划方式下不同元件口径时的子孔径数目分布情况,拟合元件口径与 SOM 规划子孔径数目曲线,如图 4.9 所示。

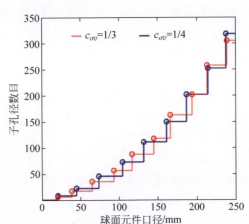

图 4.9　元件口径与 SOM 规划子孔径数目曲线

从图 4.9 中可以看出,随着被测元件口径的增大,两者呈交叠上升趋势,说明在部分口径下采用 $c_{ov}=1/3$ 较优,但另外一部分口径下采用 $c_{ov}=1/4$ 较优。具体采用何种方法,还需依据元件的具体口径来定。

4.2.2　SOP 子孔径规划仿真

依旧利用上节所述的仿真初始参数,针对 $c_{ov}=1/3,1/4,1/5,1/6$ 的情况进行仿真分析。其仿真结果如图 4.10 所示。

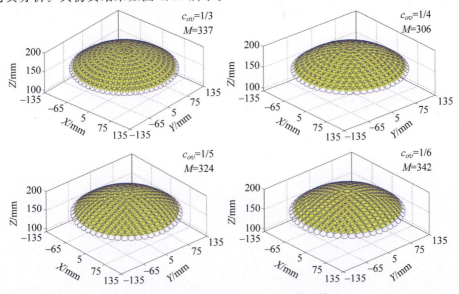

图 4.10　不同重叠因子下的 SOP 规划结果

从图中可知不同重叠因子下规划出的子孔径总数目差别不大,其中当重叠因子为 1/4 时,需要的子孔径数目最少为 306 幅,从均匀性看,四种重叠因子的分布都较均匀,基本不存在局部子孔径堆积的现象。另外,该仿真结果亦表明子孔径数目并不随重叠区域的减少而减少,其原因与 SOM 类似,即当纬线层上的重叠区域减少时,会造成经线方向重叠区域的增大,从而导致了子孔径数目的不降反增。

为具体分析不同口径时重叠因子所导致的子孔径数目的变化,拟合元件口径与子孔径数目曲线,如图 4.11 所示。从图中可以看出,当元件口径在 $\phi 100\mathrm{mm}$ 范围内时,4 种不同重叠因子规划出的子孔径数目基本一致;当大于 $\phi 100\mathrm{mm}$ 时,$c_{ov}=1/3$ 与 $c_{ov}=1/6$ 曲线基本处于 $c_{ov}=1/4$ 与 $c_{ov}=1/5$ 曲线之上,说明无论口径如何变化,该两种重叠因子下规划出的子孔径数目多于 $c_{ov}=1/4$ 与 1/5 的规划结果。而 $c_{ov}=1/5$ 与 $c_{ov}=1/4$ 两者交叠变化,说明部分情况下 $c_{ov}=1/5$ 较优,部分情况下 $c_{ov}=1/4$ 较优,选择何种重叠因子还需要依据被测元件口径而定。

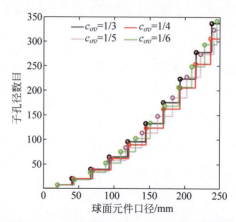

图 4.11　SOP 规划口径与子孔径数目曲线

4.2.3　SOM 与 SOP 规划结果评估

从上述仿真结果中可以看出,SOM 与 SOP 两种规划方案均可较好地实现球面表面子孔径的无漏覆盖,其中 SOM 中采用重叠因子 $c_{ov}=1/3,1/4$ 时较优,SOP 中重叠因子 $c_{ov}=1/4,1/5$ 时较优,为系统评估上述 4 种规划方案的优劣,从以下三方面进行:

(1) 在相同曲率半径下,评估实现不同口径无漏采样时子孔径的分布情况;
(2) 不同曲率半径时,子孔径数目面积比;
(3) 采样时间。

1. 不同口径下子孔径分布情况评估

首先,利用上两节所述口径为 $R250\mathrm{mm}$ 元件的仿真结果,分析不同口径时,子孔径数目的分布情况,给出各纬线层上子孔径的分布,见表 4.2。从表中可以看出,在 SOM 的规划中,存在有纬线层上子孔径数目分布不均的情况。如当 $c_{ov}=1/3$ 时,在第 8 纬线层上,其子孔径数目为 39 幅,而前一层纬线层上却为 45 幅。按正常情况来说,当纬线层圆周周长越长时,子孔径数目应越多,但在第 8 纬线层上则完全不符,这就会导致前一纬线层分布过密或当前纬线层分布过疏的问题,这将导致在后续子孔径拼接过程中子孔径间重叠区域难以确定的问题;在 $c_{ov}=1/4$ 时,亦存在类似问题。相对地,SOP 规划方法则分布较均匀。SOP 中又以 $c_{ov}=1/4$ 时更优,因为其需要的子孔径总数目较少。

表 4.2 SOM 与 SOP 规划中纬线层子孔径分布表

纬线层数	SOM		SOP	
	$c_{ov}=1/3$	$c_{ov}=1/4$	$c_{ov}=1/4$	$c_{ov}=1/5$
1	6	8	7	7
2	11	14	13	12
3	18	23	18	17
4	21	37	23	21
5	31	38	28	26
6	30	39	34	30
7	45	52	39	34
8	39	50	43	38
9	56	66	48	42
10	47	—	52	46
11	—	—	—	50

2. 子孔径数目面积比评估

在上述仿真中研究了相同球面曲率半径下子孔径数目随元件口径的变化情况,而为了更广泛地研究不同元件时 SOM 与 SOP 规划的优劣,需要讨论元件曲率半径变化时的子孔径分布状况,为了更直观地比较,此处利用子孔径数目面积比进行描述。

子孔径数目面积比是指在实现大口径元件的无漏规划时,单位面积上所需要的子孔径数目。若假定实现元件的全口径规划后得到的总的子孔径数目为 M,球面元件表面面积为 s_a,子孔径数目面积比为

$$k_s = \frac{M}{s_a} \tag{4.30}$$

取元件曲率半径变化范围为 30~200mm,并将不同曲率半径时,1/4 圆周角所对应的小圆直径作为被测元件的口径。得到 SOM、SOP 子孔径数目面积比曲线,

如图4.12所示。

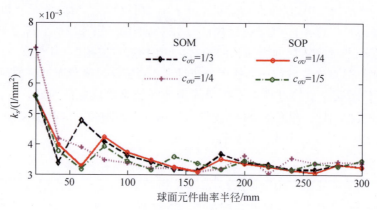

图 4.12　SOM 与 SOP 规划 k_s 曲线

从图中可以看出,当元件曲率半径较小时,曲线波动较大,这主要采用不同的初始值所导致的。如在 SOM 规划中,$c_{ov}=1/3$ 需要取 $M_1=6$,才能得到较好的规划结果;而当 $c_{ov}=1/4$ 时,则需要取 $M_1=8$,得到的规划结果才较优,这就导致在小曲率半径元件规划时出现曲线波动较大的情况。从图中还可以看出,SOP 两种规划方法一致性较好,两条曲线走势与波动基本一致,说明 SOP 方法的稳定性好,在对不同曲率半径元件规划时,都能得到较好的规划结果。SOM $c_{ov}=1/3$ 的曲线与 SOP $c_{ov}=1/4$ 曲线除在曲率半径 $R=60\text{mm}$ 处存在跳变点,两者走势基本一致。但跳变点的存在,说明该规划方式受初始 M_1 取值的影响,稳定性不如 SOP。SOP 中 $c_{ov}=1/4$ 则更优于 $c_{ov}=1/5$ 的情况,因为其曲线更平坦,波动更小。

3. 采样时间评估

决定规划优劣的另一关键指标是实现全口径采样时所耗费的时间。在评估采样时间时,依旧针对大口径的规划过程进行,表 4.2 中列出了 SOM、SOP 4 种规划方式下的子孔径分布。为进行时间评估,还需要对扫描时的各维运动机构所耗费的时间做出统一规定。当元件摆动时,由于需要二维平移机构的补偿,而补偿量一般较小,且平移导轨速度一般大于 50mm/s,因此对摆动给出统一时间 3s;假定自旋维转动速度为 60°/s,则单层纬线层采样时的转动时间大致为 6s;在进行图像采集时的停顿时间设为 0.5s,利用上述子孔径分布表可预估采样耗费时间,见表 4.3。

表 4.3　采样时间预估

	SOM		SOP	
	$c_{ov}=1/3$	$c_{ov}=1/4$	$c_{ov}=1/4$	$c_{ov}=1/5$
耗费时间(S)	242.5	240	243	252

从上述表格可以看出,4 种采样方式采样时耗费的时间差异不大,最大差别在 12s 左右,均在可接受范围内。

综上所述,SOP 在采样均匀性与稳定性上均优于 SOM,且两种方法在时间的耗费上也相差不多,因此 SOP 更适用于球面子孔径的规划,而 SOP 中又以子孔径重叠因子 $c_{ov}=1/4$ 时为最优。

4.3 基于投影变换的大口径球面子孔径拼接方法

在球面子孔径采集的基础上,为获得球面全表面的缺陷提取与评价,进行图像的拼接与缺陷提取必不可少。图像拼接是指将一组相互之间存在一定重叠区域的图像按一定序列进行空间配准、空间变换及图像融合后,形成一幅全口径图像。与平面光学元件不同,球面光学元件表面为三维曲面,经过成像系统成像后在 CCD 成像面上得到二维灰度图像,在成像过程中引起了沿光轴方向信息的压缩,导致三维信息丢失。另外,若要得到真实的球面表面缺陷分布信息,就需要完成子孔径在三维表面的精确拼接。而三维空间上无像素错位的子孔径拼接算法复杂、运算量大且效率低下。为解决上述问题,设计了针对球面光学元件表面缺陷的评价方法。该方法通过对球面表面缺陷暗场散射成像得到的灰度图像进行处理,完成球面缺陷的三维重构、三维子孔径拼接以及缺陷特征提取等,最终得到定量化的缺陷评价结果以及球面缺陷分布的全景三维图。球面光学元件缺陷处理流程主要包括子孔径图像三维矫正、全局坐标变换、子孔径几何投影和拼接以及全口径逆投影重构五个部分,流程图如图 4.13 所示。

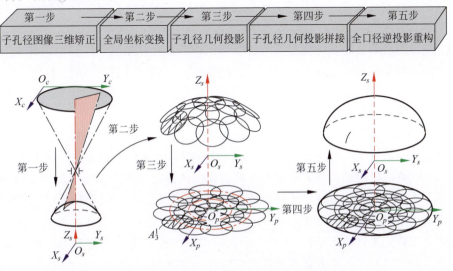

图 4.13 球面光学元件表面缺陷处理流程

首先,对CCD采集得到的球面表面缺陷灰度图进行子孔径三维矫正,球面光学元件由于在光学成像过程中会发生沿光轴方向的信息压缩,因此要进行球面缺陷的三维重构,通过子孔径三维矫正恢复因成像过程中丢失的缺陷三维深度位置信息。本节利用理想光学系统的小孔模型构建了球面缺陷的三维重建数学模型,通过物像关系构造了CCD二维灰度图像上的点与对应于物方空间中实际三维点的映射矩阵,将二维图像矫正为三维曲面。

其次,对矫正后的三维子孔径图像进行坐标变换,将子孔径变换到相应的三维空间中,将局部坐标系下的子孔径图像转换至球面全局坐标系下,根据子孔径规划位置将各子孔径图像变换到空间理想位置上实现全口径图像的拼接。

得到三维子孔径图像后就需要完成子孔径之间的精确拼接。要实现三维子孔径的高精度拼接,必须实现三个维度方向上无像素错位的精确配准,其算法复杂、运算量大而且效率低下。因此,本节提出一种子孔径投影拼接的方法,对子孔径图像进行几何投影至二维平面上,得到投影子孔径后再进行拼接。

在投影平面上的子孔径拼接采用特征匹配的方式进行拼接。与球面表面圆形子孔径区域经过光学成像产生的形变不同,几何投影产生的图像压缩并不会对拼接产生影响,能够精确、高效地实现全口径完整拼接。而且在二维投影图像上进行缺陷的特征提取及定量评价较三维图像也简单许多,在投影平面上完成缺陷的特征提取再进行逆投影变换,将大大减小缺陷在三维图片中提取的难度。

对在投影面上得到的全口径图像进行全口径投影逆重构就可以得到球面光学元件表面缺陷的全景图像,可以更加直观地观察到缺陷在球面表面的分布和形状。另外通过全口径投影逆重构矩阵,利用在投影面上提取得到的缺陷位置信息可以得到缺陷在球面光学元件表面的实际位置,为后续的高倍检测提供多轴的空间位置坐标。

经过对上面五个部分流程的分析就可以得到拼接完整的全口径球面光学元件表面缺陷的空间位置分布,完成球面元件表面全口径的缺陷扫描和检测。

4.3.1 基于小孔成像的子孔径三维矫正

要实现球面光学元件表面缺陷的准确定量评价,就必须对CCD采集得到的二维子孔径图像进行三维矫正,恢复因光学成像而产生的沿光轴方向深度信息的丢失。完成真实三维球面表面信息的重构首先应该建立合理的球面子孔径三维矫正模型。在利用显微镜对球面子孔径成像时,不考虑成像系统畸变的情况下,可以将显微成像过程看作理想的小孔成像。在实际检测过程中,对于存在光学系统畸变成像系统首先进行畸变矫正,再利用小孔成像对子孔径图像进行矫正。如图4.14所示为凸球面光学元件表面子孔径三维矫正示意图。

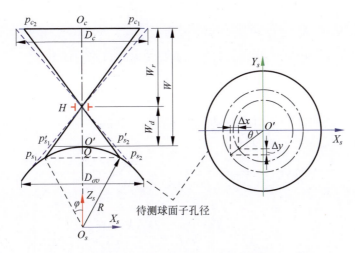

图 4.14 凸球面光学元件表面子孔径三维矫正示意图

选取被测球面曲率中心 O_s 为球面坐标系的原点,球面上的点 p_{s_1} 和 p_{s_2} 经过小孔光阑成像后在二维 CCD 平面上得到点 $p_{c_1}(u,v,G)$ 和点 $p_{c_2}(u,v,G)$,其中 u、v 为像素坐标值,G 为 (u,v) 点对应的灰度。三维矫正的目的是寻找其二维平面点和三维空间点之间的映射关系 T_{c-s},使得 $p_s = p_c T_{c-s}$。对矫正后球面上的点采用球面坐标系表示,则矫正后 p_s 点的坐标值为 (α,β,R,G),其空间坐标为 (X_s,Y_s,Z_s,G)。对于理想的显微成像光学系统,由于所有通过显微系统成像的光线都会通过光学系统入瞳的中心,只要求解出每一个参与成像点对应的 φ、θ,就可以通过成像 CCD 上的对应点矫正出三维球面。

如图 4.14 所示,W_d 为孔径光阑到待测样品成像中心的距离,W_r 为孔径光阑到 CCD 面的距离,其中 H 为光学系统的孔径光阑。孔径光阑 H 的位置可以通过显微镜物方视场 D_{ov} 和像方视场 D_c 得到,其中像方视场大小为

$$D_c = N_{\text{pixel}} \times d_{\text{pixel}} \tag{4.31}$$

式中,N_{pixel} 为像素数,d_{pixel} 为 CCD 相元大小。显微镜物方视场的测量通过制作的二维定标板进行标定,得到物方视场大小 D_{ov}。测量 CCD 成像面到物方焦面的距离并记为 W,可以得到

$$O'H = \frac{D_{ov}}{D_c + D_{ov}} W \tag{4.32}$$

作线段 $p_{s_1}Q$ 垂直于通过球心的光轴 $O_s O_c$,由相似三角形的几何关系可得到以下比例关系:

$$\frac{p_{s_1}Q}{QH} = \frac{p'_{s_1}O_{00}}{O_{00}H} = \frac{p_{c_1}O_c}{O_c H} \tag{4.33}$$

式中,$p_{s_1}Q = R\sin\varphi$,φ 为弧 $\widehat{p_{s_1}O_{00}}$ 所对应的圆心角,$p'_{s_1}O_{00} = D_{ov}/2$,$P_{c_1}O_c = D_c/2$。

令 $O'H = W_d$,$O_cH = W_r$,通过上述几何关系可以得到

$$W_d + W_r = W \tag{4.34}$$

从而得到

$$QH = R(1 - \cos\varphi) + W_d \tag{4.35}$$

将上述参数代入式(4.33)中可以得到

$$\frac{R\sin\varphi}{R(1-\cos\beta)W_d} = \frac{D_c}{2W_r} \tag{4.36}$$

化简后得

$$W_r \sin\varphi + \frac{D_c}{2}\cos\varphi = \frac{D_c(R + W_d)}{2R} \tag{4.37}$$

设 CCD 采集得到的灰度图像上任意一点 $p(u,v)$ 到图像中心的距离为

$$d(u,v) = k \cdot \sqrt{\left(u - \frac{C_r}{2}\right)^2 + \left(v - \frac{C_l}{2}\right)^2} \tag{4.38}$$

取 $\alpha \in \left(0, \dfrac{\pi}{4}\right)$ 对式(3.6)进行求解,可以得到

$$\varphi = \arcsin\left(\frac{d(u,v)}{R} \times \frac{W_r(R + W_d) \pm \sqrt{R^2 W_r^2 - (2RW_d + W_d^2)d^2(u,v)}}{W_r^2 + d^2(u,v)}\right) \tag{4.39}$$

由上式可以看出,角 φ 的解并不唯一,需要对其中的一个值进行排除。对于图像上的每一个像素点通过孔径光阑与球面都存在两个交点,如图 4.15 所示。

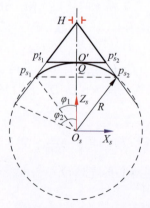

图 4.15 凸透镜三维子孔径矫正角度排除模型

从图 4.15 中可以看出，φ_2 对应的点无法通过小孔进行成像，因此通过上述分析我们可以得到像平面上每一个点对应于物方空间中的圆心角 φ 的值为

$$\varphi = \arcsin\left(\frac{d(u,v)}{R} \times \frac{W_r(R+W_d) - \sqrt{R^2 W_r^2 - (2RW_d + W_d^2)d^2(u,v)}}{W_r^2 + d^2(u,v)}\right)$$

(4.40)

另外根据图 4.14 中的几何关系，可以得到

$$\theta = \frac{\left|v - \frac{C_l}{2}\right|}{d(u,v)} = \frac{\left|v - \frac{C_l}{2}\right|}{k\sqrt{\left(u - \frac{C_r}{2}\right)^2 + \left(v - \frac{C_l}{2}\right)^2}}$$

(4.41)

根据上式，对应每一个已知的 CCD 图像上的像素点，都可以利用式(4.40)与式(4.41)算出对应于物方成像空间的三维坐标，完成从 CCD 像面上的二维像素点 (u,v,G) 向物方空间点 (φ,θ,R,G) 的转换。

构建以待测球面光学元件球心为原点的三维坐标系 $O_s\text{-}X_s Y_s Z_s$，可以得到 CCD 采集得到的二维图像上一点 $P_c(x_c, y_c)$ 对应的矫正后子孔径上一点 $P_s(x_s, y_s, z_s)$ 在三维坐标系中的位置为

$$\begin{cases} x_s = \left[\dfrac{W_d}{W_r} + \dfrac{R(1-\cos\varphi)}{W_r}\right] \times \sqrt{x_c^2 + y_c^2} \times \cos\theta \\ y_s = \left[\dfrac{W_d}{W_r} + \dfrac{R(1-\cos\varphi)}{W_r}\right] \times \sqrt{x_c^2 + y_c^2} \times \sin\theta \\ z_s = R\cos\varphi \end{cases}$$

(4.42)

利用上述坐标对原有图像上像素分别进行矫正后，即可以实现基于理想小孔成像模型的子孔径图像的三维矫正。对于待测球面为凹球面的子孔径图像三维重建与凸球面三维矫真的过程类似，但是角度排除模型有所区别。

根据式(4.42)可以得到角度 φ 的两个值，对于凹球面光学元件需要通过不同的情况具体分析角 φ 的取值。利用建模分析，根据球面曲率中心和孔径光阑的位置关系将凹透镜成像模型分为两类，分别对应于图 4.16 中的两种情况。

当 $R \leqslant W_d \dfrac{W}{\beta+1}$ 时，其中 W 为显微系统物面之间的距离。从图 4.16(a)中可以看出 $\varphi_1 > \varphi_2$，此时待测凹球面的曲率中心 O_s 在孔径光阑 H 的下方，则通过角度排除模型可以得到角 φ 的值为

$$\varphi = \arcsin\left(\frac{d(u,v)}{R} \cdot \frac{W_r(R+W_d) + \sqrt{R^2 W_r^2 - (2RW_d + W_d^2) \cdot d^2(u,v)}}{W_r^2 + d^2(u,v)}\right)$$

(4.43)

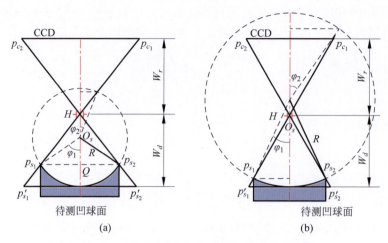

图 4.16　凹透镜三维子孔径矫正角度排除模型

同理当 $R>W_d=\dfrac{W}{\beta+1}$ 时，其中 W 为显微系统物面之间的距离。图 4.16(b) 中可以看出 $\varphi_1<\varphi_2$，此时待测凹球面的曲率中心 O_s 在孔径光阑 H 的上方，则通过角度排除模型可以得到角 φ 的值为

$$\varphi=\arcsin\left[\frac{d(u,v)}{R}\times\frac{W_r(R+W_d)+\sqrt{R^2W_r^2-(2RW_d+W_d^2)d^2(u,v)}}{W_r^2+d^2(u,v)}\right]$$

(4.44)

通过利用球面定中系统得到的待测凹球面光学元件曲率半径的大小进行判断可以对 CCD 成像面上的每一个像素值对应的角度 φ 进行求解，然后利用式(4.42)对子孔径灰度图像进行三维矫正，恢复因光学成像而丢失的球面光学元件深度信息，得到凹球面光学元件表面缺陷在三维空间中的真实信息。

4.3.2　球面子孔径全局坐标变换

完成球面子孔径三维重构后，还需要对三维子孔径图像进行全局坐标矫正，以实现三维子孔径的完善拼接并得到球面全口径缺陷图像。通过上节得到的球面三维子孔径上的点为空间三维距离坐标，因此需要将此距离坐标转化为以像素表示的像素坐标，因此在进行全局坐标变换之前还需要对图像进行插值处理，将三维矫正后非整数的位置坐标转化为整数的像素坐标，并确定处理后图像上该点的灰度。

1. 球面三维子孔径图像插值

图像插值是通过已知数据来估计未知位置的数据。一些经典的图像插值算法,例如最近邻内插法、双线性内插法等,都是利用近邻像素点灰度的加权平均来计算出未知像素点处的灰度,而这种加权平均一般为信号与插值函数之间的二维卷积。因此对于线性插值来说基函数相当于低通滤波器,对数据中的高频信息都具有滤除和抑制效应,从而会对一些边缘特征和细节丰富的图像产生严重的影响。

(1) 最近邻内插法

最近邻内插法又称为零阶插值,即把原图像中最近邻的灰度赋给每个新位置上,作为插值后的图像灰度。这种方法是图像插值方法中最简单而且最方便的一种方法,原理如图 4.17 所示。

如图 4.17 所示,最近邻内插法通过直接计算图像坐标系中点 u 到近邻点 n_1、n_2、n_3、n_4 之间的距离,求解距离 u 最近的像素点并将其灰度赋值给该像素点。该方法虽然简单,但是处理之后对图像细节和边缘会产生严重的失真,尤其是某些直边缘,这对于高精度缺陷的检测会产生严重的误差。为了满足处理效率和处理精度之间的关系,本节采用双线性内插的方法对三维矫正后的缺陷图像进行插值,双线性内插

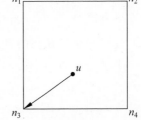

图 4.17 最近邻内插法示意图

法并不属于线性内插方法,其基函数并不能等效为低通滤波器,因此能够很好地保留缺陷细节和边缘。

(2) 双线性内插法

双线性内插法用 4 个最近邻去估计给定位置的灰度,双线性内插法将会得到比最近邻内插法更好的结果,但是运算量会增加,如图 4.18 所示。已知灰度图像上的 4 个点为 $G_{11}(u_1,v_1)$、$G_{12}(u_1,v_2)$、$G_{21}(u_2,v_1)$、$G_{22}(u_2,v_2)$,通过双线性插值可以得到点 G 处的灰度。双线性插值首先在 u 方向上进行插值,然后再在 v 方向上插值,得到灰度点 $G(u,v)$,插值公式如下:

$$\begin{cases} G(R_1) = \dfrac{u_2-u}{u_2-u_1}G_{11} + \dfrac{u-u_1}{u_2-u_1}G_{21} \\ G(R_2) = \dfrac{u_2-u}{u_2-u_1}G_{12} + \dfrac{u-u_1}{u_2-u_1}G_{22} \\ G(u,v) = \dfrac{v_2-v}{v_2-v_1}G(R_1) + \dfrac{v-v_1}{v_2-v_1}G(R_2) \end{cases} \quad (4.45)$$

通过双线性内插法就可以对三维空间坐标进行插值计算,得到球面三维子孔径灰度图像,该算法较简单而且对细节和边缘特征保存较好,也是目前图像处理中广泛应用的图像插值方法。

2. 三维子孔径全局坐标变换

完成三维子孔径重构和图像插值后,需要对三维子孔径图像进行全局坐标矫正,计算出三维子孔径在全局坐标系统的位置,以实现完善的拼接并得到全口径缺陷图像。

如图 4.13 中第二步所示,以子孔径规划的位置为基准将各个三维子孔径按照其理想位置拼接即可得到球面全口径图像。设 α_i 为第 i 个纬线层上子孔径的自旋角,β_i 为第 i 个纬线层上子孔径相对于待测元件光轴的摆动角,则第 i 个纬

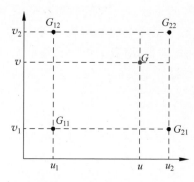

图 4.18 双线性插值示意图

线层上第 j 个子孔径的自旋角与摆动角为 $((j_i-1)\alpha_i, \beta_i)$,曲率中心为 O_{ij_i},则三维子孔径上一点 $p_s(x_s, y_s, z_s)$ 经过全局坐标变换后其球面全局坐标为

$$\begin{bmatrix} x_{sa} \\ y_{sa} \\ z_{sa} \end{bmatrix} = \begin{bmatrix} \cos((j_i-1)\alpha_i) & -\sin((j_i-1)\alpha_i) & 0 \\ \sin((j_i-1)\alpha_i) & \cos((j_i-1)\alpha_i) & 0 \\ 0 & 0 & 1 \end{bmatrix} \begin{bmatrix} 1 & 0 & 0 \\ 0 & \cos\beta_i & -\sin\beta_i \\ 0 & \sin\beta_i & \cos\beta_i \end{bmatrix} \begin{bmatrix} x_s \\ y_s \\ z_s \end{bmatrix}$$
(4.46)

式中,x_{sa}、y_{sa}、z_{sa} 为三维子孔径上点 $p_{sa}(x_{sa}, y_{sa}, z_{sa})$ 在球面全局坐标系下的坐标位置,自此完成了三维子孔径在全局坐标系下的变换。

通过上述全局坐标变换过程可以得到三维子孔径在球面上的理论位置,但由于采样时不可避免地存在机构误差,该误差会导致子孔径的实际采样位置与理想位置间存在偏差,因此对于大口径球面元件来说,在理想位置直接进行三维子孔径的拼接会引起像素错位、特征断裂等现象。另外,直接对三维子孔径进行拼接,不仅运算量大而且算法复杂,不适合大口径元件高效率的检测。因此,为获得高精度的全口径拼接图像,本节提出了三维子孔径的投影拼接方法。

4.3.3 三维子孔径在投影平面上的全口径拼接

子孔径拼接检测技术是一种兼顾大视场与高分辨率的检测方法,但是通过其实现高精度的检测就必须完成子孔径之间的精确拼接。三维子孔径的高精度拼接要实现三个维度方向上无像素错位的精确配准,其算法复杂、运算量大且效率低下。另外,在三维空间中对子孔径进行特征提取和缺陷标定也很困难,因此本节提出了一种三维子孔径投影拼接方法。

1. 三维子孔径几何投影

三维子孔径几何投影拼接方法首先将三维子孔径投影在特定平面上获得投影

子孔径,再对二维投影面上的子孔径进行拼接。

该几何变换过程与球面表面圆形子孔径区域经过光学成像产生的形变不同,如图 4.19 所示,几何投影产生的图像压缩并不会对图像拼接产生影响,只是对三维表面上的缺陷形状产生投影形变,该形变可以通过投影变换矩阵得到。

在二维投影面上子孔径能够精确、高效地全口径完整拼接,而且在二维投影图像上进行缺陷的特征提取及定量评价较三维图像也简单许多,在投影平面上完成缺陷的特征提取再进行逆投影变换,将大大减小缺陷在三维图片中提取的难度。如图 4.20 所示,球面光学元件三维子孔径通过几何投影至投影平面,完成从坐标系 O_s-$X_sY_sZ_s$ 到坐标系 O_p-X_pY_p 的转换。从图中可以看出,不同空间位置处的球面三维子孔径经过几何投影在投影平面中的形变也不相同。

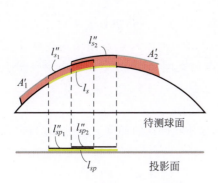 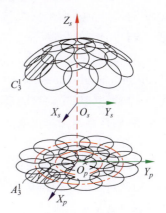

图 4.19　三维子孔径投影重叠区域几何形变示意图　　图 4.20　球面光学元件三维子孔径几何投影示意图

当三维子孔径 C_3^1 投影到 X_pY_p 平面上时得到投影子孔径 A_3^1,三维子孔径投影时会导致相邻子孔径的重叠区域产生变化,其中离中心点越远其子孔径及重叠区域形变量越大。此时如果仅凭重叠区域进行子孔径拼接,则很难实现重叠区域内缺陷特征信息在投影平面上的高精度拼接,对后续缺陷特征提取和全景图像生成都会产生严重的影响。

2. 基于特征匹配的投影子孔径拼接

通过上述分析,通过重叠区域的拼接很难直接完成重叠区域内缺陷特征的拼接,因此本节利用特征匹配的方式对子孔径重叠区域内的特征点进行提取,然后对提取后的特征点进行匹配。通过特征检测、特征描述和特征匹配三个步骤完成基于缺陷特征的高精度匹配,保证了缺陷检测的准确性和精度。

1) SIFT 特征匹配算法

SIFT 特征匹配算法以其仿射不变性以及对于图像尺度、旋转、视角和光照变化所保持的稳定性成为了目前图像特征检测中常用的方法,而且该算法能够很好地忽略目标运动、遮挡及噪声等影响缺陷提取精度的相关因素,能够保持较好的匹配效果。对于不同背景灰度、不同角度的球面投影子孔径,该算法都有很好的缺陷提取效果。基本的 SIFT 特征匹配步骤有以下几个方法。

(1) 尺度空间内的特征点检测

假设二维图像为 $I(x,y)$,其在不同尺度空间下的图像可以通过与高斯核的卷积 $G(x,y,\sigma)$ 得到,其中 $G(x,y,\sigma)=\left(\dfrac{1}{2\pi\sigma^2}\right)\cdot e^{-(x^2+y^2)/2\sigma^2}$。$\sigma$ 表示图像的模糊程度,通过不同的 σ 值来反映图像中不同分辨率的内容,小的 σ 反映图像的细节,大的 σ 表征图像的模糊特征。

通过对不同 σ 下的两个相邻尺度的高斯差分核与图像进行卷积可以得到高斯差分(difference of Gaussian,DOG)尺度空间,在 DOG 尺度空间中对每一个点比较其 26 个检测邻域中的检测极值,如果该点与空间周围 26 个领域中存在最大值和最小值,则该点为图像在该尺度下的一个关键点。

(2) 指定方向向量,使该算法具备旋转不变性

在特征点所在的尺度空间内,利用关键点邻域像素的梯度方向分布,指定该点处的方向向量。由于图像在旋转变换的过程中邻域内梯度分布不变,因此使得该特征提取算子具备了旋转不变性。其方向向量的幅值及方向计算公式如下,其中 $l(x,y)$ 为方向向量的幅值,$\theta(x,y)$ 为方向角:

$$m(x,y)=\sqrt{[L(x+1,y)-L(x-1,y)]^2+[L(x,y+1)-L(x,y-1)]^2} \tag{4.47}$$

$$\theta(x,y)=\arctan\left[\dfrac{L(x,y+1)-L(x,y-1)}{L(x+1,y)-L(x-1,y)}\right] \tag{4.48}$$

在实际计算过程中,以关键点为中心的圆周范围内进行梯度计算,不同方向上的梯度值也不一样,求取其梯度峰值即该点处的主方向。

(3) 生成关键点描述子

Lowe 提出对关键点进行描述时,对选取关键点邻域中 16×16 的响度点进行梯度计算,并使用高斯加权得到一个 128 维的关键点描述子,并对其进行归一化处理。该关键点描述向量的具体生成过程本节不进行详细叙述,该特征描述向量对光照、噪声、旋转和尺度变换都具有良好的不变性。

(4) 特征匹配

得到重叠区域内的关键点描述向量后,寻找不同子孔径图像内关键点的对应

关系。利用最近邻查找方法对两幅待匹配的图像进行相似度度量,完成不同子孔径图像之间的精确匹配。

通过上述分析,SIFT 算法以其优越的性能和较高的鲁棒性可以实现投影子孔径的精确拼接,生成投影平面上全口径投影缺陷图。对于表面缺陷的灰度图像,表面会存在灰尘,而灰尘的特征相对于划痕不明显,为了提高匹配点之间的匹配精度,在缺陷特征较多的情况下,首先对特征较为理想的划痕类缺陷进行特征匹配拼接。

2) 图像变换

球面光学元件表面缺陷检测(SSDES)系统利用摆动、自旋和平移完成全口径球面表面缺陷的检测,因此在图像拼接过程中还需要对图像进行平移、旋转等变换,将投影子孔径变换到相应位置处进行拼接,其变换矩阵为

$$H = \begin{pmatrix} \cos\xi & -\sin\xi & u \\ \sin\xi & \cos\xi & v \\ 0 & 0 & 1 \end{pmatrix} \quad (4.49)$$

式中,ξ 为图像旋转角度,u 和 v 为平移量。

3) 投影子孔径拼接

利用 SIFT 特征提取算法对子孔径重叠区域的匹配点进行特征提取后,可以利用匹配点之间的对应关系实现子孔径图像的拼接。从图 4.21 可以看出,不同经纬线上的子孔径经过投影后会产生形变,而且形变量在经线方向上逐渐增大。另

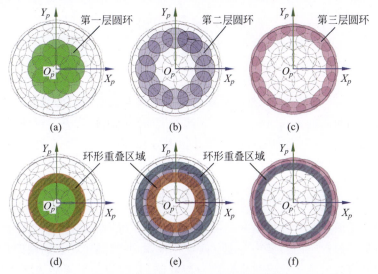

图 4.21 投影子孔径拼接顺序示意图

(a) 第一纬线层;(b) 第二纬线层;(c) 第三纬线层;(d) 第一纬线层环形重叠范围;(e) 第二纬线层环形重叠范围;(f) 第三纬线层环形重叠范围

外由于三维球面为旋转对称面,所以在纬线方向上子孔径图像产生的形变量一致,通过几何投影每一层纬线上的子孔径都变形为一圈类椭圆形子孔径图像。因此,在投影子孔径拼接过程中,首先对纬线方向上具有相同形变量的子孔径图像进行拼接,如图 4.21(a)、(b)、(c)所示,在同一纬线层上得到环形图像。之后再对各个环形图像进行重叠区域划分,并对重叠区域内的特征点进行提取以完成经线方向上圆环形图像的统一调整,完成投影面上子孔径图像的全口径拼接。

在投影子孔径拼接过程中,在纬线层拼接完成后,要对环带重叠区域进行提取,将重叠区所覆盖的最大圆环作为新的重叠区域,在重叠区域内进行匹配点之间的匹配。在平面上进行图像拼接相对简单,而且能够获得更高精度的拼接效果。

4.3.4 球面表面缺陷全景图像生成

为了更加直观地对球面光学元件表面缺陷进行观察,对拼接得到的全口径投影图像进行三维逆重构,完成全景图像的生成。由于某些大口径光学元件子孔径数目较多,因此在投影面上进行拼接后产生的全口径图像数据量将会很大,经过三维逆重构生成的全景图像不能进行全方位观察,导致系统的检测效率和服务器运算效率降低,因此在进行三维逆重构前需要对图像进行压缩。

利用二次插值的方式进行图像压缩,得到较小数据量的全口径图像,对该图像进行三维投影逆重构可获得球面尺寸坐标。设压缩后的投影图像内一点为 $P_t(x_p, y_p)$,全景图像上一点为 $P_{sp}(x_{sp}, y_{sp}, z_{sp})$,则变换关系为

$$\begin{bmatrix} x_{sp} \\ y_{sp} \\ z_{sp} \\ 1 \end{bmatrix} = \begin{bmatrix} 1 & 0 & 0 \\ 0 & 1 & 0 \\ 0 & 0 & z_s \\ 0 & 0 & 1 \end{bmatrix} \begin{bmatrix} x_p \\ y_p \\ 1 \end{bmatrix} \tag{4.50}$$

自此,通过一系列的图像处理算法可以得到球面表面缺陷的灰度分布全景图,以更加直观和便捷的方式对每一个待测球面表面缺陷进行观察。得到球面全景图像后,还需要对三维表面缺陷进行定量化检测,因此需要设计一套针对于球面光学元件表面缺陷的标定方法。与平面不同,球面表面的数字化标定更加复杂。

4.3.5 球面表面缺陷定量化评价

要完成球面光学元件表面缺陷的定量化检测还需要进行缺陷的定量化标定,即完成由灰度像素空间转换为尺度空间进行检测,并得到定量化的缺陷检测结果。但是基于显微散射暗场成像技术检测表面缺陷,其物像关系不能简单通过成像系统的放大倍率进行对应。大多数情况下由于光学系统像差、缺陷衍射增宽效应等使得物像关系并不是简单的基于光学系统放大倍率的线性关系,其关系曲线也不

能用明确的数学函数进行表达,因此目前国内外的缺陷定量化标定基本采用比对法进行测量。比对法首先对标准板上刻有标准尺寸的划痕和麻点在同一条件下进行成像,得到标准板上标准缺陷的灰度图像;其次通过标准缺陷的实际尺度和像素数之间的比对拟合出物像关系曲线;最后对实际缺陷的像素进行标定就可以得到实际缺陷的尺寸大小,最终完成缺陷的定量化检测。本节使用的标准板以融石英材料为基底,上表面镀铬膜,利用电子束曝光将标准缺陷图像转换到铬膜上,再利用反应离子束刻蚀工艺(reactive ion beam etching,RIBE)将铬膜上的标准缺陷图像转移至石英基底上,得到具有标准划痕、麻点等的定标板。该定标板表面缺陷的尺寸已知,控制其深度在 250～300nm,尽可能接近实际分布在超光滑光学元件表面上缺陷的情况。

  但是,球面光学元件表面缺陷的定量化标定相比于平面元件表面来说将更加复杂,目前国内外还没有基于机器视觉的球面光学元件表面缺陷定标算法的研究,因此球面缺陷的高精度定中困难重重。(1)由于球面光学元件表面为三维曲面,而且随着曲率半径的不同其成像过程也不同,因此目前还没有球面光学元件的标准比对板。(2)由于球面光学元件在成像过程中会发生维度信息丢失,因此不能直接利用平面标准板对系统 CCD 采集得到的实际缺陷灰度图像进行高精度标定。(3)在实际检测过程中,灰度图像完成拼接要经过一系列的图像处理,包括三维重建、全局坐标变换和球面子孔径投影,都需要进行二次线性插值以保证获得离散化的数字图像,因此在插值过程中每一个像素对应的实际距离将产生变化,严重影响缺陷的定量化标定。因此,球面光学元件的缺陷定标不能通过平面定标方法实现,需要设计新的方法完成标定过程。

  通过上述分析可知,由于球面为三维表面,而二维标准板只能对二维待测表面缺陷进行检测,因此球面光学元件表面缺陷不能直接通过二维标准板进行定标。本节在二维投影平面上对球面光学元件表面缺陷进行定标,对二维平面上得到的缺陷尺寸进行几何逆投影,得到缺陷在实际三维表面上的真实尺寸。本节主要对球面光学元件表面划痕和麻点进行定量化检测,完成缺陷的长度、宽度以及分布位置的定量化检测,得到缺陷的真实信息。为了提高系统检测的精确性,SSDES 成像系统采用连续可变倍的显微镜,在高倍下完成对缺陷宽度的检测,在低倍下进行缺陷长度的检测以及缺陷分布位置的提取。其中划痕类缺陷通过长度和宽度完成定量评价,麻点类划痕通过宽度和面积进行定量评价。

1. 基于曲面积分的球面缺陷长度检测

  球面光学元件表面缺陷位于三维曲面上,因此其长度方向可以看成一条三维曲线,完成其从灰度像素空间向尺度空间的转换以得到定量化的缺陷检测结果。为了降低在三维空间中定标的难度,本节提出了一种新的球面缺陷定标方式,即在低倍成像条件下,首先在投影面上对全口径缺陷图像进行特征提取,得到缺陷在投影面上的长度,然后利用曲面积分实现球面缺陷长度的定量化评价。

对于球面上任意一段曲线 C,其长度可以通过积分的方式进行计算,如下所示:

$$L = \int_c ds \tag{4.51}$$

式中,ds 表示曲线长度元,其表达式为

$$ds = \sqrt{\Delta x^2 + \Delta y^2 + \Delta z^2} \tag{4.52}$$

其式(4.52)可以转换为下式:

$$ds = \Delta x \sqrt{1 + \left(\frac{\Delta y}{\Delta x}\right)^2 + \left(\frac{\Delta z}{\Delta x}\right)^2} = dx\sqrt{1 + (y'_x)^2 + (z'_x)^2} \tag{4.53}$$

建立以球心为原点的空间坐标 O_s-$X_sY_sZ_s$,得到其球面方程为

$$x^2 + y^2 + z^2 = R^2 \tag{4.54}$$

式中,R 为球面的曲率半径。因此只要能准确测出球面元件的曲率半径就可以得到三维曲面上一条划痕的真实长度。将式(4.54)进行变换,可以得到

$$z = \sqrt{R^2 + y^2 - x^2} \tag{4.55}$$

此时求 z 对 x 的导数可以得到

$$\frac{dz}{dx} = \frac{-x - y \cdot y'}{\sqrt{R^2 - y^2 - x^2}} \tag{4.56}$$

将式(4.56)代入式(4.53)可以得到

$$ds = \sqrt{1 + (y')^2 + \frac{(x + y \cdot y')^2}{R^2 - y^2 - x^2}} dx \tag{4.57}$$

代入式(4.51),可以得到

$$L = \int_{x_1}^{x_2} \sqrt{1 + (y')^2 + \frac{(x + y \cdot y')^2}{R^2 - y^2 - x^2}} dx \tag{4.58}$$

通过上式可以得到,只要求取在投影平面 XY 上 y 与 x 的关系,即 $y = f(x)$,则可以根据式(4.58)得到三维曲线的实际长度。其中 x_1 和 x_2 为待积分区间内投影曲线的端点值,该值为实际空间距离,因此还需要得到像素数与实际尺寸的对应关系。本节该对应关系通过对平面定标板进行成像,并对采集得到的图像进行三维重构和几何投影,对几何投影图像上定标板缺陷的像素值与其标准值进行比对,就可以得到投影平面上经过像素插值后的单个像素大小,具体方法如图 4.22 所示。

首先,将平面定标板放置在物面上进行检测,物面坐标系为 O'_c-$X'_cY'_c$。在定标板上取一条已知尺寸的标准线段 d_l,d_l 经显微散射暗场成像,在 CCD 采集得到

的成像子孔径上得到其像 d_c。其次，将该幅子孔径图像进行三维重构，得到三维子孔径图像。由于凸球面光学元件的曲率半径 R 能够通过球面定中过程精确测量得到，此时将空间三维曲线 d_s 投影在投影面上并进行插值计算，就可以得到标准线段 d_l 在投影平面上对应的线段 d_p。此时投影平面上的单个像素大小 $k=d_l/d_p$，通过 k 就可以求出带积分投影曲线的端点坐标。另外，在三维子孔径图像上得到标准线段的球面像 d_s，此时 d_s 以像素数为单位且对应的圆弧角为 d_θ。如果球面曲率半径产生变化，其对应的 d_θ 也将发生变化。因此对于不同的曲率半径 R，都需要重新标定 k。

得到单个像素的大小就可以得到准确的投影曲线方程 $y=f(x)$，利用上述分析得到三维曲面表面缺陷的真实长度。投影曲线关系可以通过分段最小二乘拟合方法求得，在实际检测中如果出现近似数

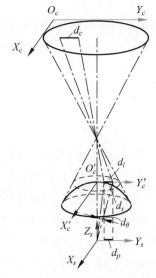

图 4.22 球面光学元件表面缺陷长度定标示意图

值的情况，即 x 方向的导数无穷大时，可以对其进行旋转之后再拟合，由球面的几何关系可知，旋转并不影响最终积分得到的长度。

在提取同一个凸球面光学元件上的表面缺陷长度时，通过特征提取和角点检测算法可以获得缺陷（主要是划痕类缺陷）的若干拐点，一般在拐点处其曲线拟合函数的导数不连续。因此依据拐点位置坐标，将连续的缺陷离散为 n 条投影曲线 C_i：$y=f_i(x)$，其中 $i=1,2,\cdots,n$。分别对各投影曲线进行积分并求和就可以得到球面三维表面缺陷的真实长度，其表达式如下式所示：

$$L_{\text{pixel}} = \sum_{i=1}^{n} \left(\int_{C_i} \mathrm{d}s \right) \tag{4.59}$$

2. 球面表面缺陷宽度定标

球面光学元件表面缺陷的宽度定标就是获得球面上任意位置处划痕的实际宽度与三维子孔径图像的像素数之间的关系。当显微散射暗场成像单元的成像倍率为低倍时，视场小、分辨率低，对微米量级的宽度数值难以准确定标。低倍下的宽度定标结果仅可以参考，不能作为评价结果，因此应该在高倍下进行定标和评价宽度。在高倍定标前首先要得到球面缺陷的位置坐标，然后通过控制多轴位姿调整系统将缺陷移动至视场中心进行成像。球面缺陷的位置坐标通过对投影面上缺陷的位置坐标进行逆投影重构得到。在投影平面上，通过特征提取得到缺陷位置坐

标,其中划痕类缺陷以端点作为位置坐标点,麻点类缺陷以质心作为位置坐标点。设投影面上缺陷位置坐标点为 $P_t(x_p,y_p)$,经过逆投影重构后得到球面表面上的点为 $P_s(x_s,y_s,z_s)$,则点 P_t 与点 P_s 的关系为

$$\begin{bmatrix} x_s \\ y_s \\ z_s \\ 1 \end{bmatrix} = \begin{bmatrix} 1 & 0 & 0 \\ 0 & 1 & 0 \\ 0 & 0 & z_s \\ 0 & 0 & 1 \end{bmatrix} \begin{bmatrix} x_p \\ y_p \\ 1 \end{bmatrix} \tag{4.60}$$

得到球面缺陷在三维球面上的位置后,通过位姿调整系统将缺陷移动至视场中心,并且将显微镜变换至高倍完成宽度方向的检测。

高倍下宽度定标示意图如图 4.23 所示。由于得到缺陷位置坐标后,将缺陷移动至视场中心,此时显微镜在高倍条件下景深小,缺陷宽度信息位于视场中心且成像清晰,因三维表面缺陷成像而产生的形变较小可以忽略不计,所以可以参考平面表面缺陷表面宽度定标方法对高倍下球面光学元件表面缺陷的宽度方向直接进行定量化检测。

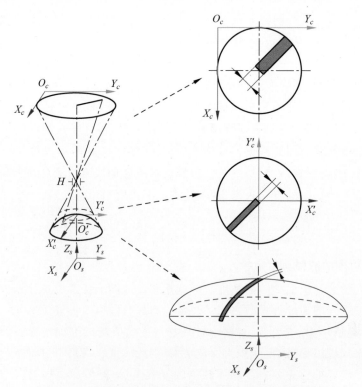

图 4.23 球面光学元件表面缺陷高倍下宽度定标示意图

综上所述，SSDES 系统采用双倍率检测方式，在低倍下主要完成对缺陷长度和位置的检测，在高倍下完成缺陷宽度的检测。这种检测方式不仅能大大提高缺陷检测的效率，而且可以获得高精度的检测结果。在低倍率下，由于显微镜物方视场大，景深也大，因此经过显微散射成像会造成成像信息丢失和压缩，无法进行精确的测量。因此低倍下主要对划痕类缺陷的长度进行检测，首先在投影面上获得准确的划痕轮廓表达式，再通过曲面积分的方式完成三维球面上划痕类缺陷长度的定量评价。另外，由于低倍下分辨率低，无法实现高精度的缺陷宽度检测，因此显微成像系统切换至高倍率下完成缺陷宽度方向的检测。在高放大倍率下，景深较小，且宽度信息在视场中心，因此高倍下宽度测量方法主要参考平面缺陷宽度定标方法，通过标准比对板的成像数据拟合定标函数，完成对实际检测中真实缺陷宽度的高精度检测。

4.4 球面子孔径拼接误差分析

SSDES 在利用多维联动扫描系统进行球面子孔径采样过程中，存在多种误差源，影响子孔径采集位置，产生位置偏差，从而导致子孔径拼接过程中出现像素错位、特征断裂等现象，因此需要对误差源进行分析，建立系统误差模型。根据误差源的来源和特性，可将它们分为不同类型。根据误差的来源，可分为外部误差和内部误差两种。外部误差主要指影响扫描精度的周围环境的温度、电网电压波动、地表振动、操作者的干预等；内部误差主要指扫描机构内部引起的误差，包括几何误差、机构受力形变、力矩、摩擦力、振动等。这些误差将会不同程度地反映在扫描执行机构全部或部分单元上。根据误差特性，又可分为确定性误差、时变误差和随机误差三种。确定性误差可以事先测定，且不随时间的变化而变化，如移动导轨的几何误差属于该类型。时变误差主要指随着时间变化而产生变化的误差，如导轨移动过程中由于摩擦力所导致的局部热变形，该热变形随时间缓慢变化。随机误差无法精确预测，只能通过统计方法进行描述，如外界环境振动就属于典型的随机误差。

多轴联动扫描执行机构在运动过程中会受到多种误差源影响。在正常的运行环境下，多轴扫描执行机构自身的精度是其中最重要的因素。影响多轴扫描执行机构自身的精度主要误差源包括静止误差、运动误差。静止误差和运动误差的最大区别在于前者与运动无关，而运动误差与运动量有关。静止误差主要是指运动组件在装配时可能发生的位姿误差；而运动误差是指运动过程中产生的位置误差，如平动机构中的定位误差、转动机构中的转角误差等。由于静止误差主要与加工装配过程相关，因此本节主要针对运动误差进行分析。

从上述误差源分析可知，运动误差是影响子孔径采样精度的主要原因。而运动误差中的转动机构转角误差、平移导轨定位误差等又是运动误差中的重要误差源,且会在运动过程中不断造成误差的传递和累积,从而对拼接结果产生严重影响。

4.4.1 转动机构转角误差的影响

转动机构的转角误差是指转动机构实际转动角度与理论转动角度之间的偏差,该转角误差的产生主要是由于在对驱动电机响应时的丢步现象。在多轴扫描系统中的转角误差主要包括摆动角误差和自旋角误差。

1. 摆动角误差的影响

如图 4.24(a)所示,当在球面顶点 O_{00} 处采集到初始子孔径 S^0 后,再通过沿经线方向以球心点 O_s 为转动中心点的摆动,摆动 β_1 后至 O_{11} 处,采集到子孔径图像 S^1。由于摆动角度误差 $\Delta\beta_1$ 的存在,导致实际摆动至 O'_{11} 处,这就导致实际采样位置与理论采样位置(图中虚线)间产生位置偏差。若此时绕 Z_s 轴自旋,并沿纬线方向的子孔径采样,则会使采集到的子孔径图像存在有沿纬线圆周法线方向上的位置偏差,如图 4.24(b)所示。

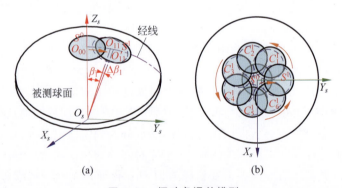

图 4.24 摆动角误差模型
(a)摆动角误差存在时经线上子孔径采样图示;(b)摆动角误差存在时纬线层上子孔径采样图示

为分析由摆动角误差的存在而产生的位置偏差对拼接的影响,假设球面表面存在两条划痕 L_{s1} 和 L_{s2}。在存在误差的情况下分别采样得到各子孔径,其中短划痕 L_{s1} 横跨子孔径 S^0、C_1^1,长划痕 L_{s2} 横跨子孔径 S^0、C_1^1、C_2^1、C_3^1、C_4^1,如图 4.25(a)所示。由于利用子孔径进行球面全口径球面校正,直接拼接时,采用球面子孔径所在的理论位置,即按照图 4.25(a)中所示虚线位置进行采样得到的子孔径的拼接。拼接后的图像如图 4.25(b)所示。从图中可以看出,划痕 L_{s1} 将断裂为两条,长划痕 L_{s2} 则因跨越的子孔径数目较多断裂为四条。

第 4 章 球面光学元件表面缺陷检测方法研究

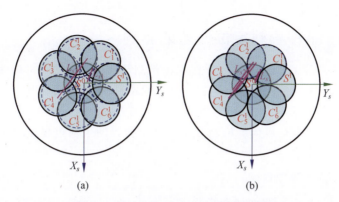

图 4.25 摆动角误差对子孔径拼接的影响
(a) 摆动角误差存在时子孔径采样图示；(b) 摆动角误差存在时子孔径拼接图示

2. 自旋角误差对拼接的影响

如图 4.26 所示,当元件通过摆动采集到子孔径 S^1 后,再绕 Z_s 轴自旋,分别在纬线层上采集到子孔径 $C_1^1, C_2^1, \cdots, C_6^1$。若自旋时,存在自旋转动角误差 $\Delta\alpha_1$,则 $\Delta\alpha_1$ 会在自旋时造成自旋角误差累积。若假定在自旋时的角误差相同,均为 $\Delta\alpha_1$,则当采集到子孔径 C_6^1 时,会存在 $6\Delta\alpha_1$ 的自旋角误差。这就造成在子孔径采样时,其实际采样位置与理论(图中虚线所示)位置的巨大偏差,从而对全口径图像的生成过程造成影响。

为分析自旋角误差对拼接的影响,此处依旧假设球面表面存在划痕 L_{s1} 和 L_{s2},经子孔径采样后,短划痕 L_{s1} 横跨纬线层初始子孔径 S^1 和当前纬线层最末子孔径 C_6^1,长划痕横跨子孔径 S^0, C_3^1, C_4^1, C_5^1,如图 4.27(a) 所示。在球面全口径图生成时,按子孔径理论位置排布,会造成划痕的断裂,如图 4.27(b) 所示。其中短划痕 L_{s1} 断裂为两条,长划痕因跨过的子孔径数目较多而断裂为多条。

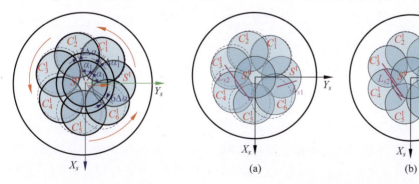

图 4.26 自旋角误差模型

图 4.27 自旋角误差对拼接的影响
(a) 自旋角误差存在时子孔径采样图示；
(b) 自旋角误差存在时子孔径拼接图示

179

4.4.2 平移导轨定位误差的影响

在子孔径的扫描过程中,由于无法保证被测球面球心与摆动机构转轴相重合,导致扫描时存在偏心情况。为补偿偏心造成的位置偏差,需要对其进行补偿,补偿时需要 Y 方向与 Z 方向的二维补偿量,因此扫描机构中需存在沿 Y 方向与 Z 方向的二维平移机构。平移机构定位误差将影响子孔径的采样过程,并影响全口径的拼接过程。

1. Y 方向定位误差影响

如图 4.28(a)所示,当在球面顶点 O_{00} 处采集到初始子孔径 S^0 后,需要通过沿经线方向绕球心点 O_s,摆动 β_1 后至 O_{11} 处,采集到子孔径图像 S^1。但由于偏心的情况,摆动时需沿 Y_m 方向运动 d_{my} 补偿量。若此时存在 Y 方向定位误差 Δd_{my},则会造成实际采样位置由 O_{11} 变为 O'_{11},从而造成子孔径采样位置与理论位置(图中虚线所示)的偏差,对拼接造成影响。此时 Y 方向定位误差的影响与摆动角影响类似,皆因造成沿经线方向的位置偏差,从而导致当元件绕 Z_s 轴自旋时,造成如图 4.28(b)所示 XY 方向视图中沿纬线圆周法线方向上的位置偏差。若利用采集到的图像进行球面全口径图的生成,则会造成划痕断裂情况的出现。

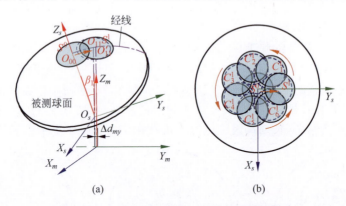

图 4.28 Y 方向定位误差对子孔径采样的影响
(a) Y 方向定位误差对经线子孔径采样的影响;(b) Y 方向定位误差对纬线层子孔径采样的影响

2. Z 方向定位误差影响

如图 4.29 所示为元件存在偏心摆动时,需要沿 Z_m 方向移动 d_{mz} 补偿量。若在移动时存在定位误差 Δd_{mz},则造成采集到的子孔径 S^1,其采样位置由 O_{11} 变为 O'_{11},但沿 Z_m 方向的位置偏差 Δd_{mz} 仅影响元件至成像显微镜间的相对距离。若超出显微镜景深范围则可能使采集到的图像模糊。但由于扫描时显微镜工作在低倍率下(1×)此时显微镜景深在毫米量级,因此微小的沿 Z_m 方向的变化量对成像质量的影响可忽略，在扫描时，Z 方向定位误差可不做考虑。

上述分别对多轴扫描系统中的定位误差、转角误差进行了分析，但由于采样时存在多轴联动，在联动过程中除定位误差、转角误差外还包括平移导轨的直线度误差、转动机构的径向、轴向偏心误差等。子孔径采样精度受多种误差的复合作用，使误差产生过程更加复杂，误差影响范围也将更大。为保证高精度的子孔径采样过程，需要建立多轴联动扫描机构误差模型，以确定子孔径采样过程中的误差分布，从而保障全口径图像拼接时能获得完善的拼接图像。在多轴系统的分析中，最常采用的是利用多体系统理论，多体系统目前已在多关节机器人、多轴数控机床等运动、误差分析中得到广泛的应用。

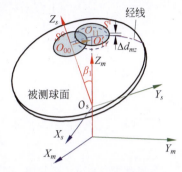

图 4.29 Z 方向定位误差对子孔径采样的影响

4.5 多轴扫描系统运动及误差的分析与建模

4.5.1 多体系统理论概述

多体系统是对工程实际中多个通过某种形式联结的刚体或柔体的概括和抽象[20-21]。多体系统目前已在机器人、多轴机床等运动分析、误差分析领域得到成功的应用。尤其是在多轴机床运动分析中，在考虑误差的情况下，建立机床的实际运动模型，而非仅仅基于刚体运动的分析方法，有效实现了对机床精度的分析。本节基于多体系统理论，对误差的建模过程进行分析，为后续多轴扫描机构的误差建模及误差对拼接的影响分析过程奠定基础。

1. 多体系统拓扑结构的描述

多个物体通过某种特定的形式联接起来构成多体系统，各物体的联接方式称为系统的拓扑结构。拓扑结构是进行多体系统研究的依据和基础，是对多体系统本质的高度提炼和概括。对多体系统描述的方法有两种：基于图论的方法和基于低序体阵列的方法。相对于基于图论方法利用关联矩阵和通路矩阵达到多体系统拓扑结构描述的过程而言，用低序体阵列描述的方法显得更加简洁方便。因此本节仅对低序体拓扑描述方法进行研究。

相对于开环多体系统而言，闭环多体系统亦可看作带有特殊约束的开环系统，因此本节以开环系统为研究对象。首先对低序体阵构建方法进行描述。任设一多体系统如图 4.30 所示，设惯性参考系 V 为 B_0 体，选一体为 B_1 体，按远离 B_1 体方

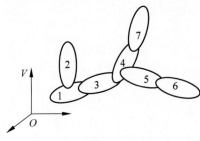

图 4.30 多体系统拓扑图

向,从一分支到另一分支,按自然增长序列分别进行编号。则低序体阵列可通过下列计算公式得到。

若任选 B_j 为系统中任意典型体,B_j 的 n 阶低序体序号为

$$L^n(j) = i \tag{4.61}$$

式中,L 为低序体算子,称 B_j 为体 B_i 的 n 阶高序体。它满足

$$L^n(j) = L(L^{n-1}(j)) \tag{4.62}$$

当称 B_j 与 B_i 相邻时,有

$$L(j) = i \tag{4.63}$$

依据上述定义,可计算出图 4.30 中的各阶低序体阵列,见表 4.4。

表 4.4 多体系统拓扑结构低序体阵列

j	1	2	3	4	5	6	7
$L^0(j)$	1	2	3	4	5	6	7
$L^1(j)$	0	1	1	3	4	5	4
$L^2(j)$	0	0	0	1	3	4	3
$L^3(j)$	0	0	0	0	1	3	1
$L^4(j)$	0	0	0	0	0	1	0
$L^5(j)$	0	0	0	0	0	0	0
$L^6(j)$	0	0	0	0	0	0	0
$L^7(j)$	0	0	0	0	0	0	0

2. 相邻体的几何描述

多体系统中 B_i 与 B_j 为相邻体,如图 4.31 所示。首先在惯性体 B_0 建立坐标系 O_0-$X_0Y_0Z_0$,B_i 与 B_j 上建立动坐标系 O_i-$X_iY_iZ_i$ 和 O_j-$X_jY_jZ_j$。则 O_j 相对于 O_i 的位置变化表征了两体间的平移运动状况,右旋矢量组 $X_jY_jZ_j$ 的姿态变化表征了典型体 B_j 相对于体 B_i 的旋转运动状况。这样相邻体间的位置和姿态等价于坐标系间的相对位置和姿态,便可将对多体系统的研究转为对多体坐标系的研究。

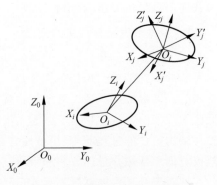

图 4.31 相邻体间的几何描述

4.5.2 理想运动的变换矩阵

1. 平移运动特征矩阵

平移运动可分解为 X、Y、Z 三轴的基本平移运动。若相邻体坐标系 O_i-$X_iY_iZ_i$ 与 O_j-$X_jY_jZ_j$ 间仅存在沿 X 轴的平移 x_{ij},则两体间的变换矩阵为

$$\boldsymbol{T}_{ijx} = \begin{bmatrix} 1 & 0 & 0 & x_{ij} \\ 0 & 1 & 0 & 0 \\ 0 & 0 & 1 & 0 \\ 0 & 0 & 0 & 1 \end{bmatrix} \tag{4.64}$$

同理,若相邻体坐标系 O_i-$X_iY_iZ_i$ 与 O_j-$X_jY_jZ_j$ 间仅存在沿 Y 轴的平移 y_{ij} 和沿 Z 轴的平移 z_{ij},则两体间的变换矩阵分别为

$$\boldsymbol{T}_{ijy} = \begin{bmatrix} 1 & 0 & 0 & 0 \\ 0 & 1 & 0 & y_{ij} \\ 0 & 0 & 1 & 0 \\ 0 & 0 & 0 & 1 \end{bmatrix} \tag{4.65}$$

$$\boldsymbol{T}_{ijz} = \begin{bmatrix} 1 & 0 & 0 & 0 \\ 0 & 1 & 0 & 0 \\ 0 & 0 & 1 & z_{ij} \\ 0 & 0 & 0 & 1 \end{bmatrix} \tag{4.66}$$

则两体间的平移运动特征矩阵为

$$\boldsymbol{T}_{ij}(M) = \boldsymbol{T}_{ijx}\boldsymbol{T}_{ijy}\boldsymbol{T}_{ijz} = \begin{bmatrix} 1 & 0 & 0 & x_{ij} \\ 0 & 1 & 0 & y_{ij} \\ 0 & 0 & 1 & z_{ij} \\ 0 & 0 & 0 & 1 \end{bmatrix} \tag{4.67}$$

在上述特征矩阵的描述中使用了齐次坐标,齐次坐标是在原有三维坐标上加 1,构成四维矢量,如原有笛卡儿坐标系下一空间点为 (x,y,z),则其齐次坐标为 $(x,y,z,1)^{\mathrm{T}}$。齐次坐标的采用,可将广义坐标系下各维平移、旋转等运动变化都转化为矩阵运算,为计算机建模过程提供了方便。

2. 旋转运动特征矩阵

空间中复杂转动亦可以分解为绕 X、Y、Z 三轴的转动,若设相邻体坐标系 O_i-$X_iY_iZ_i$ 与 O_j-$X_jY_jZ_j$ 间仅存在绕其 X 轴的旋转 r_{ijx},则其变换矩阵为

$$T_{ij}(r_x) = \begin{bmatrix} 1 & 0 & 0 & 0 \\ 0 & \cos r_{ijx} & -\sin r_{ijx} & 0 \\ 0 & \sin r_{ijx} & \cos r_{ijx} & 0 \\ 0 & 0 & 0 & 1 \end{bmatrix} \quad (4.68)$$

相应地,若相邻体坐标系 O_i-$X_i Y_i Z_i$ 与 O_j-$X_j Y_j Z_j$ 间仅存在绕 Y、Z 轴的旋转 r_{ijy}、r_{ijz} 时的变换矩阵为

$$T_{ij}(r_y) = \begin{bmatrix} \cos r_{ijy} & 0 & \sin r_{ijy} & 0 \\ 0 & 1 & 0 & 0 \\ -\sin r_{ijy} & 0 & \cos r_{ijy} & 0 \\ 0 & 0 & 0 & 1 \end{bmatrix} \quad (4.69)$$

$$T_{ij}(r_z) = \begin{bmatrix} \cos r_{ijz} & -\sin r_{ijz} & 0 & 0 \\ \sin r_{ijz} & \cos r_{ijz} & 0 & 0 \\ 0 & 0 & 1 & 0 \\ 0 & 0 & 0 & 1 \end{bmatrix} \quad (4.70)$$

若相邻体坐标系 O_i-$X_i Y_i Z_i$ 与 O_j-$X_j Y_j Z_j$ 依次绕 X 轴旋转 r_{ijx},绕 Y 轴旋转 r_{ijy},绕 Z 轴旋转 r_{ijz} 后的理想变换旋转特征矩阵为

$$T_{ij}(R) = T_{ij}(r_x) T_{ij}(r_y) T_{ij}(r_z)$$

$$= \begin{bmatrix} cr_{ijy} cr_{ijz} & -cr_{ijy} sr_{ijz} & sr_{ijy} & 0 \\ cr_{ijy} sr_{ijz} + sr_{ijx} sr_{ijy} cr_{ijz} & cr_{ijx} cr_{ijz} - sr_{ijx} sr_{ijy} sr_{ijz} & -sr_{ijx} cr_{ijy} & 0 \\ sr_{ijy} sr_{ijz} - cr_{ijx} sr_{ijy} cr_{ijz} & sr_{ijx} cr_{ijz} + cr_{ijx} sr_{ijy} sr_{ijz} & cr_{ijx} cr_{ijy} & 0 \\ 0 & 0 & 0 & 1 \end{bmatrix}$$

$$(4.71)$$

式中,$s = \sin$,$c = \cos$。

3. 理想合成特征矩阵

若相邻体坐标系 O_i-$X_i Y_i Z_i$ 与 O_j-$X_j Y_j Z_j$ 间先转动后平动,则其运动变换矩阵为

$$T_{ij} = T_{ij}(R) T_{ij}(M)$$

$$= \begin{bmatrix} cr_{ijy} cr_{ijz} & -cr_{ijy} sr_{ijz} & sr_{ijy} & x_{ij} \\ cr_{ijy} sr_{ijz} + sr_{ijx} sr_{ijy} cr_{ijz} & cr_{ijx} cr_{ijz} - sr_{ijx} sr_{ijy} sr_{ijz} & -sr_{ijx} cr_{ijy} & y_{ij} \\ sr_{ijy} sr_{ijz} - cr_{ijx} sr_{ijy} cr_{ijz} & sr_{ijx} cr_{ijz} + cr_{ijx} sr_{ijy} sr_{ijz} & cr_{ijx} cr_{ijy} & z_{ij} \\ 0 & 0 & 0 & 1 \end{bmatrix}$$

$$(4.72)$$

称为体间理想运动特征矩阵。

4.5.3 实际运动中的变换矩阵

为知道每一基本运动过程中产生的运动误差,需要得知其合成运动误差,而基本运动误差分析过程可利用上述理想体间的运动特征矩阵计算得到。以 X 轴的平动为例,在平动时,会发生与运动量相关的 6 项误差,分别为三维平动方向误差 Δx_{ijx}、Δy_{ijx}、Δz_{ijx},三维转动方向误差 Δr_{ijxx}、Δr_{ijyx}、Δr_{ijzx}。利用转动特征矩阵可知绕 X 轴转动的误差矩阵为

$$\Delta \boldsymbol{T}_{ij}(r_x) = \begin{bmatrix} 1 & 0 & 0 & 0 \\ 0 & \cos\Delta r_{ijxx} & -\sin\Delta r_{ijxx} & 0 \\ 0 & \sin\Delta r_{ijxx} & \cos\Delta r_{ijxx} & 0 \\ 0 & 0 & 0 & 1 \end{bmatrix} \quad (4.73)$$

绕 Y 轴转动的误差矩阵为

$$\Delta \boldsymbol{T}_{ij}(r_y) = \begin{bmatrix} \cos\Delta r_{ijyx} & 0 & \sin\Delta r_{ijyx} & 0 \\ 0 & 1 & 0 & 0 \\ -\sin\Delta r_{ijyx} & 0 & \cos\Delta r_{ijyx} & 0 \\ 0 & 0 & 0 & 1 \end{bmatrix} \quad (4.74)$$

绕 Z 轴转动的误差矩阵为

$$\Delta \boldsymbol{T}_{ij}(r_z) = \begin{bmatrix} \cos\Delta r_{ijzx} & -\sin\Delta r_{ijzx} & 0 & 0 \\ \sin\Delta r_{ijzx} & \cos\Delta r_{ijzx} & 0 & 0 \\ 0 & 0 & 1 & 0 \\ 0 & 0 & 0 & 1 \end{bmatrix} \quad (4.75)$$

三维平动的误差矩阵为

$$\Delta \boldsymbol{T}_{ij}(M) = \boldsymbol{M}_{ijx}\boldsymbol{M}_{ijy}\boldsymbol{M}_{ijz} = \begin{bmatrix} 1 & 0 & 0 & \Delta x_{ijx} \\ 0 & 1 & 0 & \Delta y_{ijx} \\ 0 & 0 & 1 & \Delta z_{ijx} \\ 0 & 0 & 0 & 1 \end{bmatrix} \quad (4.76)$$

综合运动误差变换矩阵为

$$\begin{aligned}
&\Delta \boldsymbol{T}_{ijx} \\
&= \Delta \boldsymbol{T}_{ij}(r_x)\Delta \boldsymbol{T}_{ij}(r_y)\Delta \boldsymbol{T}_{ij}(r_z)\Delta \boldsymbol{T}_{ij}(M) \\
&= \begin{bmatrix} c\Delta r_{ijyx}c\Delta r_{ijzx} & -c\Delta r_{ijyx}s\Delta r_{ijzx} & s\Delta r_{ijyx} & \Delta x_{ijx} \\ c\Delta r_{ijxx}s\Delta r_{ijzx}+s\Delta r_{ijxx}s\Delta r_{ijyx}c\Delta r_{ijzx} & c\Delta r_{ijxx}c\Delta r_{ijzx}-s\Delta r_{ijxx}s\Delta r_{ijyx}s\Delta r_{ijzx} & -s\Delta r_{ijxx}c\Delta r_{ijyx} & \Delta y_{ijx} \\ s\Delta r_{ijxx}s\Delta r_{ijzx}-c\Delta r_{ijxx}s\Delta r_{ijyx}c\Delta r_{ijzx} & s\Delta r_{ijxx}c\Delta r_{ijzx}+c\Delta r_{ijxx}s\Delta r_{ijy}s\Delta r_{ijzx} & c\Delta r_{ijxx}c\Delta r_{ijyx} & \Delta z_{ijx} \\ 0 & 0 & 0 & 1 \end{bmatrix}
\end{aligned}$$

$$(4.77)$$

当 Δr_{ijxx}、Δr_{ijyx}、Δr_{ijzx} 很小时,有

$$\Delta \boldsymbol{T}_{ijx} = \begin{bmatrix} 1 & -\Delta r_{ijzx} & \Delta r_{ijyx} & \Delta x_{ijx} \\ \Delta r_{ijzx} & 1 & -\Delta r_{ijxx} & \Delta y_{ijx} \\ -\Delta r_{ijyx} & \Delta r_{ijxx} & 1 & \Delta z_{ijx} \\ 0 & 0 & 0 & 1 \end{bmatrix} \quad (4.78)$$

同理可得到 Y、Z 轴平动及绕 X、Y、Z 轴的转动的误差变换矩阵分别为

$$\Delta \boldsymbol{T}_{ijy} = \begin{bmatrix} 1 & -\Delta r_{ijzy} & \Delta r_{ijyy} & \Delta x_{ijy} \\ \Delta r_{ijzy} & 1 & -\Delta r_{ijxy} & \Delta y_{ijy} \\ -\Delta r_{ijyy} & \Delta r_{ijxy} & 1 & \Delta z_{ijy} \\ 0 & 0 & 0 & 1 \end{bmatrix} \quad (4.79)$$

$$\Delta \boldsymbol{T}_{ijz} = \begin{bmatrix} 1 & -\Delta r_{ijzz} & \Delta r_{ijyz} & \Delta x_{ijz} \\ \Delta r_{ijzz} & 1 & -\Delta r_{ijxz} & \Delta y_{ijz} \\ -\Delta r_{ijyz} & \Delta r_{ijxz} & 1 & \Delta z_{ijz} \\ 0 & 0 & 0 & 1 \end{bmatrix} \quad (4.80)$$

$$\Delta \boldsymbol{T}_{ij}(r_x) = \begin{bmatrix} 1 & -\Delta r_{ijzrx} & \Delta r_{ijyrx} & \Delta x_{ijrx} \\ \Delta r_{ijzrx} & 1 & -\Delta r_{ijxrx} & \Delta y_{ijrx} \\ -\Delta r_{ijyrx} & \Delta r_{ijxrx} & 1 & \Delta z_{ijrx} \\ 0 & 0 & 0 & 1 \end{bmatrix} \quad (4.81)$$

$$\Delta \boldsymbol{T}_{ij}(r_y) = \begin{bmatrix} 1 & -\Delta r_{ijzry} & \Delta r_{ijyry} & \Delta x_{ijry} \\ \Delta r_{ijzry} & 1 & -\Delta r_{ijxry} & \Delta y_{ijry} \\ -\Delta r_{ijyry} & \Delta r_{ijxry} & 1 & \Delta z_{ijry} \\ 0 & 0 & 0 & 1 \end{bmatrix} \quad (4.82)$$

$$\Delta \boldsymbol{T}_{ij}(r_z) = \begin{bmatrix} 1 & -\Delta r_{ijzrz} & \Delta r_{ijyryz} & \Delta x_{ijrz} \\ \Delta r_{ijzrz} & 1 & -\Delta r_{ijxrz} & \Delta y_{ijrz} \\ -\Delta r_{ijyrz} & \Delta r_{ijxrz} & 1 & \Delta z_{ijrz} \\ 0 & 0 & 0 & 1 \end{bmatrix} \quad (4.83)$$

可得到两体间运动误差特征矩阵为

$$\Delta \boldsymbol{T}_{ij} = \Delta \boldsymbol{T}_{ij}(r_x) \Delta \boldsymbol{T}_{ij}(r_y) \Delta \boldsymbol{T}_{ij}(r_z) \Delta \boldsymbol{T}_{ijx} \Delta \boldsymbol{T}_{ijy} \Delta \boldsymbol{T}_{ijz} \quad (4.84)$$

若在理想运动特征矩阵的基础上考虑运动误差,则可得到两体间按先转动后平动的顺序进行动作时的实际运动矩阵为

$$\boldsymbol{T}_{ij} = \boldsymbol{T}_{ij}(r_x) \Delta \boldsymbol{T}_{ij}(r_x) \boldsymbol{T}_{ij}(r_y) \Delta \boldsymbol{T}_{ij}(r_y) \boldsymbol{T}_{ij}(r_z) \Delta \boldsymbol{T}_{ij}(r_z) \boldsymbol{T}_{ijx} \Delta \boldsymbol{T}_{ijx} \boldsymbol{T}_{ijy} \Delta \boldsymbol{T}_{ijy} \boldsymbol{T}_{ijz} \Delta \boldsymbol{T}_{ijz}$$
$$(4.85)$$

4.5.4 拓扑结构、低序体阵列

为实现球面的扫描过程,建立球面多轴扫描系统,如图 4.32 所示。它可分为五维运动,分别是 X、Y、Z 三轴平动,绕 X 轴的摆动和绕 Z 轴的转动。其中 X 轴的平动主要负责在元件定中完成后,完成元件由定中位置至检测位置的移动,Z 轴主要完成检测显微镜的对焦操作,且独立于其他轴。

在进行多体间的分析前,首先建立各运动部件坐标系,如图 4.33 所示。其中设定世界坐标系为 $X_w Y_w Z_w$;X 轴移动导轨坐标系为 $X_{mx} Y_{mx} Z_{mx}$,其与 $X_w Y_w Z_w$ 平行,运动时沿 X_w 轴平动;Y 轴移动导轨坐标系为 $X_{my} Y_{my} Z_{my}$,其与 $X_{mx} Y_{mx} Z_{mx}$ 平行,运动时沿 Y_{mx} 轴平动;

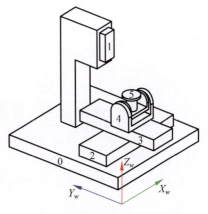

图 4.32 多轴扫描系统结构图

Z 轴移动导轨坐标系为 $X_{mz} Y_{mz} Z_{mz}$,其与世界坐标系 $X_w Y_w Z_w$ 平行,运动时沿 Z_w 方向平动;绕 X 轴摆动机构坐标系为 $X_{rx} Y_{rx} Z_{rx}$,其 X_{rx} 轴与 X_{my} 轴平行,运动时绕 X_{rx} 轴摆动;绕 Z 轴自旋机构坐标系为 $X_{rz} Y_{rz} Z_{rz}$,其 Z_{rz} 轴与 Z_{rx} 轴重合,运动时绕 Z_{rz} 轴自旋。

建立多轴扫描系统拓扑结构如图 4.34 所示,其中"0"为系统大理石底座,"1"为 Z 向平移导轨,"2"为 X 向平移导轨,"3"为 Y 向平移导轨,"4"为绕 X 轴的摆动,"5"为绕 Z 轴的摆动。建立其低序体阵列见表 4.5。

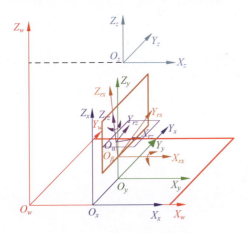

图 4.33 多轴扫描系统坐标系

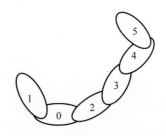

图 4.34 多轴扫描系统拓扑结构

表 4.5　多轴扫描系统低序体阵列

典型体 i	1	2	3	4	5
$L^0(i)$	1	2	3	4	5
$L^1(i)$	0	0	2	3	4
$L^2(i)$	0	0	0	2	3
$L^3(i)$	0	0	0	0	2
$L^4(i)$	0	0	0	0	0

4.5.5　特征矩阵、理想运动矩阵与实际运动矩阵

在考虑多轴扫描系统的特征矩阵时,除考虑理想特征矩阵外,还需要考虑运动误差特征矩阵。

相邻体 01,表示 Z 向导轨相对大理石底座间的 Z 方向平动,其理想特征矩阵为

$$T_{01} = \begin{bmatrix} 1 & 0 & 0 & 0 \\ 0 & 1 & 0 & 0 \\ 0 & 0 & 1 & z_{01} \\ 0 & 0 & 0 & 1 \end{bmatrix} \quad (4.86)$$

运动误差特征矩阵为

$$\Delta T_{01} = \begin{bmatrix} 1 & -\Delta r_{01zz} & \Delta r_{01yz} & \Delta x_{01z} \\ \Delta r_{01zz} & 1 & -\Delta r_{01xz} & \Delta y_{01z} \\ -\Delta r_{01yz} & \Delta r_{01xz} & 1 & \Delta z_{01z} \\ 0 & 0 & 0 & 1 \end{bmatrix} \quad (4.87)$$

相邻体 02,表示 X 方向导轨相对于固定大理石底座间的平动,其理想运动特征矩阵为

$$T_{02} = \begin{bmatrix} 1 & 0 & 0 & x_{02} \\ 0 & 1 & 0 & 0 \\ 0 & 0 & 1 & 0 \\ 0 & 0 & 0 & 1 \end{bmatrix} \quad (4.88)$$

运动误差特征矩阵为

$$\Delta T_{02} = \begin{bmatrix} 1 & -\Delta r_{02zx} & \Delta r_{02yx} & \Delta x_{02x} \\ \Delta r_{02zx} & 1 & -\Delta r_{02xx} & \Delta y_{02x} \\ -\Delta r_{02yx} & \Delta r_{02xx} & 1 & \Delta z_{02x} \\ 0 & 0 & 0 & 1 \end{bmatrix} \quad (4.89)$$

相邻体 23,表示 Y 向导轨相对于 X 方向导轨在 Y 方向上的平动,其理想运动矩阵和运动误差矩阵为

$$\boldsymbol{T}_{23} = \begin{bmatrix} 1 & 0 & 0 & 0 \\ 0 & 1 & 0 & y_{23} \\ 0 & 0 & 1 & 0 \\ 0 & 0 & 0 & 1 \end{bmatrix} \tag{4.90}$$

$$\Delta \boldsymbol{T}_{23} = \begin{bmatrix} 1 & -\Delta r_{23zy} & \Delta r_{23yy} & \Delta x_{23y} \\ \Delta r_{23zy} & 1 & -\Delta r_{23xy} & \Delta y_{23y} \\ -\Delta r_{23yy} & \Delta r_{23xy} & 1 & \Delta z_{23y} \\ 0 & 0 & 0 & 1 \end{bmatrix} \tag{4.91}$$

相邻体 34,表示摆动机构相对于 Y 向导轨的运动,即绕 X 轴的摆动,其理想运动特征矩阵和误差矩阵为

$$\boldsymbol{T}_{34} = \begin{bmatrix} 1 & 0 & 0 & 0 \\ 0 & \cos r_{34x} & -\sin r_{34x} & 0 \\ 0 & \sin r_{34x} & \cos r_{34x} & 0 \\ 0 & 0 & 0 & 1 \end{bmatrix} \tag{4.92}$$

$$\Delta \boldsymbol{T}_{34} = \begin{bmatrix} 1 & -\Delta r_{34zrx} & \Delta r_{34yrx} & \Delta x_{34rx} \\ \Delta r_{34zrx} & 1 & -\Delta r_{34xrx} & \Delta y_{34rx} \\ -\Delta r_{34yrx} & \Delta r_{34xrx} & 1 & \Delta z_{34rx} \\ 0 & 0 & 0 & 1 \end{bmatrix} \tag{4.93}$$

相邻体 45,表示自旋机构相对于摆动机构的运动,即绕 Z 轴的自旋,其理想运动特征矩阵和误差矩阵为

$$\boldsymbol{T}_{45} = \begin{bmatrix} \cos r_{45z} & -\sin r_{45z} & 0 & 0 \\ \sin r_{45z} & \cos r_{45z} & 0 & 0 \\ 0 & 0 & 1 & 0 \\ 0 & 0 & 0 & 1 \end{bmatrix} \tag{4.94}$$

$$\Delta \boldsymbol{T}_{45} = \begin{bmatrix} 1 & -\Delta r_{45zrz} & \Delta r_{45yrz} & \Delta x_{45rz} \\ \Delta r_{45zrz} & 1 & -\Delta r_{45xrz} & \Delta y_{45rz} \\ -\Delta r_{45yrz} & \Delta r_{45xrz} & 1 & \Delta z_{45rz} \\ 0 & 0 & 0 & 1 \end{bmatrix} \tag{4.95}$$

若设元件上存在一点 P_s,其在 $X_{rz}Y_{rz}Z_{rz}$ 坐标系下的齐次坐标为

$$\boldsymbol{P}_s = (x_{rz}, y_{rz}, z_{rz}, 1)^\mathrm{T} \tag{4.96}$$

则其运动时的理想运动矩阵为

$$P_{\text{ideal}} = \prod_{j=5}^{1} T_{L^j(5)L^{j-1}(5)} P_s \qquad (4.97)$$

式中,$L^0(5)=0$,由此可得到

$$P_{\text{ideal}} = \begin{bmatrix} 1 & 0 & 0 & x_{02} \\ 0 & 1 & 0 & 0 \\ 0 & 0 & 1 & 0 \\ 0 & 0 & 0 & 1 \end{bmatrix} \begin{bmatrix} 1 & 0 & 0 & 0 \\ 0 & 1 & 0 & y_{23} \\ 0 & 0 & 1 & 0 \\ 0 & 0 & 0 & 1 \end{bmatrix} \begin{bmatrix} 1 & 0 & 0 & 0 \\ 0 & \cos r_{34x} & -\sin r_{34x} & 0 \\ 0 & \sin r_{34x} & \cos r_{34x} & 0 \\ 0 & 0 & 0 & 1 \end{bmatrix}$$

$$\begin{bmatrix} \cos r_{45z} & -\sin r_{45z} & 0 & 0 \\ \sin r_{45z} & \cos r_{45z} & 0 & 0 \\ 0 & 0 & 1 & 0 \\ 0 & 0 & 0 & 1 \end{bmatrix} \begin{bmatrix} x_{rz} \\ y_{rz} \\ z_{rz} \\ 1 \end{bmatrix} \qquad (4.98)$$

若将运动误差考虑进去,则得到实际运动特征矩阵为

$$P_{\text{real}} = \begin{bmatrix} 1 & 0 & 0 & x_{02} \\ 0 & 1 & 0 & 0 \\ 0 & 0 & 1 & 0 \\ 0 & 0 & 0 & 1 \end{bmatrix} \begin{bmatrix} 1 & -\Delta r_{02zx} & \Delta r_{02yx} & \Delta x_{02x} \\ \Delta r_{02zx} & 1 & -\Delta r_{02xx} & \Delta y_{02x} \\ -\Delta r_{02yx} & \Delta r_{02xx} & 1 & \Delta z_{02x} \\ 0 & 0 & 0 & 1 \end{bmatrix} \begin{bmatrix} 1 & 0 & 0 & 0 \\ 0 & 1 & 0 & y_{23} \\ 0 & 0 & 1 & 0 \\ 0 & 0 & 0 & 1 \end{bmatrix}$$

$$\begin{bmatrix} 1 & -\Delta r_{23zy} & \Delta r_{23yy} & \Delta x_{23y} \\ \Delta r_{23zy} & 1 & -\Delta r_{23xy} & \Delta y_{23y} \\ -\Delta r_{23yy} & \Delta r_{23xy} & 1 & \Delta z_{23y} \\ 0 & 0 & 0 & 1 \end{bmatrix} \begin{bmatrix} 1 & 0 & 0 & 0 \\ 0 & \cos r_{34x} & -\sin r_{34x} & 0 \\ 0 & \sin r_{34x} & \cos r_{34x} & 0 \\ 0 & 0 & 0 & 1 \end{bmatrix}$$

$$\begin{bmatrix} 1 & -\Delta r_{34zrx} & \Delta r_{34yrx} & \Delta x_{34rx} \\ \Delta r_{34zrx} & 1 & -\Delta r_{34xrx} & \Delta y_{34rx} \\ -\Delta r_{34yrx} & \Delta r_{34xrx} & 1 & \Delta z_{34rx} \\ 0 & 0 & 0 & 1 \end{bmatrix} \begin{bmatrix} \cos r_{45z} & -\sin r_{45z} & 0 & 0 \\ \sin r_{45z} & \cos r_{45z} & 0 & 0 \\ 0 & 0 & 1 & 0 \\ 0 & 0 & 0 & 1 \end{bmatrix}$$

$$\begin{bmatrix} 1 & -\Delta r_{45zrz} & \Delta r_{45yrz} & \Delta x_{45rz} \\ \Delta r_{45zrz} & 1 & -\Delta r_{45xrz} & \Delta y_{45rz} \\ -\Delta r_{45yrz} & \Delta r_{45xrz} & 1 & \Delta z_{45rz} \\ 0 & 0 & 0 & 1 \end{bmatrix} \begin{bmatrix} x_{rz} \\ y_{rz} \\ z_{rz} \\ 1 \end{bmatrix} \qquad (4.99)$$

式(4.99)中含有太多误差项,难以应用于实际计算中,需要进行进一步简化。为完成简化,需要明确各误差项的实际物理意义,并将对结果影响不大的误差项进行适当简化。

4.5.6 误差项物理意义辨识及实际运动特征矩阵简化

体 02 间的运动误差矩阵为式(4.89),其中存在误差项 Δr_{02zx}、Δr_{02yx}、Δr_{02xx}、Δx_{02x}、Δy_{02x}、Δz_{02x}。其中:Δr_{02zx}、Δr_{02yx}、Δr_{02xx} 分别表示在 X 轴导轨沿世界坐标系 X_w 平动时,存在的 X 向移动导轨坐标系中绕 X_{mx}、Y_{mx}、Z_{mx} 轴的转动误差,该转动误差在 X 轴导轨移动过程中的影响表现形式依旧是引起在三维平动方向上的误差,且引起的误差量非常小,因此此处可忽略。

Δx_{02x}、Δy_{02x}、Δz_{02x} 分别表示在 X 轴导轨沿世界坐标系 X_w 平动时,存在的 X 向移动导轨坐标系中沿 X_{mx}、Y_{mx}、Z_{mx} 轴的平动误差,即 Δx_{02x} 表示 X 向移动导轨的定位精度,Δy_{02x} 表示 X 向导轨移动时的沿 Y 方向的直线度偏差,Δz_{02x} 则表示导轨移动时,存在的沿 Z 方向的直线度偏差。其中沿 Z 方向的偏差在球面元件检测系统中造成元件与显微镜间的相对位置变动,若超出成像显微镜景深范围则可能对成像质量造成影响。但扫描时一般采用低倍率进行,此时显微镜的景深较大,一般在毫米量级,因此 Z 方向的误差项可忽略。从而体 02 间的运动误差矩阵可简化为

$$\Delta \boldsymbol{T}_{02} = \begin{bmatrix} 1 & 0 & 0 & \Delta x_{02x} \\ 0 & 1 & 0 & \Delta y_{02x} \\ 0 & 0 & 1 & 0 \\ 0 & 0 & 0 & 1 \end{bmatrix} \tag{4.100}$$

同理,体 23 间的运动误差矩阵可简化为

$$\Delta \boldsymbol{T}_{23} = \begin{bmatrix} 1 & 0 & 0 & \Delta x_{23y} \\ 0 & 1 & 0 & \Delta y_{23y} \\ 0 & 0 & 1 & 0 \\ 0 & 0 & 0 & 1 \end{bmatrix} \tag{4.101}$$

体 34 间的相对运动为转动,利用式(4.93)可知其中存在误差项 Δr_{34zrx}、Δr_{34yrx}、Δr_{34xrx}、Δx_{34rx}、Δy_{34rx}、Δz_{34rx}。转动时,衡量转动精度指标的参数主要包括转角精度、偏心量和轴向端面跳动。其中 Δr_{34xrx} 为转角误差;Δy_{34rx}、Δz_{34rx} 为转动偏心量,同样由于 Z 向偏差可忽略,此处只需要考虑沿 Y 方向的偏心;Δx_{34rx} 为轴向端面跳动。而另外两项转动误差项在转动中不具有实际物理意义,可忽略其影响。因此其运动误差矩阵可简化为

$$\Delta \boldsymbol{T}_{34} = \begin{bmatrix} 1 & 0 & 0 & \Delta x_{34rx} \\ 0 & 1 & -\Delta r_{34xrx} & \Delta y_{34rx} \\ 0 & \Delta r_{34xrx} & 1 & 0 \\ 0 & 0 & 0 & 1 \end{bmatrix} \tag{4.102}$$

同理可得到,体 45 间同样为相对转动,其分析过程与体 34 间的分析过程雷同。但不同的是,此时误差项 Δz_{45rz} 不可忽略。主要由于该体相对于体 5 自旋转动时,受体 4 位姿的影响,当体 5 中的坐标系 $X_{rz}Y_{rz}Z_{rz}$ 中 Z_{rz} 轴不与世界坐标系 $X_wY_wZ_w$ 中 Z_w 轴平行时,Δz_{45rz} 将会在世界坐标系 $X_wY_wZ_w$ 中产生 X_w、Y_w 方向上的误差。其运动误差矩阵可化简为

$$\Delta \boldsymbol{T}_{45} = \begin{bmatrix} 1 & -\Delta r_{45zrz} & 0 & \Delta x_{45rz} \\ \Delta r_{45zrz} & 1 & 0 & \Delta y_{45rz} \\ 0 & 0 & 1 & \Delta z_{45rz} \\ 0 & 0 & 0 & 1 \end{bmatrix} \tag{4.103}$$

可得到实际运动特征矩阵为

$$\boldsymbol{P}_{\text{real}} = \begin{bmatrix} 1 & 0 & 0 & x_{02} \\ 0 & 1 & 0 & 0 \\ 0 & 0 & 1 & 0 \\ 0 & 0 & 0 & 1 \end{bmatrix} \begin{bmatrix} 1 & 0 & 0 & \Delta x_{02x} \\ 0 & 1 & 0 & \Delta y_{02x} \\ 0 & 0 & 1 & 0 \\ 0 & 0 & 0 & 1 \end{bmatrix} \begin{bmatrix} 1 & 0 & 0 & 0 \\ 0 & 1 & 0 & y_{23} \\ 0 & 0 & 1 & 0 \\ 0 & 0 & 0 & 1 \end{bmatrix} \begin{bmatrix} 1 & 0 & 0 & \Delta x_{23y} \\ 0 & 1 & 0 & \Delta y_{23y} \\ 0 & 0 & 1 & 0 \\ 0 & 0 & 0 & 1 \end{bmatrix}$$
$$\begin{bmatrix} 1 & 0 & 0 & 0 \\ 0 & \cos r_{34x} & -\sin r_{34x} & 0 \\ 0 & \sin r_{34x} & \cos r_{34x} & 0 \\ 0 & 0 & 0 & 1 \end{bmatrix} \begin{bmatrix} 1 & 0 & 0 & \Delta x_{34rx} \\ 0 & 1 & -\Delta r_{34xrx} & \Delta y_{34rx} \\ 0 & \Delta r_{34xrx} & 1 & 0 \\ 0 & 0 & 0 & 1 \end{bmatrix}$$
$$\begin{bmatrix} \cos r_{45z} & -\sin r_{45z} & 0 & 0 \\ \sin r_{45z} & \cos r_{45z} & 0 & 0 \\ 0 & 0 & 1 & 0 \\ 0 & 0 & 0 & 1 \end{bmatrix} \begin{bmatrix} 1 & -\Delta r_{45zrz} & 0 & \Delta x_{45rz} \\ \Delta r_{45zrz} & 1 & 0 & \Delta y_{45rz} \\ 0 & 0 & 1 & \Delta z_{45rz} \\ 0 & 0 & 0 & 1 \end{bmatrix} \begin{bmatrix} x_{rz} \\ y_{rz} \\ z_{rz} \\ 1 \end{bmatrix}$$
$$\tag{4.104}$$

上式,Δx_{02x} 表示沿 X 方向的定位误差,因此其又可用 Δx_{02} 表示;同理 Δy_{23y} 可用 Δy_{23} 表示;Δr_{34xrx} 可表示为 Δr_{34x};Δr_{45zrz} 可表示为 Δr_{45z}。另外由于 Δr_{34xrx}、Δr_{45zrz} 为极小量,则式(4.104)又可进一步简化为

$$\boldsymbol{P}_{\text{real}} = \begin{bmatrix} 1 & 0 & 0 & x_{02} + \Delta x_{02} \\ 0 & 1 & 0 & \Delta y_{02x} \\ 0 & 0 & 1 & 0 \\ 0 & 0 & 0 & 1 \end{bmatrix} \begin{bmatrix} 1 & 0 & 0 & \Delta x_{23y} \\ 0 & 1 & 0 & y_{23} + \Delta y_{23} \\ 0 & 0 & 1 & 0 \\ 0 & 0 & 0 & 1 \end{bmatrix}$$

$$\begin{bmatrix} 1 & 0 & 0 & \Delta x_{34rx} \\ 0 & \cos(r_{34x}+\Delta r_{34x}) & -\sin(r_{34x}+\Delta r_{34x}) & \Delta y_{34rx} \\ 0 & \sin(r_{34x}+\Delta r_{34x}) & \cos(r_{34x}+\Delta r_{34x}) & 0 \\ 0 & 0 & 0 & 1 \end{bmatrix}$$

$$\begin{bmatrix} \cos(r_{45z}+\Delta r_{45zrz}) & -\sin(r_{45z}+\Delta r_{45zrz}) & 0 & \Delta x_{45rz} \\ \sin(r_{45z}+\Delta r_{45zrz}) & \cos(r_{45z}+\Delta r_{45zrz}) & 0 & \Delta y_{45rz} \\ 0 & 0 & 1 & \Delta z_{45rz} \\ 0 & 0 & 0 & 1 \end{bmatrix} \begin{bmatrix} x_{rz} \\ y_{rz} \\ z_{rz} \\ 1 \end{bmatrix} \quad (4.105)$$

由此可得到相邻体实际运动特征矩阵为

$$\boldsymbol{T}_{02\text{real}} = \begin{bmatrix} 1 & 0 & 0 & x_{02}+\Delta x_{02x} \\ 0 & 1 & 0 & \Delta y_{02x} \\ 0 & 0 & 1 & 0 \\ 0 & 0 & 0 & 1 \end{bmatrix} \quad (4.106)$$

$$\boldsymbol{T}_{23\text{real}} = \begin{bmatrix} 1 & 0 & 0 & \Delta x_{23y} \\ 0 & 1 & 0 & y_{23}+\Delta y_{23y} \\ 0 & 0 & 1 & 0 \\ 0 & 0 & 0 & 1 \end{bmatrix} \quad (4.107)$$

$$\boldsymbol{T}_{34\text{real}} = \begin{bmatrix} 1 & 0 & 0 & \Delta x_{34rx} \\ 0 & \cos(r_{34x}+\Delta r_{34x}) & -\sin(r_{34x}+\Delta r_{34x}) & \Delta y_{34rx} \\ 0 & \sin(r_{34x}+\Delta r_{34x}) & \cos(r_{34x}+\Delta r_{34x}) & 0 \\ 0 & 0 & 0 & 1 \end{bmatrix} \quad (4.108)$$

$$\boldsymbol{T}_{45\text{real}} = \begin{bmatrix} \cos(r_{45z}+\Delta r_{45zrz}) & -\sin(r_{45z}+\Delta r_{45zrz}) & 0 & \Delta x_{45rz} \\ \sin(r_{45z}+\Delta r_{45zrz}) & \cos(r_{45z}+\Delta r_{45zrz}) & 0 & \Delta y_{45rz} \\ 0 & 0 & 1 & \Delta z_{45rz} \\ 0 & 0 & 0 & 1 \end{bmatrix} \quad (4.109)$$

在对体 01 间运动误差矩阵简化时，可以发现 Z 向导轨直接与固定大理石底座固联，而且其运动功能是用于完成对焦过程，因此在其运动误差特征矩阵众多误差项中，只需保留其本身的定位误差即 Δz_{01z}，则其误差矩阵可简化为

$$\Delta \boldsymbol{T}_{01} = \begin{bmatrix} 1 & 0 & 0 & 0 \\ 0 & 1 & 0 & 0 \\ 0 & 0 & 1 & \Delta z_{01z} \\ 0 & 0 & 0 & 1 \end{bmatrix} \quad (4.110)$$

其实际运动矩阵为

$$T_{01\text{real}} = \begin{bmatrix} 1 & 0 & 0 & 0 \\ 0 & 1 & 0 & 0 \\ 0 & 0 & 1 & z_{01} + \Delta z_{01} \\ 0 & 0 & 0 & 1 \end{bmatrix} \tag{4.111}$$

4.5.7 球面子孔径扫描误差模型

由 4.5.5 节所述的球面扫描轨迹可知,当球心与扫描机构中的摆动轴心重合时,球面上一点 $P_s(x_s, y_s, z_s)$ 沿经纬线轨迹扫描时的理想运动轨迹方程为

$$\{S\} = \prod_{i=1}^{N_s} \left(T_{34} \prod_{j_i=1}^{M_i-1} T_{45} [x_s, y_s, z_s, 1]^{\text{T}} \right) \tag{4.112}$$

若考虑偏心情况,则当元件摆动时,需要 Y 和 Z 方向上的二维补偿,由于 Z 向导轨独立于 X、Y 平移导轨和二维转动机构,其运动过程不对其他运动机构产生影响。而为获得完整的空间轨迹描述,此处假定其位于体 2 与体 3 之间,且其实际运动特征矩阵如式(4.111)所示,则采样理想轨迹方程为

$$\{S_{\text{ideal}}\} = \prod_{i=1}^{N_s} \left(T_{01} T_{23} T_{34} \prod_{j_i=1}^{M_i-1} (T_{45} [x_s, y_s, z_s, 1]^{\text{T}}) \right) \tag{4.113}$$

实际采样轨迹方程为

$$\{S_{\text{real}}\} = \prod_{i=1}^{N_s} \left(T_{01\text{real}} T_{23\text{real}} T_{34\text{real}} \prod_{j_i=1}^{M_i-1} (T_{45\text{real}} [x_s, y_s, z_s, 1]^{\text{T}}) \right) \tag{4.114}$$

若将转动角度与补偿量分别代入式(4.113)与式(4.114),可得到理想运动轨迹和实际运动轨迹。

$$\{S_{\text{ideal}}\} = \prod_{i=1}^{N_s} \left(\begin{bmatrix} 1 & 0 & 0 & 0 \\ 0 & 1 & 0 & 0 \\ 0 & 0 & 1 & \Delta d_{zm} \\ 0 & 0 & 0 & 1 \end{bmatrix} \begin{bmatrix} 1 & 0 & 0 & 0 \\ 0 & 1 & 0 & \Delta d_{ym} \\ 0 & 0 & 1 & 0 \\ 0 & 0 & 0 & 1 \end{bmatrix} \begin{bmatrix} 1 & 0 & 0 & 0 \\ 0 & \cos\beta_i & -\sin\beta_i & 0 \\ 0 & \sin\beta_i & \cos\beta_i & 0 \\ 0 & 0 & 0 & 1 \end{bmatrix} \right.$$

$$\left. \prod_{j_i=1}^{M_i-1} \begin{bmatrix} \cos\alpha_{j_i} & -\sin\alpha_{j_i} & 0 & 0 \\ \sin\alpha_{j_i} & \cos\alpha_{j_i} & 0 & 0 \\ 0 & 0 & 1 & 0 \\ 0 & 0 & 0 & 1 \end{bmatrix} \begin{bmatrix} x_s \\ y_s \\ z_s \\ 1 \end{bmatrix} \right) \tag{4.115}$$

$$\{S_{\text{real}}\} = \prod_{i=1}^{N_s} \left(\begin{bmatrix} 1 & 0 & 0 & 0 \\ 0 & 1 & 0 & 0 \\ 0 & 0 & 1 & \Delta d_{zm} + \Delta z_{01} \\ 0 & 0 & 0 & 1 \end{bmatrix} \begin{bmatrix} 1 & 0 & 0 & \Delta x_{23y} \\ 0 & 1 & 0 & \Delta d_{ym} + \Delta y_{23} \\ 0 & 0 & 1 & 0 \\ 0 & 0 & 0 & 1 \end{bmatrix} \cdot \right.$$

$$\prod_{j_i=1}^{M_i-1}\left(\begin{bmatrix} 1 & 0 & 0 & \Delta x_{34rx} \\ 0 & \cos(\beta_i+\Delta\beta_i) & -\sin(\beta_i+\Delta\beta_i) & \Delta y_{34rx} \\ 0 & \sin(\beta_i+\Delta\beta_i) & \cos(\beta_i+\Delta\beta_i) & 0 \\ 0 & 0 & 0 & 1 \end{bmatrix}\right.$$

$$\left.\begin{bmatrix} \cos(\alpha_{j_i}+\Delta\alpha_{j_i}) & -\sin(\alpha_{j_i}+\Delta\alpha_{j_i}) & 0 & \Delta x_{45rz} \\ \sin(\alpha_{j_i}+\Delta\alpha_{j_i}) & \cos(\alpha_{j_i}+\Delta\alpha_{j_i}) & 0 & \Delta y_{45rz} \\ 0 & 0 & 1 & \Delta z_{45rz} \\ 0 & 0 & 0 & 1 \end{bmatrix}\begin{bmatrix} x_s \\ y_s \\ z_s \\ 1 \end{bmatrix}\right) \quad (4.116)$$

4.5.8 理想扫描轨迹曲线

利用式(4.115)可生成在无误差情况的理想球面子孔径扫描轨迹,如图4.35所示。从图中可以看出,为实现37幅子孔径的采样共经过了三次摆动,即子孔径1~2,子孔径8~9,子孔径20~21。也共划分出三层纬线层,在第一纬线层上自旋转动6次,采集到7幅子孔径图像;第二纬线层自旋转动9次,采集到10幅子孔径;第三纬线层上自旋转动16次,共采集到17幅子孔径。为考察式(4.116)中各误差项对子孔径轨迹的影响方式,分别拟合在各误差项作用下的误差轨迹曲线。

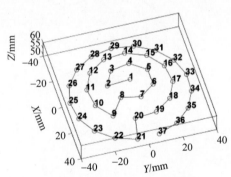

图4.35 理想球面子孔径扫描轨迹

4.5.9 各误差项对扫描轨迹及拼接影响分析

1. Y轴导轨定位误差 Δy_{23}

若存在沿Y轴正方向的定位误差,得到扫描轨迹曲线如图4.36所示,图中红色虚线为误差存在时的扫描轨迹曲线。从图中可以看出,该定位误差会引起子孔径位置偏差,且以球心为中心向外侧发散分布,随着摆动次数的增加位置偏差会不断累积。

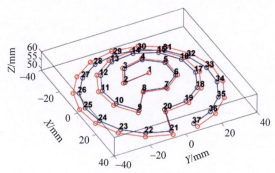

图 4.36 Y 轴导轨定位误差对扫描轨迹的影响图

2. Y 轴导轨直线度误差 Δx_{23y}

Δx_{23y} 为 Y 轴导轨直线度误差在 X 方向上的分量。当存在沿其正方向的误差,则得到如图 4.37 所示扫描轨迹的曲线。从图中可以看出,该误差影响纬线层上子孔径的采样并产生沿经线方向上的偏差量,该偏差量会随着纬线层上子孔径数目的增加而逐渐累积,对摆动时沿经线方向上采集到的子孔径无影响。

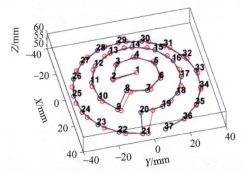

图 4.37 Y 轴导轨直线度误差对扫描轨迹的影响图

3. 摆动角度误差 $\Delta \beta_i$

若存在顺时针方向的摆动角误差,则可得到扫描轨迹曲线如图 4.38 所示。从图中可以看出,其变化趋势与 Y 轴导轨定位精度的影响一致。

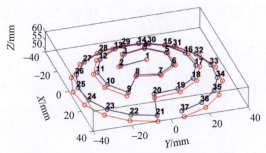

图 4.38 摆动角误差对扫描轨迹的影响图

4. 摆动转轴的轴向端面跳动误差 Δx_{34rx}

如图 4.39 所示为摆动转轴的轴向端面跳动误差 Δx_{34rx} 存在时的扫描轨迹曲线。从图中可以看出，轴向端面跳动仅在摆动时影响初始子孔径采样位置，但其在摆动次数增多时不造成偏移量的累积，且由于没有引起纬线层上相邻子孔径间的位置变化，因此对纬线层上子孔径的拼接过程将不产生影响。

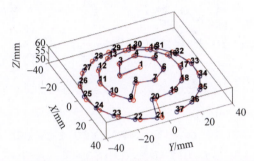

图 4.39　摆动转轴的轴向端面跳动误差对扫描轨迹的影响图

5. 摆动机构转轴偏心 Δy_{34rx}

Δy_{34rx} 为转动机构转轴偏心在 Y 方向上的分量，其影响过程类似于 Y 轴导轨定位误差，此处不再详述。

6. 自旋角误差 $\Delta \alpha_{j_i}$

自旋角误差会影响纬线层上各子孔径的采样，且随着纬线层上子孔径数目的增加而不断累积，如图 4.40 所示。

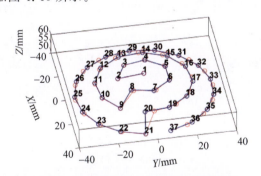

图 4.40　自旋角误差对扫描轨迹的影响图

7. 自旋偏心误差 Δx_{45rz}、Δy_{45rz}

自旋偏心误差是指自旋轴转动时存在的偏心量，其可分解为 X、Y 二维分量 Δx_{45rz} 和 Δy_{45rz}。当存在 Δx_{45rz} 偏心误差时，扫描轨迹曲线如图 4.41(a) 所示，图 4.41(b) 为该曲线的 XY 向视图。从图中可以看出，该偏心误差的存在会导致采集到的每幅子孔径在 X、Y 二维方向上产生偏差，且随着子孔径采集数目的增多，产生的位置偏差量越大，大致呈向 X 正方向偏心的发散螺旋线分布。

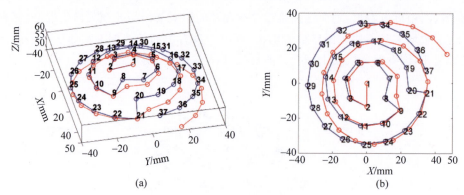

图 4.41　Δx_{45rz} 偏心误差对扫描轨迹的影响图

(a) 立体视图；(b) XY 向视图

当存在 Δy_{45rz} 偏心误差时，扫描轨迹曲线如图 4.42(a)所示，图 4.42(b)为该曲线的 XY 向视图。从图中可以看出，该项偏心误差的存在亦会导致采集到的每幅子孔径在 X、Y 二维方向上产生偏差，且随着子孔径采集数目的增多，产生的位置偏差量越大，大致呈向 Y 正方向偏心的发散螺旋线分布。

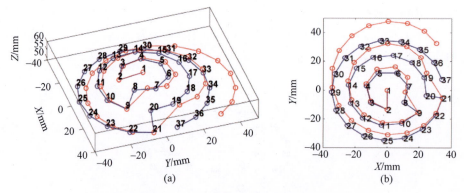

图 4.42　自旋 Δy_{45rz} 方向偏心误差对扫描轨迹的影响图

(a) 立体视图；(b) XY 向视图

8. 自旋轴向端面跳动误差 Δz_{45rz}

自旋的轴向端面跳动是指转动时，转轴所产生的沿轴线方向的偏移量。Δz_{45rz} 存在时的扫描轨迹曲线如图 4.43(a)所示，图 4.43(b)为该曲线的 XY 向视图。该曲线为一条空间螺旋线，不仅存在沿 Z 方向的偏差，而且存在沿纬线层圆周方向偏差，如图 4.43(b)所示。但可以注意到的是，其在纬线层圆周方向上引起的位置偏差与摆动角度有关。当摆动角度很小时,如第一纬线层上,沿圆周纬线层上的位置偏差几乎不可见;但当摆动角度逐渐增大时,如第二、第三纬线层,沿纬线圆周方向上产生的位置误差将逐渐增大。

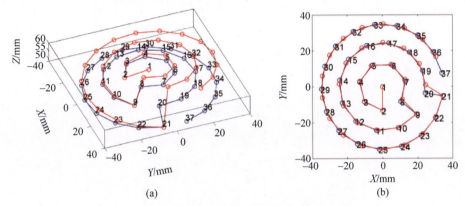

图 4.43 轴向端面跳动误差对扫描轨迹的影响图
(a) 立体视图;(b) XY 向视图

4.5.10 实际扫描轨迹仿真及误差优化

首先结合常用技术指标,给出多轴联动扫描机构硬件具体参数分别如下:

(1) Y 轴定位精度 $\pm 3\mu m$;

(2) Y 轴直线度误差,200mm 行程的偏差为 $15\mu m$;

(3) 摆动轴转角精度 $\pm 10''$;

(4) 摆动轴轴向端面跳动 $10\mu m$;

(5) 摆动轴偏心误差 $10\mu m$;

(6) 自旋轴转角精度 $\pm 10''$;

(7) 自旋轴偏心误差 $10\mu m$;

(8) 自旋轴轴向端面跳动 $10\mu m$;

(9) 定位误差 $13\mu m$。

将上述参数代入式(4.117)可得到实际扫描轨迹曲线 S_{real},并计算实际扫描轨迹与理想位置的绝对位置偏差,拟合得到绝对位置偏差曲线如图 4.44 所示。

$$\{S_{deviation}\} = \{S_{real}\} - \{S_{ideal}\} \tag{4.117}$$

从图中可以看出,其分布亦为空间螺旋线,由于 Z 方向的位置偏差对拼接不造成影响,因此此处仅取其 XY 向绝对位置偏差曲线,如图 4.45 所示。从图中可以看出,曲线大致呈螺旋线分布,X 方向位置偏差为 $-45\sim 30\mu m$,Y 方向位置偏差为 $-60\sim 30\mu m$。但从该误差曲线中无法直接得到偏差值与拼接的关系,因此计算子孔径间的相对位置偏差。子孔径间的相对位置偏差可用下式求得

$$\{S_{\text{relative\_dv}}\} = \{S_{\text{deviation}}^{i+1}\} - \{S_{\text{deviation}}^{i}\} \quad (4.118)$$

式中,$S_{\text{deviation}}^{i}$ 为第 i 幅子孔径的绝对位置偏差,其中 $i=1,2,\cdots,M-1$,M 为采集到的子孔径总数目。理论上保证两子孔径间的相对位置偏差在 1 个像素范围内,即可保证相邻子孔径间能实现完善的拼接结果,由此可得到实现完善拼接的充分条件为

$$-d_{\text{pixel}} \leqslant \{S_{\text{deviation\_dv}}\} \leqslant d_{\text{pixel}} \quad (4.119)$$

式中,d_{pixel} 为图像中一个像素值所对应的实际长度。

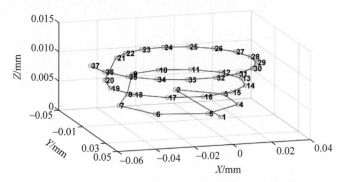

图 4.44　实际采样位置与理想位置空间偏差曲线

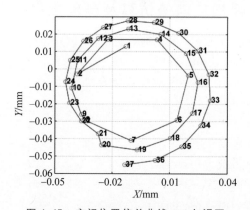

图 4.45　空间位置偏差曲线 *XY* 向视图

利用式(4.118)可得到相邻子孔径相对位置偏差分布,如图 4.46 所示。若 $d_{\text{pixel}}=10\mu\text{m}$,则需要在 X、Y 方向的相对位置偏差均在 $\pm 10\mu\text{m}$ 范围内。在图 4.46 中画出($-10\mu\text{m} \leqslant X \leqslant 10\mu\text{m}$,$-10\mu\text{m} \leqslant Y \leqslant 10\mu\text{m}$)的正方形,如图中红线框内的范围。从图中可以看出,满足该条件的点数较少,仅 8、20、21、22、23 在该范围内,这就表面子孔径 8 与 9、20 与 21、21 与 22、22 与 23、23 与 24 的相对位置偏差满足小于一个像素尺寸要求,而其余的子孔径在拼接时均会造成像素错位、断裂等条件。另外从图中可以看出,相对位置偏差最大的点为 1~7。但实际采样时,1~7 为最先采集到的子孔径图像,在采样时应造成最少的误差累积。但图中显示的相对位

置偏差却最大,说明 1~7 的位置偏差与定位误差、转角误差无关,受到转动与摆动时的偏心、轴向端面跳动及定中误差等的影响较大。

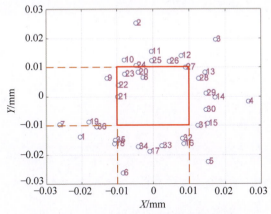

图 4.46　相邻子孔径相对位置偏差分布图

若对给出的参数指标进行优化,分别将两轴的偏心误差、轴向端面跳动误差与定中误差均优化为 $5\mu m$,则可得到相邻子孔径相对位置偏差分布,如图 4.47 所示。

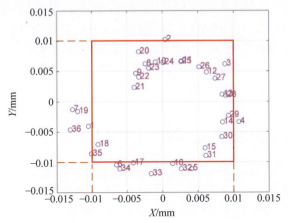

图 4.47　优化后的相邻子孔径相对位置偏差分布图

从图中可以看出,所有的点基本分布在($-10\mu m \leqslant X \leqslant 10\mu m$,$-10\mu m \leqslant Y \leqslant 10\mu m$)范围内。观察分布在外的点,发现其多是纬线层上最末采集到的子孔径。说明此时子孔径拼接受定位误差、摆动角度误差、自旋角度误差的影响。再次对上述三项指标进行优化,分别为 Y 轴定位精度 $\pm 2\mu m$,摆动轴转角精度 $\pm 5''$,自旋轴转角精度 $\pm 5''$,则可拟合得到相对位置偏差分布(图 4.48)。从图中可以看出,优化后,各子孔径的相对位置偏差均保证在 X、Y 方向 $\pm 10\mu m$ 范围内。此时进行子孔径的采样过程,利用采样后的子孔径图像直接进行子孔径拼接后,可得到完善的子孔径拼接结果。

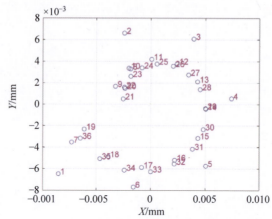

图 4.48 优化自旋角度误差、定位角度误差后的相对位置偏差分布图

综上所述,在检测口径为 $\phi80mm$ 的元件时,为保证在子孔径采样后能拼接得到无像素错位的球面全口径图像。首先需要保证球面元件的定中误差控制在 $5\mu m$ 范围内,保证摆动轴与自旋轴在转动时的偏心与轴向端面跳动误差在 $5\mu m$ 范围内,这也是实现子孔径三维图像直接拼接而无像素错位的必要前提条件。其次保证摆动轴转角误差、自旋轴转动误差在 $\pm5''$ 范围内,而 Y 向定位误差在 $\pm2\mu m$ 范围内。

本章提出的参数指标仅是针对口径为 $\phi80mm$ 的元件而提出的,当元件口径、曲率半径增大时,将不再适用。同时,由于上述硬件指标已基本达到加工极限,在更大口径元件的检测中,优化硬件的方法将不可行。需要利用软件方法,提出新的球面拼接方法,保证球面子孔径的完善拼接过程。

4.6 高次曲面表面疵病检测仪

针对精密高次曲面的微观缺陷无法高精度数字化定量评价的瓶颈问题,作者课题组在平面缺陷数字化评价成果的基础上,致力于研制高次曲面表面缺陷定量检测仪[22],攻克了宏观精密高次曲面的微观缺陷高分辨数字化评价系统这一难题,并获得了国家自然基金委的重大仪器专项资助——"基于散射光电磁场分布逆向识别数据库的高次曲面表面缺陷定量检测仪"(重大科研仪器研制项目,项目号:61627825)。在基金资助下,完成了高次曲面的微观缺陷定量检测的原理性样机,为我国高技术 ICF 大科学装置、空间光学及超精密先进光学制造等领域提供了有效的科学研究检测装备,对各类精密光学元件在加工工艺、光学镀膜、激光聚变损伤等各个环节实施监控并提供科学数据分析。

4.6.1 高次曲面表面疵病检测仪原理

图 4.49 是高次曲面表面疵病检测系统仪原理图。系统包括元件光学定中装

第4章 球面光学元件表面缺陷检测方法研究

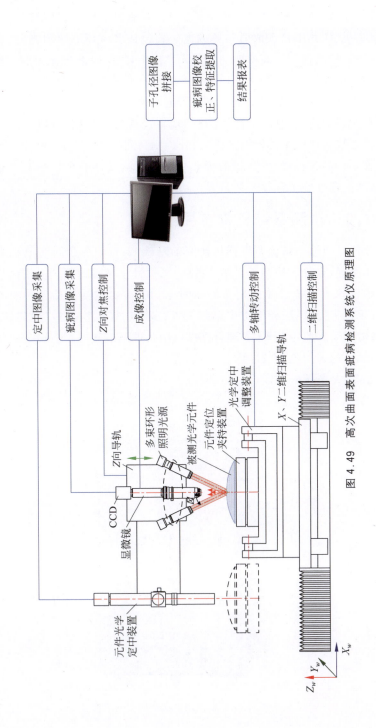

图 4.49 高次曲面表面疵病检测系统仪原理图

置、元件定位夹持装置、光学定中调整装置、多轴扫描机构、显微散射暗场成像装置、检测主机等，其中显微散射暗场成像装置包括多束环形照明光源、显微镜及成像 CCD 等。检测仪利用高次曲面元件光学定中装置，自准直显微的二次光轴空间位置自动定中建模，实现高次曲面元件光轴与自旋轴重合的自动化定中调整，是实现宏观精密球面的微观缺陷高分辨数字化评价系统最根本的工程基础和必要保证。本章所述的高次曲面元件子孔径扫描轨迹规划及扫描，可以解决宏观高次曲面表面微观缺陷评价中的检测范围大、分辨率高问题，实现高次曲面子孔径的快速准确扫描，研究实现以最少数目的子孔径覆盖被测元件的全口径范围且无漏覆盖区域，实现高精度的子孔径采样过程。

4.6.2 检测系统机构布局组成

在仪器专项检测系统原理样机研究的基础上，杭州晶耐科光电技术有限公司依据上述原理，充分发挥产学研结合的优势，设计了高次曲面表面疵病检测的全自动疵病检测仪。系统总体机构布局如图 4.50 所示，包括被检元件的光学定中装置、元件定位夹持装置、光学定中调整装置、多轴扫描机构、空气净化装置、Z 向线轨、显微散射暗场成像装置、大理石支撑机构及可调节支撑脚。设备整体外部安装空气净化装置，采用负压洁净吹风方式，保证内部无落尘，避免落尘等对检测的影响。图 4.51 是系统外观图。

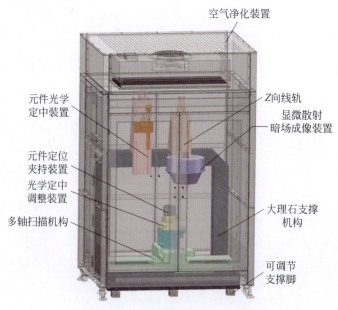

图 4.50　全自动疵病检测仪布局图

检测时,利用光学定位夹持装置对元件夹持定位,夹持时难免存在平移、转动等姿态偏差,将会影响后续的子孔径扫描成像结果,因此需对被测元件进行定位定中。其中球面元件需确定球心位置,利用唯一球心将球心与光学定中扫描装置的旋转轴心重合,避免存在扫描偏差;非球面和柱面元件需确定光轴位置,利用检测表面多点球心像,拟合光轴位置,并指导光学定中调整装置进行调节,实现被测光轴与扫描机构的重合;平面元件无需进行定中操作,仅需进行被测表面的调平,保证显微镜成像光轴与被测面的严格垂直,以避免在子孔径扫描过程中的离焦现象。

图 4.51 全自动表面瑕疵外观

定中完成后,利用 X 轴向导轨,移动至显微镜检测位置,依据元件面形方程,利用多束环形照明光源,采集被测光学元件表面的显微散射暗场图像。在照明光源照射下,当球面表面存在疵病时,在疵病位置会诱发散射光,利用显微镜对散射光成像,并在 CCD 像面上得到暗场高亮的疵病图像。Z 向导轨负责球面元件表面对焦。对焦完成后,基于元件面形方程进行子孔径扫描规划并依据元件夹持后的偏心补偿模型,驱动自旋机构、摆动机构、Y 轴导轨、Z 轴导轨的联动,实现球面全口径的扫描采样。

全自动表面瑕疵数字化检测系统软件功能包括类型设置、路径规划、球面/非球面定中、柱面定中、平面调平、图像采集、子孔径图像拼接、疵病提取检测、高倍采集、数据报表及图像输出等。软件系统基于 QT 开发平台,采用 C++语言开发,软件中包含硬件控制,主要为十维移导系统的导轨运动控制、光源控制、显微镜控制、面阵相机控制。针对采集到的子孔径图像,首先进行子孔径三维空间矫正、拼接,针对拼接后的全口径图像进行特征提取,提取缺陷特征后,再依据元件面形方程进行逆重构,获得元件表面的真实缺陷信息,并以 Word、Excel 格式报表输出。

4.6.3 非球面检测示例

全自动表面瑕疵检测仪对平面、球面、非球面及柱面进行高精度的表面瑕疵定量检测。图 4.52 是对不同光学结构的元件夹持:(a)非球面夹持,(b)柱面夹持,(c)大口径球面夹持,(d)楔形元件夹持。对于大口径球面及具有楔形角的异形元件,可以根据元件设计专用夹具。图 4.52(a)是一个型号为 A732 的非球面元件,图 4.53 是 A732 型号的非球面元件的结构参数,后续将给出检测流程及结果。

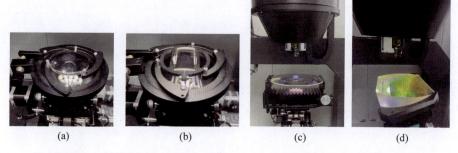

图 4.52　(a)非球面夹持,(b)柱面夹持,(c)大口径球面夹持,(d)楔形元件夹持

图 4.53　A732 型号的结构参数

1. 光学元件自准直定中原理

球面、非球面、柱面元件的定中以自主研发的反射式自准直定中仪作为光学基准,采用机器视觉成像的方式进行定中,其中反射式自准直定中仪定中光路结构如图 4.54 所示。LED 光源发出的光线经过照明光路准直后水平入射到十字分划板。十字分划板中间出射十字叉丝状光线,经平面反射镜和半反半透镜转折光路

后,经由变焦镜组准直,之后水平入射到置换物镜,并在置换物镜焦点处成明亮的十字叉丝像。进行偏心误差校正时,聚焦十字叉丝光线于元件上表面顶点球球心 C_0 位置;进行倾斜误差校正时,如图中红色虚线框所示,控制垂直方向轴系运动,使十字叉丝聚焦于元件下表面顶点球球心像 C_0' 位置。定中仪具备变焦和定焦两种工作模式,定焦模式下焦距有限,由置换物镜的焦距 f 决定工作距,共有 50mm、100mm、200mm 和 400mm 四档可选。变焦模式下,定中仪不装配置换物镜,工作距保持恒定,通过调整变焦动镜,可以实现焦距在 8000mm 内连续变化。

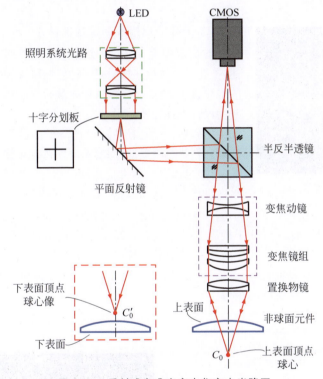

图 4.54 反射式自准直定中仪定中光路图

在定中过程中,使用定中仪配合软件算法对球面/非球面元件进行定中调整,定中的目的是使元件位置姿态满足图像采集要求。需要进入定中界面对检测元件进行定中,定中的目的在于通过光学定中仪使得元件光轴与相机光轴方向一致,需要调整光轴的偏心和倾斜。定中相机实时采集十字叉丝像显示于图像显示界面,相机完成一周 12 幅图像采集,可以计算偏差,得到上表面像对应的 XA 和 YA 二维偏心调整的平移量,通过调整完成一次偏心调整,依此类推逐渐逼近,直至完成定中。图 4.55 是非球面旋转一周的定中十字叉丝图。图 4.56 中心十字标记就是定中十字叉丝图轨迹,表征了元件定中的偏心量。

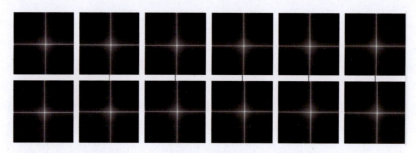

图 4.55　非球面旋转一周的定中十字叉丝图

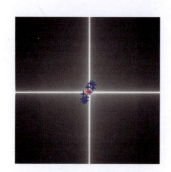

图 4.56　定中十字叉丝图轨迹

2. 子孔径扫描规划及检测结果

球面定中完成后,需要进行路径规划。如 4.1 节所述,子孔径拼接检测技术是一种能兼顾大视场与高分辨率的检测方法,也是实现大口径光学元件高精度检测的最有效手段。子孔径轨迹设计与子孔径规划在前面已经做了详细的叙述。子孔径轨迹设计与子孔径规划的建立是用于确定扫描机构运动方式、确定子孔径在球面上的分布状况,再通过建立扫描机构运动模型,达到全口径无漏覆盖采样目标。非球面 A732 元件路径规划共 5 层,各层扫描子孔径数量分别为 1、5、9、15、18,共 48 个子孔径。根据规划,完成整个子孔径扫描。

完成扫描后,将进行基于投影变换的大口径球面子孔径拼接,依次进行基于小孔成像的子孔径三维矫正、球面子孔径全局坐标变换、三维子孔径在投影平面上的全口径拼接、球面表面缺陷全景图像生成,最终实现球面表面缺陷定量化评价。图 4.57 是非球面扫描拼接图像。

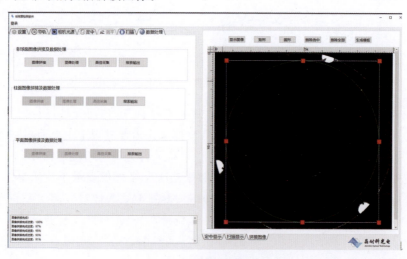

图 4.57　非球面扫描拼接图像

图 4.58 是检测元件的统计报表。该统计报表将划痕、麻点分类统计,给出每

疵病表面缺陷检测报告:

元件类型-编号:A732   检测人员: 检测时间: 2023-02-09 10:50

1. 表面划痕情况
划痕数量:203

序号	疵病类别	疵病长度	疵病宽度	疵病起点位置	疵病终点位置
1	划痕	0.621089	0.0504044	(4593,750)	(4644,784)
2	划痕	0.664407	0.0443916	(4958,932)	(4980,1004)
3	划痕	0.766027	0.0522484	(5018,1158)	(5082,1187)
4	划痕	0.786239	0.0689057	(4824,1259)	(4910,1299)
5	划痕	1.89283	0.0717491	(5268,1288)	(5434,1367)
6	划痕	0.345504	0.0509571	(3912,1326)	(3941,1354)
7	划痕	0.381833	0.0544114	(5744,1381)	(5769,1411)
8	划痕	1.20144	0.0444802	(7047,1398)	(7104,1476)

2. 表面麻点情况
麻点数量:5

序号	疵病类别	面积	等效直径	质心位置
1	麻点	0.0182286	0.152346	(5658,2986)
2	麻点	0.0172096	0.148027	(4829,3275)
3	麻点	0.0189079	0.155159	(2174,3916)
4	麻点	0.0357779	0.213433	(5912,5384)
5	麻点	0.0203798	0.161085	(5538,5644)

3. 总结
缺陷总面积: 17.4868mm^2
划痕总长度: 348.705mm

4. 元件拼接图:

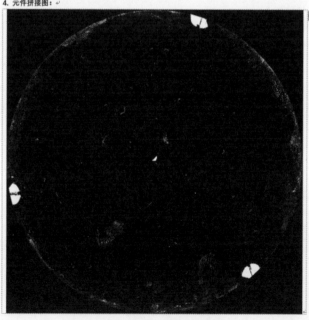

图 4.58　检测元件的统计报表

个瑕疵如划痕的宽度、长度和坐标位置。可以统计瑕疵总面积、总长度等需求，给出元件的瑕疵分类图，并予以标注（所有报表因为篇幅所限，有所简略，下同）。

图 4.59 是检测元件美军标报表。根据加工的瑕疵美军标要求进行划分，来判读该元件是否符合加工的瑕疵要求。

Scratch and Dig Accumulation Report

Part number:　　　　　Serial number:　　　　　Comment:
Specification: 80-50
Highest pass specification: All specifications failed!
Part diameter in mm: 75

1. Scratch inspection data

Scratches	Scratch grade	length in mm	relative length
Scratch#1	100	0.621089	0.00828119
Scratch#2	100	0.664407	0.00885877
Scratch#3	100	0.766027	0.0102137
Scratch#4	100	0.786239	0.0104832
Scratch#5	100	1.89283	0.0252377
Scratch#6	100	0.345504	0.00460673
Scratch#7	100	0.381833	0.00509111

2. Dig inspection data

Digs	Dig grade	within worst 20mm dia?
Dig#1	20	Y
Dig#2	20	Y
Dig#3	20	Y
Dig#4	30	Y
Dig#5	20	Y

3. Detection result

Max scratch	FAIL	Max dig	FAIL
Max scratch length	FAIL	Total max digs	FAIL
Scratch accumulation	FAIL	Dig accumulation	FAIL
Concentration	FAIL	Dig concentration	FAIL
Scratch pass/fail overall	FAIL	Dig pass/fail overall	FAIL

图 4.59　检测元件美军标报表

图 4.60 是检测元件的 Excel 统计报表，可以为用户提供对瑕疵的分类计算等要求。

	A	B	C	D	E	F	G	H	I
1	产品名称:A732			检测人员:	name		检测时间:	2023-02-09	10:51
2	划痕信息								
3	序号	缺陷类型	长度(mm)	宽度(mm)	起点坐标	终点坐标	中心物理坐标		
4	1	划痕	0.621089	0.050404	(4593 75(	(4644 78	(-2.753784	31.728708)	
5	2	划痕	0.664407	0.044392	(4958 93	(4980 10(	(-0.112860	30.216384)	
6	3	划痕	0.766027	0.052248	(5018 11	(5082 11	(0.496584	28.681488)	
7	4	划痕	0.786239	0.068906	(4824 12	(4910 12	(-0.880308	27.876420)	
8	5	划痕	1.892829	0.071749	(5268 12	(5434 13(	(2.761308	27.515268)	
9	6	划痕	0.345504	0.050957	(3912 13	(3941 13	(-7.960392	27.417456)	
10	7	划痕	0.381833	0.054511	(5744 14	(5769 14	(5.808528	26.996110)	

图 4.60　检测元件的 Excel 统计报表

参考文献

[1] 刘英,王靖,曲锋,等.广角 f-θ 静态红外地平仪镜头的光学设计[J].光学精密工程,2010, 18(6):1243-1248.

[2] 杨菁,张小民,胡东霞,等.高功率激光装置总体设计的综合评估方法[J].强激光与粒子束,2005,17(5):660-664.

[3] 范滇元,张小民.激光核聚变与高功率激光:历史与进展[J].物理,2010,39(9):589-596.

[4] HAYNAM C A,WEGNER P J,HEESTAND G M,et al. The national ignition facility: Status and performance of the world's largest laser system for the high energy density and inertial confinement fusion[C]. Conference on Lasers and Electro-Optics & Quantum Electronics and Laser Science Conference,2018,1-9:204-205.

[5] ENGLISH R E,LAUMANN C W,MILLER J L,et al. Optical system design of the National Ignition Facility[C]. International Optical Design Conference 1998,3482: 726-736.

[6] 李宗轩,金光,张雷,等.3.5m 口径空间望远镜单块式主镜技术展望[J].中国光学,2014(4): 532-541.

[7] 李崇俊,王增加,郑金煌,等.空间望远镜用 C/SiC 镜面研制综述[J].炭素,2014(3): 13-19.

[8] DAVILA P,BOS B,CONTRERAS J,et al. The James Webb Space Telescope science instrument suite:An overview of optical designs[J]. Optical,Infrared,and Millimeter Space Telescopes,Pts 1-3. 2004,5487:611-627.

[9] COULTER D R. Technology development for the next generation space telescope:an overview[J]. Space Telescopes and Instruments V,Pts 1-2,1998,3356:106-113.

[10] 刘光灿,白廷柱,王毫球,等.轻武器新型瞄准镜研究[J].应用光学,2007,28(5): 548-552.

[11] 沈满德,姜清秀,任欢欢,等.一种新型微光夜视仪目镜系统设计[J].红外与激光工程, 2014(3):879-883.

[12] 曾杰文.潜望镜分划板表面疵病的检验装置[J].机械制造,2010,48(6):77-78.

[13] 江少恩,丁永坤,刘慎业,等.神光系列装置激光聚变实验与诊断技术研究进展[J].物理, 2010,39(8):531-542.

[14] 郑志坚,丁永坤,丁耀南,等.激光-惯性约束聚变综合诊断系统[J].强激光与粒子束, 2003,15(11):1073-1078.

[15] LI C,YANG Y Y,CHAI H T,et al. Dark-field detection method of shallow scratches on the super-smooth optical surface based on the technology of adaptive smoothing and morphological differencing[J]. Chin. Opt. Lett. ,2017,15(8):081202-1.～081202-5.

[16] WANG S T,LIU D,YANG Y Y,et al. Distortion correction in surface defects evaluating system of large fine optics[J]. Opt. Commun. ,2014,312:110-116.

[17] ZHANG Y H,YANG Y Y,LI C,et al. Defects evaluation system for spherical optical

surfaces based on microscopic scattering dark-field imaging method[J]. Appl. Optics.,2016,55(23): 6162-6171.
[18] ZHANG P F,WU F,YANG Y Y,et al. Simulation of the illuminating scene designed for curved surface defect optical inspection[C]. Sixth International Conference on Optical and Photonic Engineering (Icopen 2018),2018: 10827.
[19] WANG F Y,YANG Y Y,LOU W M. Fast path planning algorithm for large-aperture aspheric optical elements based on minimum object depth and a self-optimized overlap coefficient[J]. Appl. Optics.,2022,61(11): 3123-3133.
[20] LOU W M,CAO P,WANG F Y,et al. Error analysis and measurement methods of curved optical element surfacedefects dark-field imaging inspection system based on multi-axis kinematics[J]. Opt. Commun.,2022,521: 128601-128610.
[21] 曹频. 球面光学元件表面疵病评价系统中关键技术研究[D]. 杭州：浙江大学,2016.
[22] 张鹏飞. 基于光线追迹的光学表面疵病机器视觉检测系统研究[D]. 杭州：浙江大学,2021.

第 5 章

深度学习在工业化智能检测中的应用

5.1 应用于机器视觉中图像识别的深度学习模型

随着第四次工业革命的进行,计算机、人工智能、5G 互联网等高新技术的出现,信息技术为制造业的生产方式和产业模式带来了深刻变革,基于机器视觉的光学元件表面缺陷检测也因为制造业逐渐失去低成本劳动力的优势,从目视检测逐渐转向智能化检测。

在缺陷智能化检测中,光学成像系统作为机器视觉的"眼睛"获取检测对象的缺陷图像,在此基础上需要通过软件图像处理算法提取缺陷信息,最终达到准确获取缺陷的位置、类型、尺寸等信息的目的。传统图像处理一般包含了预处理、图像分割、特征提取、缺陷分类以及信息统计反馈等步骤。其特点在于对于简单的任务可实现高效检测,并且可解释性强,能够在不依赖大量数据的基础上,实现稳定检测。但是其也存在明显的缺点,主要体现在泛化能力较弱,面对不同检测场景下需要专门设计提取算法,并进行手动调参,复杂的检测场景下很难实现高稳定性和鲁棒性算法。

相比传统图像处理算法,包含卷积神经网络在内的深度学习模型算法具有泛化能力强、自动特征提取等优点,可以实现端到端的缺陷检测,可满足复杂背景下的多类型缺陷提取,其被越来越多地应用在缺陷检测中。

5.1.1 基于机器视觉的光学元件表面缺陷智能检测应用的研究现状

目视检测法作为玻璃元件表面一种人工检测方法是最为原始和直接的检测方

法。根据检测对象特征利用相对应的均匀光源照明,人裸眼或者在放大镜、显微镜等辅助设备下观察缺陷,将疑似缺陷与标准缺陷限度样进行对比分析,最终获得检测结果。

除了传统的目视方法,还有许多利用科学仪器进行检测的方法,主要分为接触式检测和非接触式检测两种。接触式检测方法主要有原子力显微镜(AFM)检测法[1-2]。AFM检测法利用一端固定的微悬臂上的微小探针对物体进行二维方向扫描,由于针尖尖端原子与待测样品表面之间存在微弱的排斥力,其大小在$10^{-8} \sim 10^{-6}$N数量级。在扫描过程中控制该力为恒力,使微悬臂在垂直于样品表面方向起伏运动,并通过隧道电流法进行测量,最终获得样品表面的三维形貌信息。AFM的优点在于检测精度高,可以达到纳米量级,缺点是需要逐点扫描,检测效率低下、成本高,且容易造成二次损伤。而非接触式检测方法根据检测原理不同有电子显微镜检测法[3-4]、声学检测法[5-6]、红外光谱检测法[7]、光学检测法[8-9]等。电子显微镜检测法利用聚焦电子束扫描样本表面,电子与样品的原子相互作用产生二次电子,利用二次电子的信息获得样品形貌图。扫描电子显微镜的检测分辨率可以达到纳米级别,但是检测效率低且电子束可能破坏样品。声学检测法利用脉冲波在样品中传播的速度、接收信号波的振幅和频率等参数的相对变化获得缺陷信息。红外光谱检测法通过分析红外波段在样品上的反射频谱分布特性,以获得缺陷的信息。光学检测法是非接触式检测方法中应用最广、细分类最多的检测方式。光学检测法可以利用多种光学成像方式,例如反射成像、散射成像、衍射成像、透射成像、干涉成像等,并且可以针对材料特性及缺陷特征选择合适的成像波段。

机器视觉作为非接触式光学检测方法,在各种检测领域中被广泛应用。机器视觉的概念最早出现在20世纪50年代,随着70年代CCD的发明,机器视觉真正开始进入飞速发展时期,而在最近十多年中更是在各行各业获得了广泛应用。机器视觉是一门涉及光学、人工智能、计算机科学、控制工程、机械工程等诸多领域的交叉学科,其主要作用是模拟人的视觉系统及人脑思考逻辑,以完成特定的检测、判断及控制任务,以产生实际的社会效益[10]。利用机器视觉进行光学元件检测经历了多年的研究,逐渐向更高精度、更快检测速度以及更强通用性方法发展。

基于机器视觉缺陷的检测原理在于根据检测对象设计合适的成像光源、配套所需分辨率的镜头相机,以获取高质量的缺陷图像。利用图像处理技术快速自动地提取缺陷并且进行分类,并将检测结果进行反馈,最后使用控制系统完成整个检测任务。利用机器视觉对光学元件检测已经成为国内外各研究机构的研究热点。

美国劳伦斯利弗莫尔国家实验室(Lawrence Livermore National Laboratory)的Alan Conder团队研发了用于美国国家点火装置(National Ignition Facility,NIF)系统中的终端元件损伤检测(Final Optics Damage Inspection,FODI)系

统[11]，其原理图如图 5.1 所示。系统利用具有 6 个自由度的机械臂进行位姿调整，依次对各个光学元件进行检测。

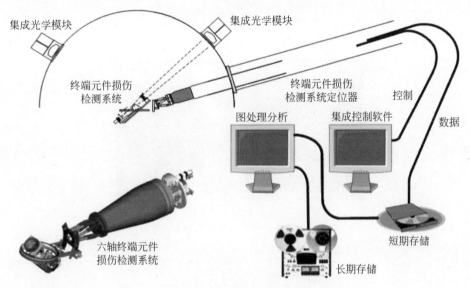

图 5.1　FODI 系统原理图[11]

成像系统主要存在明场成像、暗场成像以及边缘照明成像三种类型的成像方式，如图 5.2 所示。光学成像系统由望远镜系统以及 CCD 组成。明场成像用于大

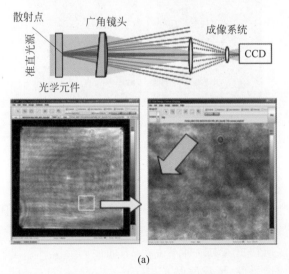

(a)

图 5.2　FODI 的三种成像方式及获取缺陷图像[11]
(a) 明场成像方式；(b) 暗场成像方式；(c) 边缘照明成像方式

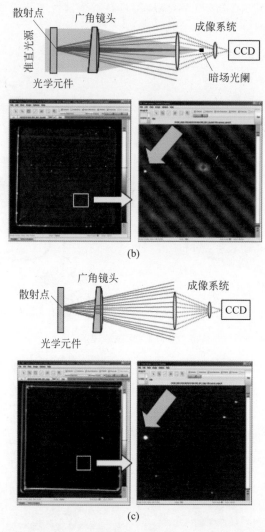

图 5.2 （续）

缺陷成像定位,入射光照射到相位物体后发生反射,图像上缺陷比背景具有更高灰度。但是由于引入了高噪声,因此不适合对于小缺陷进行成像。为了提升信噪比以检测小缺陷,在暗场成像系统的远场焦距处放置了一个电动光阑,只有高角度光阑周边的缺陷散射光能进入相机,形成高亮缺陷及黑色背景的图像。边缘成像系统的入射光以布儒斯特角入射到样本上,在表面形成全反射。如果表面存在缺陷,则会破坏全反射成像条件,形成散射光,其中一部分光线进入相机从而获得高对比度缺陷图像。该成像方式主要用于最后的成像透镜部分元件的检测。由于光学系统受到视场的约束,其成像分辨率只有 $100\mu m$ 左右。

作者团队提出了一种基于显微散射暗场成像的大口径光学元件表面缺陷数字化评价系统(surfaces defects evaluation system,SDES)[8,12-13]。系统实现了大口径光学元件的高分辨率检测功能,利用显微成像获得亚微米级别的横向分辨率(0.5μm)。系统基于暗场散射成像原理,利用高亮度环形 LED 光源对检测样品均匀照明,表面缺陷处产生散射光通过显微成像镜头成像并由 CCD 相机获得灰度图像,而照明光线在无缺陷的背景表面照射时主要产生反射光线,从而获得背景黑暗而缺陷高亮的高对比度图像。由于检测对象尺寸可达 800mm×450mm,而检测分辨率要求高,为了兼顾检测效率与分辨率,系统引入两种倍率的显微成像系统。低倍成像(1×)结合二维导轨用于扫描获得整体缺陷图像,扫描路径规划使用"S"形路线,并基于缺陷特征的多循环匹配算法进行子孔径图像的拼接[14]。在低倍成像上获取疵病缺陷信息基础上,利用高倍率成像方式(16×)单独对缺陷区域进行二次高分辨率成像,以获取缺陷的细节信息,从而实现疵病微米及亚微米级别的定量计算评价。该检测系统主要应用于神光项目的钕玻璃检测中。SDES 系统中,为了准确区分灰尘和麻点,基于灰尘和麻点的暗场成像特点,选择合适的特征并利用支持向量机进行学习分类[9],获得了 96.56%的准确率。后期又开发了基于灰尘和麻点偏振特性的分类方法[15-16]。

西班牙学者 Martíne 提出了一种通用型自适应的机器视觉系统,用于多种透明物体表面缺陷的检测任务[17-18]。系统成像方式如图 5.3(a)所示,其设计一种可编码式光源照明系统,由荧光灯列作为光源、光源散热器及柔光镜、液晶显示器(LCD)以及风扇组成。通过控制投影到 LCD 上的光源可以切换背光投影或者结构光成像的模式,而结构光的参数可以通过软件编写进行调节,以达到不同的成像目的。

成像的主要原理为利用亮暗交替的条纹光,如图 5.3(b)所示,缺陷在照明光源下呈现高灰度,典型的缺陷图像如图 5.3(c)所示。该系统的成像分辨率为 150μm,主要的特点在于对不同类型检测对象的灵活适应能力。其设计基于组件模块化的软件是系统通用性的保证,主要由相机控制、光源控制、机械控制、界面控制以及 AI 算法模块组成,可以实现灵活组合及修改。

华南理工李迪团队使用高分辨率面阵 CMOS 相机采集手机玻璃的缺陷,并且基于主成分分析(principal components analysis)算法检测手机玻璃的缺陷[19],在 50 个缺陷测试样本中准确检测出其中 44 个缺陷。Jian 使用多重特征方法对手机玻璃屏幕玻璃进行缺陷分类[20],在对 4 种类型共计 236 个缺陷样本进行分类结果中,获得了超过 90%的分类准确率,不过其不足之处在于样本量过小且检测时间过长。

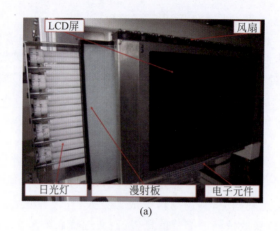

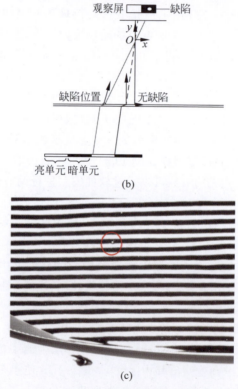

图 5.3 照明光源及成像方式
(a) 编码成像光源实物；(b) 成像原理图；(c) 采集的缺陷图像

5.1.2 经典深度学习模型：目标识别网络模型及语义分割网络模型

在缺陷检测中，利用光学成像系统采集到图像后，需要通过软件图像处理算法提取缺陷信息。传统的图像处理算法需要包含预处理、图像分割、特征提取、缺陷分类以及信息统计反馈等步骤。预处理包含滤波降噪、背景均衡化以及图像增强等内容，使其能够在后续缺陷提取算法设计中提供高质量的图像数据。图像分割包含阈值分割、边缘检测、区域生长等技术，目的在于提取分离与背景灰度存在差异的异常像素点，即获得潜在的缺陷区域。特征提取通过分割结果的形态学特征、纹理特征等信息用于缺陷分类，同时也可以使用机器学习中的支持向量机（SVM）、随机森林等算法进行分类。传统图像处理算法具有可解释性强、计算效率高且不依赖海量数据的特点，适用于背景一致性较高的检测场景。但是对于复杂的检测场景，需要设计针对性的特征提取算法，需要手动进行参数调整，往往同一算法不能满足多检测场景，具有较弱的泛化能力。相比项目传统图像处理算法，目前包含卷积神经网络在内的深度学习模型算法具有泛化能力强、自动特征提取等优点，可以实现端到端的缺陷检测，可满足复杂背景下的多类型缺陷提取，其被越来越多地应用在缺陷检测中。

卷积神经网络（convolutional neural networks，CNN）是深度学习（deep learning）中最具代表性及应用最广的算法之一，是一种包含卷积计算且具有深度结构的前馈神经网络（feedforward neural network）。卷积神经网络在"目标分类""目标检测""图像去噪""图像增强""语义分割"等众多计算机视觉领域获得了广泛的应用，并在准确率上相比传统算法取得了巨大的提升，是当前计算机视觉领域研究的热点。本节主要介绍卷积神经网络的基本内容、训练结构及初始训练方法。

1. 传统神经网络

卷积神经网络由传统神经网络发展而来，两者非常相似，都由层级结构的神经元组成，并且通过输入一定量的数据进行权重和偏移量的训练，将计算结果作为激励函数的输入值得到最终输出结果，通过设计最小化损失函数训练得到最佳的网络权重值，用于网格分类、识别等任务。最初提出的多层感知机可以认为是一种特殊的人工神经网络。一个最基本的神经元的示意图如图5.4所示。

其对应的公式为

$$h_{w,b}(x) = f(W^T x) = f\left(\sum_{i=1}^{n} w_i x_i + b\right) \tag{5.1}$$

式中，x_i 为输入的变量，W 为权重，b 为偏置值，$f(z)$ 为激活函数，$h_{w,b}(x)$ 为通过神经元后的输出值，其中激活函数的作用在于引入非线性因素，使得网络可以拟合

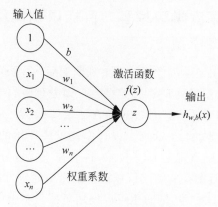

图 5.4 神经元示意图

非线性模型。如上表示了一个神经元的基本结构,而具有很多神经元组合而成的结构便是神经网络,如图 5.5 所示为包含一个隐含层的神经网络。

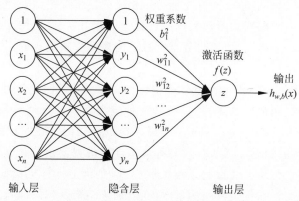

图 5.5 包含一个隐含层的神经网络

上图包含一个隐含层的网络的对应公式可以表示为

$$h_{w,b}(x) = f(W^T x) = f\left(\sum_{j=1}^{n} w_{1j}^2 \left(\sum_{i=1}^{n} w_{ji}^1 x_i + b_i^1\right) + b_1^2\right) \tag{5.2}$$

该网络结构包含了输入层、隐含层和输出层。一般的网络存在多个隐含层,在训练过程中需要利用链式求导对隐含层的节点进行求导,并利用梯度下降更新参数,该过程也称为反向传播算法。

2. 卷积神经网络基本组成

卷积神经网络主要由卷积层(convolutional layer)、池化层(pooling layer)、非线性激活函数、全连接层及输出层组成,基本结构如图 5.6 所示。

与传统神经网络的区别在于卷积神经网络中包含由卷积层和子采样层组成的

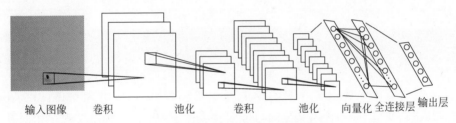

图 5.6 典型的卷积神经网络结构

特征提取器。卷积神经网络中的神经元与由卷积核所限定范围内的部分神经元连接,即局部感受野(local receptive fields)。传统的神经网络的每个神经元与前一层的全部神经元相连接,是一种全局的感受野。而根据人类的视觉感知特性认为是从局部到整体的特性,认为邻近的像素之间关联性较强,而远距离的像素关联性则较弱,因此卷积神经网络一般选择小范围的局部区域进行感知,即卷积核的尺寸一般较小,通常为 3×3 或 5×5,而深层卷积层的感受野的大小与它之前所有层的滤波器大小和步长有关。在更深层的网络将局部信息综合起来得到全局信息。相对传统的神经网络可以大大减少参数数量。并且一般存在多个特征平面,即每个卷积层都有多个卷积核,用于提取图像的不同类型特征,每个特征平面具有权值共享的特点,即共享卷积核参数,大大减少了网络参数,并且能够防止过拟合。在卷积运算后一般会紧跟一个池化层,用于对特征参数进行降采样,以简化模型复杂度,一般存在最大池化、平均池化等形式。

卷积层是卷积神经网络中的核心部分,每层卷积层由众多的卷积单元组成,一个较小的卷积核在二维图像上滑动,以提取输入层的特征。卷积运算中设定卷积核的尺寸、步长尺寸,如图 5.7 所示为一个典型的卷积运算。卷积核与输入图像上相同尺寸的子矩阵进行点乘运算的和作为结果放入矩阵中的对应位置。

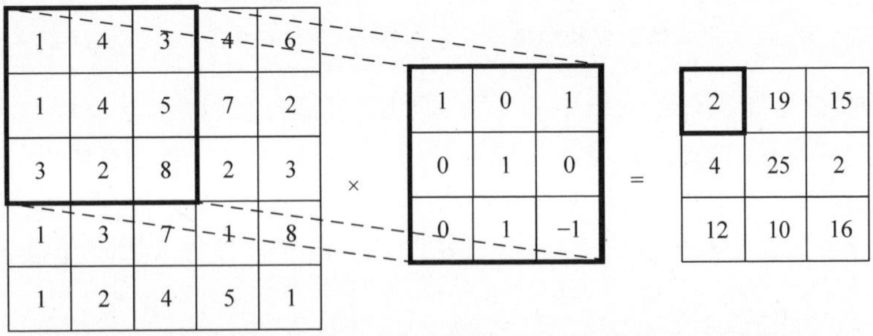

图 5.7 卷积操作,其中输入尺寸为 5×5,卷积核为 3×3,步长为 1

卷积运算过程中存在多种形式,可以通过矩阵的边缘填充实现输出矩阵与输入矩阵的尺寸不变。特征图的尺寸由输入图像宽度 W 和高度 H、卷积核尺寸 K、步长 S、填充像素 P 所决定。

$$\begin{cases} W' = \dfrac{W - K + 2*P}{S} + 1 \\ H' = \dfrac{H - K + 2*P}{S} + 1 \end{cases} \tag{5.3}$$

近些年来还发展出了许多类型的卷积操作,例如空洞卷积(dilated/atrous convolutions)广泛应用于语义分割与目标检测任务中[21-22],可以实现在相同卷积核尺寸的情况下扩大感受野,并且能通过设置扩张率以获得多尺度上的下文信息。可变卷积(deformable convolutions)根据图像中物体的改变而灵活调整卷积核,不再固定为 $n \times n$ 矩阵方式,以实现动态调节感受野[23]。部分卷积(partial convolutions)被使用在图像修复中[24],部分卷积层包含生成掩膜和重新归一化,类似于语义分割任务中的分段感知,在输入掩膜不变下实现图像分割。

池化层通常都紧跟在卷积层之后,以特定池化规则对特征图进行降采样,每个池化特征图都与上一层特征图一一对应,即保持了特征图个数不变。最大值池化和均值池化是较为常用的池化方法,如图 5.8 所示,即池化过程中选择窗口内最大值或均值作为下一层对应位置的特征值。还有如混合池化[25]、随机池化[26]、频谱池化[27]、空间金字塔池化[28]等方法。池化层可以用于减小特征图尺寸以实现特征图压缩,能够有效避免网络过拟合,并且随着网络加深,可以增大感受野。

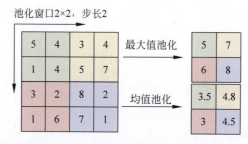

图 5.8 最大值池化和均值池化示意图,池化窗口为 2×2,步长为 2

激活函数是卷积神经网络中非常重要的组成部分,紧跟于卷积层和全连接层之后。由于卷积层、池化层、全连接层都是线性的,表达能力非常有限,因此必须加入非线性的激活函数以使网络能够更好地拟合复杂模型。常用的激活函数有 Sigmoid 函数、tanh 函数、ReLU(rectified linear unit)函数以及基于上述函数的变种函数。

Sigmoid 函数很早被用于反向传播算法[29],其数学表达式为

$$\sigma(x) = \dfrac{1}{1 + \mathrm{e}^{-x}} \tag{5.4}$$

Sigmoid 激活函数的图像如图 5.9 所示,其实现了将输入数据压缩到(0,1)范围内。其优点在于处处连续可导,可以压缩数据且幅值不变,便于前向传播,可以

较好地用于二分类问题。但是反向传播求误差梯度时涉及除法运算使得计算量大，并且对于深度神经网络存在很大或者很小的输入值时，容易出现梯度消失的问题。Sigmoid 输出的均值非零，使得参数往同一个方向变化，训练收敛过程非常缓慢。

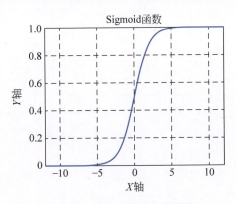

图 5.9　Sigmoid 激活函数图像

tanh 函数可以认为是 Sigmoid 函数的变形，其数学表达式如下所示：

$$\tanh(x) = 2\sigma(2x) - 1 = \frac{e^x - e^{-x}}{e^x + e^{-x}} \tag{5.5}$$

tanh 激活函数的图像如图 5.10 所示，可以看到其相当于是 Sigmoid 函数的改进版本，其数据值压缩范围为 $(-1,1)$，解决了非零均值的问题，但是梯度消失的问题依然存在。

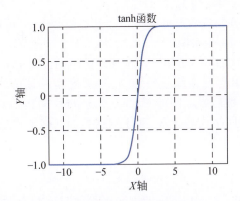

图 5.10　tanh 激活函数图像

ReLU 函数是深度学习中最为常用的激活函数之一，其数学表达式如下所示：

$$f(x) = \max(0, x) \tag{5.6}$$

ReLU 激活函数的图像如图 5.11 所示，其优点在于线性非饱和，从而反向传播梯度计算简单，无需进行指数计算，训练收敛的速度快，因此被广泛应用。但是

ReLU 函数输出不是零中心，并且如果其输入是负数的时候，输出的零值将导致无法从反向传播中得到梯度，从而造成神经元死亡（dying ReLU），该权重无法更新的情况，并且一旦死亡无法再次激活，从而丢失了部分节点信息。

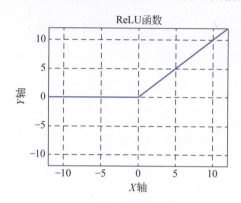

图 5.11　ReLU 激活函数图像

基于 ReLU 激活函数的基础上，许多改进型的激活函数被提出，例如 Leaky ReLU[30]、P-ReLU[31] 和 eLU[32] 等。与 ReLU 将所有负值设为零不同，Leaky ReLU 将所有负值输入赋予一非零的坡度，以防止出现导数总为零的情况，解决了神经元遇到梯度为零不能激活的情况。P-ReLU 在 Leaky ReLU 基础上，设置负值的斜率根据数据变化。ELU 激活函数融合了 Sigmoid 和 ReLU 函数，在输入为负值时激活函数为 $\alpha(e^x-1)$，使得其对输入变化及噪声鲁棒性更强，且 ELU 输出均值接近于零，可以获得较快的收敛速度。

全连接层的神经元与输入层的每个神经元都进行连接，可以认为是使用了全局感受野，一般是在卷积神经网络的最后几层，用于对于前层局部信息的全局汇总。

损失函数（loss function）是用于评价神经网络的预测值和真实值的不一致度。损失函数值越小，说明模型训练效果越好，是深度学习训练过程中重要的组成部分。在获得输出值与理想值之间的对比值后，通过反向传播算法用于指导网络的训练学习。一个神经网络模型 $f(x)$ 对于数据集训练的平均损失函数，也叫作代价函数，可以表示为

$$R(f)=\frac{1}{N}\sum_{i=1}^{N}L(y_i,f(x_i)) \tag{5.7}$$

式中，N 表示样本数量，x_i 和 y_i 分别表示样本输入值和真实标签值，L 表示损失函数。损失函数是经验风险函数和结构风险函数的核心组成部分，通常结构风险函数可以表示为经验风险项和正则项，而有监督学习的基本策略是经验风险最小化和结构风险最小化，即可以认为目标函数为如下式所示：

$$\min\frac{1}{N}\sum_{i=1}^{N}L(y_i,f(x_i))+\lambda J(f) \tag{5.8}$$

式中，$\lambda J(f)$ 为正则项，一般可以通过参数范数惩罚用以限制模型的学习能力，以达到防止过拟合的目的。

Softmaxloss 是一种常用的损失函数，也可以认为由 Softmax 与 Cross-entropy loss 组合而成。对于一个样本分类问题，假设输出样本可能存在 C 种类型，则网络会输出每个类型所对应的分数 $z=[z_1,z_2,\cdots,z_c]^T$，则 Softmax 函数可以将输出映射到[0,1]的概率取值范围，如下式所示：

$$S(z_i) = \frac{e^{z_i}}{\sum_{i=1}^{C} e^{z_i}} \tag{5.9}$$

则 Softmaxloss 损失函数可以表示为

$$L(y,z) = -\sum_{i=1}^{C} y_i \log(S(z_i)) \tag{5.10}$$

式中，y 为一个长度为 C 的标记向量，只有对应类型的标记为 1，其他均为 0。交叉熵损失函数分为两个步骤，即先利用 Softmax 计算得到类型的概率分布，然后得到交叉熵损失值。在反向传播求导时，需要将其作为一个整体进行计算，否则可能遇到 log(0)导致梯度值无穷大的情况。同时许多基于 Softmaxloss 为基础的变种损失函数被提出，weighted softmax loss 被提出用于解决样本不平衡问题[33]，根据样本进行针对性地加权。Soft softmax loss 针对在输入 softmax 函数之前的输入数据进行缩小，即对 softmax 加入蒸馏（distillation）[34]，使概率分布更加平滑，利用大型网络提取先验知识，利用这些先验知识生成软标签（soft target）进行网络学习。Large-Margin Softmax Loss 损失函数认为特征提取网络的特征向量与相对应类别的权重向量的乘积可以分解为模长和余弦值[35]，其认为类别预测在很大程度上取决于特征向量与权重之间的余弦相似性。

神经卷积网络训练过程中通常使用传统的反向传播（back propagation，BP）算法进行训练，主要包含了正向传播和反向传播。即首先初始化训练参数，然后利用参数进行前向传播计算获得输出值，并通过损失函数得到输出的结果与期望目标的误差；接着通过反向梯度计算获得神经元权重系数的偏导数，利用该导数对神经元权重进行修改；最后重复上述训练过程，直到误差达到期望值或者达到预定的训练次数。

前向传播过程主要是从数据输入，然后经过网络结构的计算，达到最后的损失层或者特征层。在前向传播得到最后一层和目标函数的代价函数后，利用反向传播计算每一层的梯度信息，根据梯度下降法来更新每层网络的参数，其原理示意图如图 5.12 所示。其基本原则就是寻找目标函数的最小值，每次反向传播后计算得到梯度下降最大的方向，根据设置的学习率每次计算更新一次，从山顶周围的初始点一步步进行优化最终走到山谷的最低点。

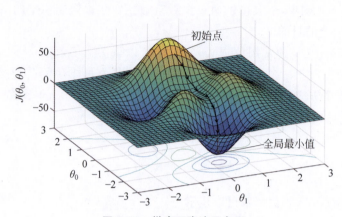

图 5.12 梯度下降法示意图

梯度下降算法根据使用数据集的规模可以分为许多优化算法,如批量梯度下降法(batch gradient descent,BGD)、小批量梯度下降法(mini-batch gradient descent,MBGD)和随机梯度下降法(stochastic gradient descent,SGD)。批量梯度下降法使用全部训练样本数据集计算代价函数的梯度值,然后对模型参数进行更新,其优点在于全部数据集可以更加准确地往极值方向收敛,但是该算法梯度下降速度较慢。随机梯度下降法将训练数据集进行随机化,并且每次只使用一个样本计算梯度并进行参数更新,优点在于计算速度快,但是缺点在于准确性下降,可能最终收敛到局部最优解,并且不利于并行计算。小批量梯度下降法介于两者之间,每次使用一个小批量的样本数据进行梯度计算及参数更新,可以实现较稳定并且速度较快的训练效果,是目前使用最为广泛的训练方式。

参数梯度优化方式如下所示:

$$\begin{cases} g_t = \nabla_{\theta_t} f(\theta_t) \\ \theta_{t+1} = \theta_t - \eta * g_t \end{cases} \tag{5.11}$$

式中,g_t 为根据选择的训练样本数量得到的梯度值,然后通过设置合适的学习率(learning rate)η 对权重参数 θ_{t+1} 进行更新。合理的学习率可以使模型得到较好的训练结果,但如果学习率太高,则可能导致在极值点附近震荡以至无法收敛,而如果学习率过低则会使得收敛速度过慢。

为了实现准确而快速的参数优化,需要优化梯度下降算法,国内外学者提出了众多参数优化算法。如通过引入一个超参数动量(momentum)进行优化[36]:

$$\begin{cases} v_{t+1} = uv_t - \eta \nabla_{\theta_t} J(\theta_t) \\ \theta_{t+1} = \theta_t + v_{t+1} \end{cases} \tag{5.12}$$

式中,η 表示学习率,u 表示动量。由于上式利用动量积攒了历史计算的梯度信息,如当前时刻梯度与之前的梯度方向相似,则这种趋势会加强;反之梯度方向会减弱,可以加速学习。

牛顿动量是一种在动量基础上的改进[36-37],可以认为其在标准动量方法中添加了一个校正因子,即先用当前的速度 v 更新一遍参数,再用更新的临时参数用于计算梯度信息。其优点在于误差收敛的提升,但是缺点在于优化速度下降。

自适应梯度(adaptive gradient,AdaGrad)算法每次更新参数时根据梯度计算不同的学习率[38],其优点在于在梯度较大时学习率变小,而平缓的地方学习率设置较大,实现了学习的灵活性。但是由于其梯度累积导致梯度会过早地降低。AdaDelta 梯度优化算法是基于 AdaGrad 算法的改进[39],其只累积过去给定窗口大小的梯度,相当于对于累积的梯度增加一个衰减系数。解决累积梯度随着一直累加而导致学习率一直下降问题。均方根传播(root mean square prop,RMSprop)梯度优化算法同样也是对 AdaGrad 算法的改进[40],对于一个包含 m 个样本的小批量,首先计算得到其平均梯度:

$$g_t = \frac{1}{m} \nabla_{\theta t} J(\theta_t) \tag{5.13}$$

然后根据下列参数迭代公式对参数 θ_{t+1} 进行优化:

$$\begin{cases} s_{t+1} = \beta s_t + (1-\beta) g_t^2 \\ \theta_{t+1} = \theta_t - \eta \frac{g_t}{\sqrt{s_{t+1} + \varepsilon}} \end{cases} \tag{5.14}$$

式中,η 为全局学习率,ε 为一很小的值以防止分母为 0,β 为衰减速率。利用其对权重和偏置值梯度微分平均进行加权求和,有利于消除摆动幅度大的问题,因此可以允许一个较大的学习率,使网络收敛速度加快。RMSprop 梯度优化算法在实际使用中较为有效且被广泛应用。

自适应矩估计(adaptive moment estimation,ADAM)[38]优化算法是一种结合了自适应学习与动量相结合的优化算法,使用一阶和二阶动量,可以获得快速收敛效果,但是对于后期较低学习率可能会影响全局收敛的有效性[41]。

近年来针对不同的应用场景出现了许多经典的分类神经卷积网络模型。AlexNet 卷积神经网络由 Alex Krizhevsky 提出[42],是 2012 年 ImageNet 图像分类竞赛的冠军,是经典的分类网络。该网络模型在由 1000 种类型的 120 万幅高分辨率图像组成的数据集中,实现了前 1 的 37.5% 的错误率以及前 5 的 17.0% 的错误率。其网络结构如图 5.13 所示,网络中包含了 6000 万的参数和 650000 个神经元,整体由 5 个卷积层以及 3 个全连接层组成,其中有 3 个卷积层后紧跟池化层,最后输出通道为 1000 的分类归一化指数函数。

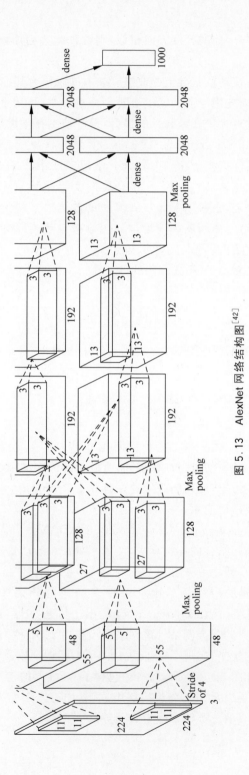

图 5.13 AlexNet 网络结构图[42]

AlexNet 使用多 GPU 进行卷积运算,使用两个 GPU 并行计算以获得运算加速。在全连接层中使用 dropout 丢弃一些神经节点,使得网络稀疏性增强,同时利用图像数据增强,以抑制网络过拟合。重叠池化通过设置池化尺寸大于步长,即使相邻池化单元存在部分区域重叠,以使错误率得到一定程度降低。文中使用 ReLU 作为非线性激活函数,以取代传统的 sigmoid 和 tanh 激活函数,提升了训练速度。并且其使用局部响应归一化(local response normalization,LRN)。对于位于 (x,y) 且对应卷积核为第 i 个的 ReLU 激活值 $a_{x,y}^i$,经过 LRN 后的表示式如下:

$$b_{x,y}^i = a_{x,y}^i \bigg/ \left(k + \alpha \sum_{j=\max(0,i-n/2)}^{\min(N-1,i+n/2)} (a_{x,y}^i)^2 \right)^\beta \tag{5.15}$$

该归一化是基于 n 个位于相同空间位置的相邻卷积核运算激活结果,N 表示该层卷积核总数,实现了"临近抑制"。以上使用的技巧使得 AlexNet 获得了远比传统机器学习算法优秀的计算结果。在 AlexNet 网络提出来后,涌现出了许多经典的分类网络,如 VGG[43]、ResNet[44-45] 和 GoogLeNet[46-49] 等网络。

ResNet 网络是具有更深层次的深度卷积神经网络。神经网络在网络不断加深时,其反向传播的梯度之间的关联性往往会越来越小,并且由于非线性激活函数是不可逆的,使得网络很难再进一步获得更高精度,反而可能使训练效果变差,即模型出现了退化。而残差网络在常规网络中增加了输入的恒等连接,原理图如图 5.14 所示。对于一个对叠层结构的网络模块,设当输入为 x 时其得到的特征维 $H(x)$,通过设计网络映射为 $H(x) = F(x) + x$,其中使残差 $F(x) = H(x) - x$,若网络学习后残差为零,此时对叠层相当于进行了恒等映射,即

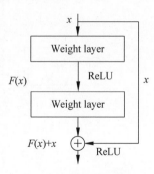

图 5.14 残差学习模块

$H(x)=x$,不会使网络性能降低,并且一般残差不会为零,即可以通过残差网络进一步学习特征,同时残差映射也更加容易优化,从而使网络拥有更好的分类性能。

网络对于一个模块可以定义为

$$y = F(x,\{W_i\}) + \boldsymbol{W}_s x \tag{5.16}$$

式中,x 和 y 分别表示该模块网络的输入和输出,$F(x,\{W_i\})$ 表示需要进行学习的残差映射,$\boldsymbol{W}_s$ 矩阵用于将输入 x 与最终输出保持相同的维度。残差网络结构主要根据在设计的平层网络结构中加入直连路径。网络中的主要特点在对于相同输出、相同尺寸大特征,所有层具有相同的滤波器。如果特征尺寸减半,滤波器的尺寸需要增加一倍,从而保持每层相同的时间复杂度。直接利用步长为 2 的卷积进行降采样,网络最后利用全局平均池化以及一个 1000 种类型的全连接层 softmax 分类器。

GoogLeNet 网络模型获得了 ILSVRC14 挑战赛的第一名。为了提升网络分

类性能,一般通过增加网络深度和宽度,即增加网络层次和神经元的数量以实现更大规模的网络,但是由于数据集数量有限,往往容易产生过拟合,而且随着网络参数的增多,计算复杂度大大提升,容易出现梯度弥散问题,很难实现训练收敛和优化。Google 公司的团队为了解决以上问题,根据稀疏矩阵聚类可以为密集子矩阵提高计算性的原理提出了 Inception 网络结构,以通过构造"基础神经元结构",从而实现高计算性能的深度卷积神经网络。Inception 的网络结构如图 5.15 所示,其中图 5.15(a)为原始的结构,将对前层输入做 1×1、3×3、5×5 卷积以及 3×3 的最大值池化运算后进行堆叠,增加了网络宽度,并且不同的卷积核尺寸可以获得不同尺度的特征信息,并且在每个卷积层后增加 ReLU 激活函数以增加网络的非线性。但是由于直接对上一层输出做各种尺度的卷积计算,其计算量太大。因此在图 5.15(b)改进版本中,在 3×3、5×5 卷积计算前,3×3 的最大值池化层后各加入了 1×1 的卷积核,用于降低特征图维度。

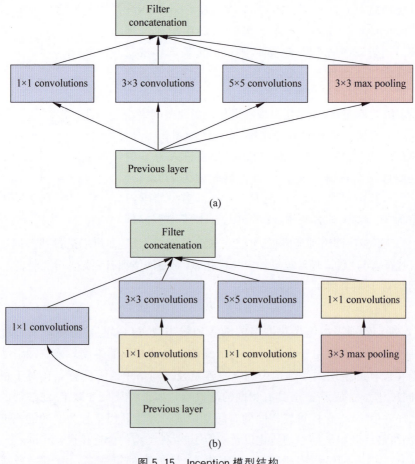

图 5.15 Inception 模型结构
(a) Inception 原始版本;(b) Inception 维度降低版本[47]

GoogleLeNet 将 Inception 作为模块化的结构,贯穿于整个网络中,并且在网络最后使用了平均池化以替代全连接层,提升了分类的准确率。此外在网络训练过程中,在中部增加两个 softmax 分类器作为中间层分类输出,并且按照 0.3 的权重加入网络训练中,为网络增加了反向传播的梯度信号,以避免训练过程中梯度消失问题。

GoogleLeNet 凭借优秀的分类性能获得了极大发展,Inception 也经历了 v1、v2、v3、v4 四个版本的发展改进。

Inception v2[48]加入了批归一化(batch normalization,BN)层,使每个神经元输入分布到均值为 0、方差为 1 的标准正态分布。BN 允许网络训练中可以使用更大的学习率,在一般网络中大学习率使网络参数尺度变化增大,并可能在反向传播算法中造成梯度消失问题,但是由于 BN 防止非线性函数映射后取值向区间极限饱和区域靠拢,从而避免了这一问题,使训练速度获得提升。并且对于网络的初始化要求降低,同时网络中不再使用 Dropout,因为 BN 本身就起到了正则化的作用,并且降低了 loss 中 L_2 的权重。对于训练数据进行更加彻底的打乱,实验结果证明提升了 1‰的准确率。在网络中利用两个连续的 3×3 卷积层替换 5×5 的卷积层,从而减少了参数数量,并且不会降低表达能力。

Inception3 设计网络中主要遵循了四个原则。第一,尽量避免特征描述瓶颈,尤其在前期网络,即避免中间某层在尺度上进行过大的压缩。容易导致特征丢失,应该在输入到输出过程中缓慢减少尺度,从而获得高层特征。第二,更高维度特征更加容易进行局部处理,并且能收敛更快。第三,将低维度进行空间聚合,可以减少表达能力的损失。第四,平衡网络的宽度和深度,增宽网络和加深度网络都能获得提升网络的性能,但是需要平衡计算压力。

在 Inception v2 对卷积进行分解的基础上,Inception v3[49]在网络中提出了卷积分解,对卷积核进行了更加彻底的分解,将 $n\times n$ 卷积核分解为两个一维的卷积核,即 $n\times 1$ 和 $1\times n$,如将 5×5 分解为 5×1 和 1×5,如图 5.16 所示。卷积分解加深了网络,并且在每层都加入 ReLU 激活函数,增加了网络的非线性能力。但是这种分解在前层网络中的效果并不好,只有在中层网络中对于特征尺寸范围为 12~20 应用效果较好,最后选择使用的卷积核尺寸为 1×7 和 7×1。

在 Inception3 网络中对 35×35×288、17×17×768 及 8×8×1280 三个输入层针对性设计了对应

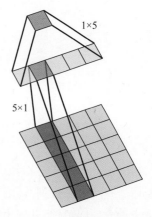

图 5.16　5×5 的卷积核用 3×1 和 1×3 的卷积核替代

的 Inception 修改,分别如图 5.17(a)、(b)及(c)所示。其中前两个模块根据原则三设计,而后者模块根据原则二设计。

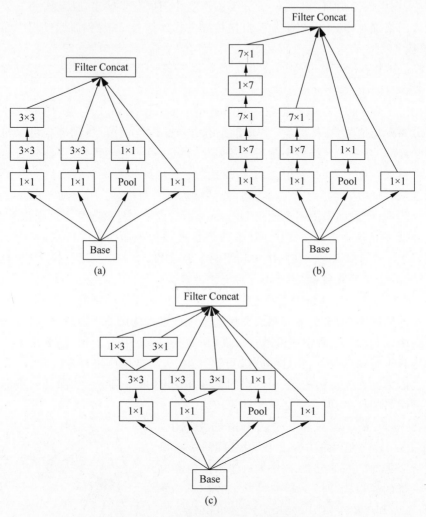

图 5.17　修改的 Inception 模块结构

(a) 与 Inception v2 中相同的结构模块,作为 Inception A; (b) 非堆成分解后的 Inception 模块,作为 Inception B; (c) 宽度方向延伸的结构模块,作为 Inception C

Inception-v4[46]版本在之前的基础上对 Inception 模块进行了改进,研究了与残差网络相结合进行训练,通过 ResNet 网络可以加深网络,提升收敛速度,并且提出了多种类型的结构,其中 Inception-v4 与 Inception-ResNet-v2 比 Inception 的准确率提升了 1%。

5.2 深度学习在光学玻璃表面缺陷检测中的在线智能检测应用

玻璃是重要的光学元件材料,由于玻璃加工后具有超光滑表面特性,所以在电子消费领域终端显示也有广泛的应用。手机是现代最为常见的日常消费品,手机玻璃作为重要的组成部分,在生产过程中对其质量有着严格的要求。随着手机的更新迭代,手机玻璃也向着尺寸更大、加工精度要求更高的方向发展。不断提升的工艺复杂度使得生产过程中产生了许多不可避免的缺陷,常见如划痕、凹凸、异色、亮点等不良缺陷。表面缺陷会影响图像显示功能,严重影响用户体验。因此在生产过程中如何高效、准确检测玻璃表面缺陷尤为关键[50]。

玻璃检测主要有两个目的:①准确检测来料玻璃,将不同优良等级的玻璃进行分拣,提升出货的良品率。提升玻璃表面缺陷检出能力,实现统一标准的高效率检测。②对检测玻璃准确分类,并将缺陷类型、位置区域进行统计归纳,分析缺陷数据,逆向分析生产加工中导致缺陷产生的工艺环节,从而能够在加工环节中针对性地进行改进。提升了整体生产效率,减少物料损耗,实现产品质量回溯,提供长期生产中质量分析数据,使生产管理更加智能化。

对于手机玻璃在线检测的应用需求,针对经过丝印工序后的手机磨砂玻璃背景复杂、缺陷种类多且检测速度要求高的问题,本章提出了基于同轴平行成像场及明场线阵成像系统,通过组合光学成像系统,实现对多种缺陷清晰成像的目的;使用线阵相机配合传送装置实现大尺寸玻璃的高分辨率成像,达到单位像素 $10.8\mu m$ 的成像分辨率。在获得手机玻璃图像后,针对相机镜头畸变校正,光源照明非均匀性引起的图像背景非均匀性校正,对玻璃表面缺陷分割及局部区域合并等关键技术问题进行研究。而缺陷分类是实现玻璃检测目标的重要环节,只有实现准确分类才能根据不同类型的缺陷检测标准进行判别,并且能够实现缺陷数据详细分析。机器视觉智能检测不仅需要判断对象的优良等级,还需要对提取缺陷种类进行仔细分析。本章后半部分主要讨论如何利用前期缺陷分割获得的图像数据建立不同的缺陷类别数据集,并结合 Inception 网络和 ResNet 网络的优点建立并联型深度神经网络,通过建立轻量化网络实现对缺陷数据的准确分类。

5.2.1 基于多种成像场的玻璃表面缺陷光学成像

机器视觉的照明成像系统主要由光源和相机组成,光源与相机的搭配选择主要由检测对象及场景决定,针对不同检测任务成像系统的侧重点也不同。相机中一般主要使用面阵相机或者线阵相机,其对应的成像模式和搭配的光源和机构也存在较大的区别。

针对定位系统,需要选择视场较大的面阵相机进行图像采集,能够对待测物体单次成像。而对定位精度影响较大的主要是镜头的畸变,像素提取过程中存在坐标偏差,容易导致后期定位精度下降。对于光源的要求在于能够提供稳定均匀的照明光,并且能够防止外界光源的干扰,对特征点实现稳定、清晰成像。

而对于表面缺陷检测的任务,其主要的任务在于准确识别玻璃表面所有的缺陷。由于对质量要求很高的光学元件,其最小容许缺陷尺寸很小,需要成像系统具有非常高的成像分辨率。对于尺寸较大的待测物体,使用高倍率显微镜模式的面阵相机往往无法单次完成整体成像,需要进行多次成像并进行图像拼接,最大的问题在于采样效率过低。而线阵相机属于逐行扫描成像,配合导轨传动系统可以实现大尺寸物体的高精度成像,如同流水线生产环节,待测物体源源不断地在传送系统上经过,物体不需要停留便能实现图像采集、检测。相机采集的频率称为行频,其与导轨的运动速度必须匹配,否则图像会被"拉长"或者"压缩",采集行频 f 与导轨运动速度 v 之间的关系为

$$f = \frac{v \cdot \beta}{s} \tag{5.17}$$

式中,β 表示成像系统放大率,s 表示相机的像元尺寸大小。根据待测物体表面成像特性选择合适的成像方式也非常重要,因为不同缺陷存在不同的成像特性。比如某些缺陷对于角度比较敏感,而对于不同背景下存在不同的反射及散射特性。同时也需要考虑图像的成像均匀性与镜头的畸变、光源非均匀性等引入的影响。成像方式主要存在暗场成像和明场成像,对于透明待测物体还可以利用透射成像方式,并且往往需要设计多个场成像方案才能获取所有缺陷的高质量图像。

对于超光滑表面的玻璃,常用暗场成像系统进行检测。暗场成像光学系统结构如图5.18(a)所示。入射光源经过准直透镜后以一个低角度打在样品表面,对于无缺陷的光滑玻璃表面,大部分光线根据反射定律形成反射光。玻璃存在缺陷位置由于玻璃破损或者粗糙度的不同,将产生一定的散射光,而无缺陷的区域表面光滑,其散射光极为微弱,暗场成像方式也可以认为是散射成像方式。镜头和相机组成的成像系统接收缺陷处产生的散射光,反射光则不会进入成像系统,由此可以获得缺陷对比度较强的图像。因此采集得到的图像呈现出背景暗、缺陷亮的特点,如图5.18(b)所示。对于光滑表面尺寸非常小的质点,在明场成像情况下,其背景的衍射光斑的尺寸与暗场成像方式相比要更大,即暗场成像中对于微弱的缺陷能够具有较好的效果。

暗场成像对于超光滑表面的光学元件存在较好的成像效果,其表面的划痕和麻点等缺陷能够较为清晰成像,且具有较强对比度。但是对于经过丝印工序的玻璃表面的其他类型缺陷(如异色缺陷),由于其表面与背景表面的光滑度类似,并没

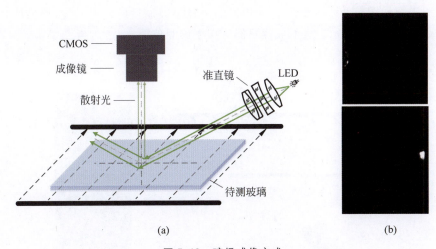

图 5.18 暗场成像方式
(a) 暗场成像光学结构图；(b) 暗场成像缺陷图像

有明显的深度差异,因此暗场对于其成像效果较为一般。对于异色类型缺陷,可以使用明场成像方式,如图 5.19(a)所示。与暗场成像方式不同,明场成像主要是让表面反射光进入相机。对于表面存在缺陷的区域,其表面的反射特性会发生改变,相对高亮的背景灰度,明场成像中的缺陷呈现较低灰度,采集的明场缺陷图像如图 5.19(b)所示。

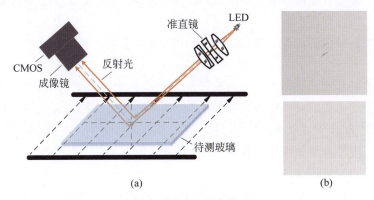

图 5.19 明场成像方式
(a) 明场成像光学结构图；(b) 明场成像缺陷图像

基于明场和暗场结合的成像方式,对于一般的缺陷能够实现较为理想的成像效果。明场与暗场检测原理主要根据缺陷与背景造成元件表面的反射、散射特性的差异。而对于玻璃的部分缺陷如气泡、凹凸等,其往往部分在玻璃内部,不仅仅体现在表面上。对于该种类型的缺陷,透射成像效果往往比明场成像更好。透射成像原理图如图 5.20(a)所示,进入相机的是经过玻璃后的透射光线,典型的缺陷图像如图 5.20(b)所示。透射成像只能应用于透明玻璃。

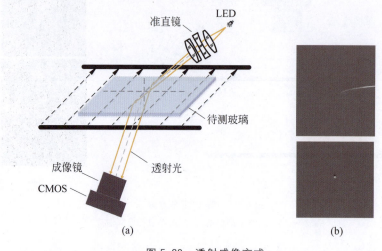

图 5.20　透射成像方式
(a)透射成像光学结构图;(b)透射成像缺陷图像

对于表面非光滑的磨砂玻璃,入射光在磨砂表面会产生方向性各异的漫反射光,会在一定程度上对缺陷处的散射光产生干扰,使微弱缺陷的暗场成像条件受到破坏。对于程度较强的划痕和亮点,暗场可以实现较好的成像,但是对于微弱的浅划痕、异色、凹凸则存在着一定的不足。而对于一个成像系统,其成像的上限能力在于其对微弱缺陷的成像效果,因此需要对检测对象中最为难以成像的缺陷进行重点分析。

本节主要利用同轴平行成像与明场成像相结合的成像方式,使用线阵相机采集图像。由于采集的玻璃面板尺寸较大,面阵相机视场无法实现玻璃单幅整体成像,线阵相机配合传送系统扫描方式可以达到更高的图像分辨率,同时提升采集图像的效率。由于玻璃面板缺陷种类很多,单种成像方式(如暗场成像方式)无法实现对所有缺陷的高对比度成像,因此利用组合成像照明方式。在传动方式中,玻璃面板垂直方向进入传送系统,两个成像位置则依次排列,获取两幅原始图像,如图 5.21 所示。

利用成像系统采集的图像如图 5.22 所示,其中(a1)和(b1)分别为同轴平行场以及明场的原始图像,原始图像的灰度分布从中心沿边缘波动,这种非均匀性由非均匀光源照明产生,是一种全局的灰度非均匀性,具体将在下节详细分析。图(a2)和(b2)分别为两组成像系统对应的局部背景像素分布图,可以看出磨砂玻璃背景像素存在局部非均匀性,这是由磨砂玻璃表面反射及散射特性差异造成的。相比透明的超光滑玻璃,这种局部非均匀背景下的缺陷提取和分类存在更大挑战。图(a3)与(b3)为典型的缺陷图像,位于玻璃不同区域的缺陷其背景和形态也存在着差异。

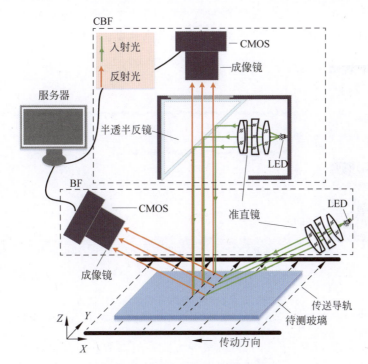

图 5.21 玻璃检测系统成像原理图

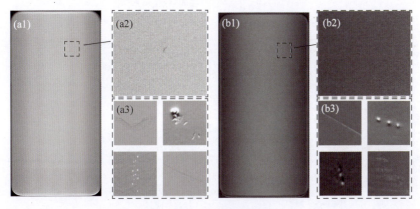

图 5.22 系统采集图像

(a1)同轴平行场原始图像;(a2)同轴场背景像素分布;(a3)同轴场典型的缺陷图像;
(b1)明场原始图像;(b2)明场背景像素分布;(b3)明场典型的缺陷图像

玻璃表面存在包括划痕、凹凸、异色、油墨、脏污、崩边等在内的缺陷类型,不同类型的缺陷在两种成像场中存在一定差异。如图 5.23 所示为凹凸缺陷的成像对比图,图 5.23(a) 和 (b) 分别为同轴平行场及低角度的明场的凹凸图像。图 5.23(c) 展示了缺陷图像上以虚线位置所在的 X 轴方向上的切面的像素分布。可见凹凸在明场中的成像对比度要好于同轴场中的成像对比度。

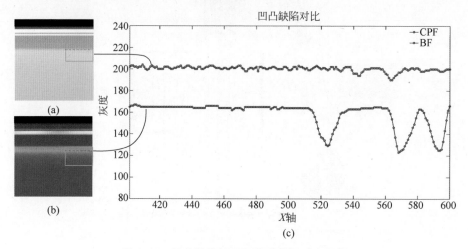

图 5.23 凹凸缺陷切面两种成像场对比图像
(a) 同轴场中的凹凸缺陷图像;(b) 明场中的凹凸缺陷图像;(c) 凹凸缺陷图像在两个场切面上的对比图

对于程度较强的划痕缺陷,两种成像方式一般都能获得高对比度的图像。而对于弱划痕缺陷,这种缺陷在玻璃表面非常浅,因此成像中比较微弱,如图 5.24 所

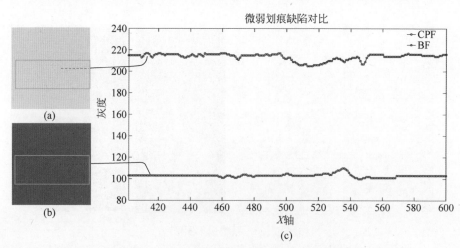

图 5.24 弱划痕缺陷切面两种成像场对比图像
(a) 同轴场中的弱划痕缺陷图像;(b) 明场中的弱划痕缺陷图像;(c) 弱划痕缺陷图像在两个场切面上的对比图

示为同一个弱划痕缺陷样本在两种成像方式中的对比情况。图 5.24(a)和(b)分别为同轴场及明场的弱划痕图像。图 5.24(c)展示了缺陷图像上以虚线位置所在的 X 轴方向上的切面像素分布。从切面像素分布可见,在缺陷分布处,弱划痕成像效果中同轴平行的像素分布方差更大,效果略好于明场成像。

对于异色缺陷,如图 5.25 所示,图 5.25(a)和(b)分别为同轴场及明场的异色图像。图 5.25(c)展示了缺陷图像上以虚线位置所在的 X 轴方向上的切面像素分布。通过对比虚线处的像素分布情况,可见异色缺陷在同轴光成像场中的效果较佳,缺陷的对比度更大,对于缺陷提取算法难度也更小。因此从各类缺陷可以看出两个成像光学系统可以实现互补。

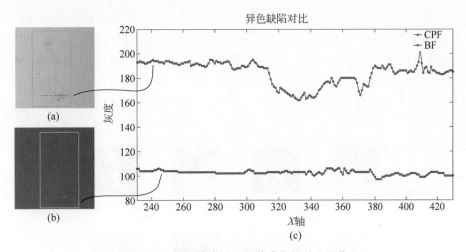

图 5.25 异色缺陷切面两种成像场对比图像

(a) 同轴场中的异色缺陷图像;(b) 明场中的异色缺陷图像;(c) 异色缺陷图像在两个场切面上的对比图

从上面三种类型的缺陷分析可知,两种成像方式在一定程度上对不同缺陷类型具有不同的成像效果,因此可利用两者的成像互补以实现大多数缺陷的高质量成像效果。

5.2.2 基于并联平衡残差网络结构的光学玻璃面板缺陷识别及分类的应用

高质量的数据集是深度学习能够成功的重要前提,数据集的好坏往往直接决定了网络的训练效果。大规模的带有标签的图像数据可以为有监督的深度学习提供保障。随着网络深度增加,训练的参数数量也会增加,过小规模的数据集可能导致模型过拟合。由于本节检测对象和特定的成像方式,无法获得现成的公开数据集。因此本节的数据集是通过在检测现场采集大量图像,然后对图像进行图像处理分割后获得的各种缺陷及背景图像。再通过人工手动标记确认,进行数据增强方法获得训练图像。数据集中图像主要有凹凸、划痕、异色、崩边四种缺陷类型,如图 5.26 所示。其中凹凸缺陷是加工过程中由于温度不均匀产生玻璃部分区域的不均匀,使表面呈现凹凸状,成像后图像上呈现亮暗相间,如图 5.26(a) 所示。划痕缺陷是在开槽、平磨等工艺过程中由于操作不当导致玻璃上产生细长的凹痕,如图 5.26(b) 所示。异色缺陷是丝印过程中由于部分区域油墨不均匀所产生的点状颜色异常点,如图 5.26(c) 所示。崩边缺陷是生产各个环节中由于玻璃边缘受力不均匀导致崩裂的情况,是一种比较严重且不可修复的缺陷,如图 5.26(d) 所示。除了主要的四种类型的缺陷,还存在脏污、油墨和灰尘等缺陷。脏污是丝印等环节吸附了杂质导致的,如图 5.27(a) 所示。油墨是在印刷过程中由于丝网漏墨,导致玻璃片上印上不均匀的大面积油墨,如图 5.27(b) 所示。虽然玻璃进行检测环节前往往需要经过超声波清洗,但是玻璃上的脏污和油墨往往很难被洗干净。并且由于洁净室无法达到完全无尘的级别,因此灰尘也会吸附在玻璃表面上,如图 5.27(c) 所示。灰尘往往会给检测引入干扰,将提高系统的误判率,因此将其准确分类可以显著提升检出率。在检测中需要尽量避免将背景图像误识别为缺陷,典型的背景图像如图 5.27(d) 所示。

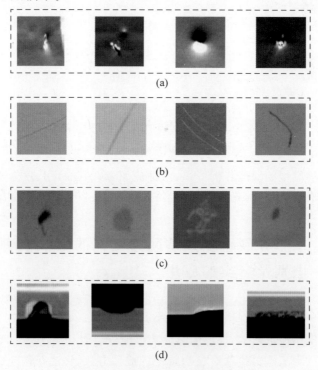

图 5.26　不同类型的玻璃表面缺陷
(a) 凹凸;(b) 划痕;(c) 异色;(d) 崩边

第 5 章 深度学习在工业化智能检测中的应用

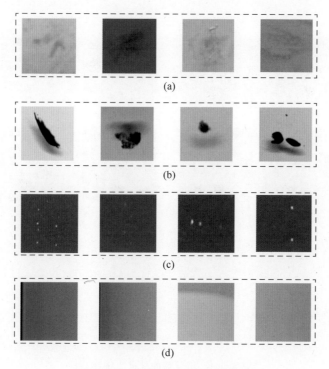

图 5.27 不同类型的玻璃表面缺陷
(a) 脏污；(b) 油墨；(c) 灰尘；(d) 背景

1. 图像预处理

由于在图像分割过程中缺陷的尺寸存在差异，在图像预处理中需要将输入图像压缩或者扩展到统一尺寸，利用双线性插值法将图像尺寸统一为 151×151。

2. 数据增强

由于在玻璃生产加工过程中缺陷类型数据分布的非均匀性，其中异色、灰尘、划痕、脏污的缺陷相比其他种类数量更多。针对数据集各种类型数据不均衡的情况，利用数据增强的方法对缺陷数据进行扩增。

(1) 利用翻转：水平翻转或者竖直翻转。

(2) 旋转角度：将图片以中心点旋转 90°、180° 或者其他角度。

(3) 尺度缩放：将图像中的缺陷进行放大或者缩小，获得不同尺度缺陷。

(4) 灰度拉伸：改变整体图像的灰度。

(5) 对比度拉伸：根据对比度变化因子将图片调整到多种对比度。

(6) 图像随机裁剪：随机裁剪出图像中指定大小的区域。

(7) 高斯滤波：利用高斯滤波进行平滑模糊处理。

凹凸缺陷的各种典型的图像增强后的结果如图 5.28 所示。

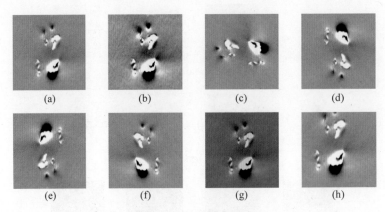

图 5.28 缺陷图像增强

(a) 原始图像；(b) 对比度拉伸；(c) 90°旋转；(d) 180°旋转；(e) 竖直翻转；
(f) 水平翻转；(g) 灰度拉伸；(h) 图像裁剪

经过图像增强后获得数据，集中各类缺陷统计见表 5.1。其中除了崩边缺陷为 1600，其余缺陷都为 2000，总数为 15600。训练过程中训练集和测试集为 7∶3。标记的数据集中的部分典型缺陷及背景图像如图 5.29 所示。

表 5.1　增强后的数据集统计

类型	划痕	异色	崩边	凹凸	灰尘	油墨	脏污	背景	总计
数量	2000	2000	1600	2000	2000	2000	2000	2000	15600

3. 并联平衡残差网络结构

玻璃表面样本数据集中类型数量为 8 种，包含各类缺陷样本及背景样本，远小于经典神经网络中基于 ImageNet 的 1000 种类型的缺陷分类任务，因此本节在力求保持足够高的分类效果的同时尽量减少训练计算的时间。Inception 网络训练过程中若结构过于复杂容易造成参数过多而使得网络过拟合，且网络的宽度与深度容易失衡，使得参数运算效率较低。而 ResNet 网络使得网络加深，提升了网络的分类准确率，但是参数和运算量变大。

本节结合 Inception 和 ResNet 网络的优点，在 Inception-ResNet 的基础上对网络进行针对性改进。设计基于并联平衡残差网络，Modified-Inception-Res-Net-v1(MIR-v1) 和 Modified-Inception-Res-Net-v2(MIR-v2)。简化 Inception 模块的同时，加入残差网络连接以提升网络训练速度，并且获得更快的训练速度。首先针对 Inception-ResNet 模块改进，改进后的 MIR 模块如图 5.30 所示。其中三个模块分别对应于网络中处理 35×35、17×17 和 8×8 尺寸特征模块，记为 MIR-A，MIR-B，MIR-C。模块降低输出的维度，以获得计算速度提升。

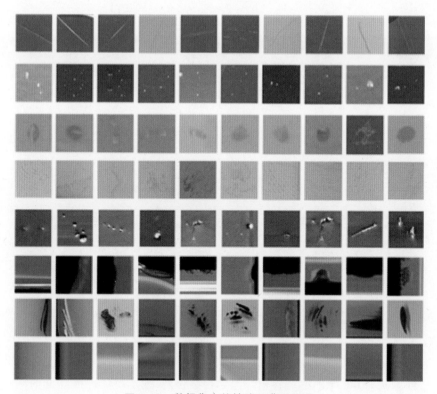

图 5.29 数据集中的缺陷及背景图像

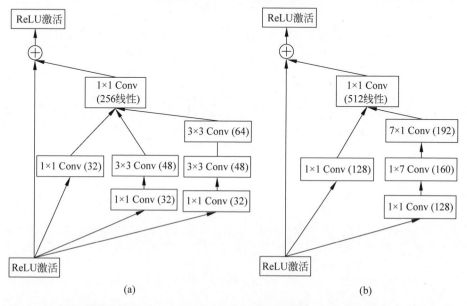

图 5.30 降低维度的改进型的 Inception-ResNet 模块原理图。对应于网络中处理 35×35、17×17 和 8×8 尺寸特征的模块,记为 MIR-A,MIR-B,MIR-C

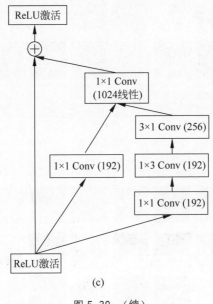

图 5.30 （续）

各个模块对应处理的对象尺寸不同,因此需要引入 Reduction 模块进行降维。各模块间 Reduction 操作通过卷积与池化相结合,实现了特征尺度降低的同时,增加了通道数量,突破了特征描述的瓶颈[49],避免了空间维度压缩所造成的特征丢失。本节 Modified Reduction 模块主要连接了各个 MIR 模块,具体模块结构如图 5.31 所示,图(a)中的 MR-1 模块连接前期处理网络与 MIR-A 模块,图(b)为连接 MIR-A 和 MIR-B 的 MR-2,图(c)为连接 MIR-B 和 MIR-C 的 MR-3。

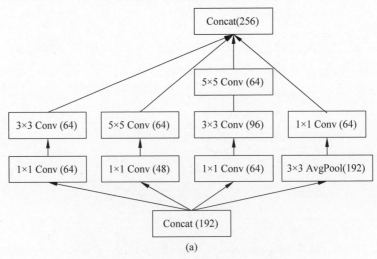

图 5.31 (a)MR-1,(b)MR-2,(c)MR-3

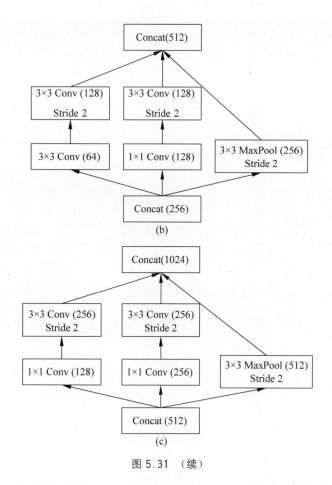

图 5.31 （续）

整体的网络结构见表 5.2，对于输入图像尺寸为 151×151 的图像，首先经过前期网络训练，该部分主要不同点在于输入图像的尺寸不同，因此第一层卷积层设置步长为 1。然后进入经典的 35×35、17×17 及 8×8 的模块训练层各自对应的 MIR 模块。由于本节数据量和种类规模较小，因此缩减了网络的规模。整体结构中只使用较少层的 MIR 模块，通过并联型模块设计有效降低了网络的深度，使得网络结构更加简洁，处理速度更快。在后段网络中依然使用平均池化层，并且使用 Dropout 层，最终利用 softmax 函数回归计算各个类型的概率分布。两个设计的网络不同点主要体现在 MIR 模块层的数量不同。

表 5.2　两种类型的卷积神经网络结构

Modified-Inception-ResNet-v1		Modified-Inception-ResNet-v2	
运算类型-尺寸/通道-步长(类型)	输出尺寸	运算类型-尺寸/通道-步长(类型)	输入尺寸
Input layer	151×151×3	Input layer	151×151×3
Conv-3×3/32-1(V)	149×149×32	Conv-3×3/32-1(V)	149×149×32
Conv-3×3/32-1(V)	147×147×32	Conv-3×3/32-1(V)	147×147×32
Conv-3×3/64-1(S)	147×147×64	Conv-3×3/64-1(S)	147×147×64
MaxPool-3×3-2(V)	73×73×64	MaxPool-3×3-2(V)	73×73×64
Conv-1×1/80-1(S)	73×73×80	Conv-1×1/80-1(S)	73×73×80
Conv-3×3/192-1(V)	71×71×192	Conv-3×3/192-1(V)	71×71×192
MaxPool-3×3-2(V)	35×35×192	MaxPool-3×3-2(V)	35×35×192
MR-1	35×35×256	MR-1	35×35×256
MIR-A	35×35×256	MIR-A	35×35×256
MIR-A	35×35×256	MIR-A	35×35×256
MIR-A	35×35×256	MR-2	17×17×512
MR-2	17×17×512	MIR-B	17×17×512
MIR-B	17×17×512	MIR-B	17×17×512
MIR-B	17×17×512	MIR-B	17×17×512
MIR-B	17×17×512	MR-3	8×8×1024
MIR-B	17×17×512	MIR-C	8×8×1024
MIR-B	17×17×512	Avarage Pooling	1×1×1024
MR-3	8×8×1024	Dropout	1×1×1024
MIR-C	8×8×1024	softmax	8
MIR-C	8×8×1024		
Avarage Pooling	1×1×1024		
Dropout	1×1×1024		
softmax	8		

5.2.3　基于并联平衡残差网络结构的光学玻璃表面缺陷识别及分类的检测结果

实验过程中使用本节设计的 MIR-v1 和 MIR-v2 网络结构进行训练，同时利用 ResNet-101 和 GoogLeNet-v3 网络以及 HOG-SVM 分类算法进行实验对比。在实验过程中数据集中样本数量为 15600，并且按照 7∶3 的比例分为训练集和测试集，即训练数据数量为 10920，在相同条件下进行训练。训练设置 batchsize 为 32，一共进行 100 个周期训练，每个周期都将训练集数据训练一遍。使用的训练模型中 ResNet-101 网络为基于残差网络且共有 101 层的网络结构，其在对于输入为 28×

28 尺寸处理层中设计了 23 个重复的子模块。GoogLeNet-v3 网络使用了 10 个 Inception 模块进行训练。MIR-v1 与 MIR-v2 的网络结构见表 5.2,两者之间的不同点在于 MIR-v2 中使用更少的 MIR-A、MIR-B 与 MIR-C 模块,并且将 HOG-SVM 的分类结果也加入对比。

四种网络训练过程中测试集的准确率随着训练批次的 Top-1 精度的平均准确率变化趋势如图 5.32 所示。Top-1 精度表示预测评分最高的类别与标注类别相同的百分比,即只有预测结果与标签值相同时才认为预测正确。

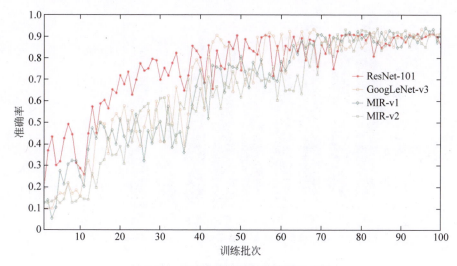

图 5.32　四种模型训练过程准确率曲线

从训练效果上看,三个网络都较快进行了收敛,准确率在震荡中提升。其中 ResNet-101 网络收敛速度最快,可以看出基本处于三个时期,在 1~20 轮训练中准确率震荡较大,然后准确率迅速提升,之后准确率变化趋向于平稳。GoogLeNet-v3 网络训练的准确率上升分为三段式,经过 10 轮训练后准确率显著提升,在 10 到 40 轮训练期间震荡较大,后期阶段震荡较小趋于稳定。MIR-v1 与 MIR-v2 网络在训练过程中准确率上升比较平缓,前期训练相对 ResNet101 的准确率上升较慢,后期准确率一直未稳定上升,最后两者的准确率稳定在较高位置。从训练效果看,四种网络的准确率较为接近,其中最终 ResNet-101 的精度稍低于其他网络,而 MIR-v1 网络的准确率在四种网络中为最高。

以上分析的是每个网络针对于整体的平均准确率分布,为了更进一步分析样本种类的不同及各样本之间的相互影响关系,因此还需要对每种缺陷的分类准确率进行分析。根据 5 种模型获得测试分类 Top-1 分类准确率如图 5.33 所示,测试样本数量总数为 4680,其中崩边缺陷 480,其他类型缺陷数量各为 600。在实际测试中由于 batchsize 设置为 32,因此实验中以 4672 个样本数据进行测试,以能够整除 32。从图中可以看出，四种网络在崩边和背景样本中都获得了较高的准确率，达到了 98% 以上，异色、灰尘、油墨、凹凸的分类准确率也基本上在 90% 以上。而在划痕、脏污的分类准确率则相对较低，尤其是划痕的准确率，在 ResNet 网络中低于 80%。具体每种类型的分类准确率见表 5.3，可以看出在所有类别的平均准确率上 MIR-v1 的准确率最高，为 94.2%；而 GooLeNet-v3 和 MIR-v2 的准确率也都达到了 93% 以上；ResNet-101 的平均分类准确率稍低，为 91.3%。利用深度学习网络获得的分类准确率明显比利用传统 HOG-SVM 方法得到的分类精度高。

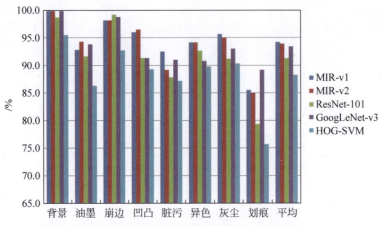

图 5.33　5 种模型各种类型缺陷分类 Top-1 准确率分布图

表 5.3　5 种模型各种类型缺陷分类准确率分布表

模型结构	背景	油墨	崩边	凹凸	脏污	异色	灰尘	划痕	平均
HOG-SVM	95.5%	86.3%	92.7%	89.3%	87.2%	89.8%	90.3%	75.7%	88.2%
ResNet-101	98.7%	91.6%	99.2%	91.3%	87.8%	92.6%	91.2%	79.3%	91.3%
GooLeNet-v3	99.8%	93.8%	98.8%	92.2%	91.0%	90.8%	93.0%	89.2%	93.4%
MIR-v1	99.8%	92.8%	98.1%	96.0%	92.5%	94.1%	95.7%	85.5%	94.2%
MIR-v2	99.8%	94.3%	98.1%	96.5%	89.2%	94.1%	95.0%	85.0%	93.9%

在对各种网络分类效果的分析基础上，选择 MIR-v1 的分类结果，详细探讨各种类型之间分类结果的相互关系，如图 5.34 所示。水平坐标轴表示缺陷类型，每一个柱状分布表示其分类检测结果的预测分布情况，可以分析出特性缺陷类型被具体误判为其他类型的分布情况。具体的分类结果见表 5.4，其中每一行代表一种类型缺陷的分类结果，如第一行表示 599 个背景测试样本最终的分类结果，其中 598 个分类正确，误判结果为一个划痕类型。

第 5 章 深度学习在工业化智能检测中的应用

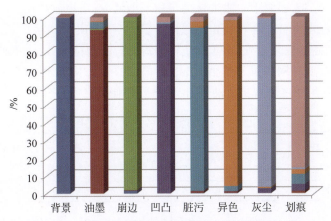

图 5.34 MIR-v1 分类网络对各类缺陷的分类结果分布

表 5.4 MIR-v1 网络测试集缺陷分类结果具体分布

	背景	油墨	崩边	凹凸	脏污	异色	灰尘	划痕	总数
背景	598	0	0	0	0	0	0	1	599
油墨	0	555	4	1	22	2	0	14	598
崩边	8	1	471	0	0	0	0	0	480
凹凸	0	0	0	575	2	0	5	17	599
脏污	1	7	0	0	555	21	0	16	600
异色	1	5	0	1	17	562	1	10	597
灰尘	0	0	0	16	1	4	573	5	599
划痕	0	8	0	23	34	16	6	513	600

  从图中可以看出基本的几类缺陷之间存在的关联性。背景和崩边的分类精度较高，其主要原因在于背景表面没有明显的缺陷特征，一般为均匀的背景。而崩边缺陷都在玻璃的边缘区域，其缺口状的特征相对其他类型的缺陷较为明显，且其具有较为明显的边界信息，如图 5.26 所示。崩边缺陷类型 9 个误判的样本中 8 个被判断为背景，其主要原因在于将缺口程度较低的样本判断为背景。在所有种类中分类准确度最低的是 85.5% 的划痕缺陷。其误判的分布也较为广泛，误判为脏污、凹凸、异色和油墨的样本数量分别占据总样本的 5.7%、3.8%、2.7% 和 1.3%，其主要原因在于总体缺陷形态上大长宽比的条状缺陷存在较大比例，存在于各种类型缺陷中，而划痕由于深浅程度不同使得其成像灰度以及对比度存在很大的波动范围，因此存在较大的误判比例。与之对应的脏污、凹凸、油墨和异色这四种类型中误判比例较大的类型均为划痕。这几种类型缺陷形状多样化，存在一定比例与划痕相似的长条状形态。除此之外，脏污和异色两种类型之间的相互误判比例较高，异色缺陷产生的原因是由于丝印过程中油墨的局部不均匀造成表面颜色产

生差异,而脏污是表面附上较难清洗的污渍产生的,引起表面的反射率变化较为接近,使得两者在灰度分布存在一定相似性。

除分类准确率效果以外,由于在线检测需要较高的检测效率,因此对于分类速度也存在要求,四种网络对于单个 batch 图像(32 个样本)处理速度的对比数据见表 5.5,可以看到经过轻量化后的 MIR 网络处理耗时更小。

表 5.5 网络分类速度对比

类 型	模型大小/Mbit	一个 batch 平均处理时间/ms	Top-1 平均分类准确率/%
ResNet-101	510.6	99.3	91.3
GooLeNet-v3	292.3	128.8	93.4
MIR-v1	143.7	53.6	94.2
MIR-v2	111.6	49.3	93.9

在实验结果中,利用本节设计的深度卷积神经网络 MIR-v1 在 batch 为 32 时处理时间为 53.6ms,且分类 top-1 准确率达到了 94.2%,而 MIR-v2 的处理时间和准确率分别为 49.3ms 和 93.9%。与 ResNet-101 与 GooLeNet-v3 网络相比,本节提出的网络更加轻量化,处理时间更快,并且达到了更高的分类准确率。在实际的超净室检测条件下,一般一个玻璃表面离散的缺陷数量不会超过 50 个,在此情况下利用深度学习网络进行缺陷分类可以满足处理的速度要求。而在实际场景中如果一个图像表面缺陷数量过多(如达到 200 个以上的合并后的缺陷),这片玻璃基本上都是不良品,可以直接作为不良玻璃情况处理。因此一般分类过程的时间损耗不会对整体运行处理时间造成过大负担。

5.2.4 基于轻量级网络的缺陷像素级分割及定量计算方法

深度学习应用于语义分割的主要目标在于将图像上每个像素确定一个对象类别,以实现图像端对端的预测。通常的语义分割网络结构按照"编码-解码"进行设计,其中编码器的功能与分类功能的网络类似,以实现对检测对象的特征提取,而编码过程随着网络深度加深特征的分辨率将随之下降。而解码器的作用在于通过前期编码器不同尺度、不同层次学习到的可判别的特征投影到像素空间中,从而给出像素级的分割信息。

在语义分割领域中,国内外学者提出了许多经典的网络结构模型,如 FCNs[51]、SegNet[52]、U-Net[53]、DeepLab v1[54]、DeepLab v2[54]、DeepLab v3[22]、DeepLab v3+[21]、Fully Convolutional DenseNet[55] 和 Mask R-CNN[56] 等网络结构。

FCNs 网络将 Alexnet、VGG、GoogleNet 等现有的分类网络应用到全卷积网络中,为了进行语义分割,网络最后的全连接层都改为了卷积层,以适应不同尺寸的输入图像,经过改造后的网络输出的为一个低分辨率的分布图(heatmap),原理如图 5.35 所示。最后经过上采样获得高分辨率结果,但是其结果存在细节信息丢失的问题。

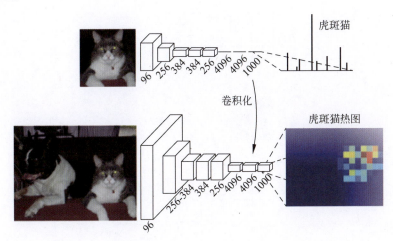

图 5.35　FCNs 网络将分类网络的全连接层替换为卷积层[51]

输入图像在经过多层的池化操作后,最终输出图像的尺寸将被压缩。为了最终输出与原图像尺寸相同的语义分割图,需要对最后一层进行上采样。上采样存在多种形式,如双线性插值直接缩放、反卷积(deconvolution)。FCNs 使用双线性内插实现上采样。但是仅仅单纯地利用上采样得到最终相同尺寸的输出语义分割结果常常是非常粗糙的,即会丢失很多细节。FCNs 的思路在于结合池化过程中不同层次的特征进行信息融合,结合浅层的细节以及深层的高维度特征进行优化,原理如图 5.36 所示。本节讨论了 FCN-32s、FCN-16s 和 FCN-8s 上采样模式的训练效果。利用多层特征的 FCN-8s 可以获得更多的细节信息,其最终的语义分割效果也更加准确,但是 8 倍上采样的结果依然存在一定模糊。FCNs 网络提出后,更多关于语义分割研究的卷积神经网络被提出。

U-net 网络是一种 U 型网络,其网络结构如图 5.37 所示。其包含了左侧的收缩路径和右侧的扩张路径两个主要组成部分。收缩过程主要是卷积层、ReLU 激活层及池化层的连接以获得多个尺度的特征识别。在扩张网络中使用了 2×2 的上卷积(up-convolution)进行上采样,通过特征通道减半并与对应收缩层中的特征拼接融合,收缩通道中浅层特征与深层特征都被用于扩张层计算,可以获得更多细节信息。与 FCNs 网络相比,U-net 网络使用了更多尺度特征进行融合,并且收缩中的特征和扩张中特征的连接贯穿整个网络。U-net 网络提出是为了解决医学图

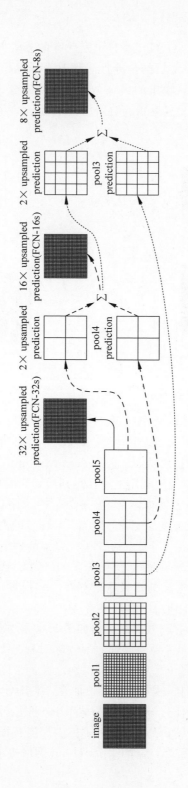

图 5.36 FCNs 使用的结合多层特征信息进行上采样的原理图[51]

像中对于细胞的语义分割,一般训练样本数量非常少,因此需要将少量训练样本进行增强。通过图像平移、旋转、弹性形变(elastic deformations)等操作进行数据扩增,在3×3的网格上使用10像素标准差高斯分布的随机位移矢量用于产生平滑形变。

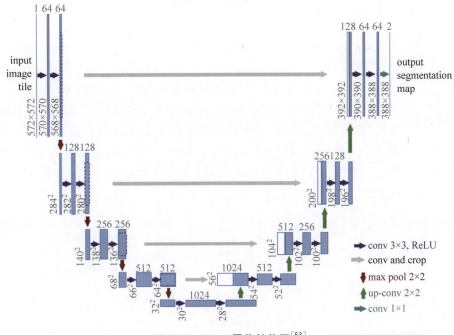

图 5.37 U-net 网络结构图[53]

为了使语义分割结果中细胞之间的界限更为清晰,U-net 网络使用形态学计算获得每个标记样本的边界坐标,并且根据样本像素坐标与细胞边界距离的信息进行权重赋值。权重值在目标函数计算中体现出像素的重要程度,计算的权重值如下:

$$w(x) = w_c(x) + w_0 \cdot \exp\left(-\frac{(d_1(x) + d_2(x))^2}{2\sigma^2}\right) \tag{5.18}$$

式中,w_c 表示平衡类别频率的权重值;d_1 和 d_2 分别为与最近细胞和次近细胞边界之间的距离;w_0 为一常数,文中设置为10。U-net 网络可以实现对小样本的数据集进行训练得到较好的语义分割效果。

网络一般通过池化操作的方法以在更深的网络中获得更大的感受野,这会随之产生特征尺寸缩小的问题。一般通过线性插值或者反卷积等上采样方法恢复高分辨率图像,可能导致一些信息丢失,小物体信息在多层池化层后的信息无法重建。Deeplab v1 将 VGG-16-Net 的全连接层改为卷积层,并在最后两个最大值池化层后去掉下采样才做,使用多孔算法(atrous algorithm)替代卷积层[57],其原理如图 5.38 所示,在标准的卷积中注入空洞以获得较大的感受野。其中存在一个超

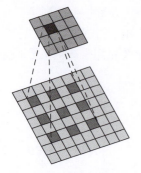

图 5.38 卷积核尺寸 3×3、步长为 1、空洞率为 2 的空洞(膨胀)卷积原理图

参数——空洞率(dilation rate),表示卷积核两个元素之间的间隔,图中间隔为 2,如同注入了一个"空洞"。空洞卷积可以稀疏地采样底层特征映射,明确网络中的感受野,以确保得到可靠的预测图像的位置。

Deeplab v1 为了提升语义分割精准度,通过深度卷积神经网络(VGG-16)与完全连接的条件随机场(conditional random field,CRF)结合,用以恢复边界的细节,以达到准确定位。模型分割示意图如图 5.39 所示,首先通过 VGG-16 预训练得到粗糙的分割图,然后利用双线性插值上采样 8 倍到原始图像大小,最后利用 CRF 以像素作为节点,像素与像素之间的连接关系作为边构建图,通过考虑全局信息来推测像素坐标对应的标签类别,以获得更加精细的边缘。

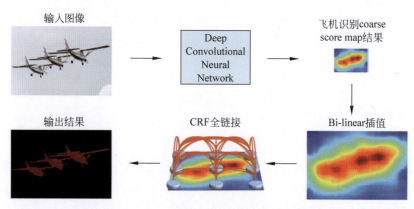

图 5.39 Deeplab v1 的模型分割示意图[54]

Deeplab v2 在 v1 的基础上进行了改进,前期的深度卷积网络使用了 ResNet-101,明确提出了空洞卷积(atrous convolution),并提出了空洞空间金字塔池化(atrous spatial Pyramid pooling,ASPP),以实现更好地分割多尺度物体。

Deeplab v3 在前面两个版本的基础上进行了改进。主要根据 ResNet 网络中由于低分辨率图像导致细节丢失的问题,将空洞卷积模块分别以级联模式和平行模式加入网络中进行训练。网络中的 block5、block6 和 block7 可以认为是有不同空洞率的 block4 的副本。级联模式如图 5.40(a)所示,平行模式如图 5.40(b)所示。

Deeplab v3 根据 v2 中提出的 ASPP 模块进行了改进,添加了 BN 层。在没有使用 CRF 进行后续处理的情况下,该网络依然在性能上获得了显著的提升。

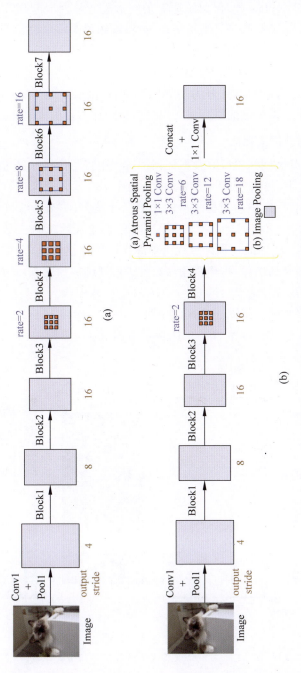

图 5.40 (a)空洞卷积级联模式结构图和(b)空洞卷积平行模式结构图[22]

Deeplab v3+则在此前基础上进行了优化,将整个网络分为编码器和解码器。其中编码器采用 Deeplab v3,保留了原有的空洞卷积核 ASSP 层。而解码器从低层特征中利用 1×1 的卷积进行通道压缩,再将编码器的输出进行上采样。主干网络中使用基于深度可分离卷积结构(depthwise separable convolution)的 Xception 模型[58],可以减少计算消耗和参数数量,提升语义分割的准确率。深度可分离卷积结构主要思想在于将卷积运算分为 Depthwise Convolution 与 Pointwise Convolution 两部分,其优点在于以少量的精度损失换取参数和计算量的大幅降低。

1. 缺陷分割数据集建立

对于第 4 章分类网络中所有数据在训练过程中将图像尺寸经过缩放后统一到 151×151 尺寸大小,缺陷分割网络算法的目的在于对输入图像进行逐个像素的类别判断。缺陷分类网络中的数据集中图像的尺寸较大,本节由线阵相机采集的图像像素尺寸为 16000×8192,而图像去除黑暗背景像素后玻璃检测区域的像素分辨率为 13567×6548,因此在训练过程中不能将原图直接输入,需要将图像裁成像素尺寸为 600×600 的图像,以作为输入数据进行训练。如图 5.41 所示,一个玻璃面板图像将会被裁成数量为 253(23×11)的小尺寸图像。在后续图像训练过程中,两种图像将会被输入到同一个网络中进行训练。使用 Labelme 工具进行缺陷标注后,数据集中包含正样本(缺陷)图像数量为 8517,负样本(背景)图像数量为 26033,总计样本数量为 34550。

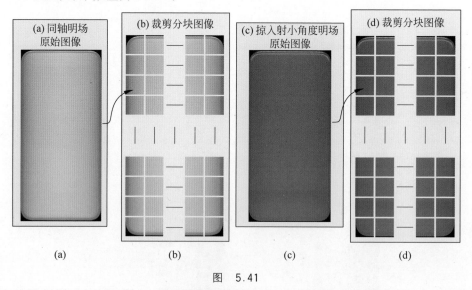

图 5.41

(a) 同轴光明场采集原始图像;(b) 同轴光明场图像按照 23 行 11 列裁成 600×600 像素,数量为 253 的小图像;(c) 明场采集原始图像;(d) 明场图像按照 23 行 11 列裁成 600×600 像素,数量为 253 的小图像

玻璃表面主要缺陷如图 5.42 所示，主要包括三种类型的缺陷以及对应标注的掩模图像：划痕、凹凸和异色。其中每一个像素长度对应的实际物理距离为 $10.8\mu m$。可以看出对于微弱划痕主要在同轴光明场照明下效果较好；凹凸则基本在明场照明条件下能看到；异色缺陷类型在明场中成像效果较好。

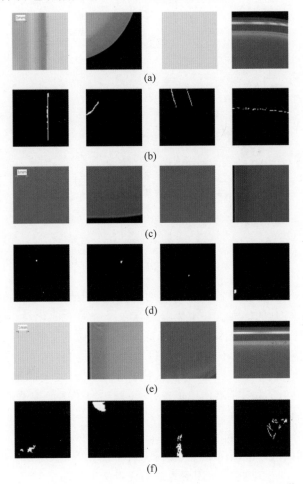

图 5.42 典型的各类缺陷图像以及对应标注的 mask 图像

(a) 划痕缺陷图像；(b) 图(a)中划痕缺陷图像对应的真实值缺陷；(c) 凹凸缺陷图像；(d) 图(c)中凹凸缺陷图像对应的 ground truth 缺陷；(e) 异色缺陷图像；(f) 图(e)中异色缺陷图像对应的 ground truth 缺陷

2. 网络结构设计

本节使用对称型语义分割的网络结构如图 5.43 所示。与 U-Net 网络类似的 U 形对称(symmetry)结构，网络分为编码结构(encoder)和解码结构(decoder)，两部分结构存在一定的对称性，以实现无损分辨率输出。网络总共包含 29 个卷积层，每一个卷积网络后紧跟一个批归一化和一个非线性整流层，通过最大池化层进行降采样。

卷积层使用主要以 3×3 和 5×5 的核尺寸，通道数在不同的卷积层中也存在变化。

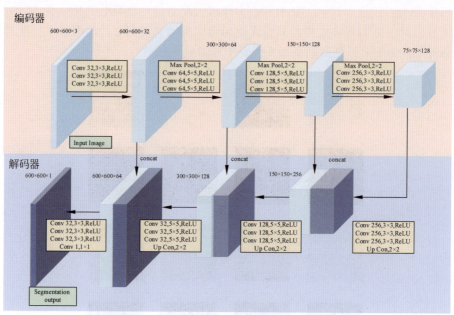

图 5.43　本节提出的用于缺陷语义分割的网络结构

整体网络可以分为编码器和解码器两部分，设计的网络结构的主要目的是平衡各种类型缺陷检测的能力。在编码器中存在 3 个最大池化层，每层将图像分辨率降低 1/2，最终编码器将图像分辨率降低为输入图像的 1/8。目的是使卷积核能够获取更大的感受野，以用于检测尺度较大的缺陷，如异色和脏污等。除了设置 3×3 的卷积核，增加部分 5×5 的卷积核同样能够获得较大的感受野。同时为了兼顾微小尺寸的凹凸缺陷而不使用步长，防止网络对于图像细节的学习，因此本节主要通过最大池化层逐层进行降采样。

在 U 形网络结构的上部分网络中，图像尺寸存在 1/8 的缩小，而在训练过程中不能将标记图像（groundtruths）进行降采样然后学习，因为这样的操作会使细节丢失且无法挽回，对于某些尺度较小的缺陷或者宽度很小的缺陷，可能无法学习得到其完整的信息。因此需要在后段网络解码器中将图像分辨率进行上采样。

图像上采样存在很多的不同方法，FCN 使用反卷积层对最后一个卷积层的特征图进行上采样，使其恢复输入图像相同的尺寸。U-net 网络使用一个 2×2 上卷积进行卷积运算，以减少一半的特征通道量。Deeplab v3 及 Deeplab v3＋网络中使用双线性插值（bilinear upsampling）进行上采样，以控制输出图像的分辨率。而 Deeplab v3 及 Deeplab v3＋则在此基础上增加了一个解码器，以提升检测的效果。本节使用的上采样方法为反卷积进行上采样。最终输出的语义分割的尺寸与输入图像保持一致。最后一层通过 1×1 卷积网络获取单通道输出结果分布图像。

5.2.5 基于轻量级网络的缺陷像素级分割及定量计算检测结果

在利用传统算法进行图像分割时，对于明显以及背景均匀的缺陷的检测效果较好，并且处理的速度很快。但是由于油墨玻璃整体并不是完全统一的背景，在边角处存在 2.5D 斜面，因此这些区域的成像效果与平面区域存在较大不同。如在边界和转角区域往往会存在一些很难避免的亮带，若使用统一算法计算整幅图像容易产生较多的误判。因此往往需要针对性地进行区域分块，并根据每一处的背景及缺陷成像特性设计其针对性的图像处理算法。针对本节油墨玻璃检测对象所采集的两种类型图像，使用传统算法和深度学习算法对缺陷进行分割的部分对比效果如图 5.44 所示。其中图 5.44(a1)为在平面均匀背景下的凹凸缺陷，可以看出两种计算方法都能得到较好的分割效果。图 5.44(a2)的划痕分为两段，左上角的为弱划痕，右下侧为常规较明显的划痕，可以看出传统算法在弱划痕提取中受到局部区域内阈值设置的限制，若要将弱划痕提取出则会产生很多误判，使得召回率很低。而神经网络可以实现更加复杂的拟合效果，实现微弱划痕的分割。图 5.44(a3)左侧竖线并非缺陷，右侧为划痕缺陷，可以看出神经网络可以从高维度提取缺陷特征，以避免假缺陷的干扰。图 5.44(a4)异色尺寸较大，而且只有与背景交界处存在较明显的灰度差异，异色内部则比较均匀，在利用传统算法计算过程中在异色边缘可以较好地分割出轮廓，但是内部区域则较难提取。深度学习分割则能够将整体轮廓提取，获得更加准确的分割效果，能够检测多尺度缺陷。

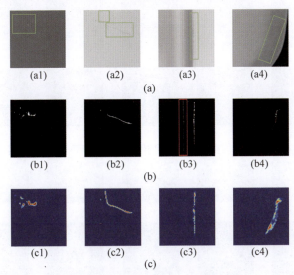

图 5.44 传统算法与深度学习缺陷分割对比

(a) 包含凹凸、划痕、异色缺陷的原图像；(b) 利用传统图像处理算法对图(a)中图像进行缺陷提取；(c) 利用本节深度学习算法进行缺陷分割结果

图 5.45、图 5.46 和图 5.47 分别为弱划痕、凹凸和异色缺陷的缺陷分割计算结果。

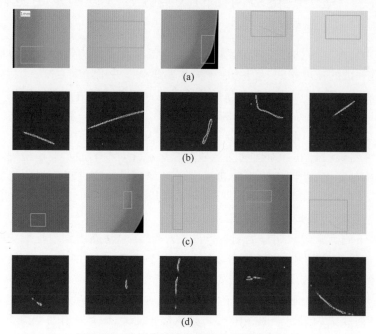

图 5.45　弱划痕缺陷图像缺陷分割计算结果

(a) 弱划痕缺陷；(b) 对图(a)中弱划痕缺陷的计算结果；(c) 弱划痕缺陷；(d) 对图(c)中弱划痕缺陷的计算结果

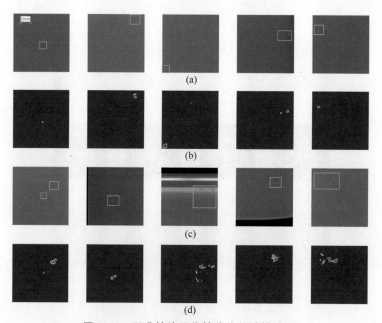

图 5.46　凹凸缺陷图像缺陷分割计算结果

(a) 凹凸缺陷；(b) 对图(a)中凹凸缺陷的计算结果；(c) 凹凸缺陷；(d) 对图(c)中凹凸缺陷的计算结果

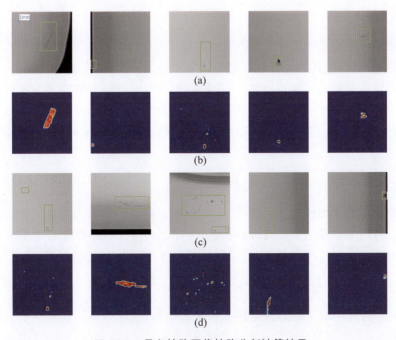

图 5.47 异色缺陷图像缺陷分割计算结果

(a) 异色缺陷；(b) 对图(a)中异色缺陷的计算结果；(c) 异色缺陷；(d) 对图(c)中异色缺陷的计算结果

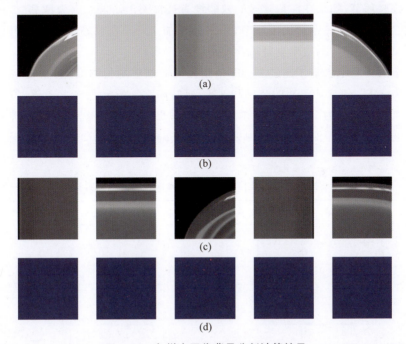

图 5.48 负样本图像背景分割计算结果

(a) 同轴场负样本图像；(b) 对图(a)中的计算结果；(c) 小角度明场负样本图像；(d) 对图(c)中的计算结果

本节定义具有缺陷样本的图像为正样本,而没有缺陷的背景图像为负样本。在实验结果中主要关注三种缺陷类型的准确率和召回率。利用训练好的模型对测试的图像进行计算,其中准确率 P 的定义如式(5.19)所示,其中 TP(true positive)表示把正样本预测为正样本,FP(false positive)表示把负样本预测为正样本。准确率在工业生产过程中对应于误判率,高的准确率意味着较少地将良品缺陷判别为缺陷样本,即意味着检测结果中存在较少的假缺陷,可以提升出货率,能够有效降低成本。

$$P = \frac{TP}{TP + FP} \tag{5.19}$$

而召回率定义如式(5.20)所示,其中 FN(false negative)表示将正样本预测为负样本。召回率也是一个关键的指标,因为在生产过程中同样需要避免减少将良品误判为 NG(no good)的情况,从而保证在检出产品中具有较高的整体良品率。

$$R = \frac{TP}{TP + FN} \tag{5.20}$$

在检测过程中由于缺陷判定存在一定的标准,而在检测过程中很多缺陷处于临界值状态,一般遵循的检测原则为先保证召回率的情况下尽量提升准确率。即一般判别的标准会稍微偏严,尽量减少缺陷漏检。这是因为玻璃生产的各个环节都存在检验环节,如果在前期过多的缺陷没有被检测出而被认定为良品时,这些缺陷玻璃会经历后续一系列加工环节,每多一个加工环节都将造成成本提升。并且尤其在出货检测时,漏检率更是需要严格控制。

本节的检测结果基于超过 10365 幅图像的测试集的检测结果,见表 5.6,其中正样本为 2555,包含 747 幅凹凸、879 幅弱划痕和 929 幅异色样本图像,负样本无缺陷背景图像数量为 7810。由表中数据可以看出,利用本节提出的卷积神经网络检测平均准确率高于 91%,而召回率则高于 95%,检测效果明显高于传统机器视觉算法。

表 5.6 本节提出的算法及传统算法的准确率和召回率的实验结果比较

使用方法	缺陷类型	平均准确率/%	召回率/%	平均召回率/%
传统方法	凹凸	85.2	87.8	90.7
	划痕		91.0	
	异色		92.9	
本节方法	凹凸	91.8	93.1	95.3
	划痕		95.5	
	异色		97.0	

5.3 深度学习在复杂装配件智能检测中的应用

制造业对自动化、智能化生产的需求日益增大[59-60],产品质量检测是制造产业中至关重要的一环,高效的质量控制方法可以给制造商带来巨大的竞争优势,然而在实际生产中仍是以低效的人工检测为主,所以大量的工业从业者和学术研究人员都在探索采用智能检测的方法来取代人工检测。产品质量控制在生产生活和交通安全方面具有举足轻重的意义:比如在产品结构质量控制方面,以装配体紧固件为例,由于装配体被大量应用于飞机、列车、货车等大型交通工具中,其质量的优劣不仅影响自身的性能,而且不合格的装配体将损害与之配合的零件甚至整个系统的性能。研究表明,飞机的机体故障中约25%以上的故障是由于机体结构的连接部位发生疲劳而产生的损坏[61];铁路运输中铁轨螺栓、螺母紧固件的松动会导致列车脱轨的事故,严重威胁民众的出行安全。所以保障产品结构的合格性尤为重要,既能维护产品的基本工作性能,又能提高产品的使用寿命。另外,产品表面印刷字符的合格性检测也是产品质量控制的一个重要方面。字符一般印刷于产品表面或者外包装,内容包括品牌厂商、产品型号、生产日期、注意事项等,既提供了消费者关心的产品关键信息,也有利于企业进行信息化管理。然而印刷机器的老化、工作不稳定或者故障等因素会导致产品表面字符印刷上的漏印、多印以及印刷不均匀等问题,破坏了表面外观的完整性和美观,会对产品的销售造成影响,甚至波及品牌的声誉。所以产品结构与表面字符的合格性检测均与产品的正常使用息息相关,是产品质量检测中的重点。

装配件异常检测(anomaly detection)技术能够发现异常产品与合格产品之间的差异,非接触的机器视觉异常检测方法可以提供客观、高速、可靠的测量,能逐步取代主观的人工检查,大幅提升生产效率。针对产品质量的机器视觉异常检测技术具有重大的研究价值、现实意义与应用潜力,能够提升产品质量,保障消费者权益,在生产生活方面为民生带来积极影响,同时能促进制造业的智能化发展,增强我国国力[62-63]。

5.3.1 装配体异常检测的前向照明成像

设备装配中螺钉是必不可少的紧固件之一,螺钉紧固件结构简单,操作方便,是航空发动机、高速铁路、生产机械、风力涡轮机、空调系统、电梯起重机等大型设备的关键部件,被广泛应用于机械结构中。装配质量决定了产品的机械性能和安全性,应在产品线上被仔细检查。螺钉-垫片-铅封是一种典型的连接装配结构。垫片用于保护连接器表面不受螺钉磨损,铅封可通过多个结构形成闭环,防止结构松动,如图 5.49(a)所示,铅封穿过内六角螺钉的两个平行孔,并在两个配合表面之间放置垫片以增加摩擦。

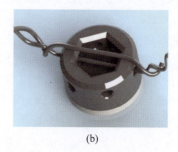

图 5.49 (a)螺钉-垫片-铅封的连接结构,(b)SolidWorks 软件渲染图

在机械重复的装配工作中,由于人工或者机器自动装配时的遗漏,会出现缺少垫片或铅封的不合格连接结构,这样的不合格连接存在严重的安全隐患,可能造成不可估量的生命和财产损失。因此,有效地检测这些装配体是否合格是至关重要的。装配体异常检测的目标是检测螺钉-垫片-铅封结构的完整性,装配体表面的异常缺陷不在检测范围之内。

螺钉和垫片常用材料为黄铜或碳钢,铅封采用钢作为材料,均具有高反射性,反射光中镜面反射波瓣和镜面尖峰的光强较强,图 5.49(b)为 SolidWorks 软件渲染效果,可见能通过调整光源和摄像机方位,在铅封、垫片表面以及内六角螺钉边缘观察到镜面反射导致的高强度眩光,而内六角螺钉内部的反射光亮度低。在常规的机器视觉检测任务中,眩光现象淹没了物体表面的纹理和颜色信息,是应当被避免或者用算法去除的,但在本节的装配体异常检测中,零件结构的不同导致反射光的亮度不同,垫片和铅封可以在图像中反映为高反射区域,可与反射光较弱的其他区域在图像中形成高对比度,有利于在后续处理中构成具有差异性的图像特征。而且装配体异常检测中不涉及零件表面纹理信息,所以可对眩光现象加以利用。因此,针对结构的装配体异常检测需要光照系统在装配体表面产生眩光现象,这要求光源具有高亮度,并且能对装配体多角度均匀照明。

前向照明法是机器视觉中较为常用的方法,最能直接地表现目标物体的结构,增强不同结构之间的差异性。根据上一节介绍的装配体的结构和材质特点,可以选择环形光源,构成环形光源前向照明光路,如图 5.50 所示,

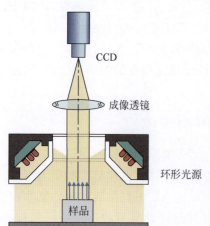

图 5.50 环形光源前向照明法

环形光源中的多列圆周 LED 具有较高的亮度,能在样品表面形成眩光,并且能在样品上方提供圆周多角度的入射光照,以保证眩光效果的均匀性和合理性,完整呈现出装配体的结构。并且前向照明法不限制待测物体的摆放角度,可在图像采集过程中变换装配体角度,均能确保有较高强度的反射光进入摄像机。

环形光源前向照明法采集的装配体样本图像如图 5.51 所示,(a1)~(a4)为合格装配体图像,(b1)和(b2)为缺失铅封的装配体图像,(b3)和(b4)为垫片、铅封均缺失的装配体图像。本节定义了两类异常,分别是铅封缺失和垫片、铅封均缺失,装配体异常检测的目标是将合格类别和两类异常类别共三类图像进行准确的分类预测。

图 5.51　装配体样本图像

(a1)~(a4) 合格装配体;(b1)~(b2) 缺失铅封装配体;(b3)~(b4) 垫片和铅封均缺失装配体

图 5.52 显示了多角度下合格装配体与异常装配体的图像眩光位置,可见合格装配体图像中铅封位置、垫片位置和螺钉分别产生强反射光,铅封缺失的装配体图像中有螺钉和垫片的眩光,而铅封、垫片均缺失的装配体只有螺钉本身的眩光,所以本节使用的环形光源前向照明法能有效地呈现合格与异常装配体结构上的差异。

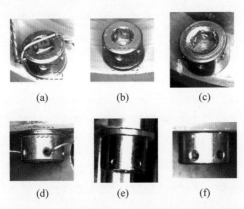

图 5.52　多角度下合格装配体(a)和(d)与异常装配体(b)、(c)和
(f)的图像眩光位置大小对比(红色虚线标注)

5.3.2　基于类别不平衡半监督学习的装配体异常分类算法

机器学习算法通过观察已有的数据并进行统计估计(也称为对训练数据的拟合),以对测试集数据进行泛化。数据量越大意味着包含有用信息的概率就越大,从而能保证更好的预测性能。使用庞大的图像数据集训练的深度学习模型已在众多图像分类任务中展现出了强大的表征能力,即使是不同类别间图像的细微特征区别也能成功提取并加以区分。然而在本节的装配体检测分类任务中,存在异常类别实例远少于合格类别实例的类别不平衡问题;而且前向照明法获取的大量图像如果要全部人工标注完毕,需要耗费大量的时间,损害了智能检测技术本应具备的高效性。半监督学习方法能够在标注数据有限的情况下利用无标注数据来提升模型的性能,但类别的不平衡分布会对常规的半监督学习方法带来挑战。为了解决装配体异常分类任务中标注数据有限并且数据集不平衡的难题,提出了确定性驱动类不平衡(certainty driven class-imbalanced,CDCI)的半监督学习算法。本节首先介绍半监督学习的定义和基本概念,并对半监督学习中的一致性正则化方法进行了描述;随后对 CDCI 模型的结构和训练的策略,以及确定性驱动选择机制和类别不平衡损失函数设计两个关键技术点展开了详细的介绍。

1. 半监督学习的定义与基本假设

半监督学习是一种旨在构造能使用标注数据和无标注数据的模型的方法。对于包含 N 个训练样本的训练集 D,假设其中 N_l 个为已标注样本。设 $D_l = \{(x_i,y_i):y_i \in (1,\cdots,C)\}_{i=1}^{N_l}$ 为标注训练集,x_i 为训练样本,y_i 为对应的类别标签,C 为类别数量,D_u 为无标注训练集。样本数据由未知的分布 $p_{data}(y|x)$ 生成,输入空间的边缘分布为 $p(x)$。监督学习方法利用标注数据集 D_l,而无监督学习方法只从无标注数据集 D_u 中推断分布。监督学习算法是在已知输入 x 和标签 y 的训练集 D_l 上学习如何将输入和输出关联起来,分类网络的映射关系为 $f = p_{model}(x;\theta)$,以估计分布 $p_{data}(y|x)$,其中 θ 表示网络参数,通常采用的算法都是基于估计条件概率分布 $p(y|x;\theta)$。由于实际应用中存在丰富的无标注数据,半监督算法希望能自动利用无标记的数据,以超越使用有限标注数据模型的性能,这意味着边缘分布 $p(x)$ 需要包含关于分布 $p_{data}(y|x)$ 的信息。显然,本节合格类别与异常类别的装配体图像存在差异性,满足这一要求,能够应用半监督学习算法。

$p(x)$ 和 $p_{data}(y|x)$ 两个分布之间的关联形式产生了半监督学习方法的常用假设[64]:①平滑假设(smoothness assumption),认为在数据空间中,距离相近的数据点 x 具有相似的标签 y,距离越远的数据点标签差异越大;②聚类假设(cluster assumption),又名低密度假设(low-density assumption),同一样本簇中的数据点应具有相同的标签,即假定分离边界应当位于数据的低密度区域;③流形假设

(manifold assumption),位于低维流形局部邻域的数据点应该具有相似的标签。如果数据集分布符合流形假设,那么学习算法就可以在相应的低维空间中进行运算。半监督学习的成功应用要求数据集满足上述一个或多个假设。

典型的一致性正则方法:

一致性正则化方法是半监督学习方法中的一个分支,依赖于平滑假设和聚类假设,认为预测模型应能对输入的局部扰动具有鲁棒性,这意味着如果某个数据点受到少量的噪声干扰,虽然噪声是随机的,但模型对输入的预测应是相似的。由于这种期望的相似性不依赖于数据点的真实标签,所以可以利用无标签的数据。一致性正则化的半监督学习方法自提出以来,经过了一系列的发展。最早被提出的是 Π 模型[65],如图 5.53 所示。

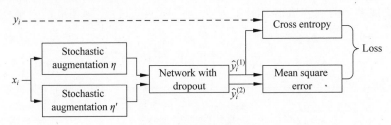

图 5.53 Π 模型示意图

Π 模型通过随机丢失以及随机增强输入数据来添加扰动。对于输入样本 x_i 输出 $\hat{y}_i$,即 $\hat{y}_i = f(x_i, \theta, \eta)$,$\eta$ 为随机增强参数。在每个迭代周期,任意样本 x_i (包括标注样本与无标注样本)前向传播两次,假设两次随机增强参数分别为 (η, η'),所以两个输出结果 $\hat{y}_i^{(1)} = f(x_i, \theta, \eta)$ 与 $\hat{y}_i^{(2)} = f(x_i, \theta, \eta')$ 存在差异。对于无标注数据,损失函数为两个输出结果的均方误差,该项也是损失函数的一致性正则项。对于具有标签的标注数据,损失函数还包含一般的分类损失:

$$\text{loss} \leftarrow \sum_{i=1}^{b_l} \log z_i \mid \hat{y}_i^{(1)} \mid + \lambda_u \sum_{i=1}^{B} \parallel \hat{y}_i^{(1)} - \hat{y}_i^{(2)} \parallel^2 \quad (5.21)$$

式中,λ_u 为一致性正则系数。

时间集成(temporal ensembling)方法[66](图 5.54)将 Π 模型中其中一次前向传播的预测输出 $\hat{y}_i^{(2)}$ 用早期预测的指数滑动平均(exponential moving average,EMA)替代:

$$\hat{y}_i^{(2)} \leftarrow \mu \hat{y}_i^{(2)} + (1-\mu) \hat{y}_i^{(1)} \quad (5.22)$$

式中,μ 为平滑系数。Laine 认为集成预测优于网络单次预测的结果,而且前向传播只需进行一次,以往模型的预测信息则存储于滑动平均 $\hat{y}_i^{(2)}$ 之中,这样一来可以减少运算负担。

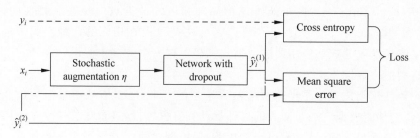

图 5.54　时间集成方法示意图

受知识蒸馏思想的启发,平均教师(mean teacher,MT)方法[67](图 5.55)将指数滑动平均直接作用于模型参数,以此得到教师模型。相对于时间集成方法,其能够获得更加准确的预测输出。定义 θ^s 为学生模型的权值,则相应的教师模型权重 θ^t 为

$$\theta^t \leftarrow \mu\theta^t + (1-\mu)\theta^s \tag{5.23}$$

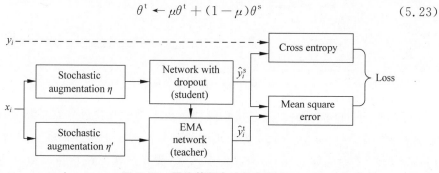

图 5.55　平均教师方法示意图

在平均教师方法的每一次迭代中,学生模型更新梯度之后,教师模型也随之更新。因此相比时间集成方法,平均教师方法能更及时地聚合信息进行反馈循环,而且作用于所有网络层的滑动平均能优化模型的中间表示。

2. 类别不平衡半监督 CDCI 模型

本节提出的 CDCI 半监督学习算法基于平均教师方法,包括网络结构相同的教师模型和学生模型,假设每轮迭代的批次大小为 B,其中标注样本的数量为 b_l,无标注样本的数量为 $b_u=B-b_l$,总体算法如图 5.56 所示。

CDCI 模型结构采用 DenseNet121[69],以减少参数数量的同时实现高性能著称。如图 5.56 所示,DenseNet121 包括 4 个密集块,每个密集块之后连接一个传输层(transition layer),传输层由 1 个 1×1 卷积层和 1 个 2×2 平均池化层组成。密集块由多个密集连接层组成,采用前馈的方式将各个密集连接层的输出连接到其他层,以防止特征的消失。密集块和密集连接层的结构如图 5.57 所示,每个密

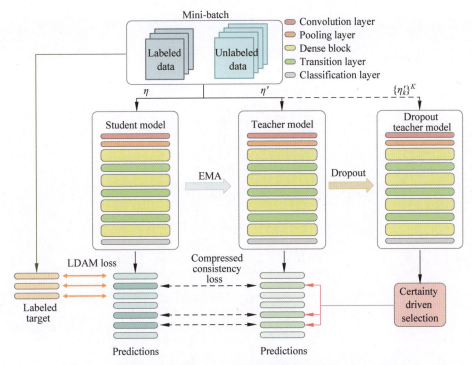

图 5.56 确定性驱动类别不平衡框架。确定性驱动选择教师预测确定性最高的 3 个样本,与对应的学生模型输出进行压缩一致性正则化。学生模型对 3 个标注样本的输出与标注标签计算 LDAM[68] 损失

集连接层由 BN-ReLU-1×1 Conv-BN-ReLU-3×3 Conv 一系列子网络层构成。

为了动态地调整教师模型的更新速率,定义式(5.24)中的平滑系数 μ 为

$$\mu = \min\left(1 - \frac{1}{iter}, \mu_0\right) \quad (5.24)$$

式中,$iter$ 为全局迭代步数,μ_0 为 μ 的最大值。在训练初期,μ 较小,教师被学生模型的权重迅速更新。之后随着训练步数的逐渐增长,当 μ 达到 μ_0 时,学生模型的更新放缓,而教师模型获得更长期的记忆。为在输入数据中增加扰动,原始样本 x_i 在被输入学生模型和教师模型之前被应用随机噪声增强,因此学生模型和教师模型的预测分别为 $\hat{y}_i^s = f(x_i, \theta^s, \eta)$ 和 $\hat{y}_i^t = f(x_i, \theta^t, \eta')$。通常的平均教师方法采用均方误差作为一致性损失(consistency regularization loss,CRL),以最小化教师预测与学生预测之间的欧几里得距离平方:

$$L_{CRL}(\hat{y}_i^s, \hat{y}_i^t) = \| \hat{y}_i^s - \hat{y}_i^t \|^2 \quad (5.25)$$

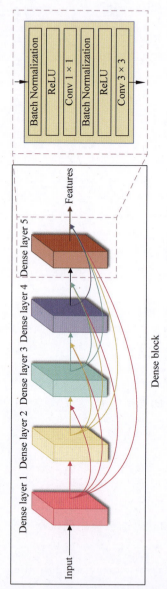

图 5.57 由 5 个密集连接层组成的密集块结构

然而，教师模型的预测并不都是可靠的，在不可靠的预测上进行一致性约束将损害模型性能，为了使学生模型能够动态地选取可靠的教师预测结果进行学习，本节采用了确定性驱动的选择机制，具体内容将在后续详细介绍。确定性驱动机制从每轮迭代批次的 B 个样本选取 m 个教师预测可靠的样本构成子集 M，被用于进行一致性约束，则代价函数为 M 中所有一致性正则化损失之和：

$$J_{\text{consistency}} = \sum_{x_i \in M} L_{\text{CRL}}(\hat{y}_i^s, \hat{y}_i^t) \tag{5.26}$$

为提升平均教师算法对类别不平衡的鲁棒性，对于批次中 b_l 个标注样本，将标签分布感知裕量损失(label-distribution-aware margin loss, LDAM Loss)[68]应用到学生模型的监督训练中，以提高在类别不平衡情况下学生模型的准确度，并引入压缩一致性损失(compression consistency loss, CCL)，以减弱被预测为多数类别的样本对决策边界的平滑效应。不平衡损失函数将在后续详细介绍。最终本轮批次的半监督代价函数为

$$\begin{aligned} J &= J_{\text{classification}} + J_{\text{consistency}} \\ &= \sum_{i=1}^{b_l} L_{\text{LDAM}}(\hat{y}_i^s, y_i) + \sum_{x_i \in M} L_{\text{CCL}}(\hat{y}_i^s, \hat{y}_i^t) \end{aligned} \tag{5.27}$$

算法 1 中的伪代码展示了该方法的整个过程。

Algorithm 1：CDCI 的训练
Input：$D_l, D_u, B, b_l, \beta, K$
Initialization：θ^s, θ^t
for　　iter $= 1$ to t do
样本批次 $\{x_i\}_{i=1}^B, \{y_i\}_{i=1}^{b_l}$
学生模型预测　$\hat{y}_i^s \leftarrow f(x_i, \theta^s, \eta)$
随机丢失采样　$\widetilde{y}_{i,k}^t \leftarrow f(x_i, \theta_k^t, \eta_k'), k=1,2,\cdots,K$
教师模型预测　$\hat{y}_i^t \leftarrow f(x_i, \theta^t, \eta')$
计算不确定性 $U(x_i) \leftarrow Var(\widetilde{y}_{i,1}^t, \cdots, \widetilde{y}_{i,K}^t)$
升序排列 $\{P_1, \cdots, P_B\} \leftarrow \{U(x_1), \cdots, U(x_B)\}$
$m \leftarrow \min(\beta e, B)$
$M \leftarrow \{P_1, \cdots, P_m\}$
$J \leftarrow \sum_{i=1}^{b_l} L_{\text{LDAM}}(\hat{y}_i^s, y_i) + \sum_{x_i \in M} L_{\text{CCL}}(\hat{y}_i^s, \hat{y}_i^t)$
更新学生模型 $\theta^s \leftarrow \theta'^s - \alpha \nabla \theta^s$
更新教师模型 $\theta^t \leftarrow \theta'^t - \mu \theta^t + (1-\mu)\theta^s$
end

1) 确定性驱动选择机制

现有的基于扰动的半监督学习方法的不足之处在于无一例外地对所有的输出结果进行一致性正则化,但是受确认偏误[67]影响,相当一部分输出结果是不可靠的。确认偏误源于对无标注数据的不正确预测被用于后续训练,增加了对不正确预测的置信度,使得模型倾向于抵制新变化。在这种情况下,保持教师和学生之间的一致性会导致学生模型在错误的方向上收敛,且难以在后续训练中纠正。在没有标注作为监督的情况下,需要采用一种方法评估教师预测的确定性,并依据确定性,过滤掉部分低确定性样本,保证教师模型和学生模型的一致性约束只作用于高确定性样本上。

蒙特卡罗(Monte Carlo)随机丢失(dropout)方法可估计教师模型预测的分布,通过该分布的统计分析,可以评估当前教师模型对样本点的预测是否可信。假设教师模型共有 H 层网络层,对教师模型启用随机丢失使得其参数由一组有限的随机变量 $\theta_t=\{\Phi_h\}_{h=1}^H$ 决定,Φ_h 表示第 h 层网络层的参数。对于样本 x_i,教师模型对其预测分布的近似 $q(\hat{y}_i^t|x_i)$ 为[70]

$$q(\hat{y}_i^t \mid x_i) = \int p(\hat{y}_i^t \mid x_i, \theta_t) q(\theta_t) \mathrm{d}\theta_t \qquad (5.28)$$

式中,$p(\hat{y}_i^t|x_i,\theta_t)$ 为基于输入数据 x_i 和模型参数 θ_t 的预测概率,$q(\theta_t)$ 为模型参数的后验分布,该分布无法直接求取,但可以使用随机丢失随机抽样的方法来近似。蒙特卡罗采样方法可将式(5.28)视为期望 $E_{q(\hat{y}_i^t|x_i)}$,而期望可由平均值进行估计:

$$E_{q(\hat{y}_i^t|x_i)} \approx \frac{1}{K}\sum_{k=1}^K \tilde{y}_{i,k}^t \qquad (5.29)$$

这一过程又名随机丢失变分推理,是一种适用于大型复杂模型[71]近似推理的实用方法。除此之外,Liu 等[72]认为,一个高确定性的预测不仅应在随机抽样的子网络的预测输出上具有相似性,且对使用了随机增强的相似输入的预测输出也具有相似性。假设使用了输入数据随机增强的 K 次采样结果为 $Y=\{\tilde{y}_{i,k}^t(x_i,\theta_k^t,\eta_k')\}_{k=1}^K$,这一组预测值近似地反映了模型预测 $q(\hat{y}_i^t|x_i)$ 的分布。可以采用预测方差(predictive variance,PV)[70]来衡量预测的不确定性。方差越高,则不确定性越高:

$$U(x_i) = \mathrm{PV} = \sum_c \mathrm{Var}[p(\tilde{y}_{i,1}^t=c \mid x_i,\theta_1^t,\eta_1'),\cdots,p(\tilde{y}_{i,K}^t=c \mid x_i,\theta_K^t,\eta_K')]$$

$$= \sum_c \left(\frac{1}{K}\sum_k (p(\tilde{y}_{i,k}^t=c \mid x_i,\theta_k^t,\eta_k') - \mu_c)^2\right),$$

$$\mu_c = \frac{1}{K}\sum_k p(\tilde{y}_{i,k}^t=c \mid x_i,\theta_k^t,\eta_k') \qquad (5.30)$$

对于一次训练迭代批次中的输入数据 $x_i,i\in\{1,2,\cdots,B\}$,教师模型预测的不确定性为 $[U(x_1),U(x_2),\cdots,U(x_B)]$。将输入数据按照不确定性进行升序排列,构成有序输入集$\{P_1,P_2,\cdots,P_B\}$,选取不确定性最低的 m 个样本构成可靠样本子集 $M=\{P_1,P_2,\cdots,P_m\}$,用作教师模型和学生模型的一致性正则化,其中 $m=\min(\lfloor\beta e\rfloor,B)$,$e$ 为周期,即迭代周期数,β 为线性过渡系数。由此一来,确定性驱动选择的样本量将随时间增加。由确定性驱动的样本选择过程如图 5.58 所示。

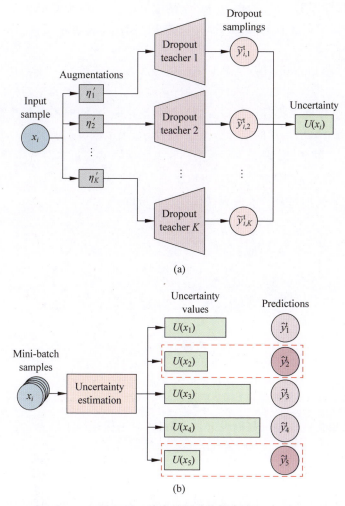

图 5.58 确定性驱动选择方法
(a) 单个数据点通过蒙特卡罗随机丢失估计不确定性;(b) 选择确定性高的样本

2) 类别不平衡损失函数设计

不平衡学习是一种机器学习范式,分类器必须从具有倾斜类分布的数据集中学习。本节从监督学习损失和一致性损失两方面进一步提升模型对不平衡数据集的鲁棒性。监督学习中,针对类别不平衡的常用方法有样本损失重加权和小批量重采样[73-75]两种,这些方法使训练损失中不同类别样本的比例更加接近测试分布,因此可以在多数类别和少数类别的准确性之间实现更好的权衡。然而模型的体量相对于少数类别的样本数量通常是巨大的,因而存在对少数类别的过拟合问题。随机增强也是应用于小批量重采样中对少数类别过采样的方法之一,本节的研究重点并非设计更强的、能避免过拟合的随机增强方式(而且随机增强方式并未提供新的、少数类别的有关信息),而是探究在已有的半监督学习框架上,如何适应类别不平衡的情况。

标签分布感知裕量损失(label-distribution-aware margin loss,LDAM Loss)依据类别样本数量的多寡对不同类别进行正则化:少数类别的正则化应强于多数类别的正则化,以此来提升模型对少数类别的泛化能力,同时不牺牲模型对多数类别的拟合能力。类别裕量的定义如图 5.59 所示,表示该类别所有样本到决策边界的最小距离,χ_1 和 χ_2 分别表示多数类别和少数类别的裕量。对于多分类问题,当类别 c 的裕量满足 $\gamma_c \propto 1/N_c^{1/4}$ 时,可取得最小的测试误差,其中 N_c 为类别 c 的样本数量,即少数类别相对多数类别具有更大的裕量。

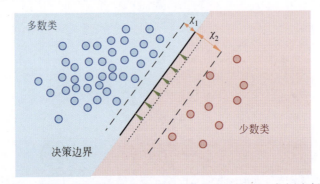

图 5.59 调整决策边界到多数类别和少数类别的裕量以减少测试误差

为此,采用合页损失以强制设定类别裕量,对于标注样本 (x_i, y_i),合页损失为

$$L_{\text{hinge}} = \max(\max_{l \neq y_i} \{z_l\} - z_{y_i} + \Delta_{y_i}, 0) \tag{5.31}$$

式中,z_l 为学生模型预测 $\hat{y}_i^s$ 的第 l 个输出;Δ_{y_i} 为类别 y_i 的裕量,满足 $\Delta_{y_i} = A/N_{y_i}^{1/4}$,$A$ 为常数。由于折页损失非凸、非连续,不易优化,本节采用更加平滑的、具有强制类别裕量的交叉熵损失:

$$L_{\text{LDAM}}(\hat{y}_i^s, y_i) = -\log \frac{e^{z_{y_i} - \Delta_{y_i}}}{e^{z_{y_i} - \Delta_{y_i}} + \sum_{l \neq y_i} e^{z_l}} \tag{5.32}$$

类别不平衡问题会对半监督学习算法带来进一步的挑战,由于聚类假设从全局的角度考虑数据的分布密度,使用半监督学习方法训练的模型的决策边界将位

于数据空间的全局低密度区域,然而在类别不平衡的情况下,少数类别的高密度区域相对于多数类别的高密度区域是稀疏的,这导致了决策边界进入少数类别区域,使得模型将少数类别样本预测为多数类别。因此,为了防止决策边界被过度平滑,渗入少数类别区域,对于教师模型给出的预测为多数类别的样本,抑制它们的一致性约束。同样,如图 5.59 所示,可达到使决策边界远离少数类别的效果。对于确定性驱动选择器选择出的 m 个样本 x_j,学生模型预测为 $\hat{y}_j^s$,教师模型预测为 $\hat{y}_j^t$,定义 CCL 如下:

$$L_{\text{CCL}}(\hat{y}_j^s, \hat{y}_j^t) = g(N_{\hat{c}}) \| \hat{y}_j^s - \hat{y}_j^t \|^2, \quad g(N_{\hat{c}}) = \delta^{1-\frac{N_{\min}}{N_{\hat{c}}}} \quad (5.33)$$

式中,$\hat{c}$ 为模型预测的类别,$\delta \in (0,1]$ 为压缩系数,$N_{\min}$ 为样本数量最少的类别的样本数。易得,当 $N_{\hat{c}} = N_{\min}$ 时,$g(N_{\hat{c}}) = 1$,即被预测为最少数类别的样本的压缩一致性损失与标准的一致性损失相同。预测类别 $\hat{c}$ 的样本数量越多,$g(N_{\hat{c}})$ 越小。因此,最终的半监督代价函数为

$$J = -\sum_{i=1}^{b_l} \log \frac{e^{z_{y_i} - \Delta_{y_i}}}{e^{z_{y_i} - \Delta_{y_i}} + \sum_{l \neq y_i} e^{z_l}} + \sum_{x_j \in M} g(N_{\hat{c}}) \| \hat{y}_j^s - \hat{y}_j^t \|^2 \quad (5.34)$$

5.3.3 基于类别不平衡半监督学习的装配体异常检测结果

1. 装配体图像数据集的获取与处理

根据前述环形光源前向照明光路,搭建了如图 5.60 所示的装配体成像采集系统。摄像机安装于环形光源中心,可采取多个放置角度和与装配体的相对距离进行成像。摄像机为面阵 CCD,分辨率为 2456×2058,像元尺寸为 3.45μm×3.45μm,机械臂用于调节摄像机与环形光源的位置与角度。原始图像经过裁剪形成装配体图像数据集,以减少不相关背景物体的影响,并聚焦于装配体的主要区域。

图 5.60 使用环形光源的前向照明系统

数据集中图像最小分辨率为 $279×235$，最大分辨率为 $313×528$。所有的装配体图像分为三类，包括两个异常类（不含铅封和铅封及垫片均不含）和合格类。数据集中三类图像如图 5.61 所示。两个异常类别只存在细粒度的差异，如何区分两个异常少数类别是一大难点。

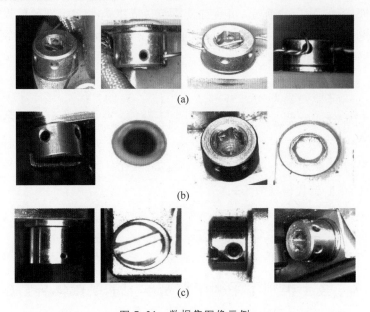

图 5.61 数据集图像示例

(a) 合格类别；(b) 铅封和垫片均缺失的异常类别；(c) 铅封缺失的异常类别

训练集共包含 16663 张图像，实验中采取 10%、20% 和 50% 三种标记数据量占比 ε，随机抽取图像进行人工标注，以保证标注数据集和无标注数据集具有相同的数据分布。标注的训练集和测试集中三类数据量见表 5.7。值得注意的是，为验证模型在少数类别上的分类性能，本实验中采用类别平衡的测试集。标注训练集中，多数类与少数类的数据量比高达 5.3，这对于传统的分类方法来说是很严峻的。

表 5.7 训练集与测试集中三类图像数量

类 别	训练集			测试集
	$\varepsilon=10\%$	$\varepsilon=20\%$	$\varepsilon=50\%$	
合格	1136	2272	5680	100
垫片铅封均缺失	311	622	1555	100
铅封缺失	216	432	1080	100
无标注	15000	13337	8348	—

2. 超参数与对比实验设置

教师模型和学生模型均由在 ImageNet[76] 上预先训练的 DenseNet121 的权重进行初始化,使用的小批量大小为 16,迭代 100 个周期,其中标记数据的批量大小为 8。由于未标记图像的数量不少于标记图像的数量,所以在每个迭代周期中,标记图像都被无限迭代,直到每个未标记图像被迭代一次。使用随机梯度下降优化网络,学习率为 0.1,权重衰减为 0.0001,动量为 0.9。教师模型指数滑动平均系数的最大值 μ_0 为 0.999。为获得教师模型预测的确定性,使用随机失活 5 次,线性过渡系数 β 为 0.2。设定 LDAM 的参数 A 使得裕量 Δ 最大值为 0.5。对于 CCL,设定 δ 为 0.5。应用于训练数据的随机增强噪声包括随机水平翻转和亮度与对比度的颜色抖动。在随机增强后,所有图像的尺寸在被送入网络之前被调整为 224×224。

采用类别不平衡学习中常用的两个指标评价模型在测试集上的性能:平衡准确率(bACC)[77] 和几何平均分数(GM)[78],分别为算术和几何平均分数,定义如下:

$$\mathrm{bACC} = \frac{1}{C}\sum_{c=1}^{C}\frac{\mathrm{TP}_c}{N_c} \tag{5.35}$$

$$\mathrm{G\text{-}Mean} = \prod_{c=1}^{C}\sqrt[C]{\frac{\mathrm{TP}_c}{N_c}} \tag{5.36}$$

式中,N_c 表示类别 c 的样本数量,TP_c 表示真实类别为 c 且预测类别也为 c 的样本数量。

本章将 CDCI 算法与用于对比的常规方法分别在 10%、20% 和 50% 三种标记数据量的训练集上进行训练,然后在测试数据集上对分类性能进行比较。常规方法有运用有限标注数据的监督学习方法和标准的平均教师方法。分别采用了三种常用的类别不平衡学习策略的平均教师方法:①重加权,分类损失中对每个样本重新加权,权重为样本对应类别的样本数量的倒数,并重新归一化以确定权重,使当前批次中权重平均值为 1;②重采样,对于标注数据,每个样本的抽样概率与其类别的样本数量成反比;③焦点损失[79],减少分类相对正确的样本的损失,加大困难的、错误分类的样本的损失。为确保公平比较,所有方法都采用 DenseNet121 模型结构及与 CDCI 算法相同的预训练初始化、标注数据批次大小、优化方法等通用参数,且重复实验 10 次,在测试集上的实验结果取平均值。本节算法使用 Python 工具包 PyTorch 实现,在搭载 Intel Core i5-8500 @ 3.00GHz CPU 和 12G NVIDIA Titan RTX GPU 的计算机上进行。

3. 实验结果与分析

图 5.62 为监督学习方法。图 5.62(a)与 CDCI 图 5.62(b)对 $\varepsilon=10\%$ 的训练集分

布的表征,采用 t-SNE[80]可视化进行表示,t-SNE 的复杂度系数为 50。图 5.62(a)中三个类别边界混合,可见在数据量有限且不平衡的情况下,常规监督学习方法训练的模型难以学习到具有区分度的数据表征;而 CDCI 能够更好地形成类别边界,从而获得更好的分类性能。

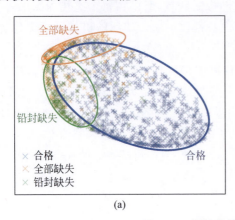 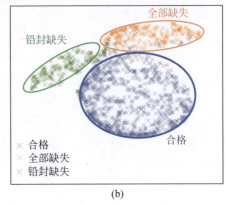

图 5.62 训练集的 t-SNE 可视化表征
(a)监督学习方法训练模型的数据表征;(b) CDCI 训练模型的数据表征

表 5.8 为上述方法在测试集上 bACC 和 GM 的平均值和标准差。CDCI 算法在标记样本数量占比为 10% 时,达到 93.67% 的平均 bACC 和 93.57% 的平均 GM;当标记样本数量占比为 20% 时,达到 98.83% 的平均 ACC 和 98.83% 的平均 GM;当标记样本数量占比为 50% 时,达到 99.17% 的平均 ACC 和 98.99% 的平均 GM,均高于监督学习方法和使用了现有的类别不平衡学习策略的平均教师方法。这表明 CDCI 在类别分布不平衡和标注数据有限的情况下是有效的。随着数据量的增加,现有方法的分类准确率均表现出显著的提升,但是 CDCI 具备在标注数据尚不充足的情况下(如标记样本数量占比为 20% 时),准确率达到可观的 98% 以上的优势。

表 5.8 装配体测试集上的分类性能对比(bACC(%)/GM(%))(最优性能由粗体表示)

方法	$\varepsilon=10\%$		$\varepsilon=20\%$		$\varepsilon=50\%$	
	bACC 平均值± 标准差	GM 平均值± 标准差	bACC 平均值± 标准差	GM 平均值± 标准差	bACC 平均值± 标准差	GM 平均值± 标准差
监督学习	85.34±0.94	85.10±0.99	94.50±0.42	94.32±0.45	97.00±0.09	96.98±0.09
平均教师 (MT)	88.22±0.45	87.87±0.47	95.50±0.52	95.37±0.54	98.16±0.05	98.16±0.05

续表

方法	ε=10% bACC 平均值±标准差	ε=10% GM 平均值±标准差	ε=20% bACC 平均值±标准差	ε=20% GM 平均值±标准差	ε=50% bACC 平均值±标准差	ε=50% GM 平均值±标准差
MT+重赋值法	89.34±0.66	88.98±0.70	94.67±0.56	94.50±0.61	97.84±0.05	97.82±0.04
MT+重采样法	90.34±0.47	90.06±0.29	95.84±0.52	95.80±0.53	97.84±0.05	97.82±0.05
MT+聚焦法	88.50±0.81	87.86±0.90	93.33±0.28	92.95±0.32	97.50±0.09	97.46±0.11
CDCI	93.67±0.27	93.57±0.28	98.83±0.14	98.83±0.14	99.17±0.07	98.99±0.04

Grad-CAM[81]技术以热图的形式反映输入图像中决定模型决策的重要区域,能够用于评价模型是否提取了有效的图像特征,如图5.63所示。监督学习方法笼统地利用了几乎整幅图像的信息。越是准确的模型(如CDCI),越是将注意力集中于铅封、垫片可能出现的区域。

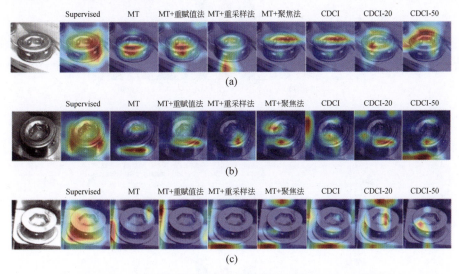

图5.63 三个类别样本图像在不同模型上的Grad-CAM结果

(a) 合格类;(b) 垫片、铅封均缺失;(c) 铅封缺失。用于比较的模型有ε=10%训练集训练的监督学习模型、平均教师模型、结合三种类别不平衡学习方法的平均教师模型、CDCI、ε=20%训练集训练的CDCI和ε=50%训练集训练的CDCI

图5.64显示了所有方法在三个类别上的错误率,图5.64(a)~(c)分别表示采用ε=10%、ε=20%和ε=50%的训练集。CDCI在多数类别和少数类别中均保持

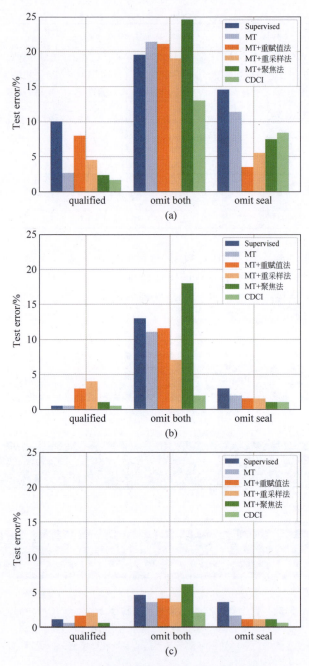

图 5.64 模型装配体测试集上的类别错误率

(a) $\varepsilon=10\%$;(b) $\varepsilon=20\%$;(c) $\varepsilon=50\%$

了较低的错误率。在标注数据较少时(图 5.64(a))监督学习方法在三个类别上均显示了较高的错误率。相比之下,平均教师方法虽然达到了更高的准确率,但受确认偏误的影响,其在少数类别上的错误率相对于只使用标注数据没有提升。结合了不平衡学习策略的平均教师方法在数量最少的铅封缺失类别上出现了过度拟合现象,虽然取得了较低的错误率,但牺牲了在相似的次少数类别——铅封垫片均缺失上的拟合能力。并且随着标注数据量的逐步增加,监督学习算法已具备较低的错误率,结合了不平衡学习策略的平均教师方法并未显著地改善错误率。

图 5.65 为三种标注数据量下训练的 CDCI 模型在测试集上的平均混淆矩阵,当标注数据量占比仅为 10% 时(图 5.65(a)),两个少数的异常类别的个别图像归类错误,错误集中在将铅封垫片均缺失类别预测为铅封缺失类别,将铅封缺失异常预测为合格。随着训练集中标注数据量的增加,预测正确率大幅提升。

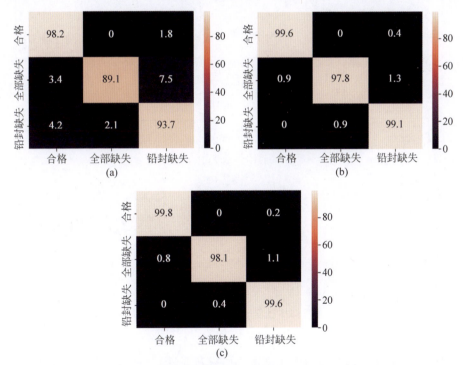

图 5.65 三种标注数据量下 CDCI 模型的平均混淆矩阵
(a) ε=10%;(b) ε=20%;(c) ε=50%

图 5.66 对比了 CDCI 与标准平均教师方法在训练过程中的准确率和损失。准确率为每个迭代周期之后在验证集上的测试结果。来自所有迭代次数的 1000 个均匀采样的损失值被用于绘制图 5.66(a2)~(c2)。可见 CDCI 能更快地收敛并趋于稳定,能在更少的迭代步数下获得更高准确率的模型。

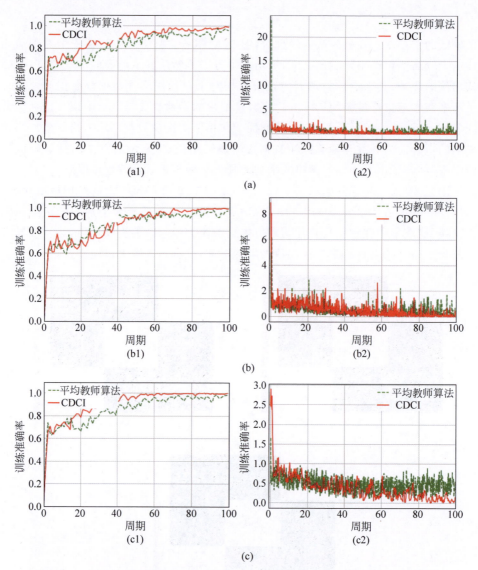

图 5.66 三种标注数据量下训练过程中 CDCI 与平均教师算法的正确率与损失对比
(a) $\varepsilon=10\%$；(b) $\varepsilon=20\%$；(c) $\varepsilon=50\%$

图 5.67 对比了训练过程中正确率与预测方差(PV)的变化趋势。可见随着模型正确率的提升，预测标签的不确定性也逐步降低，在分类正确率和平均 PV 之间有较强的反比关系，验证了通过确定性筛选样本的有效性。

如图 5.65 中的混淆矩阵所示，本章性能最优的模型，即在标注数据占比 $\varepsilon=50\%$ 的训练集上得到的 CDCI 模型，在测试集上能达到接近 100% 的预测准确率，其中极个别铅封垫片均缺失类图像被误判为铅封缺失类图像(图 5.68(a))。对模型决策产生影响的图像区域如图 5.68(b)所示，由此可见，虽然模型提取的特征集

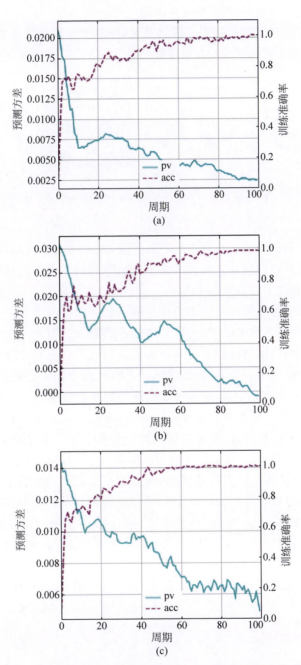

图 5.67 训练过程中类别精度和预测方差之间存在较强的反比关系

(a) $\varepsilon=10\%$；(b) $\varepsilon=20\%$；(c) $\varepsilon=50\%$

中在六角螺钉的边缘区域,但是图像中能反映是否有垫片的信息较少,即使是通过人眼观察也难以给出确定的判断。这意味着,在异常检测的机器视觉技术的优化改进方面,设计能更清晰直接地反映待测物特性的图像采集系统也需要予以关注。

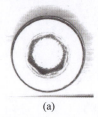 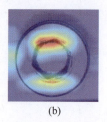

(a)　　　　　　　(b)

图 5.68　易被误判为仅缺失铅封的铅封垫片均缺失类别
(a) 输入图像;(b) ε=50%的 CDCI 模型的 Grad-CAM

深度学习目前已经被广泛应用于各行各业,其在工业智能检测中已经展现出极大的应用能力。其在包含玻璃面板的 3C 制造领域、半导体制造领域、工业装配制造领域、食品行业中均有着众多应用。

深度学习目前的主要特点在于能够自动从数据中学习复杂特征表示,无需人工设计和选择,能够实现多层次、多维度的特征提取,处理高度复杂的图像,提取严苛背景成像下的高精度目标提取。其非常重要的优点在于具有极高的泛化能力,在保证高质量的数据集前提下,能够识别和泛化到新的检测场景和新的缺陷检测中,具有强大的工业适应能力,能够满足工业场景下的快速开发快速应用的特征。而在应用性上,其具有端到端的学习能力,使用者只需关注输入和输出结果,无需明确中间步骤和特征提取过程,能够极大提升开发效率。深度学习还具有高度适应性和可扩展性的特点,能够适用不同的图像分辨率和尺寸,降低对光学成像系统采集的图像要求,使模型在不同检测项目更加灵活及更高可扩展性。

当然深度学习目前也存在一些挑战,由于其模型训练需要大数据量的特征,对于一些特殊的检测往往缺乏足够多的高质量数据。并且模型决策过程不透明,其模型的可解释性依然需要更深入的研究。总体来说目前深度学习已经成为缺陷检测领域的主流技术之一,其提供了高精度、高自动化的可靠方法用于检测和分类各种类型的缺陷。随着技术迭代和优化进步,深度学习在缺陷检测方面的应用将继续扩展和深化。

参考文献

[1]　HERBERT S, MARYASOV A, JUSCHKIN L, et al. Defect inspection with an EUV microscope[C]. Grenoble, France: 26th European Mask and Lithography Conference, 2010.

[2] BINNIG G K,QUATE C F,GERBER C. The atomic force microscope[J]. Physical Review Letters,1986,56(9):930-933.

[3] ZONTAK M,ISRAEL COHEN. Defect detection in patterned wafers using multichannel Scanning Electron Microscope[J]. Signal Processing,2009,89(8):1511-1520.

[4] BERND K,MAX H,STEFAN U,et al. First application of a spherical-aberration corrected transmission electron microscope in materials science[J]. Journal of Electron Microscopy,2002,51(1):51-58.

[5] ZHANG J,DRINKWATER B W,WILCOX P D,et al. Defect detection using ultrasonic arrays:The multi-mode total focusing method[J]. NDT & E International,2010,43(2):123-133.

[6] D'ORAZIO T,LEO M,DISTANTE A,et al. Automatic ultrasonic inspection for internal defect detection in composite materials[J]. Ndt & E International,2007,41(2):145-154.

[7] MEOLA C,DI MAIO R,ROBERTI N,et al. Application of infrared thermography and geophysical methods for defect detection in architectural structures[J]. Engineering Failure Analysis,2005,12(6):875-892.

[8] WANG S,LIU D,YANG Y,et al. Distortion correction in surface defects evaluating system of large fine optics[J]. Optics Communications,2014,312(4):110-116.

[9] LI L,LIU D,CAO P,et al. Automated discrimination between digs and dust particles on optical surfaces with dark-field scattering microscopy[J]. Applied Optics,2014,53(23):5131-5140.

[10] 章炜.机器视觉技术发展及其工业应用[J].红外,2006(2):13-19.

[11] CONDER A,ALGER T,AZEVEDO S,et al. Final optics damage inspection (FODI) for the National Ignition Facility[C]. San Diego,California,United States:SPIE Optical Engineering+Applications,2010.

[12] 王世通.精密表面缺陷检测散射成像理论建模及系统分析研究[D].杭州:浙江大学,2015.

[13] 杨甬英,陆春华,梁蛟,等.光学元件表面缺陷的显微散射暗场成像及数字化评价系统[J].光学学报,2007,27(6):1031-1038.

[14] LIU D,WANG S,CAO P,et al. Dark-field microscopic image stitching method for surface defects evaluation of large fine optics[J]. Optics Express,2013,21(5):5974-5987.

[15] WU F,YANG Y,JIANG J,et al. Classification between digs and dust particles on optical surfaces with acquisition and analysis of polarization characteristics[J]. Applied Optics,2019,58(4):1073-1083.

[16] 吴凡.基于暗场散射的精密表面微小缺陷检测能力提升技术研究[D].杭州:浙江大学,2020.

[17] MARTÍNEZ S S,GÓMEZ ORTEGA J. An industrial vision system for surface quality inspection of transparent parts[J]. International Journal of Advanced Manufacturing Technology,2013,68(5/6/7/8):1123-1136.

[18] MARTÍNEZ S S,GÓMEZ ORTEGA J,GÁMEZ GARCÍA J,et al. A machine vision system for defect characterization on transparent parts with non-plane surfaces[J].

Machine Vision & Applications,2012,23(1): 1-13.

[19] LI D,LIANG L Q,ZHANG W J. Defect inspection and extraction of the mobile phone cover glass based on the principal components analysis[J]. International Journal of Advanced Manufacturing Technology,2014,73(9/10/11/12): 1605-1614.

[20] JIAN C,GAO J,AO Y. Imbalanced defect classification for mobile phone screen glass using multifractal features and a new sampling method[J]. Multimedia Tools & Applications, 2016,76(2017): 24413-24434.

[21] CHEN L C,ZHU Y,PAPANDREOU G,et al. Encoder-decoder with atrous separable convolution for semantic image segmentation (DeepLabv3+)[C]. Munich,Germany: Proceedings of the European conference on computer vision (ECCV),2018: 801-818.

[22] CHEN L C,PAPANDREOU G,SCHROFF F,et al. Rethinking atrous convolution for semantic image segmentation (DeepLabv3)[C]. Honolulu, HI, USA: 2017 IEEE Conference on Computer Vision and Pattern Recognition (CVPR),2017.

[23] DAI J,QI H,XIONG Y,et al. Deformable convolutional networks[C]. Venice,Italy: 2017 IEEE International Conference on Computer Vision (ICCV),2017.

[24] LIU G,REDA F A,SHIH K J,et al. Image inpainting for irregular holes using partial convolutions[C]. Munich,Germany: Computer Vision-ECCV,2018.

[25] YU D,WANG H,CHEN P,et al. Mixed pooling for convolutional neural networks[C]. Shanghai,China: The 9th International Conference on Rough Sets and Knowledge Technology (RSKT'14),2014.

[26] ZEILER M D,FERGUS R. Stochastic pooling for regularization of deep convolutional neural networks[C]. Scottsdale, Arizona, USA: International Conference on Learning Representations,2013.

[27] GU J,WANG Z,KUEN J,et al. Recent advances in convolutional neural networks[J]. Pattern Recognition,2015,77 (2015): 354-377.

[28] HE K,ZHANG X,REN S,et al. Spatial pyramid pooling in deep convolutional networks for visual recognition[J]. IEEE Transactions on Pattern Analysis & Machine Intelligence, 2014,37(9): 1904-1916.

[29] HAN J,MORAGA C. The influence of the sigmoid function parameters on the speed of backpropagation Learning[C]. Malaga-Torremolinos, Spain: From Natural to Artificial Neural Computation,International Workshop on Artificial Neural Networks,IWANN'95,1995.

[30] MAAS A L,HANNUN A Y,NG A Y. Rectifier nonlinearities improve neural network acoustic models[C]. Atlanta, USA: The 30th International Conference on Machine Learning (ICML),2013.

[31] HE K,ZHANG X,REN S,et al. Delving deep into rectifiers: Surpassing Human-Level Performance on ImageNet Classification[C]. Santiago,Chile: 2015 IEEE International Conference on Computer Vision (ICCV),2015: 1026-1034.

[32] CLEVERT D A,UNTERTHINER T,HOCHREITER S. Fast and accurate deep network learning by exponential linear units (ELUs)[C]. San Diego,CA,USA: 3rd International Conference on Learning Representations,(ICLR),2015.

[33] XIE S, TU Z. Holistically-Nested edge detection[C]. Santiago, Chile: 2015 IEEE International Conference on Computer Vision (ICCV),2015: 1395-1403.

[34] HINTON G, VINYALS O, DEAN J. Distilling the knowledge in a neural network[C]. Montreal,Quebec,Canada: Annual Conference on Neural Information Processing Systems,2014.

[35] LIU W, WEN Y, YU Z, et al. Large-Margin softmax loss for convolutional neural networks[C]. New York City, NY, USA: 33nd International Conference on Machine Learning,ICML,2016.

[36] SUTSKEVER I, MARTENS J, DAHL G, et al. On the importance of initialization and momentum in deep learning[C]. Atlanta, GA, USA: 30th International Conference on Machine Learning,ICML,2013.

[37] NESTEROV Y. Introductory lectures on convex optimization: a basic course. Encyclopedia of Operations Research and Management Science[M]. Boston,MA: Springer US,2013: 281-287.

[38] DUCHI J, HAZAN E, SINGER Y. Adaptive subgradient methods for online learning and stochastic optimization[J]. Journal of Machine Learning Research,2011,12(7): 257-269.

[39] ZEILER M D, ADADELTA: An adaptive learning rate method[DB]. arXiv e-prints,2012: arXiv: 1212.5701.

[40] GEOFFREY H, NITSH S, KEVIN S: Neural networks for machine learning[DB].

[41] SOCHER R. Improving generalization performance by switching from adam to SGD[C]. Toulon,France: 5th International Conference on Learning Representations,ICLR,2017.

[42] KRIZHEVSKY A, SUTSKEVER I, HINTON G. ImageNet classification with deep convolutional neural networks[J]. Communications of the ACM 60,2012: 84-90.

[43] KAREN S. Very deep convolutional networks for Large-Scale image recognition[C]. Banff,AB,Canada: 2nd International Conference on Learning Representations(ICLR),2014.

[44] HE K, ZHANG X, REN S, et al. Identity mappings in deep residual networks[C]. Amsterdam,The Netherlands: Computer Vision-ECCV,2016: 630-645.

[45] HE K, ZHANG X, REN S, et al. Deep residual learning for image recognition[C]. Las Vegas,NV, USA: 2016 IEEE Conference on Computer Vision and Pattern Recognition (CVPR),2016: 770-778.

[46] SZEGEDY C, IOFFE S, VANHOUCKE V, et al. Inception-v4, inception-resnet and the impact of residual connections on learning[C]. Thirty-First AAAI Conference on Artificial Intelligence,2017.

[47] SZEGEDY C, LIU W, JIA Y, et al. Going deeper with convolutions[C]. Proceedings of the IEEE conference on computer vision and pattern recognition,2015: 1-9.

[48] IOFFE S, SZEGEDY C. Batch normalization: accelerating deep network training by reducing internal covariate shift[C]. Hong Kong: 10th International Conference on Computer Science & Education (ICCSE),2015.

[49] SZEGEDY C, VANHOUCKE V, IOFFE S, et al. Rethinking the inception architecture for computer vision[C]. Las Vegas, NV, USA: 2016 IEEE Conference on Computer Vision and Pattern Recognition (CVPR),2016: 2818-2826.

[50] 江佳斌. 基于机器视觉的定位及缺陷识别智能检测技术研究与应用[D]. 杭州:浙江大学,2020.

[51] LONG J, SHELHAMER E, DARRELL T. Fully convolutional networks for semantic segmentation[C]. Boston, MA, USA: 2015 IEEE Conference on Computer Vision and Pattern Recognition (CVPR),2014: 3431-3440.

[52] BADRINARAYANAN V, KENDALL A, CIPOLLA R. SegNet: a deep convolutional encoder-decoder architecture for image segmentation[J]. IEEE Transactions on Pattern Analysis and Machine Intelligence,2017,39(12): 2481-2495.

[53] RONNEBERGER O, FISCHER P, BROX T. U-Net: convolutional networks for biomedical image segmentation[C]. Munich, Germany: Medical Image Computing and Computer-Assisted Intervention-MICCAI,2015: 234-241.

[54] CHEN L C, PAPANDREOU G, KOKKINOS I, et al. DeepLab: semantic image segmentation with deep convolutional nets, atrous convolution, and fully connected CRFs[J]. IEEE Transactions on Pattern Analysis and Machine Intelligence,2018,40(4): 834-848.

[55] JÉGOU S, DROZDZAL M, VAZQUEZ D, et al. The one hundred layers tiramisu: fully convolutional denseNets for semantic segmentation[C]. Honolulu, HI, USA: 2017 IEEE Conference on Computer Vision and Pattern Recognition Workshops (CVPRW),2017: 1175-1183.

[56] HE K, GKIOXARI G, DOLLÁR P, et al. Mask R-CNN[J]. Venice, Italy: 2017 IEEE International Conference on Computer Vision (ICCV),2017: 2980-2988.

[57] MALLAT S G. A wavelet tour of signal processing[M]. Beijing: China Machine Press,1999.

[58] CHOLLET F. Xception: Deep learning with depthwise separable convolutions[J]. Honolulu, HI, USA: 2017 IEEE Conference on Computer Vision and Pattern Recognition (CVPR),2017: 1800-1807.

[59] FENG H, JIANG Z, XIE F, et al. Automatic fastener classification and defect detection in vision-based railway inspection systems[J]. IEEE Transactions on Instrumentation and Measurement,2014,63(4): 877-888.

[60] LIU L, ZHOU F, HE Y. Automated visual inspection system for bogie block key under complex freight train environment[J]. IEEE Transactions on Instrumentation and Measurement,2016,65(1): 2-14.

[61] 郝博,郭嵩,王婵娟,等. 基于机器视觉的沉头孔质量检测方法[J]. 制造技术与机床,2021(11): 100-106.

[62] 卢紫尘. 深度学习在产品质量机器视觉异常检测技术中的应用研究[D]. 杭州:浙江大学,2022.

[63] LU Z, JIANG J, CAO P, et al. Assembly quality detection based on class-imbalanced semi-supervised learning[J]. Applied Sciences,2021,11(21): 10373.

[64] VAN ENGELEN J E, HOOS H H. A survey on semi-supervised learning[J]. Machine Learning,2020,109(2): 373-440.

[65] SAJJADI M, JAVANMARDI M, TASDIZEN T. Regularization with stochastic transformations and perturbations for deep semi-supervised learning[C]. proceedings of the International

Conference on Neural Information Processing Systems. Barcelona, Spain: Curran Associates Inc, 2016.

[66] LAINE S, AILA T. Temporal ensembling for semi-supervised learning[C]. proceedings of the International Conference on Learning Representations. Toulon, France: Elsevier, 2017.

[67] TARVAINEN A, VALPOLA H. Mean teachers are better role models: Weight-averaged consistency targets improve semi-supervised deep learning results[C]. proceedings of the International Conference on Neural Information Processing Systems. Long Beach, CA: Curran Associates Inc, 2017.

[68] CAO K, WEI C, GAIDON A, et al. Learning imbalanced datasets with label-distribution-aware margin loss[C]. proceedings of the International Conference on Neural Information Processing Systems. Vancouver, Canada: Curran Associates Inc, 2019.

[69] HUANG G, LIU Z, MAATEN L V D, et al. Densely connected convolutional networks [C]. Proceedings of the IEEE/CVF Conference on Computer Vision and Pattern Recognition(CVPR). Honolulu, Hawaii, USA: IEEE, 2017: 2261-2269.

[70] GAL Y, GHAHRAMANI Z. Dropout as a bayesian approximation: representing model uncertainty in deep learning[C]. New York, NY, USA: proceedings of the International Conference on Machine Learning, 2016.

[71] GAL Y, GHAHRAMANI Z. Bayesian convolutional neural networks with bernoulli approximate variational inference[C]. Proceedings of the International Conference on Learning Representations. Caribe Hilton, San Juan, Puerto Rico: Elsevier, 2016.

[72] LIU L, LI Y, TAN R T. Decoupled certainty-driven consistency loss for semi-supervised learning[C]. Long Beach, CA, USA: 2019 IEEE/CVF Conference on Computer Vision and Pattern Recognition (CVPR), 2019.

[73] HE H, GARCIA E A. Learning from imbalanced data[J]. IEEE Transactions on Knowledge and Data Engineering, 2008, 21(9): 1263-1284.

[74] BUDA M, MAKI A, MAZUROWSKI M A. A systematic study of the class imbalance problem in convolutional neural networks[J]. Neural Networks, 2018, 106: 249-259.

[75] CUI Y, JIA M, LIN T Y, et al. Class-balanced loss based on effective number of samples [C]. Proceedings of the IEEE/CVF Conference on Computer Vision and Pattern Recognition(CVPR). Long Beach, CA, USA: IEEE, 2019.

[76] RUSSAKOVSKY O, DENG J, SU H, et al. ImageNet large scale visual recognition challenge[J]. International Journal of Computer Vision, 2015, 115: 211-252.

[77] HUANG C, LI Y, LOY C C, et al. Learning deep representation for imbalanced classification[C]. Proceedings of the IEEE/CVF Conference on Computer Vision and Pattern Recognition(CVPR). Las Vegas, NV, USA: IEEE, 2016: 5375-5384.

[78] BRANCO P, TORGO L, RIBEIRO R P. A survey of predictive modeling on imbalanced domains[J]. ACM Computing Surveys, 2016, 49(2): 1-50.

[79] LIN T Y, GOYAL P, GIRSHICK R, et al. Focal loss for dense object detection[C]. proceedings of the IEEE International Conference on Computer Vision. Venice, Italy: IEEE, 2017: 2980-2988.

[80] van der MAATEN L,HINTON G. Visualizing data using t-SNE[J]. Journal of Machine Learning Research,2008,9(86):2579-2605.

[81] SELVARAJU R R,COGSWELL M,DAS A,et al. Grad-CAM:Visual explanations from deep networks via gradient-based localization[C]. Proceedings of the IEEE International Conference on Computer Vision. Venice,Italy:IEEE,2017.

第 6 章

光学表面缺陷成像的定量评估

由于表面缺陷分布的随机性及偶然性,在实际生产或使用过程中,光学元件表面出现缺陷的情况难以避免。缺陷的存在将影响光学元件的表面质量,影响程度常常与缺陷自身的尺寸、类型等特征相关。为了对缺陷的影响程度进行量化表征,不同国家、国际组织、行业协会对缺陷的评价标准做出了规定,将缺陷的影响程度以缺陷容忍度(或缺陷公差)作为缺陷定量化评价的表述。缺陷容忍度定义为元件表面所能容忍的缺陷存在情况,具体包括所能容忍的缺陷分布密度、缺陷尺寸、缺陷面积、缺陷类型等相关定量化评价指标。

6.1 光学表面缺陷的测量和量化

参照国家标准《光学零件表面疵病》(GB/T 1185—2006),光学表面疵病(缺陷)指光学零件表面呈现的麻点、斑点、擦痕、破边等缺陷。由于光学表面缺陷种类多,形状差别大,为了便于评价光学元件的表面质量,有必要选取一个统一的可测量的物理量,从而以数值的方式简洁地表示光学元件的表面等级。目前国际、国内对于表面缺陷标准,建议采用的测量物理量是可见度或面积,而面积又与诸如长度、宽度、直径等尺寸参数有关,本章将介绍上述参数的测量和量化。

6.1.1 光学表面缺陷的可见度测量及量化

光学表面缺陷会产生散射光,缺陷在光照下的可见度表明了其对光线的散射程度。对于光学元件,特别是精密抛光的表面,我们需要光线在表面透射或者反射,而不希望光线发生散射。因此缺陷的可见度在一定程度上体现了光学表面的加工工艺水平。美军标最早采用缺陷可见度表示缺陷公差。以美国军用标准《火控仪器光学零件制造、装配和检测通用技术条件》(MIL-PRF-13830B)[1]为例进行介绍,使用连字符隔开的两个数字表示公差。例如 80-50,前者代表允许的最大划痕级数,后者表示允许的最大麻点级数[2]。划痕级数在标准文件中没有给出任何物理意义。对于圆形元件,最大级数的划痕总长度不应超过元件直径的 1/4。如果存在最大允许级数的划痕,那么应满足

$$\sum \frac{S_i L_i}{D} \leqslant \frac{1}{2} S_{max} \qquad (6.1)$$

式中,S_i 表示第 i 个检出划痕的级数,S_{max} 表示最大允许划痕级数,D 是元件口径。如果不存在最大允许划痕级数,限制可以适当放宽到

$$\sum \frac{S_i L_i}{D} \leqslant S_{max} \qquad (6.2)$$

非圆形的元件按照等面积圆形元件计算。麻点级数是疵病的实际直径,单位为 1/100mm。例如麻点级数 50 意味着麻点直径为 0.5mm。不规则麻点取最大长度和宽度的均值作为麻点直径。在麻点密集度方面,表面每 20mm 直径圆范围内只能有一个最大级数的麻点。在 20mm 直径圆范围内,目视观察麻点直径总和不能超过最大级数麻点直径的两倍。

可以注意到,美军标定义中最主要的矛盾在于,划痕级数与尺寸无关,而麻点级数与直径直接关联。实际上,使用美军标的检测人员并不测量麻点尺寸,无论划痕还是麻点,都通过在相同观测条件下与比较标板上的疵病标样比较得出级数。美国新泽西的 Picantinny 兵工厂长期保存有一套标准原型母板,针对每一个疵病级数(如 80,60,40,20,10),都有一对人工疵病原型表示该级数疵病的最低可见度和最高可见度。军方及其供应商使用的子级比较标板都要经过母板校正,例如图 6.1 所示的子级比较标板。美军标在修订表面疵病相关图纸 C7641866 时,曾在 1974 年的 Rev H 版本中指出,划痕级数是以微米为单位的划痕宽度,用户可以按照尺寸制造自己的比较标样。但两年后(1976)的 Rev J 版本又把划痕级数定义为 10μm 为单位的划痕宽度,并且比较标板必须经过与母板的目视比较标定[3-4]。美军标的标准原型母板并未在两年内发生任何变化,事实上 Picantinny 标准原型母

图 6.1 Davidson Optronics 根据 Picatinny 母板制作的 D-667 RevL 划痕/麻点子级比较准板

板由于制作较早,工艺较差,尺寸非常不准确,但保存条件良好,相关角谱散射实验也证明比较标板随时间的变化很小。因此在 1980 年的 RevL 中又取消了划痕级数与尺寸之间的关系。后续商用子级比较标板虽然常采用刻制不同宽度划痕的方式加以制造,但是子级比较标板都必须与母板通过人工可见度比较验证,按照 μm 或者 $10\mu m$ 为单位制造相应宽度划痕,可见度与母板往往不一致。最终证明美军标只能是一项通过测量可见度量化表面疵病的标准,与物理意义无关。

美军标规定了两种表面缺陷观测方法。光源采用 40W 白炽灯或 15W 冷白荧光灯。图 6.2(a)所示的第一种方法将光源置于毛玻璃或乳白散光板后 3 英寸处,将两条以上的水平不透光黑条纹放在毛玻璃前,作为观察疵病的背景。图 6.2(b)所示的第二种方法使光源发出的光可透过被测零件,视线近乎垂直于照明光路,捕捉疵病的散射光。Aikens 在比较了 FLIR/Brysen、Davidson Optronics 和 Jenoptik 等几家商业公司的比较标板后指出,不同型号比较标板上同级数疵病的亮度差别较大,不能兼容使用[5]。因此使用美军标设计和检测元件时有必要注明使用的比较标板型号。

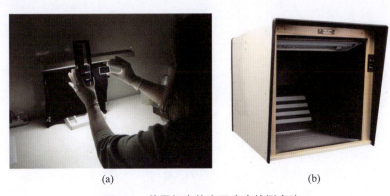

图 6.2 美军标中的表面疵病检测方法
(a) 美军标中一种手持目测观察方法;(b) Davidson Optronics 公司制造的疵病检测照明装置

必须指出的是,首先缺陷的可见度并不能代表其对光学系统性能的影响。对于成像光学系统来说,只要疵病不是出现在成像面附近,尽管表面缺陷在特定角度下看起来非常亮,但相对于透过的光能量,散射光只占很小的比例,因此几乎不会影响成像。在一项光学设计的仿真中,1mm 大的表面缺陷引起成像对比度的减少仅有 2%[6]。其次,可见度并非是客观的亮度、强度等,而是一个与人心理有关的主观物理量。美军标提出的检测方法依赖于人工的目视观察,使用中缺陷的级数测量常常存在争议。质检员对人工疵病级数判定各执一词,这也导致高精度比较标板难以加工制造。

6.1.2 光学表面缺陷的面积测量及量化

美军标的可见度定义严重依赖于比较标板和目测观察。曾经疵病标样的尺寸较小,仅能靠目视亮度观察。但是随着显微镜技术的不断进步,观察微米乃至纳米量级的物体对于今天来说也没有什么难度。疵病的尺寸是一个与人眼观察因素无关的客观的物理量。采用疵病尺寸定义级数有利于建立客观的、可重复的、独立的表面疵病标准。疵病的形状较为多样,德标用疵病面积相关的级数表示疵病公差。在此基础上,如图 6.3 所示的国际标准《光学和光学仪器 光学零件和光学系统图样 第 7 部分:表面疵病》(标准号 ISO 10110-7:2017)[7] 提出使用疵病遮挡的面积这一相对客观的物理量表示疵病级数。

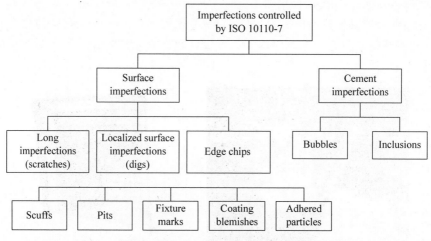

图 6.3 国际标准 ISO 10110-7:2017 中对于疵病的分类

ISO 标准首先将光学元件疵病分为表面疵病和胶合层疵病。胶合层疵病包括气泡和内容污染物等。表面疵病主要分为三类,长疵病(划痕)、局部疵病(麻点)和破边。其中局部疵病包括流痕、凹坑、夹具的印迹、镀膜瑕疵和黏附粒子等。美军标对于划痕和麻点的界限没有明确的区分。ISO 标准规定长度超过 2mm 的为长划痕,并指出同等宽度下,长划痕的可见度往往要超过局部划痕。按照 ISO 标准,一条完整的疵病尺寸公差,包括局部疵病、镀膜层疵病、长划痕和破边等多方面的定义。例如

$$5/or\ 15/N_g \times A_g; CN_c \times A_c; LN_l \times A_l; EA_e \tag{6.3}$$

该疵病尺寸公差由分号分隔为几个部分。其中第一部分针对局部疵病的公差约束是不可缺失的。5/表示被测的是单个光学零件,15/表示光学组装件,N_g 表示允许疵病的个数。而 A_g 是疵病的级数,该数值等于最大允许疵病面积的平方

根,单位是 mm。C 表示镀膜层公差,N_c 和 A_c 的定义与局部疵病是一致的。L 表示长划痕公差,N_l 和 A_l 仍然分别表示疵病个数和级数。不过长划痕级数的含义是最大允许长划痕的宽度,单位 mm。最后 E 表示破边,级数 A_e 定义为破边由边缘向元件中心延伸的长度,单位 mm。另一种用最大宽度表示的公差如下:

$$5/or\ 15/N_g \times A_g; WA_w; CN_g \times A_g; EA_e \quad (6.4)$$

式中,WA_w 表示允许表面疵病的最大宽度。ISO 的面积法公差从定义上是可以脱离比较标板的,疵病的级数均依赖于遮挡面积计算,是客观的可测量的物理量。采用面积定义方便了小尺度疵病的换算,只要元件小级数疵病面积累加不超过 $N_g \times A_g^2$ 就是可以接受的。局部疵病级数为 $0.16A$ 及以下在检测时忽略。长划痕同样可以计算多个疵病宽度的累加值,不超过 $N_l \times A_l$ 即可,级数 $0.25A_l$ 及以下的疵病不参与计数。

我国光学零件表面疵病领域的国家标准《光学零件表面标准》(GB/T 1185)经历了三个版本。最早的 GB/T 1185—1974 是由苏联标准《光学零件表面光洁度等级检测方法》(ГOCT11141)编制修订而成[8]。该标准采用可见度表示疵病公差,表面疵病按亮度划分等级,生产中工人和检验员对缺陷的主观亮度估计往往会产生争议。相较于美军标,当争议出现时,标准甚至没有规定权威性的表面疵病样品应当如何制作和标定。GB/T 1185—1989 更多地参考了德标 DIN3140 进行编制,疵病公差完全放弃了可见度表示,只允许用疵病数目和面积为基础的疵病级数限制缺陷。而标准中提出的放大镜观察法,难以准确测量疵病面积,在实际使用中又回到了亮度比较的旧路上[9-10]。

现行的 GB/T 1185—2006[11] 参考 ISO 10110-7:1996 和 ISO 14997:2003 编制而成,相对于现行的 ISO 标准有一些差别。国标中除镀膜层疵病、长擦痕和破边之外的表面疵病又称为一般表面疵病。国标使用长宽比区分长短擦痕,长宽比不大于 160:1 的擦痕称为短擦痕,适用一般疵病公差。长宽比不小于 160:1 的擦痕称为长擦痕,适用长擦痕公差。

国标引入了全显露疵病和部分显露疵病的定义。全显露疵病是能散射所有入射光的疵病,而部分显露疵病只能将入射光部分散射并部分透过。在此基础上,重新解释了擦痕等效宽度(LEW)和麻点等效直径(SED)的物理意义。对于全显露疵病,LEW 表示实际的几何宽度,SED 代表麻点的几何直径。而对于部分显露疵病,LEW 和 LED 仅代表透光量相当的缺陷的尺寸,不能当作被测疵病本身的物理尺寸。表面疵病公差构成如图 6.4 所示。

国标 GB/T 1185—2006 规定了面积法和可见法两种疵病评价方式。这里主要讨论和国际标准一致的面积法公差。国标完整的表面疵病公差由表面疵病代号"B""/"和";"隔开的各组成单元构成。完整的面积法公差表示为

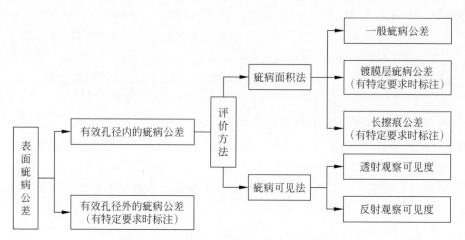

图 6.4　GB/T 1185—2006 表面疵病公差构成

$$B/N_{n,1} \times A_{n,1}; CN_{n,2} \times A_{n,2}; LN_{n,3} \times A'_{n,3}; EA_{n,4} \qquad (6.5)$$

公差组成单元依次为一般疵病公差、镀膜层疵病公差、长擦痕公差,均使用基本级数 A_n 和允许个数 N_n 表示。最后是破边标识。激光领域的研究表明微米到亚微米量级的疵病会降低元件阈值。但正如 6.1.1 节所述,表面疵病的尺寸同样无法直接表征其对光学系统性能的影响。此外,标准仅要求测量疵病的遮挡面积,疵病的三维轮廓被忽略。实际上,不同深度表面疵病观察到的亮度并不相同,因此检测时可能干扰观测员对疵病面积的判断,如将更深的表面疵病判定为面积更大、级数更大的表面疵病。使用原子力显微镜、电子显微镜等都可以测量疵病的微小轮廓。对于少量疵病样本的轮廓研究,这样是可行的。但是对于大量规模的工业生产,考虑到光学元件本身尺寸并不小,轮廓测量设备的检测速度过于低下。从标准定义的角度出发,三维轮廓就像二维形状一样,很难用一个数值量化并表征疵病对于外观或功能上的影响。

6.1.3　光学表面缺陷标准评价方法

国际标准《光学表面疵病的测试方法》(ISO 14997:2017)[12]总结了光学加工厂自 1950 年以来的流水线目视观察方法,从而为不同国家、地区之间的光学元件设计、贸易、测试提供一致的检验手段。按照疵病公差表示和观测等级,ISO 14997 将其分为 5 种观测情形,并用字母符号标记。针对表 6.1 的可见度和表 6.2 的面积法公差检测方法,ISO 10110-7 提出使用两种比较标板辅助评估。亮度比较标板,带有一个或多个已知亮度级数人工疵病的平板、棒或者窗。尺寸比较标板,带有一个或多个已知尺寸级数人工图案疵病的平板、棒或者窗。按照一定尺寸制造高对比度标样较为客观,精度和可重复性都能得到保证。可采用的比较标板加工工艺诸如玻璃表面镀铬、镀氧化铁、在胶片上打印油墨、通过 FIB 工艺刻蚀玻璃等。

表 6.1 可见度疵病公差的检测方法

观测等级	观测布局	比较标板
目视可见度评估(IV_V)	使用任意高亮度光源在哑光黑背景下观察即可	根据观察员经验判定疵病级数,不使用比较标板
主观可见度比较评估(IS_V)	ISO 14997 附录 A 中任意一款透射式或反射式观测布局	使用图纸规定的亮度比较标板,贴近比较亮度。

表 6.2 面积法疵病公差的检测方法

观测等级	观测布局	比较标板
目视尺寸评估(IV_D)	使用任意高亮度光源在哑光黑背景下观察即可	根据观察员经验判定疵病级数,不使用比较标板
主观尺寸比较观察(IS_D)	ISO 14997 附录 A 中反射式观测布局	使用按照 ISO 14997 附录 B 规定尺寸设计的比较标板
放大的尺寸比较观察(IM_D)	使用放大镜或显微镜观测	使用按照 ISO 14997 附录 B 规定尺寸设计的比较标板

IV_V 和 IV_D 不需要比较标板,完全依赖于检测员对标样的主观印象,精度很差。生产中最常用的等级是 IS_V 和 IS_D。IS_V 可使用图 6.5 中的反射式光路布局,通过可见度比较评估单个疵病的亮度级数。检测布局采用暗场照明的方式,使用高亮度光源照明被测元件,观察时视线与照明光线方向错开,从而观察到暗背景下的亮疵病。目视比较评估时,将疵病和可见度比较标板放在一起,旋转或倾斜观察

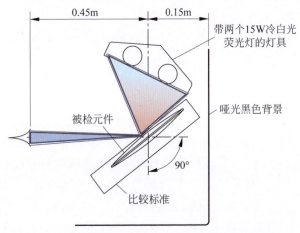

图 6.5 光学零件表面疵病反射式目视观测布局

使疵病亮度最大。将疵病的亮度与比较标板上每一条人工疵病进行比较,寻找最接近且更亮一些的人工疵病级数作为被检疵病级数。

人眼的角分辨率大概为 1 分,因为正常工作条件下,观测员能在图 6.5 的布局下目测评估 0.1 级以上的局部疵病。长划痕能分辨的尺寸约为局部疵病的 1/4,也就是 0.025mm。由于 ISO 10110-7 规定,要检测的最小局部疵病级数是图纸所注明公差的 16%,最细长划痕宽度是图纸所注明公差的 25%。因此 IS_D 目视比较评估可用于公差 5/1×0.63;C1×0.63;L1×0.1 及以上的场合。尽管面积是一个客观的物理量,但是标准中面积测量仍旧采用目视比较这一存在很强主观因素干扰的方法。

对于等级小于 0.1,宽度小于 0.025mm 的反射或透射缺陷需要放大观察 IM_D。可以透过放大镜同时观察被测缺陷和比较板。IM_D 方法要确保放大率和分辨率符合所需规格要求。例如最小 0.025 级数局部疵病,或 0.0063mm 宽度长划痕,至少需要 4× 的放大。ISO 10110-7 需要累积高于 0.16A 缺陷或 0.25A 长划痕,因此 4×放大能检测 5/1×0.16;C1×0.16;L1×0.025 或级数更大的缺陷。更小级数的疵病可使用显微镜测量。

无论采用主观的可见度还是客观的尺寸面积量化表面疵病,国际标准均采用目视比较的方式主观测量。人眼目测对于面积尺寸其实很难估计,此外,面积法执行时存在大量的近似,并且级数换算复杂。疵病的形状复杂多样,对于麻点取近似圆,对于划痕用长度和宽度近似计算面积,这样评价疵病不仅费时费力,还不够准确。多个小级数疵病按面积折算为大级数疵病的换算尽管科学上足够严谨,但执行中计算过于复杂。国家标准 GB/T 1185—2006 的检测方法部分参考 ISO 14997:2003 编制而成,与国际标准存在同样的问题。因此当前一些光学加工企业大批量元件生产更倾向于采用不准确但操作简单的美军标、国标 GB/T 1185—1974。面积法标准的进一步推广和执行,需要引入光学和计算机技术相结合的机器视觉检测以提高检测效率。

机器视觉技术使散射光成像在图像传感器表面,并通过图像处理算法进行尺寸测量,可以避免人为检测的主观性。GB/T 1185—2006 是光学元件表面疵病目视法检测标准,主要采用在强光或一定的光照条件下,利用比较标板人眼目视观察确定疵病尺度的方法。目视法的主观性强且重复性差、落后的检测方法已经严重制约现代科学研究及工业化在线检测的发展。作者团队与杭州晶耐科光电技术有限公司共同主导研究了基于机器视觉暗场成像检测原理与方法,制定了如图 6.6 所示的国家标准《光学元件表面疵病定量检测方法 显微散射暗场成像法》(GB/T 41805—2022)[13]。新标准保留 GB/T 1185—2006 对光学元件表面疵病的评定标准,提出显微散射暗场光学成像系统及数字化处理的定量评价方法,该标准的建立将为我国对各类精密光学元件在加工工艺、光学镀膜、工业化在线检测等各个环节提供有效的数字化定量检测方法。

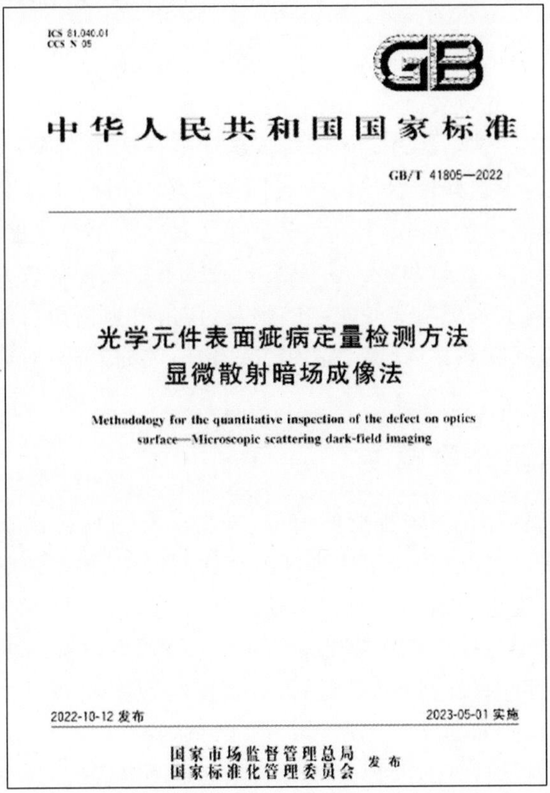

ICS 81.040.01
CCS N 05

GB

中华人民共和国国家标准

GB/T 41805—2022

光学元件表面疵病定量检测方法
显微散射暗场成像法

Methodology for the quantitative inspection of the defect on optics surface—Microscopic scattering dark-field imaging

2022-10-12 发布　　2023-05-01 实施

国家市场监督管理总局
国家标准化管理委员会　发布

图 6.6　国家标准《光学元件表面疵病定量检测方法显微散射暗场成像法》(GB/T 41805—2022)

国家标准 GB/T 41805—2022 介绍了光学元件显微散射暗场成像中的术语及定义，包含了环形照明光源及显微散射暗场成像系统组成的检测设备原理及搭建方法、试验条件、光学元件样品类型、图像采集、图像预处理、图像阈值分割、图像形态学处理、疵病分类、数字化定标方法、试验数据处理和检测报告形式，可适用于所有光学元件表面疵病的定量化检测。

针对数字化的定量检测方法，在标准附录 A 中介绍了检测重复性与相对误差测量方法。针对大口径平面光学元件的检测，在标准附录 B 中介绍了利用显微散射暗场成像的子孔径的扫描拼接方法。在标准附录 C 中介绍了用于疵病尺度评价的比较标板的制作方法。由此建立了完整的光学元件缺陷数字化的检测标准。

6.2 基于数字化标定技术的缺陷尺寸识别方法

缺陷尺寸作为表面质量定量化评价的重要依据,通过表面缺陷成像检测系统对其展开精确测量十分重要。表面缺陷成像检测系统的像面由一系列感光像元阵列组成,检测时物方的缺陷经过成像系统成像于像面的感光像元阵列上,每个像元对应一个图像像素,由这些像素共同构成像面图像。因此通过图像处理算法提取像面图像中缺陷的成像像素数,并结合单个像元尺寸大小与成像系统的放大倍数,可以对物方的缺陷尺寸进行测量。由于实际成像系统的标称放大倍数总是存在一定程度的误差,再加上系统畸变等像差的影响,仅以放大倍数与像元尺寸计算的缺陷尺寸并不准确。实际检测前,需要采用数字化标定的方法,对成像系统的共轭物像尺寸进行标定。

6.2.1 典型光学畸变

实际成像系统总存在一定程度的畸变,畸变的存在使成像系统中的实际物象共轭关系发生改变,造成子孔径图像拼接出现像素错位、根据缺陷所在图像位置计算出错误的实际位置等问题。因此在对缺陷尺寸进行识别前,有必要对光学成像系统的畸变进行标定与校正。理想情况下,子孔径图像拼接的重叠区域是按照视场大小乘以一个比例因子的情况得到的,对于横跨两幅相邻子孔径的直线性特征的拼接是没有影响的,如图 6.7(a)所示。但实际情况中,由于视场测量值的不准确性,按照相应比例因子折算的重叠区域的宽度也是不准确的,重叠区域的过大过小都会造成拼接的断裂,如图 6.7(b)和(c)所示。$w_{overlap}$ 是实际重叠区域的宽度,w 是理想的重叠区域宽度。

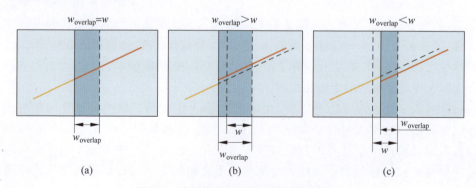

图 6.7 视场测量对于子图像拼接的影响

第 6 章 光学表面缺陷成像的定量评估

畸变的存在对于划痕类缺陷的正确识别会产生很大的影响。划痕类特征在暗场表现为线状。光学畸变不仅会引起线状特征长度和曲率的变化，对于横跨两幅相邻子图像的线状特征，还会产生拼接错位的现象。如图 6.8 所示，$A_{i,j}$ 和 $A_{i,j+1}$ 是水平方向上相邻的两幅子孔径图像，缺陷 S_1E_2 是一条横跨 $A_{i,j}A_{i,j+1}$ 的线状缺陷，落在 $A_{i,j}$ 的部分为 S_1E_1，在 $A_{i,j+1}$ 的部分为 S_2E_2。畸变空间中相同字母及下标代表对应的相同含义，只是上标加撇。不存在畸变时，在孔径交接处 E_1 与 S_2 重合；当存在畸变时，不但线形发生了弯曲，孔径交接处 E_1 与 S_2 也不再重合，出现拼接错位的情况。

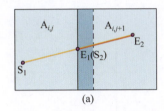 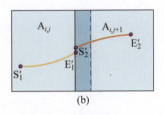

图 6.8　计算机模拟的光学畸变引起的拼接错位

(a) 无畸变时一条横跨两幅相邻子图像的划痕模拟图；(b) 存在畸变时一条横跨两幅相邻子图像的划痕断裂模拟图

关于畸变的研究可以追溯到 1919 年，Conrady 提出了偏心镜头畸变。但直到二十世纪六七十年代，Brown 发表了一系列很有影响力的论文[14-15]后，这一问题才引起了广泛的关注和研究。基于 Conrady 的研究，Brown 将镜头畸变分为径向畸变、切向畸变和薄棱镜畸变，这一畸变模型被称为 Brown-Conrady 模型。对于常见较小的畸变，这一模型的校正效果很好并且得到了广泛的应用[16-19]。同时，文献[20]-[22]也提出了一些基于原始 Brown-Conrady 模型数学改进的畸变校正方法，但是这些方法还需要实际的评价来证实。到目前为止，将畸变表述为径向畸变、切向畸变和薄棱镜畸变组合的畸变模型是使用最为广泛的数学模型[23]。

目前，几乎所有成像光学系统都是通过透镜或透镜组来实现的，而透镜的加工误差和装配误差不可避免，因此光学系统几乎都存在不同程度的光学畸变误差。畸变误差量的大小可以用极坐标模型来表示。图 6.9 为光学系统畸变原理图，光轴经过 O_i 点与纸面垂直，A 为理想无畸变时的像点位置，坐标(ρ,θ)；在存在畸变的情况下，A 点位置将发生偏移。

设无畸变理想像点坐标为(x_u,y_u)（极坐标为(ρ_u,θ_u)），存在畸变实际像点坐标为(x_d,y_d)（极坐标为(ρ_d,θ_d)），设 $r=\sqrt{x_d^2+y_d^2}$，畸变量用 δ_x,δ_y 表示。

1. 径向畸变

径向畸变是由各透镜的曲率半径误差造成的。如图 6.9 所示，在只存在径向畸变的情况下，实际像点位置为$(\tilde{\rho},\theta)(\tilde{\rho}\neq\rho)$，即 B 点还在光轴 O_i 与理想像点 A

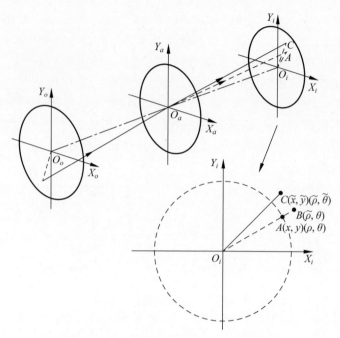

图 6.9　光学系统像面极坐标下畸变原理图

所在射线 $\overrightarrow{O_iA}$ 上,但是与理想像高相比,或者偏大,或者偏小。若像点沿径向外延为正畸变,又称为枕形畸变;若像点沿径向内缩则为桶形畸变。计算机仿真生成的枕形畸变和桶形畸变如图 6.10 所示。

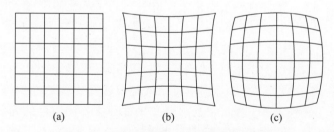

图 6.10　计算机仿真生成的径向畸变图像
(a) 不存在畸变的图像；(b) 正的径向畸变产生的图像；(c) 负的径向畸变产生的图像

径向畸变的数学模型见式(6.6),径向畸变由径向畸变系数 $k_1,k_2,k_3,\cdots$ 决定,由于径向畸变相对于光轴是严格中心对称的,因此只存在偶次方项 $r^2,r^4,r^6,\cdots$。径向畸变是构成大部分光学畸变误差的最主要分量。

$$\begin{cases} x_u = x_d(1+k_1r^2+k_3r^4+k_5r^6+\cdots) \\ y_u = y_d(1+k_2r^2+k_4r^4+k_6r^6+\cdots) \end{cases} \tag{6.6}$$

2. 切向畸变

切向畸变主要是由构成光学系统的各元件光轴彼此不重合（如偏心）而造成的。由以上所述,径向畸变是构成大多数畸变的决定性因素,但在很多基于成像的精密测量布局中,只对径向畸变进行校正仍不能满足精密测量所要求的精度。此时,在畸变校正中就必须考虑切向畸变和薄棱镜畸变,也对切向畸变和薄棱镜畸变进行了表示。当存在切向畸变或薄棱镜畸变的情况下,像点位置不仅在 $\overrightarrow{O_iA}$ 方向上偏离理想像点,极坐标第二坐标 θ 也发生变化,此时实际像点位置为 $C(\tilde{\rho},\tilde{\theta})(\tilde{\theta}\neq\theta)$。对高阶项进行忽略后,切向畸变的数学模型可以用式(6.7)来表示：

$$\begin{cases} x_u = x_d + p_1(2x_d^2 + r^2) + 2p_2 x_d y_d \\ y_u = y_d + p_2(2y_d^2 + r^2) + 2p_1 x_d y_d \end{cases} \quad (6.7)$$

式中,p_1 和 p_2 为偏心畸变系数,与光学中心位置直接相关,(x_d,y_d) 是包含畸变的图像点坐标。切向畸变可以通过对光路进行精密的调校而减除,例如可以通过使用变焦镜头方法准确估算光心的方法来消除,但是这种调校过程往往非常费时费力,太过繁琐。

3. 薄棱镜畸变

薄棱镜畸变是除切向畸变之外的另一种非径向畸变。它的作用机制主要是因为成像面不平整而产生失真,例如透镜光轴与相机面阵平面并非严格正交,而存在微小的倾角误差。成像面不平整会造成光学成像系统三角剖分精度下降,可视为入射角度的函数。忽略高阶项可以用下式表示：

$$\begin{cases} x_u = x_d + s_1(x_d^2 + y_d^2) \\ y_u = y_d + s_2(x_d^2 + y_d^2) \end{cases} \quad (6.8)$$

式中,s_1 和 s_2 是薄棱镜畸变系数,(x_d,y_d) 是包含畸变的图像点坐标。在对显微散射暗场成像系统进行标定时综合考虑以上三种畸变,系统非线性模型可以用下式来描述：

$$\begin{cases} x_u = x_d + \delta_x \\ y_u = y_d + \delta_y \end{cases} \quad (6.9)$$

式中,(x_u,y_u) 为由针孔线性模型计算得出的图像像素坐标的理想值；(x_d,y_d) 是包含畸变的图像像素坐标,δ_x,δ_y 是非线性畸变值,包含径向畸变、切向畸变及薄棱镜畸变的非线性模型见式(6.10)：

$$\begin{cases} \delta_x = k_1 x_d(x_d^2 + y_d^2) + (p_1(3x_d^2 + y_d^2) + 2p_2 x_d y_d) + s_1(x_d^2 + y_d^2) \\ \delta_y = k_2 x_d(x_d^2 + y_d^2) + (p_2(x_d^2 + 3y_d^2) + 2p_1 x_d y_d) + s_2(x_d^2 + y_d^2) \end{cases}$$

$$(6.10)$$

式中,第一项为径向畸变,第二项为切向畸变,第三项为薄棱镜畸变,k_1,k_2,p_1,p_2,s_1,s_2为非线性畸变系数。式(6.10)与式(6.6)相比,径向畸变只考虑了第一项。通常情况下,式(6.10)中的各项已经足够表示非线性畸变量,相机标定时引入过多高次项不仅会提高标定精度,反而破坏解的稳定性。对于显微散射暗场成像系统,径向畸变取两项已经足以描述系统所存在的畸变情况。

6.2.2 典型光学畸变的标定方法

本文介绍常用的两种光学畸变的标定方法,分别是标准板标定法和棋盘格标定法。

1. 标准板标定法

使用电子束曝光、反应离子束刻蚀工艺加工制作了用于系统标定的标准图案板,标准图案为间距相等的点阵或网格。实际成像图像可以通过系统对标准图案板进行采集获得。理想图像可以通过计算机仿真得到。因为标准图案板的实际成像图像中心部分可以视为无畸变或畸变可忽略区域,网格的边长或者点阵之间的间距可以通过物像关系和显微镜放大倍率而确定。因此可以通过将标准图案板的实际成像图像中心区域外推而得到无畸变的理想成像图像,可以推出理想图像中控制点或网格交点的像素坐标。如图6.11所示,是1×倍率下的同一个子孔径的三幅图像,图6.11(a)是计算机仿真得到的理想网格图像,图6.11(b)是系统实际采集的未经畸变校正的图像,图6.11(c)是经过畸变校正的图像。从图6.11(b)中可以看出,系统存在着明显的枕形畸变,图像边缘处原本的"直线"离心向外弯曲。边缘视场的像素误差高达42个像素,图6.11换算成相对畸变量为4%。经过畸变校正后,弯曲的网格线被明显地修正为它们本来的样子——直线。需要指出的是,由于系统存在的是枕形畸变,所以单幅子孔径采集到的图像包含的信息量少于其应该包含的信息量。和图6.11(b)相比,图6.11(c)看上去似乎向内收缩,图像周围出现一圈空白像素区域。

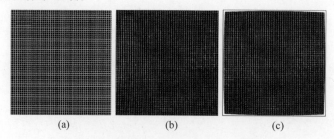

图6.11 仿真图像、畸变图像和校正图像比较

(a) 计算机生成由中心区域外推得到的理想网格图像;(b) 系统采集的含畸变网格图像;
(c) 经过系统标定后的消畸变图像

在获得标准图案板的理想成像图像和实际成像图像之后,便可以对空间变换关系进行求解。从理想成像图像(无畸变)和实际成像图像(畸变)分别取 n 对控制点。这些点在各自图像空间的像素坐标表示为 (x_{di}, y_{di})(畸变)和 (x_{ui}, y_{ui})(无畸变),$i=1,2,\cdots,n$。对于多数情况,取式(6.10)中前两项径向畸变参数 k_1 和 k_2 足以描述径向畸变,忽略高阶项。实际成像图像中 n 个点对应的畸变量和畸变系数可以用向量来表示为

$$\begin{cases} \Delta = [\delta_{x1}, \delta_{y1}, \delta_{x2}, \delta_{y2}, \cdots, \delta_{xn}, \delta_{yn}]^T \\ P = [k_1, k_2, p_1, p_2, s_1, s_2]^T \end{cases} \quad (6.11)$$

将式(6.10)中的各畸变量写成矩阵形式:

$$\Delta = AP \quad (6.12)$$

式中,

$$A = \begin{bmatrix} \Delta x_{d1} r_{d1}^2 & \Delta x_{d1} r_{d1}^4 & 3\Delta x_{d1}^2 + \Delta y_{d1}^2 & 2\Delta x_{d1} \Delta y_{d1} & r_{d1}^2 & 0 \\ \Delta y_{d1} r_{d1}^2 & \Delta y_{d1} r_{d1}^4 & 2\Delta x_{d1} \Delta y_{d1} & \Delta x_{d1}^2 + 3\Delta y_{d1}^2 & 0 & r_{d1}^2 \\ \Delta x_{d2} r_{d2}^2 & \Delta x_{d2} r_{d2}^4 & 3\Delta x_{d2}^2 + \Delta y_{d2}^2 & 2\Delta x_{d2} \Delta y_{d2} & r_{d2}^2 & 0 \\ \Delta y_{d2} r_{d2}^2 & \Delta y_{d2} r_{d2}^4 & 2\Delta x_{d2} \Delta y_{d2} & \Delta x_{d2}^2 + 3\Delta y_{d2}^2 & 0 & r_{d2}^2 \\ \vdots & \vdots & \vdots & \vdots & \vdots & \vdots \\ \Delta x_{dn} r_{dn}^2 & \Delta x_{dn} r_{dn}^4 & 3\Delta x_{dn}^2 + \Delta y_{dn}^2 & 2\Delta x_{dn} \Delta y_{dn} & r_{dn}^2 & 0 \\ \Delta y_{dn} r_{dn}^2 & \Delta y_{dn} r_{dn}^4 & 2\Delta x_{dn} \Delta y_{dn} & \Delta x_{dn}^2 + 3\Delta y_{dn}^2 & 0 & r_{dn}^2 \end{bmatrix}$$

(6.13)

因此,从畸变空间到理想空间的空间变换关系可以通过对式(6.12)两边同时求逆而解得,

$$P = A^{-1} \Delta \quad (6.14)$$

当然,控制点的数目可以超过 n 对,如果 $n \geq 6$,在求解 P 的过程中则使用最小二乘法进行确定。

2. 棋盘格标定法

为了得到缺陷像面像素尺寸到物面真实物理尺寸的换算关系,需要对成像系统的相关参数进行标定,这些参数可以分为两类,即相机外部参数和相机内部参数。系统的外部参数决定了世界坐标系与系统相机坐标系之间的关系,其物理意义为相机在世界坐标系中的位置和方位,可以分解为 3×3 的旋转矩阵 R 和平移向量 T,由于 R 为单位正交矩阵,必须同时满足 6 个正交约束,因此实际上只有 3 个独立参数,加上 T 的 3 个参数,一共构成 6 个独立的外部参数。

与外部参数相比,内部参数没有统一的数量和形式,而是与系统光学模块参数

和与系统光学模块相适应的具体的畸变模型有关。一般包括图像主点位置(u_0,v_0)(光轴与相机传感器芯片的交点)、相机有效焦距 f、图像两个方向上纵横比 s_x 和 s_y 以及描述畸变的各系数等。对光学系统中相机参数进行标定的方法众多[24-26],目前使用最多的是利用棋盘格标定板进行校正,常见的相机标定板如图 6.12 所示,板上的特征点的世界坐标系是已知的,这些特征点通常叫作控制点。

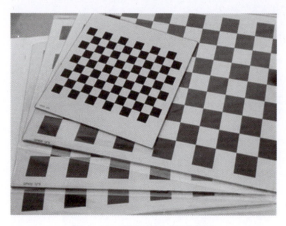

图 6.12　相机标定板示意图

目前棋盘格标定法大多采用张正友标定法,该算法已被许多软件所集成,本节介绍一种基于 MATLAB 工具箱的参数标定方法,MATLAB 工具箱的相机标定模块如图 6.13 中的 Camera Calibrator 所示。

图 6.13　MATLAB 工具箱的相机标定模块示意图

在进入 MATLAB 工具箱的相机标定模块后,会出现如图 6.14 所示的界面,需要在工具栏上"畸变系数计算"一栏勾选需要计算的畸变系数,然后单击"Add Images"导入不同空间位置拍摄的网格板图像,最后单击"Calibrate",程序会自动对导入的图片进行处理，并得到每个空间位置拍摄的相机标定板图像的重投影误差，这里可以手动拖拽异常值阈值，删除重投影误差过大的图像。

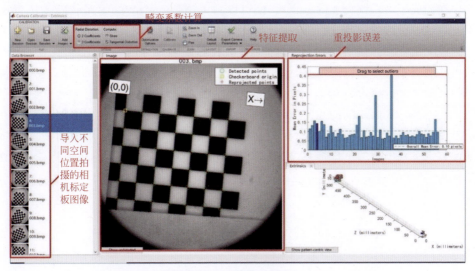

图 6.14　相机标定界面

在完成以上步骤后，单击图 6.14 MATLAB 工具栏中的"Export Camera Parameters"，就得到图 6.15 所示的相机参数计算结果，分别包括相机内部参数——径向畸变系数、切向畸变系数、相机焦距（f_x、f_y）、图像主点等参数，以及相机外部参数——平移向量 $\boldsymbol{T}$、旋转矩阵 $\boldsymbol{R}$。这里求得的焦距是以像素为单位的，因此，根据焦距大小，还可以求得当前相机的视场角大小，例如若相机拍摄的图像尺寸为 2048×2048，则可以得到相机的视场角大小为

$$\alpha = 2\arctan[2048/(f_x + f_y)] \tag{6.15}$$

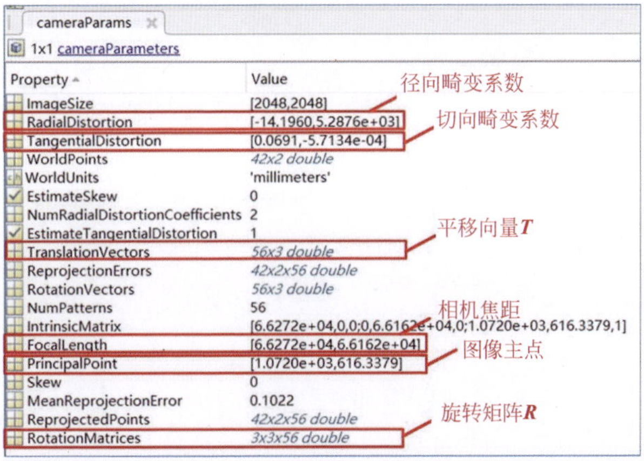

图 6.15　相机标定结果

6.2.3 缺陷尺寸数字化标定与识别

在完成了对系统畸变的标定后,便可以利用畸变标定结果,对系统畸变进行校正。对于校正后的图像,通过图像处理算法提取缺陷的像面尺寸,进而根据成像系统的放大倍数计算缺陷的物面尺寸,即可完成对缺陷尺寸的定量化评价。对于缺陷尺寸远大于光源波长的情况,像面尺寸与物面尺寸呈线性关系,可以通过人工制作的已知尺寸的标准缺陷来对成像系统的物像尺寸关系进行标定。具体原理如图 6.16 所示,表面缺陷的几何位置及尺度与其在二维图像中对应点之间的相互关系是由系统成像的几何模型决定的,三维空间中物体表面的某点对应到图像上的某像素点主要经过四个坐标系之间的变换,分别是世界坐标系、相机坐标系、图像坐标系、像素坐标系。

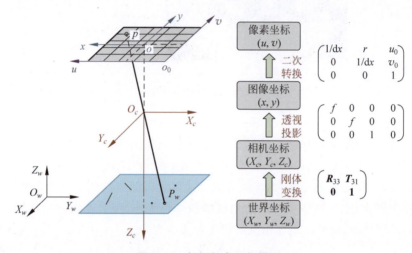

图 6.16 相机标定几何模型

1. 世界坐标系到相机坐标系

世界坐标系(O_w-$X_w Y_w Z_w$)是客观世界存在的绝对坐标系,相机坐标系(O_c-$X_c Y_c Z_c$)是以成像系统的光心为坐标原点 O_c,以光轴为 Z_c 的坐标系。世界坐标系中任意一点 $P(X_w, Y_w, Z_w)$ 变换为相机坐标系中一点 $P(X_c, Y_c, Z_c)$,包含平移和旋转两种刚体变换,用矩阵表示为

$$\begin{bmatrix} X_c \\ Y_c \\ Z_c \\ 1 \end{bmatrix} = \begin{bmatrix} \boldsymbol{R}_{3\times 3} & \boldsymbol{T}_{3\times 1} \\ \vec{0} & 1 \end{bmatrix} \begin{bmatrix} X_w \\ Y_w \\ Z_w \\ 1 \end{bmatrix} \tag{6.16}$$

式中，旋转矩阵 $\boldsymbol{R}_{3\times3} = \begin{bmatrix} r_1 & r_2 & r_3 \\ r_4 & r_5 & r_6 \\ r_7 & r_8 & r_9 \end{bmatrix}$，平移矩阵 $\boldsymbol{T}_{3\times1} = \begin{bmatrix} t_x \\ t_y \\ t_z \end{bmatrix}$。

2. 相机坐标系到图像坐标系

图像坐标系($o\text{-}xy$)是以像面的图像中心为原点 o 的坐标系。理想情况下，将相机成像过程简化成小孔成像模型，从物面到像面是从三维坐标系转化为二维坐标系的过程，是简单的几何投影关系，满足相似三角形定理，则相机坐标系中 $P(X_c, Y_c, Z_c)$ 变换为图像坐标系中一点 $P(x, y)$，用矩阵表示为

$$Z_c \begin{bmatrix} x \\ y \\ 1 \end{bmatrix} = \begin{bmatrix} f & 0 & 0 & 0 \\ 0 & f & 0 & 0 \\ 0 & 0 & 1 & 0 \end{bmatrix} \begin{bmatrix} X_c \\ Y_c \\ Z_c \\ 1 \end{bmatrix} \tag{6.17}$$

式中，f 是相机焦距。

3. 图像坐标系到像素坐标系

上述三个坐标系的单位都是实际物理单位（如米、毫米），像素坐标系($o_0\text{-}uv$)是以图像左上角为原点，以图像像素为单位的坐标系。图像坐标系中的一点 $P(x, y)$ 变换为像素坐标系中的一点 $P(u, v)$，是平移变换与伸缩变换，没有旋转变换，用矩阵表示为

$$\begin{bmatrix} u \\ v \\ 1 \end{bmatrix} = \begin{bmatrix} \dfrac{1}{\mathrm{d}x} & 0 & u_0 \\ 0 & \dfrac{1}{\mathrm{d}y} & v_0 \\ 0 & 0 & 1 \end{bmatrix} \begin{bmatrix} x \\ y \\ 1 \end{bmatrix} \tag{6.18}$$

式中，$\mathrm{d}x$ 和 $\mathrm{d}y$ 分别为 x 和 y 方向的像元大小。综合式(6-16)、式(6-17)、式(6-18)，三维空间中物体表面的某点与图像对应点之间的关系如下：

$$Z_c \begin{bmatrix} u \\ v \\ 1 \end{bmatrix} = \begin{bmatrix} \dfrac{1}{\mathrm{d}x} & 0 & u_0 \\ 0 & \dfrac{1}{\mathrm{d}y} & v_0 \\ 0 & 0 & 1 \end{bmatrix} \begin{bmatrix} f & 0 & 0 & 0 \\ 0 & f & 0 & 0 \\ 0 & 0 & 1 & 0 \end{bmatrix} \begin{bmatrix} \boldsymbol{R}_{3\times3} & \boldsymbol{T}_{3\times1} \\ \vec{0} & 1 \end{bmatrix} \begin{bmatrix} X_w \\ Y_w \\ Z_w \\ 1 \end{bmatrix} \tag{6.19}$$

等式右边前两项是相机的内参矩阵，旋转矩阵 $\boldsymbol{R}_{3\times3}$ 与偏移矩阵 $\boldsymbol{T}_{3\times1}$ 是相机的外参矩阵。若不考虑成像系统的畸变，则有世界坐标系与相机坐标系重合，

$$R_{3\times3}=I_3=\begin{bmatrix}1&0&0\\0&1&0\\0&0&1\end{bmatrix},\quad T_{3\times1}=\mathbf{0}_{3\times1}=\begin{bmatrix}0\\0\\0\end{bmatrix} \tag{6.20}$$

则三维空间中物体表面的某点与图像对应点之间的关系简化为

$$\begin{bmatrix}u\\v\\1\end{bmatrix}=\begin{bmatrix}\dfrac{f}{Z_c\mathrm{d}x}&0&u_0\\0&\dfrac{f}{Z_c\mathrm{d}y}&v_0\\0&0&1\end{bmatrix}\begin{bmatrix}X_w\\Y_w\\1\end{bmatrix}=\begin{bmatrix}\dfrac{f}{Z_c\mathrm{d}x}X_w+u_0\\\dfrac{f}{Z_c\mathrm{d}y}Y_w+v_0\\1\end{bmatrix} \tag{6.21}$$

两边求差分得到

$$\begin{cases}\Delta u=k_x\Delta X_w=\dfrac{f}{Z_c\mathrm{d}x}\Delta X_w\\\Delta v=k_y\Delta Y_w=\dfrac{f}{Z_c\mathrm{d}y}\Delta Y_w\end{cases} \tag{6.22}$$

式中 $k_x=\dfrac{f}{Z_c\mathrm{d}x}$,$k_y=\dfrac{f}{Z_c\mathrm{d}y}$,而常用 CCD 的像元为方形,有 $\mathrm{d}x=\mathrm{d}y=s_p$,$k_x=k_y=\beta$。由式(6.22)可以看出,像素宽度 Δu、Δv 与物理宽度 ΔX_w、ΔY_w 之间为线性关系。

为了获得像方尺寸 Δu、Δv 与物方尺寸 ΔX_w、ΔY_w 的线性映射关系,以二元光学的方法在熔石英基板上刻蚀一定宽度范围的划痕作为缺陷样本制成标定板,将光学标定板与被检样品置于同一成像检测系统中,通过图像处理方法提取光学标定板上标准缺陷的像素宽度,再通过扫描电子显微镜测量标准缺陷的真实宽度,从而建立起图像像素尺寸与物面真实尺寸的映射关系。根据该映射关系即可得到给定像素尺寸所对应的真实尺寸大小。光学标定板表面缺陷的制作主要采取电子束曝光与离子束刻蚀的方法实现,其原理是高能电子束、离子束与样品表面相互作用使得样品表面的微观几何结构发生改变。光学标定板的制作加工流程如图 6.17 所示,光学标定板以二元光学原理制作,以熔石英材料为基底,上表面镀一层铬膜,掩膜为标准缺陷图样,利用电子束曝光将掩膜图样转移到铬膜上,再利用反应离子束刻蚀将铬膜上的图样刻蚀到标定板基底上,最后将铬膜洗去就得到刻有标准缺

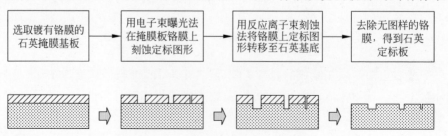

图 6.17 光学标定板加工流程图

陷的标定板。图 6.18 是宽度为 0.014mm 的划痕的扫描电镜图像。

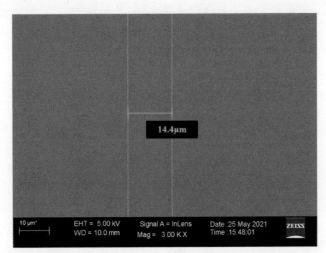

图 6.18　宽度为 0.014mm 的划痕的扫描电镜图像

将标定板置于成像检测系统中,在相同检测条件下采集每条刻线的图像,并用与检测条件下相同的算法进行处理得到每条刻线的像素宽度。标定板上刻线的实际物理宽度则通过扫描电子显微镜测得,将得到的一系列以像素为单位的擦痕宽度数据 $u_1,u_2,\cdots,u_i,\cdots,u_n$ 如图 6.19(a) 所示,及其对应的实际物理宽度数据 $w_1,w_2,\cdots,w_i,\cdots,w_n$ 进行线性拟合,得到疵病像素宽度与实际宽度的拟合直线如图 6.19(b) 所示,拟合直线表达式见式(6.23),拟合直线的斜率称为定标系数 k_c,

$$W_a = k_c W_p \tag{6.23}$$

式中, W_a 为比较标板擦痕实际宽度,单位为毫米(mm); k_c 为拟合直线斜率,记为定标系数; W_p 为比较标板擦痕像素宽度,单位为像素(pixel)。

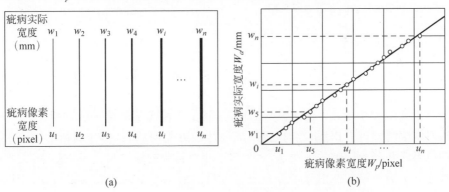

图 6.19　光学标板定标示意图
(a) 定标疵病图像采样示意图;(b) 定标疵病像素宽度和实际宽度线性拟合示意图

具体的缺陷像素尺寸与实际尺寸的定标直线获取流程如图 6.20 所示,在缺陷检测成像系统中采集标定板上每条划痕的图像,并用阈值分割、形态学处理等图像处理算法得到每条划痕的像素宽度。通过扫描电子显微镜测得标定板上划痕的实际物理宽度。

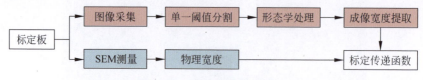

图 6.20　定标直线获取流程

图 6.21 示意了部分标称宽度的划痕低倍暗场图像。将这些划痕的物理宽度为纵坐标,像素宽度为横坐标进行线性拟合,就得到如图 6.22 所示的某缺陷检测成像系统的标定函数传递函数(CTF)曲线。在实际检测时,利用该 CTF 曲线,可以实现缺陷图像中的像素尺寸向物理宽度的转换,从而实现缺陷尺寸的识别。

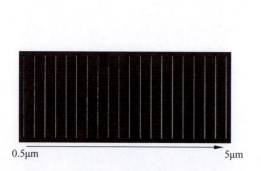

图 6.21　标定板上标称宽度为 0.5～5μm 划痕的低倍暗场成像示意图

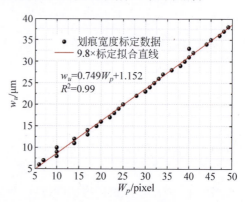

图 6.22　某缺陷检测成像系统 CTF 曲线

6.3　基于散射光强分布特征的缺陷精密尺寸识别方法

对于缺陷尺寸远大于光源波长的情况,属于几何光学范畴,可以参照 6.2 节的方法对缺陷尺寸进行识别,然而,当缺陷尺寸接近光源波长时,光的衍射效应对缺陷的散射光强分布影响尤为明显,为了获得相对精确的缺陷尺寸识别结果,需要从物理光学上对缺陷的散射光场分布进行分析。由 1.2 节的仿真结果可知,不同尺寸的缺陷具有不同的散射光强分布,若能获得缺陷散射光强分布特征与缺陷尺寸的内在规律,即可突破成像系统衍射极限的干扰而实现缺陷尺寸的识别。

6.3.1 缺陷实际散射光强分布修正方法

根据表面缺陷电磁散射理论,在使用近场散射场数据进行远场散射成像外推时使用的是理想光学系统,并没有考虑实际光学系统中由系统衍射效应与像差造成的系统弥散,在成像效果上,系统弥散表现为一个弥散斑,该弥散斑的图像灰度分布称为点扩散函数,表征物面点光源在实际光学系统的像面所成的像。高斯退化函数是多数光学成像系统和测量系统最常见的点扩散函数形式[27],如照相机、CCD 相机、CT 机、成像雷达、显微光学系统等。对于这些系统,光学系统衍射、像差等诸多影响因素共同作用使点扩散函数趋于高斯型,其一维表达式为

$$\text{PSF} = \begin{cases} K e^{-\frac{(x-\mu)^2}{\sigma^2}}, & x \in C \\ 0, & \text{其他} \end{cases} \quad (6.24)$$

式中,K 是归一化常数,μ 和 σ 是常数,C 是孔径区域。点扩散函数的严格推导从标量衍射理论出发,计算出瞳函数的夫琅禾费衍射图样。但求出衍射积分的精确解析式是比较困难的,实际光学系统与理论值之间也可能存在较大误差,一般可以通过实验的方法近似得到点扩散函数[28-29]。当物面输入为点光源,即位于点(x_0, y_0)的脉冲响应$\delta(x-x_0, y-y_0)$,点扩散函数 $\text{PSF}(x-x_0, y-y_0)$ 为输入脉冲响应的系统响应 $S\{*\}$,即

$$\text{PSF}(x-x_0, y-y_0) = S\{\delta(x-x_0, y-y_0)\} \quad (6.25)$$

物面的输入函数 $i(x,y)$ 可以看成是不同位置处的 δ 函数的和,即

$$i(x,y) = \int_{-\infty}^{+\infty}\int_{-\infty}^{+\infty} i(x_0, y_0)\delta(x-x_0, y-y_0)\mathrm{d}x_0\mathrm{d}y_0 \quad (6.26)$$

其输出函数 $o(x,y)$ 为

$$o(x,y) = i(x,y) * \text{PSF}(x,y) \quad (6.27)$$

即输出函数 $o(x,y)$ 为输入函数 $i(x,y)$ 与点扩散函数 $\text{PSF}(x,y)$ 的卷积。

当物面输入为线光源时,即 $i(x,y)=\delta(x)$,此时的系统输出称为线扩散函数 $g_x(x)$,

$$g_x(x) = \int_{-\infty}^{+\infty} \text{PSF}(x, y_0)\mathrm{d}y_0 \quad (6.28)$$

从上式可以看出,系统的线扩散函数是点扩散函数沿线光源方向的积分。当物面输入为阶梯函数 $\text{step}(x)$ 时,此时的系统输出为边缘扩散函数 $e_x(x)$,即

$$i(x,y) = \text{step}(x) = \begin{cases} 1, & x \geqslant 0 \\ 0, & x < 0 \end{cases} \quad (6.29)$$

$$e_x(x) = \int_{-\infty}^{x} g_x(x_0)\mathrm{d}x_0 \quad (6.30)$$

对上式求导可得

$$g_x(x) = \frac{\mathrm{d}}{\mathrm{d}x}(e_x(x)) \quad (6.31)$$

可见边缘扩散函数 $e_x(x)$ 的导数即线扩散函数 $g_x(x)$。从上述推导可以发现,以点光源、线光源、阶跃函数均可以测量点扩散函数,对应方法分别叫作点脉冲法、线脉冲法和刃边法。然而实际上,理想的点光源和线光源很难获得,但理想的阶跃函数很容易实现,因此刃边法是最为常用的点扩散函数估计方法,本节以刃边法为例,对点扩散函数的求解过程进行说明,具体流程如下:

(1) 寻找理想的黑白边缘,如图 6.23(a)所示,其离散化表示为 $\{\text{step}(p_i)\}$;

(2) 使用标准化检测设备拍摄理想黑白边缘的暗场图像,如图 6.23(b)所示,该图像即边缘扩散函数 $\{e_x(p_i)\}$;

(3) 以边缘扩散函数的差分代替微分,得到离散的线扩散函数 $\{g_x(p_i)\}$,如图 6.23(c)中蓝色数据点,

$$g_x(p_i) = \frac{\mathrm{d}}{\mathrm{d}p}(e_x(p))\bigg|_{p=p_i} \approx \frac{e_x(p_{i+1}) - e_x(p_i)}{p_{i+1} - p_i} = e_x(p_{i+1}) - e_x(p_i)$$

(6.32)

(4) 选取合适的线扩散函数模型对离散的线扩散函数 $\{g_x(p_i)\}$ 进行拟合,得到连续的线扩散函数表达式 $g_x(p)$,如图 6.23(c)中红色拟合线。

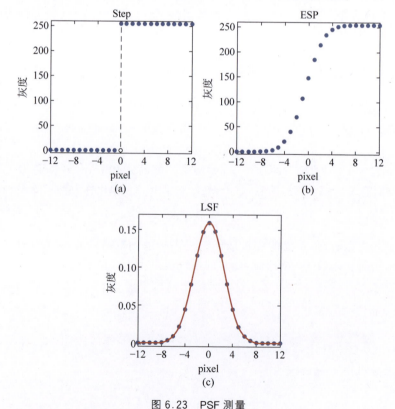

图 6.23 PSF 测量

(a) 边缘示意图;(b) 边缘响应;(c) 线扩散函数

由于此处我们讨论的仿真数据与实验数据是一维的,而线扩散函数就是一维情况下的点扩散函数,因此,将点(线)扩散函数统称为点扩散函数,记为 $h(x)$。在衍射、像差等因素的综合影响下,多数光学成像系统的点扩散函数趋向高斯型,因此对点扩散函数高斯拟合即可,以像素坐标 p 表示为

$$\mathrm{PSF}(p) = \begin{cases} K \exp\left(-\dfrac{p^2}{2\sigma^2}\right), & p \in D \\ 0, & \text{其他} \end{cases} \tag{6.33}$$

式中 K 是归一化常数,用来保证模糊的均一化;σ 是标准差,描述函数的"胖瘦",σ 越大函数越"胖"。在电磁仿真得到的像面散射光强分布结果中,使用高斯型点扩散函数对理想仿真结果进行卷积,可以模拟得到缺陷经过存在像差的光学系统后的散射成像结果。定义 $I_{\mathrm{FDTD}}(x)$ 是 FDTD 仿真得到远场散射成像分布光强,$I_{\mathrm{PSF}}(x)$ 是加入光学成像系统弥散的分布光强,缺陷的实际散射光强分布 $I_{\mathrm{PSF}}(x)$ 与理想光强分布 $I_{\mathrm{FDTD}}(x)$ 存在以下关系表达式:

$$I_{\mathrm{PSF}}(x) = I_{\mathrm{FDTD}}(x) \otimes \mathrm{PSF} + I_{\mathrm{BG}} \tag{6.34}$$

式中 $\otimes$ 是卷积符号;PSF 是点扩散函数;I_{BG} 表示背景光强,由 CCD 的背景噪声等因素决定。由式(6.34)就可以利用仿真得到缺陷经过实际光学系统在成像面散射光强的分布情况。

6.3.2 基于 LASSO-DRT 的缺陷尺寸识别算法

通过 6.3.1 节我们知道,经过实际成像系统点扩散函数修正的缺陷远场散射光强分布仿真结果,可以还原实际成像系统的缺陷成像情况,因此,本节通过 1.3 节中的光学元件表面缺陷检测的显微散射暗场成像电磁仿真模型,模拟缺陷实际暗场成像环境中以划痕为例的典型缺陷在尺寸接近成像系统衍射极限时的像面灰度分布。通过机器学习方法学习不同缺陷尺寸缺陷灰度分布曲线上的幅值 h、峰值间距 v_0、曲线展宽 v 等特征参数与缺陷尺寸的变化规律,最终根据学习结果获得这些特征参数与缺陷尺寸的映射关系。

按照 1.3.3 节中的方法,以 1000 条不同尺寸缺陷的仿真光强分布为数据集,求得表 6.4 所示所有待选特征变量与缺陷尺寸的相关系数,按照取值大小降序排列结果见表 6.3,其中特征变量 v_1、v_2、v_3、v_4、v_5 与缺陷尺寸 w 的相关系数均在 0.7 以上,表明其与缺陷尺寸存在一定的相关关系,因此可以优先选用特征变量 v_1、v_2、v_3、v_4、v_5 作为缺陷尺寸逆向识别模型的输入特征变量,研究其与缺陷尺寸的映射关系。

表 6.3　仿真 1000 条曲线的特征变量与缺陷尺寸相关系数

$R(v_1)$	$R(v_2)$	$R(v_3)$	$R(v_4)$	$R(v_5)$	$R(h)$	$R(h_1)$	$R(h_2)$	$R(h_3)$	$R(h_4)$
0.934	0.889	0.855	0.800	0.749	0.301	0.298	0.297	0.296	0.296
$R(h_5)$	$R(g_4)$	$R(g_1)$	$R(g_2)$	$R(g_3)$	$R(g_5)$	$R(S)$			
0.293	0.245	0.244	0.240	0.233	0.233	0.0794			

表 6.4　特征变量含义

特征	特征含义	特征	特征含义
S	曲线与位置方向的坐标轴所围面积	v_3	60%曲线幅值位置处的曲线展宽
h	曲线幅值	g_3	60%曲线幅值位置处的一阶导数
h_1	80%的曲线幅值	h_4	50%的曲线幅值
v_1	80%曲线幅值位置处的曲线展宽	v_4	50%曲线幅值位置处的曲线展宽
g_1	80%曲线幅值位置处的一阶导数	g_4	50%曲线幅值位置处的一阶导数
h_2	70%的曲线幅值	h_5	40%的曲线幅值
v_2	70%曲线幅值位置处的曲线展宽	v_5	40%曲线幅值位置处的曲线展宽
g_2	70%曲线幅值位置处的一阶导数	g_5	40%曲线幅值位置处的一阶导数
h_3	60%的曲线幅值		

根据表 6.3 中的相关系数，可以筛选出与缺陷尺寸存在相关关系的特征变量，若以相关系数 0.7 为阈值，则可筛选得到 80%、70%、60%、50%、40%曲线幅值位置处对应的展宽 v_1、v_2、v_3、v_4、v_5 作为特征变量，通过相应的数学模型即可直接建立特征变量与因变量缺陷尺寸 w 之间的映射关系。

然而通过进一步分析可以发现，特征变量 v_1、v_2、v_3、v_4、v_5 之间存在着如表 6.5 所示的相关关系，许多变量之间的相关系数在 0.7 以上。一般在进行统计回归时，还会考察变量之间的交互作用(interaction)，以两重交互为例共有 10 种组合 $v_1v_2,v_1v_3,\cdots,v_4v_5$，因此在实际建模时，至少存在 15 个特征变量 $v_1,v_2,v_3,v_4,v_5,v_1v_2,v_1v_3,\cdots,v_4v_5$。由于这些变量之间具有一定的相关关系，因此在直接建模时会存在信息冗余的情况。此外，缺陷尺寸 w 的预测结果可能还会受某些变量的变化而出现较大的波动，进而影响预测结果的稳定性。在数理统计学上，将这种情况称为变量之间的多重共线性问题[30-32]。

表 6.5　1000 条曲线的特征变量之间的相关系数

	v_1	v_2	v_3	v_4	v_5
v_1	1	0.843	0.808	0.766	0.683
v_2	0.843	1	0.765	0.736	0.660

续表

	v_1	v_2	v_3	v_4	v_5
v_3	0.808	0.765	1	0.709	0.652
v_4	0.766	0.736	0.709	1	0.598
v_5	0.683	0.660	0.652	0.598	1

因此,若能在建立缺陷尺寸识别的回归模型时考虑变量之间的多重共线性,有利于提高回归模型的识别精度。适用于多重共线性问题的回归方法很多[33-36],例如逐步回归法、主成分分析法、岭回归法、最小绝对收缩和选择算法(least absolute shrinkage and selection operator,LASSO)回归法等,每种方法均各具优势,本节从考虑变量间的多重共线性问题出发,采用针对多重共线性问题的典型方法——LASSO 回归法[37-41],建立缺陷尺寸逆向识别的回归模型。

LASSO 回归法是一种处理多重共线性常用的方法,其本质是一种多元线性回归模型,该方法通过对多元线性回归模型中各个自变量的权重系数之和进行约束,使得某些自变量的权重系数趋于零而削弱该自变量对因变量的贡献,从而减弱自变量之间多重共线性对因变量的影响。本节从考虑变量之间的两重交互作用出发建立 LASSO 回归模型。

设仿真得到了 n 条不同尺寸缺陷的散射光强分布曲线,提取特征变量后,将数据表示为 $(\boldsymbol{v}_i, w_i)$ 的形式,其中 $i=1,2,\cdots,n$,$\boldsymbol{v}_i=(v_{i1}, v_{i2}, \cdots, v_{i5})$ 表示第 i 条曲线的特征向量,其中 v_{i1}、v_{i2}、v_{i3}、v_{i4}、v_{i5} 分别为第 i 条缺陷远场光强曲线 80%、70%、60%、50%、40%曲线幅值位置处对应的展宽,w_i 为第 i 条曲线的缺陷尺寸,则对应的 LASSO 回归的数学模型可以表示为式(6.35)与式(6.36)的形式。由式(6.36)可知,LASSO 回归模型的求解对应求解式(6.35)中各项变量的回归系数 α 与 $\beta_j (j=1,2,\cdots,15)$,其基本思想是对回归系数的绝对值之和 $\sum_{j=1}^{15}|\beta_j|$ 进行约束,使残差平方和达到最小,从而求解出各项系数的估计值 $\hat{\alpha}$ 与 $\hat{\beta}_j$。

$$w = \sum_{j=1}^{5} \beta_j v_j + \sum_{j=1}^{5} \beta_{j+4} v_1 v_j + \sum_{j=3}^{5} \beta_{j+7} v_2 v_j + \sum_{j=4}^{5} \beta_{j+9} v_3 v_j + \beta_{15} v_4 v_5 + \alpha \tag{6.35}$$

$$(\hat{\alpha}, \hat{\beta}_j) = \operatorname{argmin}\left[\sum_{i=1}^{n}\left(w_i - \alpha - \sum_{j=1}^{5}\beta_j v_{ij} - \sum_{j=2}^{5}\beta_{j+4} v_{i1} v_{ij} - \sum_{j=3}^{5}\beta_{j+7} v_{i2} v_{ij} - \sum_{j=4}^{5}\beta_{j+9} v_{i3} v_{ij} - \beta_{15} v_{i4} v_{i5}\right)^2 + \lambda \sum_{j=1}^{15} |\beta_j|\right] \tag{6.36}$$

式中,λ 起对系数和的限定作用,λ 的取值越大,各回归系数的取值 $\beta_j (j=1,2,\cdots,15)$

越小。因此,式(6.36)的求解结果与 λ 的取值密切相关,LASSO 通过具体算法求解出一个适合的 λ,使得某些特征项的系数 β_j 趋于零,从而达到变量"去冗余"的目的。

1. LASSO 回归模型 λ 求解

一般通过交叉验证法对 λ 进行求解,首先从 n 个样本数据中划分约五分之四作为训练集数据,将这些训练集数据平均分成 m 份(每份中含 τ 个样本数据),进行 m 次测试,其中每次利用其中的 $m-1$ 份数据训练模型,剩余 1 份数据用来评估训练好的模型的预测精度。通过求解缺陷尺寸预测值的均方根误差 MSE 达到最小时,λ 的取值 $\hat{\lambda}$ 作为 λ 的最佳估计值。

$$\hat{\lambda} = \operatorname{argmin}\left\{\sum_{p=1}^{m}\left[\sum_{q=1}^{\tau}(\hat{w}_{pq} - w_{pq})^2\right]\right\} \tag{6.37}$$

式中,$\hat{w}_{pq}$ 与 w_{pq} 分别为 m 份训练集数据中,第 p 份训练集中的第 q 个样本对应的缺陷尺寸预测值与缺陷尺寸的真实值。通过求解式(6.37),即可求得 λ 的取值,至此即可利用 λ 来求解式(6.36)中 LASSO 模型的各项系数 α 与 β_j ($j=1,2,\cdots,15$)。

2. LASSO 回归模型 α 与 β_j 求解

LASSO 回归模型求解的算法很多,本节采用较为经典的一种——最小角回归(least angle regression,LARS)算法[42-44],对 LASSO 回归模型中的各项系数 α 与 β_j ($j=1,2,\cdots,15$)进行求解,具体的求解流程如图 6.24 所示,总共分为以下几个步骤:

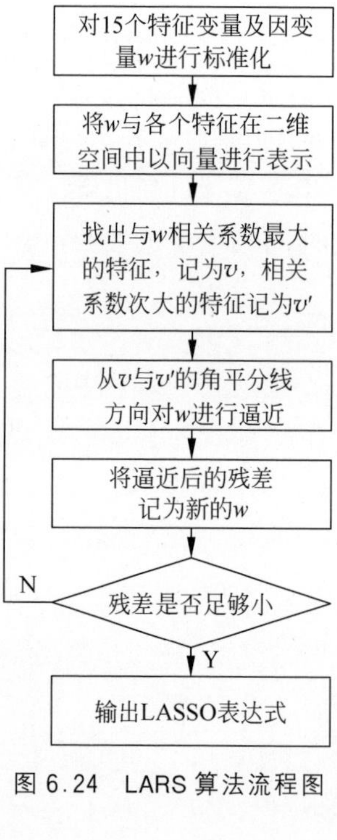

步骤 1:对输入的特征变量与因变量缺陷尺寸数据进行标准化处理;

步骤 2:将特征变量与因变量在二维空间以向量的形式进行表示,某个特征 v_j ($j=1,2,\cdots,15$)与缺陷尺寸 w 对应的向量夹角 θ 等于 $\arccos[R(v_j,w)]$,其中 $R(v_j,w)$ 为特征 v_j 与缺陷尺寸 w 的相关系数;

步骤 3:找出与缺陷尺寸 w 相关系数最大的特征,记为 v,相关系数次大的特征,记为 v';

步骤 4:从特征 v 与 v' 对应的向量的角平分线方向对缺陷尺寸 w 对应的向量进行逼近;

步骤 5:将逼近后的残差记为新的 w,并判断残差是否达到预期要求,若不满足,则返回"步骤 3",否则直接输出 LASSO 表达式,结束算法。

由图 6.24 可知,LASSO 回归模型求解的主要核心

图 6.24 LARS 算法流程图

是基于残差迭代的求解算法,该算法能在保持和最小二乘法具有近似求解复杂度的同时在求解速度上更具优势,由于LASSO的LARS求解过程中,采取角平分线逼近的策略,因此在实际使用时,当特征参数的取值受到噪声干扰,模型的预测结果会出现一定的偏差。

根据缺陷图像的灰度分布来推知缺陷的实际尺寸大小的过程称为缺陷尺寸的逆向识别。对于尺寸较大的缺陷,其在成像系统高倍下呈现双峰型的灰度分布特征,一般可以根据双峰间距来获得缺陷的尺寸大小。对于尺寸接近成像系统衍射极限的缺陷,其成像系统高倍下的灰度分布不再具有明显的双峰型特征,成像系统的弥散效应会使缺陷的灰度分布发生展宽,导致缺陷灰度分布的双峰型特征减弱甚至消失,从而给缺陷尺寸的逆向识别带来较大困难。本节根据表6.3中筛选出的与缺陷尺寸存在相关关系的缺陷散射光强分布曲线特征变量,通过LASSO-DRT方法建立这些特征变量与缺陷尺寸的映射关系,具体原理如图6.25所示,从仿真获得的不同宽度划痕的散射光强分布中分别提取强度为曲线幅值80%、70%、60%、50%、40%时的曲线展宽v_1、v_2、v_3、v_4、v_5作为光强分布曲线的间距特征参数,并以特征向量$\boldsymbol{v}$的形式表示,

$$\boldsymbol{v}=(v_1,v_2,v_3,v_4,v_5) \tag{6.38}$$

对于第i条仿真光强分布曲线,其特征向量$\boldsymbol{v}$记为$\boldsymbol{v}_i$,对应的划痕宽度值记为w_i,将决策树的训练数据集记为$D=\{(\boldsymbol{v}_1,w_1),(\boldsymbol{v}_2,w_2),\cdots,(\boldsymbol{v}_n,w_n)\}$的形式,其中$n$为仿真光强分布曲线总条数。决策树的缺陷尺寸识别学习过程可以视为对集合D不断划分的过程,对于最终完成学习的决策树,其将D划分成了m个子集$D_1,D_2,\cdots,D_m$,对于第k个子集D_k,以子集D_k内间距特征参数的宽度平均值$\bar{w}_k$作为该子集内所有间距特征参数的划痕宽度预测值。这样得到间距特征向量$\boldsymbol{v}$与划痕宽度的映射关系T,

$$\bar{w}_k=T(\boldsymbol{v}),\quad \boldsymbol{v}\in D_k \tag{6.39}$$

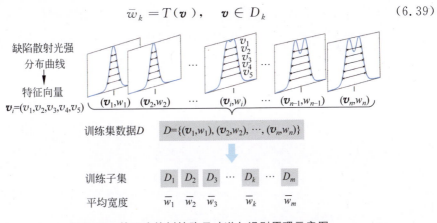

图6.25 基于决策树缺陷尺寸逆向识别原理示意图

具体的基于决策树的缺陷尺寸逆向识别流程如图 6.26 所示。首先使用暗场成像系统采集待测光学元件表面的缺陷图像,对采集得到的图像进行图像预处理以消除相关图像噪声,提取图像宽度方向的灰度分布,并对得到的灰度分布进行归一化处理,提取归一化处理后的灰度分布的特征向量 $\boldsymbol{v}$。同时,建立 1.2 节中的电磁仿真模型来得到决策树对于缺陷尺寸识别学习所需的训练集数据 D,决策树在学习过程中将 D 划分成了 m 个子集,最终找到特征向量 $\boldsymbol{v}$ 所属的子集 D_k,以 D_k 内所有特征向量的宽度平均值 $\bar{w}_k$ 作为特征向量 $\boldsymbol{v}$ 的宽度预测值。

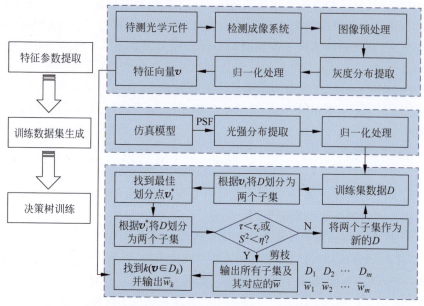

图 6.26 基于决策树的缺陷尺寸逆向识别流程图

决策树对于训练集数据 D 的缺陷尺寸识别学习的具体过程如下:

(1) 输入训练集数据 D,将 D 中的数据根据特征向量 $\boldsymbol{v}$ 的模的大小 $|\boldsymbol{v}|$ 升序排列,得到 $D=\{(\boldsymbol{v}_1,w_1),(\boldsymbol{v}_2,w_2),\cdots,(\boldsymbol{v}_n,w_n)\}$,其中 $|\boldsymbol{v}_1|<|\boldsymbol{v}_2|<,\cdots,<|\boldsymbol{v}_n|$。

(2) 按升序方向在 D 中遍历 $\boldsymbol{v}_i$,对于每一个 $\boldsymbol{v}_i$,将 D 划分为 $D_{\text{left}}=\{\boldsymbol{v}\mid|\boldsymbol{v}|\leqslant|\boldsymbol{v}_i|\}$ 和 $D_{\text{right}}=\{\boldsymbol{v}\mid|\boldsymbol{v}|>|\boldsymbol{v}_i|\}$ 两个子集,分别以 D_{left}、D_{right} 子集内的宽度平均值 $\bar{w}_{\text{left}}$、$\bar{w}_{\text{right}}$ 作为相应子集范围内所有 $\boldsymbol{v}$ 的宽度预测值,并以宽度的离差平方和作为宽度识别误差,其识别误差 $\varepsilon_{\text{left}}$、$\varepsilon_{\text{right}}$ 表示为

$$\varepsilon_{\text{left}} = \sum_{D_{\text{left}}}(w_i - \bar{w}_{\text{left}})^2 \qquad (6.40)$$

$$\varepsilon_{\text{right}} = \sum_{D_{\text{right}}}(w_i - \bar{w}_{\text{right}})^2 \qquad (6.41)$$

在 D 中遍历 $\boldsymbol{v}_i$，找到使 D_{left}、D_{right} 误差之和 $\varepsilon_{\text{left}}+\varepsilon_{\text{right}}$ 最小时的 $\boldsymbol{v}_i$，记为 $\boldsymbol{v}_i^*$，作为 D 的最优划分点。

(3) 将最优划分点 $\boldsymbol{v}_i^*$ 划分的 D_{left} 和 D_{right} 分别作为新的 D，对这两个子集分别执行步骤 1 来继续进行集合划分，直至划分得到的子集里间距特征参数个数 τ 小于预定阈值 τ_c，或是间距特征参数所对应的宽度值的方差 S^2 小于预定阈值 η 时停止划分。每个子集范围内，特征参数所对应的宽度平均值 $\bar{w}$ 即该子集范围内特征参数的宽度预测值，得到式(6.39)所示的 v 与划痕宽度的映射关系，将该映射关系记为决策树 T。

(4) 为了防止学习得到的决策树 T 出现过拟合[45]，还需进一步对其进行优化，该过程称为决策树的剪枝优化[46]，优化后的 T 记为 T^*，该过程通过求解约束优化问题实现，

$$\begin{aligned}\min\quad &\varepsilon(T)+\alpha|T|\\ \text{s.t.}\quad &\alpha=\frac{\varepsilon(T')-\varepsilon(T'')}{|T''|-1}\end{aligned} \quad (6.42)$$

式中，α 为惩罚因子，$\varepsilon(T)$ 为决策树 T 在特征参数训练集上的识别误差，$|T|$ 为决策树的最终子集个数。T' 是集合 D 划分过程中，在某一个子集 D'（例如 D' 可以视为在某次循环过程中的 D_{left} 或者 D_{right}）上的子决策树，T'' 是集合 D' 进一步划分过程中的子集所构成的决策树。不同 α 的取值可以求得满足式(6.42)的 T_α^*，最后通过交叉验证法即可从这些 T_α^* 得到全局最优子树 T^*。

6.3.3 基于极端随机树的缺陷尺寸识别算法

6.3.2 节介绍了单棵决策树在缺陷尺寸识别上的应用，在实际中，也可以将多棵决策树集成在一起，完成单棵决策树的任务，本节介绍一种由多棵决策树组成的极端随机树算法，该算法以决策树为基学习器，广泛用于分类和回归问题。

1. 仿真光强分布曲线特征提取

在数据集的特征选择上，6.3.2 节的决策树使用的是一维特征参数 v，由于极端随机树在高维数据上具有更好的泛化能力，本节采用曲线高斯金字塔的形式，作为极端随机树的多维特征参数。曲线高斯金字塔由同一缺陷不同采样率的散射光强分布曲线构成，曲线高斯金字塔的底层为缺陷的原始散射光强分布曲线，越往上，曲线的采样率越低，其中第 $j-1$ 层曲线可以通过对第 j 层曲线滤波的结果以 2 为因数进行下采样得到，生成第 J 层到 $J\sim P$ 层高斯金字塔的过程如下：

(1) 将缺陷的原始仿真光强分布曲线 $f(n)$ 放在金字塔的底层 J 层，记为 $f_J(n)$；

(2) 记第 j 层曲线分布为 $f_j(n)$，对 $f_j(n)$ 进行低通高斯滤波，得到 $f'_j(n)$；

(3) 对高斯滤波后的曲线分布 $f'_j(n)$ 以 2 为因数下采样得到金字塔第 $j-1$ 层，可以看成是每间隔 1 个数据点丢弃 1 个数据点，即

$$f_{j-1}(n) = f_{2\downarrow}(n) = f_j(2n) \tag{6.43}$$

(4) 迭代步骤(2)、(3) P 次，其中 $j=J, J-1, \cdots, J-P+1$，得到 $P+1$ 层高斯金字塔。

将 $P+1$ 层高斯金字塔数据串联起来，即描述仿真数据与实验数据的多维特征向量。

以深度 $0.149\mu m$、宽度 $5\mu m$ 的刻线为例，其仿真数据与实验数据的第 $J \sim J-6$ 层共 7 层高斯金字塔特征的每层分布如图 6.27 所示。第 J 层为未经降采样的原始分布，第 $J \sim J-1$ 层几乎没有区别，可以完整地表现分布曲线；第 $J-2 \sim J-3$ 层变得较为平滑，仍可以较好地表现分布曲线的双峰分布走势；从第 $J-4$ 层开始曲线不再平滑、颗粒感明显；直至第 $J-6$ 层已经不能表现出双峰分布走向。因此，选取第 $J \sim J-3$ 层共四层高斯金字塔构成多维特征向量，训练回归模型，估计回归宽度 w_{regrs}。

2. 极端随机树的训练

极端随机树模型的参数需要人为设定，比如基分类器决策树的棵数 T、属性子集 k 的大小等，这一过程也称为极端随机树的训练。这些参数虽然在算法中有明确的数学意义，却没有一定的设置方法。由于多数参数是在实数范围内取值的，穷尽所有可能值寻找最佳模型是不可行的，但可以通过在参数的取值范围内随机取值，多次迭代后，从中选择最佳模型。极端随机树的训练流程如图 6.28 所示，描述如下：

(1) 首先将所有数据随机划分成两部分，一部分用于训练(通常 2/3~4/5)，一部分用于测试。

(2) 然后设定参数取值范围与最大迭代次数 n。

(3) 随机选择一组参数用于训练极端随机树模型，计算 5 折交叉验证结果。若是当前最优，则记录该组参数；若不是，则继续。

(4) 若没有达到最大迭代次数 n，则重复步骤(3)；达到最大迭代次数 n，则终止迭代。在随机搜索与交叉验证的过程中，只用了训练集的大部分训练数据，其余小部分(红框)用来验证训练结果。为了加以区分，用于评估训练结果的数据常称为"验证集"(红框)。所以应该以当前记录的最优参数，重新对全部训练数据训练重新训练，作为最终模型。

(5) 使用测试数据评价最终模型的性能。

第6章 光学表面缺陷成像的定量评估

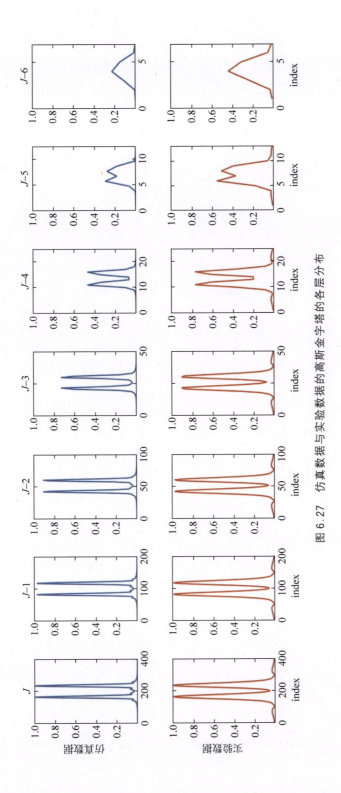

图 6.27 仿真数据与实验数据的高斯金字塔的各层分布

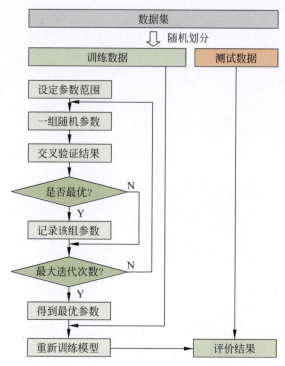

图 6.28　极端随机树的训练流程

3. 缺陷尺寸识别结果

将仿真得到的 611 个矩形划痕的仿真数据为样本集，提取其第 $J\sim J-3$ 层的 4 层高斯金字塔特征构成多维特征向量，采用极端随机树回归模型进行训练，训练结果如图 6.29 所示。图 6.29(a)反映回归模型对样本集的拟合效果，其横坐标表示划痕编号，将划痕按照宽度从小到大的顺序编号以便于显示，黄色数据点表示仿真设置的宽度，蓝色线表示模型对样本中宽度的估计值。图 6.29(b)反映回归模型对样本集中不同宽度的拟合误差在 $\pm 0.2\mu m$ 之间，回归模型的确定系数为 0.99955，均方偏差为 $0.04819\mu m$，表明回归模型可以很好地对样本集进行宽度拟合。

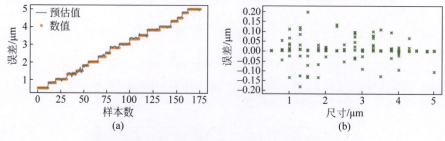

图 6.29　极端随机树回归模型对仿真数据的训练结果
(a) 实际宽度与估计值；(b) 模型拟合误差

将深度为 0.028μm、0.053μm、0.128μm、0.149μm、0.205μm、0.257μm、0.503μm、1.155μm 的标定板上宽度为 0.5μm、1μm、2μm、3μm、4μm、5μm 的六条刻线作为缺陷,利用成像检测系统采集其图像,提取其归一化的灰度分布,计算高斯金字塔特征并构建实验数据的多维特征向量。上述以仿真数据训练得到的回归模型据此可以估计划痕宽度,即划痕的回归宽度。回归宽度对实际宽度的估计结果如图 6.30 所示。图 6.30(a)中横坐标为样本编号,黄色数据点表示实际宽度,蓝色线表示回归宽度。图 6.30(b)表明回归宽度对实际宽度的估计误差在 ±0.8μm 之间。

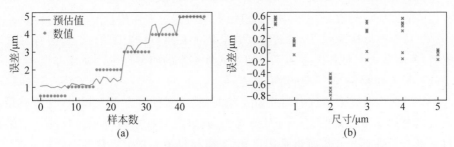

图 6.30 回归宽度对实际宽度的估计结果
(a) 回归宽度与实际宽度值;(b) 估计误差

6.4 表面缺陷密集度数字化计算方法

缺陷尺寸是光学元件表面质量的一个重要评价指标之一,6.2 节和 6.3 节分别在几何光学尺度和物理光学尺度上提出了不同缺陷尺寸的计算方法,本节将介绍光学元件表面质量评价的另一个重要指标——缺陷密集度。在表面缺陷评价标准当中,都有着表面缺陷密集度的概念,即要求在一定的区域内,表面缺陷的数量不准超过某个数值。然而目前尚无成熟的表面缺陷密集度数字化计算方法,这不利于光学元件表面质量的定量化评价工作的开展。为了解决这一问题,本节通过数字化图像处理算法,设计了一种表面缺陷密集度计算算法,将缺陷评价标准中规定的不同密集度要求,通过图像处理算法进行量化。

6.4.1 表面缺陷密集度计算原理

本节以美国军用评价标准(MIL-PRF-13830B)(下文简称美军标)为例,介绍一种表面缺陷密集度的求解算法。在美军标中,采用两组数字量表示疵病的大小或等级。通常采用 S-D 或者 S/D 表示,S(scratch)代表划痕等级,限制划痕大小;D(dig)代表麻点等级,限制麻点大小。划痕通常是指元件表面狭长的压痕或磨损,企业中也称其为路子、道子;麻点则是元件表面上呈现的微小点状凹坑,包括破点、开口气泡等。在没有特殊要求的情况下,一般规定划痕的长宽比大于或等于 4∶1,麻点的长宽比小于 4∶1。

1. 美军标对于划痕的要求

美军标并未明确指明划痕的宽度和深度,根据对美军标样板的测量和实际运用情况,一般认为划痕级数的单位为微米,且指的是划痕宽度。如级数为 80# 的划痕,代表最大划痕宽度不能超过 $80\mu m$。其中,最大划痕指的是表面质量要求当中指定的划痕级数。美军标对于划痕的要求主要有如下 5 条:

(1) 最大划痕级数——元件中划痕级数不得超过表面质量要求的级数。

(2) 对于圆形检测元件,当划痕级数未超过表面质量要求的级数,但存在最大划痕时,所有最大划痕长度之和不得超过元件直径的四分之一。对于非圆形元件,其等效直径为面积相等的圆所对应的直径。

(3) 当划痕级数未超过表面质量要求的级数,元件存在最大划痕,且所有最大划痕长度之和未超过元件直径的四分之一,则要求所有划痕所有级数的划痕乘以划痕长度与元件直径之比所得乘积之和,不得超过最大划痕级数的一半。

(4) 当划痕级数未超过表面质量要求的级数,且元件不存在最大划痕,则要求所有级数的划痕乘以划痕长度与元件直径之比所得乘积之和,不得超过最大划痕级数。

(5) 划痕密集度——当元件表面质量要求划痕等级为 20# 或优于此等级时,元件表面不准存在密集划痕,即在元件中任何一个直径为 6.35mm 的圆形区域内,不允许存在 4 条或以上的级数大于或等于 10# 的划痕。等级小于 10# 的划痕可忽略。

2. 美军标对于麻点的要求

依据美军标的说明,以缺陷的实际等效直径作为麻点的级数,规定其计量单位为 0.01mm。对于形状不规则的麻点,取其最大长度和最大宽度的均值作为麻点的等效直径。需要注意的是,与划痕不同,美军标中的麻点是可计量的,即麻点的大小是确定的,等级为 40# 的麻点也是直径为 0.4mm 的麻点,其中最大麻点指的是表面质量要求当中指定的麻点级数。美军标对于麻点的要求主要有如下 3 条:

(1) 最大麻点级数——元件中麻点级数不得超过表面质量要求的级数;

(2) 麻点间距——当元件质量要求等级为 10# 或优于此等级时,任何两个麻点的间距必须大于 1mm;

(3) 麻点密集度——元件上任意直径为 20mm 的圆形区域内,只允许存在一个最大麻点,且该区域内所有麻点直径总和不得超过最大麻点直径的两倍。其中,直径小于 $2.5\mu m$ 的麻点可忽略不计。

根据以上介绍可知，表面疵病密集度判定包括划痕密集度判定和麻点密集度判定，下面分别介绍其基本原理。通过对美军标中划痕密集度的要求分析可以发现，如果找到包含划痕条数最多的直径 D_s 为 6.35mm 的划痕密集圆域，则只要判断其包含的划痕数量是否小于 4（划痕密集度中所要求的 6.35mm 的圆形区域内可包含的最多的划痕数量）即可实现划痕密集度的判定，因而划痕密集度判定的关键在于确定划痕密集圆域。如图 6.31(a)所示，黑色背景为元件表面，白色条状物为元件表面上的划痕。为了找到划痕密集圆域，以划痕为中心，为每条划痕赋予一个权重域，使权重域内每点距离划痕不超过 $D_s/2$，且权重值为 1，然后将各个权重域间重叠部分的权重值累加，结果如图 6.31(b)所示。则权重值最大的区域 A 即是划痕密集圆域的圆心所在位置，其包含的划痕数目既是区域 A 的权重值，比较权重值是否大于 4 即可实现划痕密集度的判定。

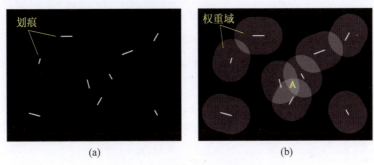

图 6.31 划痕权重域叠加图
(a) 划痕分布示意图；(b) 权重域叠加

麻点密集度判定的原理与划痕密集度判定类似，其关键在于找到包含麻点直径总和最大的直径 D_D 等于 20mm 的麻点密集圆域，然后判断其包含的麻点直径总和是否大于最大麻点直径的 2 倍，即可实现麻点密集度的判定。由于麻点形状大多类似于点状，长宽比小，且麻点直径相对于麻点密集圆域直径小得多，因而圆域包含了麻点的质心即认为其包含了麻点，这样有利于减小算法的复杂度，提高程序运行速度。如图 6.32(a)所示，黑色背景是元件表面，白色点状物是元件上的麻点。为了确定麻点密集圆域的位置，以麻点质心为圆心，直径为 D_D，为每个麻点画权重圆，且权重值为相应麻点的直径，然后将各个权重圆间重叠部分的权重值累加，结果如图 6.32(b)所示。则权重值最大的区域 B 既是麻点密集圆域的圆心所在位置，其包含的麻点直径总和既是区域 B 对应的权重值，比较权重值是否大于最大麻点直径的两倍即可实现麻点密集度判定。

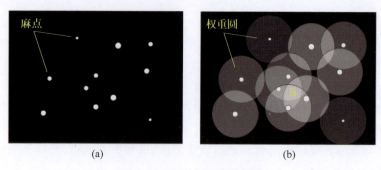

图 6.32 麻点权重圆叠加图

(a) 麻点分布示意图；(b) 权重圆叠加图

6.4.2 划痕密集度计算方法

从划痕密集度判定原理出发，第一步是要确定每条划痕对应的权重域。经过显微散射暗场成像系统的检测和处理，可得到元件表面疵病的位置坐标信息，检测结果以图像左上角为原点，x 轴正向水平向右，y 轴正向垂直向下，坐标单位为像素。设一条划痕上所有像素点的坐标为 $(x_1,y_1),(x_2,y_2),\cdots,(x_n,y_n)$，$x_{\min}$ 和 $x_{\max}$ 分别为横坐标的最小值和最大值，$y_{\min}$ 和 $y_{\max}$ 分别为纵坐标的最小值和最大值。如图 6.33(a) 所示，为划痕给定一个大小为 $N_s \times N_s$ 的权重矩阵，矩阵大小

$$N_s = 2 \times \text{round}[(R+D_s)/2] + 1 \tag{6.44}$$

$$R = \text{MAX}(x_{\max} - x_{\min}, y_{\max} - y_{\min}) \tag{6.45}$$

式中，round 表示四舍五入取整，MAX 代表取最大值，D_s 为划痕密集圆域的直径。规定矩阵中心处的坐标 $(x_{\text{core}}, y_{\text{core}})$ 为

$$x_{\text{core}} = \text{round}[(x_{\max} - x_{\min})/2] \tag{6.46}$$

$$y_{\text{core}} = \text{round}[(y_{\max} - y_{\min})/2] \tag{6.47}$$

矩阵中划痕对应处的值为 1，其他位置处的值为 0。然后采用直径为 D_s 的圆形结构元对划痕膨胀，即可得到划痕对应的权重域，结果如图 6.33(b) 所示。

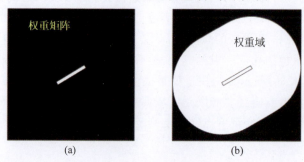

图 6.33 划痕权重矩阵

(a) 权重矩阵；(b) 权重域

确定每条划痕对应的权重域后,接下来是判断各个权重域之间的位置关系,将权重域重叠部分的权重值累加。首先需要判断两个权重矩阵是否有重叠,其重叠情况可以根据两个权重矩阵中心分别在 X 轴方向和 Y 轴方向上错开的距离与它们对应矩阵的大小相比较得出。如图 6.34 所示,黑点代表权重矩阵的中心,当两个权重矩阵间有重叠时,两个权重矩阵中心之间有 4 种位置关系。

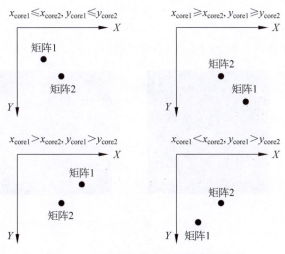

图 6.34 两权重矩阵中心间的位置关系

另外,对于两权重矩阵中心间的每一种位置关系,两矩阵间重叠的情况可分为 8 种,图 6.35 中展示了第一种位置关系矩阵间对应的重叠情况,其余 3 种位置关系对应的矩阵重叠情况亦类似。分析好划痕权重矩阵间的重叠情况后,即可将各个权重域间重叠部分的权重值累加,求出最大权重值,找到包含划痕条数最多的划痕密集圆域,实现划痕密集度的判定。

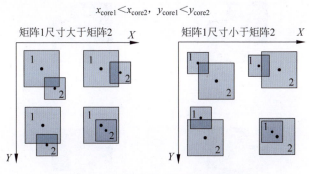

图 6.35 划痕权重矩阵间的重叠情况

6.4.3 麻点密集度计算方法

类似于划痕密集度判定,实现麻点密集度判定,首先是要确定每个麻点对应的权重圆。设麻点质心坐标为(x_{center}, y_{center})。如图 6.36(a) 所示,为麻点给定一个大小为 $N_D \times N_D$ 的权重矩阵,并且矩阵中心处的坐标为(x_{center}, y_{center}),矩阵大小

$$N_D = 2 \times \mathrm{round}(D_D/2) + 1 \tag{6.48}$$

式中,D_D 为麻点密集圆域的直径。然后以矩阵中心为圆心画直径为 D_D 的权重圆,并令权重圆内的矩阵值为麻点直径,其余位置矩阵值为 0,结果如图 6.36(b) 所示。

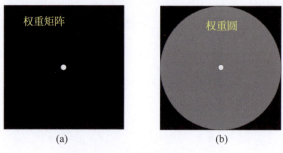

图 6.36 麻点权重矩阵
(a) 权重矩阵;(b) 权重圆

确定每个麻点对应的权重圆之后,下一步是判断各个权重圆之间的位置关系,将权重圆间重叠部分的权重值累加。首先可以根据两个麻点质心之间的距离是否大于权重圆直径判断出它们对应的权重圆是否有重叠。如图 6.37 所示,当两个权重圆有重叠时,它们对应的权重矩阵之间有 4 种重叠情况。

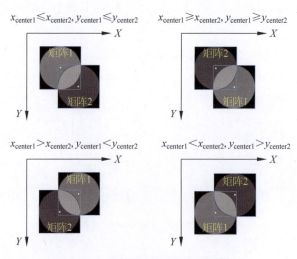

图 6.37 麻点权重矩阵间的重叠情况

分析好麻点权重矩阵间的重叠情况后,即可将各个权重圆间重叠部分的权重值累加,求出最大权重值,找到包含麻点直径总和最大的麻点密集圆域,实现麻点密集度判定。

6.4.4 表面缺陷检测评估实例

本节以作者团队研发的 150 型表面缺陷暗场成像检测装置为例,介绍基于美军标的光学元件表面缺陷评估结果。检测装置如图 6.38 所示,实验时将待测元件置于载物台之上,通过自动调平机构,使待测元件表面与显微散射暗场成像系统光轴垂直,环形阵列的多束高亮 LED 准直光源作用于待测元件表面,元件表面缺陷所诱发的散射光会被显微成像系统采集。系统的处理软件可以自动完成畸变矫正、图像拼接、缺陷提取、尺寸测量等过程,并根据相应的缺陷评价标准,生成缺陷标准化评价报表。

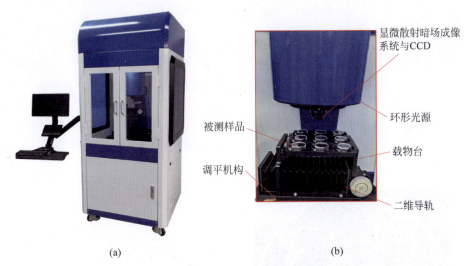

图 6.38 平面元件检测系统示意图
(a) 整机实物;(b) 内部结构

该装置有低倍与高倍率两种检测模式,由于高倍下的视场较小,为提高检测效率,对于不存在缺陷的区域则不需要进行高倍采图,因此检测系统采用双倍率检测方案——"低倍扫描定位,高倍标定测量"。首先显微镜切换到低倍,XY 两轴位移平台带动元件执行"S"形扫描,以完成元件全表面的子孔径扫描,如图 6.39 所示。这大大减少了子孔径数目而显著提高了检测效率,通过在低倍模式下,提取缺陷的位置和长度信息,生成缺陷的高倍扫描优化路径,然后显微镜切换到高放大倍率,按照优化路径逐一对缺陷进行高倍观察,提取缺陷的宽度及其他特征信息。该双倍率检测方案可以同时保证检测的效率与精度。

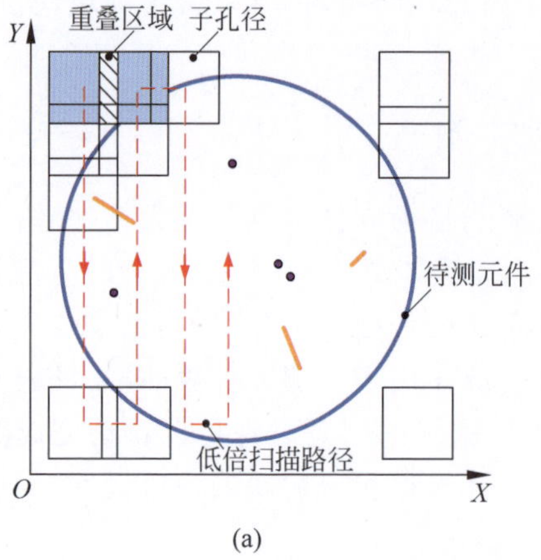

图 6.39 双倍率检测扫描路径示意图

检测光学元件表面时，元件平放夹持，夹持装置固定在 X 轴、Y 轴上，成像系统固定在 Z 轴上。X 轴、Y 轴平移带动元件的待测子孔径平移至成像系统的视场位置被采集图像，Z 轴平移带动成像系统对焦至元件表面。X 轴、Y 轴的行程为 150mm，Z 轴行程为 200mm，三个轴的定位精度均为 $3\mu m$。待检测的某圆形元件的暗场图像如图 6.40(a)所示，图中红色圈内部为选定的检测区域(ROI)；其检测结果如图 6.40(b)所示，图中显示了缺陷在元件表面的实际位置分布情况，其中红色表示划痕，蓝色表示麻点，共检测到 2 条划痕，7 个麻点。

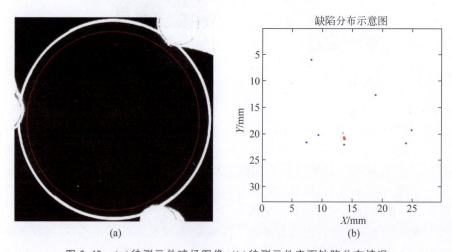

图 6.40 (a)待测元件暗场图像，(b)待测元件表面缺陷分布情况

第 6 章 光学表面缺陷成像的定量评估

根据美军标生成的元件表面质量情况分析报告如图 6.41 所示,这里用户设定的元件表面质量级数为 10-5,经过程序检测,共检测出 2 条划痕,7 个麻点,根据美军标的评价标准,最后判定该元件的实际所能达到的最严级数为 40-20。

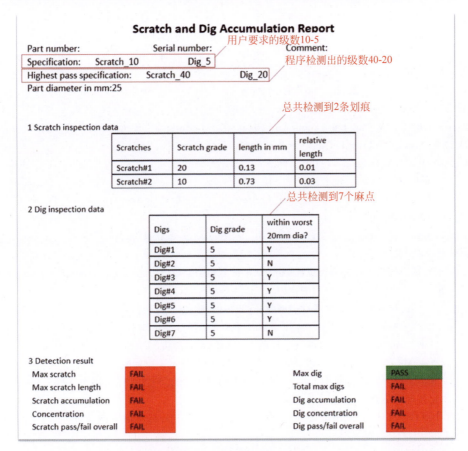

图 6.41 美军标报表示意图

本章聚焦于光学表面缺陷成像的定量评估,讨论了对缺陷的评价标准国际标准 ISO 10110-7、美军标、国标所容忍的缺陷不同类型的相关定量化评价指标。由于缺陷仿真近场散射场数据进行远场成像外推时使用的是理想光学系统,提出了考虑实际光学系统中由系统衍射效应与像差造成的系统弥散的缺陷精密尺寸识别方法。同时详细介绍了作者团队主持的新国标 GB/T 41805—2022 的光学元件表面疵病定量检测方法显微散射暗场成像法。机器视觉技术的发展将快速推进光学表面缺陷成像的数字化评估在各领域的广泛应用。

参考文献

[1] Optical components for fire control instruments: general specification governing the manufacture, assembly, and inspection of[S]. 美国国防部, 1997.

[2] 王丽荣. 美国军用规范 MIL-PRF-13830B 表面疵病要求详解[J]. 硅谷, 2012(4): 3.

[3] YOUNG M. Objective measurement and characterization of scratch standards, F, 1983[C]. 26th Annual Technical Symposium, 1982.

[4] YOUNG M. Scratch-and-dig standard revisited[J]. Appl. Optics., 1986, 25(12): 1922-1929.

[5] AIKENS D M. The truth about scratch and dig[C]. International Optical Design Conference and Optical Fabrication and Testing, 2010.

[6] JAHN D. A designer's point of view on integration of ANSI scratch & dig into ISO surface imperfections: proceedings of the SPIE Conference on Optical System Alignment, Tolerancing, and Verification, F, 2018[C]. SPIE Conference on Optical System Alignment, Tolerancing, and Verification.

[7] Optics and photonics—Preparation of drawings for optical elements and systems[S]. ISO, 2017.

[8] 王克镐. 对《光学零件表面疵病标准》缺陷的分析与建议[J]. 光学技术, 1984, 1(5): 16-17.

[9] 果宝智. 光学零件表面疵病的标识[J]. 激光与红外, 2000, 30(2): 3.

[10] 李义安. 国家标准《光学零件表面疵病》的实施[J]. 电光与控制, 1999(1): 5.

[11] 光学零件表面疵病: [S]. 2007: 全国光学和光子学标准化技术委员会.

[12] Optics and photonics—Test methods for surface imperfections of optical elements[S]. 国外-国外国家-日本工业标准调查会 JP-JISC, 2017. 日本工业标准调查会.

[13] 光学元件表面疵病定量检测方法显微散射暗场成像法[S]. 2023: 全国光学和光子学标准化技术委员会.

[14] BROWN D C. Decentering distortion of lenses[J]. Photogrammetric Engineering, 1966, 32: 444-462.

[15] BROWN D C. Close-range camera calibration[J]. Photogrammetric Engineering, 1971, 37(8): 855.

[16] TSAI R Y. TSAI R Y. A versatile camera calibration technique for high-accuracy 3D machine vision metrology using off-the-shelf TV cameras and lenses[J]. IEEE Journal on Robotics and Automation, 1987, 3(4): 323-344.

[17] WENG J, COHEN P, HERNIOU M. Camera calibration with distortion models and accuracy evaluation[J]. IEEE Computer Society, 1992, 14(10): 965-980.

[18] ZHANG Z. A flexible new technique for camera calibration[J]. IEEE Transactions on Pattern Analysis and Machine Intelligence, 2000, 22(11): 1330-1334.

[19] DEVERNAY F, FAUGERAS O. Straight lines have to be straight[J]. Machine Vision and Applications, 2001, 13(1): 14-24.

[20] BEAUCHEMIN S S, BAJCSY R. Modelling and removing radial and tangential distortions

in spherical lenses[J]. Springer-Verlag,2001,32: 1-21.

[21] MA L,CHEN Y Q,MOORE K L. Flexible camera calibration using a new analytical radial undistortion formula with application to mobile robot localization[C]. Proceedings of the 2003 IEEE International Symposium on Intelligent Control,F,2004.

[22] MALLON J,WHELAN P F. Precise radial un-distortion of images[C]. Proceedings of the Pattern Recognition,2004 ICPR 2004 Proceedings of the 17th International Conference on, F,2004.

[23] RICOLFE-VIALA C,SANCHEZ-SALMERON A J. Lens distortion models evaluation [J]. Appl. Opt. ,2010,49(30): 5914-5928.

[24] WANG J,SHI F,ZHANG J,et al. A new calibration model of camera lens distortion[J]. Pattern Recognition,2008,41(2): 607-615.

[25] XIN D U, HONG D. Camera lens radial distortion correction using two-view projective invariants[J]. Optics Letters,2011,36(24): 4734-4736.

[26] HUANG F Y,SHEN X J,WANG Q,et al. Correction method for fisheye image based on the virtual small-field camera[J]. Optics Letters,2013,38(9): 1392-1394.

[27] SURYA G,SUBBARAO M. Depth from defocus by changing camera aperture: A spatial domain approach,F,1999[C]. IEEE Computer Society Conference on Computer Vision and Pattern Recognition,1999.

[28] 王凤鹏.用CCD测定光学系统的点扩散函数[J].赣南师范学院学报,2005,26(6): 2.

[29] 曲荣召.基于点扩散函数估计的正则化图像复原方法[D].哈尔滨:哈尔滨工业大学,2016.

[30] CHAN Y L,LEOW S M H,BEA K T,et al. Mitigating the multicollinearity problem and its machine learning approach: A review[J]. Mathematics,2022,10: 1-17.

[31] GHORBANI H. Ill-conditioning in linear regression models and its diagnostics[J]. Journal of the Korean Mathematical Society,2020,27(2): 71.

[32] GOKMEN S, DAGALP R, KILICKAPLAN S. Multicollinearity in measurement error models[J]. Communications in Statistics-Theory and Methods,2022,51(2): 474-485.

[33] ARTIGUE H,SMITH G. The principal problem with principal components regression [J]. Cogent Mathematics & Statistics,2019,6(1): 1-11.

[34] KNOPOV P S,KORKHIN A S. Statistical analysis of the dynamics of coronavirus cases using stepwise switching regression[J]. Cybernetics and Systems Analysis,2020,56(6): 943-952.

[35] KYRILLIDIS A,CEVHER V. Combinatorial selection and least absolute shrinkage via the CLASH Algorithm[C]. IEEE International Symposium on Information Theory,2012: 2216-2220.

[36] ZOU H. Comment: ridge regression—still inspiring after 50 years[J]. Technometrics, 2020,62(4): 456-458.

[37] WANG,YU-PING,WAN,et al. A joint least squares and least absolute deviation model [J]. IEEE Signal Processing Letters,2019,26(4): 543-547.

[38] GLUHOVSKY I. Multinomial least angle regression[J]. Neural Networks and Learning

Systems,IEEE Transactions on,2012,23(1):169-174.

[39] LEI H,CHEN X,JIAN L. Canal-LASSO: A sparse noise-resilient online linear regression model[J]. Intelligent Data Analysis,2020,24(5):993-1010.

[40] LI X,MO L,YUAN X,et al. Linearized alternating direction method of multipliers for sparse group and fused LASSO models[J]. Computational Statistics & Data Analysis,2014,79:203-221.

[41] RASOULI M,WESTWICK D,ROSEHART W. Incorporating term selection into separable nonlinear least squares identification methods[C]. Proceedings of the Conference on Electrical & Computer Engineering,F,2007.

[42] ABEYSEKERA S K,KUANG Y C,OOI M P L,et al. Maximal associated regression: A nonlinear extension to least angle regression[J]. IEEE Access,2021,9:159515-159532.

[43] KUMAR P V,BALASUBRAMANIAN C. Trilateral spearman katz centrality based least angle regression for influential node tracing in social network[J]. Wireless Personal Communications,2021,122:2767-2790.

[44] LIU L,LI Y,HAN J,et al. A least angle regression assessment algorithm based on joint dictionary for visible and near-infrared spectrum denoising[J]. Optik,2021,242:167093.

[45] BEJANI M M,GHATEE M. A systematic review on overfitting control in shallow and deep neural networks[J]. Artificial Intelligence Review,2021,54(8):6391-6438.

[46] MALIK A J,KHAN F A. A hybrid technique using binary particle swarm optimization and decision tree pruning for network intrusion detection[J]. Cluster Computing,2018,21(1):667-680.